微课版

Ubuntu Linux 操作系统

项目教程

崔升广 ◉ 主编
王智学 陈雪莲 李艳 徐春雨 ◉ 副主编

人民邮电出版社
北京

图书在版编目（CIP）数据

Ubuntu Linux操作系统项目教程 ： 微课版 / 崔升广主编. -- 北京 : 人民邮电出版社, 2022.2
工业和信息化精品系列教材. 网络技术
ISBN 978-7-115-57811-2

Ⅰ. ①U… Ⅱ. ①崔… Ⅲ. ①Linux操作系统－教材 Ⅳ. ①TP316.89

中国版本图书馆CIP数据核字(2021)第225704号

内容提要

本书以目前广泛使用的 Ubuntu 20.04 平台为例，由浅入深、全面系统地讲解了 Linux 操作系统的基本概念和各种网络服务配置。全书共 8 个项目，内容包括 Ubuntu 概述、安装与基本操作，Linux 基本操作命令，用户组群与文件目录权限管理，磁盘配置与管理，系统高级配置与管理，软件包安装配置与管理，Shell 编程基础，以及常用服务器配置与管理。

本书既可作为计算机及相关专业的教材，也可作为广大计算机爱好者自学 Linux 操作系统的教材，还可作为网络管理员的参考用书及相关机构的培训教材。

◆ 主　　编　崔升广
　副 主 编　王智学　陈雪莲　李　艳　徐春雨
　责任编辑　郭　雯
　责任印制　王　郁　焦志炜

◆ 人民邮电出版社出版发行　　北京市丰台区成寿寺路 11 号
　邮编　100164　　电子邮件　315@ptpress.com.cn
　网址　https://www.ptpress.com.cn
　北京联兴盛业印刷股份有限公司印刷

◆ 开本：787×1092　1/16
　印张：17　　2022 年 2 月第 1 版
　字数：469 千字　　2022 年 2 月北京第 1 次印刷

定价：59.80 元

读者服务热线：(010)81055256　印装质量热线：(010)81055316
反盗版热线：(010)81055315
广告经营许可证：京东市监广登字 20170147 号

前言 FOREWORD

Linux 操作系统自诞生以来为 IT 行业做出了巨大的贡献。随着虚拟化、云计算、大数据和人工智能的兴起，Linux 更是飞速发展，它以稳定、安全和开源等诸多特性，成为中小企业搭建网络服务的首选，几乎占据了整个服务器行业的“半壁江山”。本书以培养学生在 Linux 操作系统中的实际应用技能为目标，以 Ubuntu 20.04 为平台，详细介绍了在虚拟机上安装 Ubuntu 的方法，讲解了 Linux 的常用命令及 Vim 编辑器的使用；通过具体配置案例，讲解了常用的网络服务器配置与管理，包括 Samba、FTP、DHCP、DNS、Apache 服务器等。

Ubuntu 使用高级软件包工具（APT）安装应用软件。APT 安装软件简单、方便、快捷，在安装软件时可自动处理软件之间的依赖性关系。APT 促进了 Deb 软件包更为广泛的使用，成为 Ubuntu 与 Debian Linux 无法替代的亮点。Ubuntu 也使用 Snap 工具，Snap 工具是一种全新的软件包管理方式，将是未来软件安装的发展趋势与方向。

本书融入了编者丰富的教学经验和多位长期从事 Linux 运维工作的资深工程师的实践经验，从 Linux 初学者的视角出发，采用“教、学、做一体化”的教学方法，为培养高端应用型人才提供合适的教学与训练教材。本书以实际项目转化的案例为主线，以“学做合一”的理念为指导，在完成技术讲解的同时，对读者提出相应的自学要求和指导。读者在学习本书的过程中，不仅能够完成快速入门的基本技术学习，还能够进行实际项目的开发与实现。

本书主要特点如下。

（1）内容丰富、技术新颖，图文并茂、通俗易懂，具有很强的实用性。

（2）组织结构合理、有效。本书按照由浅入深的顺序，在逐渐讲解系统功能的同时，引入相关技术与知识，实现技术讲解与训练合二为一，有助于“教、学、做一体化”教学的实施。

（3）内容充实、实用，实际项目开发与理论教学紧密结合。本书的训练紧紧围绕着实际项目进行，为了使读者能快速地掌握相关技术并能按实际项目开发要求熟练运用，本书在各项目重要知识点后面都根据实际项目设计配置实例，以实现项目功能，完成详细配置过程。

为方便读者使用，书中全部实例的源代码及电子教案均免费赠送给读者，读者可登录人邮教育社区（www.ryjiaoyu.com）进行下载。

本书由崔升广任主编，王智学、陈雪莲、李艳、徐春雨任副主编，崔升广编写项目 1 至项目 7，王智学、陈雪莲、李艳、徐春雨编写项目 8，崔升广负责全书的统稿和定稿。

由于编者水平有限，书中不妥之处在所难免，殷切希望广大读者批评指正。

编　者

2021 年 9 月

目录 CONTENTS

项目 1

项目 2

项目 3

项目 4

项目 5

项目 6

项目 7

项目 8

项目1 Ubuntu概述、安装与基本操作

【学习目标】

- 掌握Linux的发展历史、Linux的体系结构、Linux的版本以及Linux的特性。
- 掌握VMware虚拟机以及Ubuntu操作系统的安装方法。
- 熟悉Ubuntu桌面环境。
- 掌握常用的图形界面应用程序的使用方法。
- 掌握Ubuntu个性化设置。
- 掌握Ubuntu命令行终端管理方法。
- 掌握SecureCRT与SecureFX远程连接管理Ubuntu操作系统的方法。
- 掌握系统克隆与快照管理的方法。

1.1 项目描述

回顾 Linux 的历史，可以说它是“踩着巨人的肩膀”逐步发展起来的。Linux 在很大程度上借鉴了 UNIX 操作系统的成功经验，继承并发展了 UNIX 的优良传统。由于 Linux 具有开源的特性，因此一经推出便得到了广大操作系统开发爱好者的积极响应和支持，这也是 Linux 得以迅速发展的关键因素之一。本项目主要讲解 Linux 的发展历史、Linux 的体系结构、Linux 的版本及 Linux 的特性，讲解 Linux 操作系统的安装方法，Linux 操作系统登录、注销、退出的方法，账号管理的基本操作，以及系统克隆与快照管理，同时讲解远程连接管理 Linux 操作系统的方法。

V1-1 Linux 的发展历史

1.2 必备知识

1.2.1 Linux 的发展历史

Linux 操作系统是一种类 UNIX 的操作系统。UNIX 是一种主流、经典的操作系统，Linux 操作系统来源于 UNIX，是 UNIX 在计算机上的完整实现。UNIX 操作系统是 1969 年由肯·汤普森（K. Thompson）工程师在美国贝尔实验室开发的一种操作系统，1972 年，其与丹尼斯·里奇（D. Ritchie）工程师一起用 C 语言重写了 UNIX 操作系统，大幅提高了其可移植性。由于 UNIX 具有良好而稳定的性能，因此在计算机领域中得到了广泛应用。

由于美国电话电报公司的政策改变，在 UNIX Version 7 推出之后，其发布了新的使用条款，将 UNIX 源代码私有化，在大学中不能再使用 UNIX 源代码。1987 年，荷兰的阿姆斯特丹自由大学计算机科学系的教授为了能在课堂上教授学生操作系统运作的实务细节，决定在不使用任何美国电话电报公司的源代码的前提下，自行开发与 UNIX 兼容的操作系统，以避免版权上的争议。他以小型 UNIX（mini-UNIX）之意将此操作系统命名为 MINIX。MINIX 是基于微内核架构的类 UNIX 计算机操作系统，除了启动的部分用汇编语言编写以外，其他大部分是用 C 语言编写的，其内核系统分为内核、内存管理及文件管理 3 部分。

MINIX 最有名的学生用户是莱纳斯·托尔瓦兹（L.Torvalds），他在芬兰的赫尔辛基大学用 MINIX 操作系统搭建了一个新的内核与 MINIX 兼容的操作系统。1991 年 10 月 5 日，他在一台 FTP 服务器上发布了这个消息，将此操作系统命名为 Linux，标志着 Linux 操作系统的诞生。在设计哲学上，Linux 和 MINIX 大相径庭，MINIX 在内核设计上采用了微内核的原则，但 Linux 和原始的 UNIX 都采用了宏内核的设计。

Linux 操作系统增加了很多功能，被完善并发布到互联网，所有人都可以免费下载、使用它的源代码。Linux 的早期版本并没有考虑用户的使用，只提供了最核心的框架，使得 Linux 编程人员可以享受编写内核的乐趣，这也促成了 Linux 操作系统内核的强大与稳定。随着互联网的发展与兴起，Linux 操作系统迅速发展，许多优秀的程序员加入了 Linux 操作系统的编写行列，随着编程人员的扩充和完整的操作系统基本软件的出现，Linux 操作系统开发人员认识到 Linux 已经逐渐变成一个成熟的操作系统平台，1994 年 3 月，其内核 1.0 的推出，标志着 Linux 第一个版本的诞生。

Linux 一开始要求所有的源代码必须公开，且任何人均不得从 Linux 交易中获利。然而，这种纯粹的自由软件的理想对于 Linux 的普及和发展是不利的，于是 Linux 开始转向通用公共许可证（General Public License，GPL）项目，成为 GNU（GNU's Not UNIX）阵营中的主要一员。GNU 项目是由理查德·斯托曼（R. Stallman）于 1983 年提出的，他建立了自由软件基金会，并提出 GNU 项目的目的是开发一种完全自由的、与 UNIX 类似但功能更强大的操作系统，以便为所有计算机用户提供一种功能齐全、性能良好的基本系统。

Linux 诞生之后，发展迅速，一些机构和公司将 Linux 内核、源代码以及相关应用软件集成为一个完整的操作系统，便于用户安装和使用，从而形成 Linux 发行版，这些发行版本不仅包括完整的 Linux 操作系统，还包括文本编辑器、高级语言编译器等应用软件，以及 X-Windows 图形用户界面。Linux 在桌面应用、服务器平台、嵌入式应用等领域得到了良好发展，并形成了自己的产业环境，包括芯片制造商、硬件厂商、软件提供商等。Linux 具有完善的网络功能和较高的安全性，继承了 UNIX 操作系统卓越的稳定性表现，在全球各地的服务器平台上的市场份额不断增加。在高性能计算集群中，Linux 处于无可争议的“霸主”地位，在全球排名前 500 名的高性能计算机系统中，Linux 占了 90%以上的份额。

云计算、大数据作为基于开源软件的平台，Linux 在其中发挥了核心优势。在物联网、嵌入式系统、移动终端等市场，Linux 也占据着很大的份额。在桌面领域，Windows 仍然是“霸主”，但是 Ubuntu、CentOS 等注重于桌面体验的发行版本的不断进步，使得 Linux 在桌面领域的市场份额在逐步提升。Linux 凭借优秀的设计、不凡的性能，加上 IBM、Intel、CA、Core、Oracle 等国际知名企业的大力支持，市场份额逐步扩大，逐渐成为主流操作系统之一。

1.2.2 Linux 的体系结构

Windows 操作系统采用微内核结构，模块化设计，将对象分为用户模式层和内核模式层。用户模式层由组件（子系统）构成，将与内核模式组件有关的必要信息与其最终用户和应用程序隔离开来。内核模式层有权访问系统数据和硬件，能够直接访问内存，并在被保护的内存区域中执行相关操作。

Linux 操作系统是采用单内核模式的操作系统，内核代码结构紧凑、执行速度快。内核是 Linux 操作系统的主要部分，它可实现进程管理、内存管理、文件管理、设备驱动和网络管理等功能，为核外的所有程序提供运行环境。

Linux 采用分层设计，分层结构，如图 1.1 所示，它包括 4 层。每层只能与相邻的层通信，层间具有从上到下的依赖关系，靠上的层依赖靠下的层，但靠下的层并不依赖靠上的层，各层系统功能如下。

（1）用户应用程序：位于整个系统的最顶层，是 Linux 操作系统中运行的应用程序的集合。常见的用户应用程序有多媒体处理应用程序、文字处理应用程序、网络应用程序等。

（2）操作系统服务：位于用户应用程序与 Linux 内核之间，主要是指那些为用户提供服务且执行操作系统部分功能的程序，为用户应用程序提供系统内核的调用接口。窗口系统、Shell 命令解释系统、内核编程接口等就属于操作系统服务的子系统，这一部分也称为系统程序。

（3）Linux 内核：靠近硬件的内核，即 Linux 操作系统常驻内存部分。Linux 内核是整个操作系统的核心，由它实现对硬件的抽象和访问调度。它为上层调用提供了一个统一的虚拟机接口，在编写上层程序的时候不需要考虑计算机使用何种类型的硬件，也不需要考虑临界资源问题。每个上层进程执行时就像它是计算机上的唯一进程，独占了系统的所有内存和其他硬件资源；但实际上，系统可以同时运行多个进程，由 Linux 内核保证各进程对临界资源的安全使用。所有运行在内核之上的程序可分为系统程序和用户程序两大类，但它们统统运行在用户模式之下，内核之外的所有程序必须通过系统调用才能进入操作系统的内核。

（4）硬件系统：包含 Linux 使用的所有物理设备，如 CPU、内存、硬盘和网络设备等。

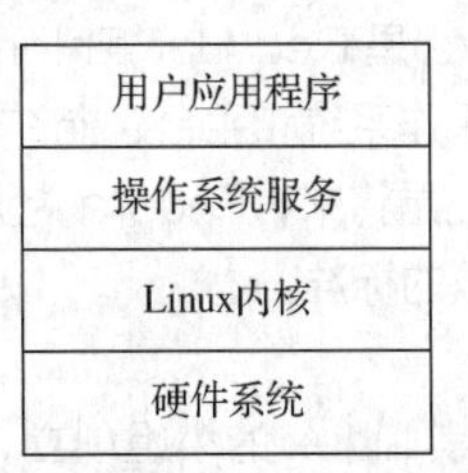

图 1.1　Linux 操作系统的分层结构

1.2.3　Linux 的版本

Linux 操作系统的标志是一只可爱的小企鹅，如图 1.2 所示。它寓意着开放和自由，这也是 Linux 操作系统的精髓。

图 1.2　Linux 操作系统的标志

V1-2　Linux 的版本

Linux 是一种诞生于网络、成长于网络且成熟于网络的操作系统，Linux 操作系统具有开源的特性，是基于 Copyleft（无版权）的软件模式发布的。其实，Copyleft 是与 Copyright（版权所有）相对立的新名称，这造就了 Linux 操作系统发行版本多样化的格局。

1. Red Hat Linux

红帽 Linux（Red Hat Linux）是现在非常著名的 Linux 版本，其不但创造了自己的品牌，而且有越来越多的用户使用。

2019 年 5 月，红帽公司正式发布了 RHEL8 正式版操作系统。RHEL8 是为混合云时代重新设计的操作系统，旨在支持从企业数据中心到多个公共云的工作负载和运作。

RHEL8 从容器到自动化，再到人工智能，将引领新兴技术的系统结合到一起。RHEL8 为创新者而建，为开发人员而造，为运营而设计，任何企业均可使用。RHE8 出现漏洞的概率小，即使出现漏洞，也会很快得到众多开源社区和企业的响应及修复，所以建议用户升级到 RHEL8。

2. CentOS

社区企业操作系统（Community Enterprise Operating System，CentOS）是 Linux 发行版之一。它是基于 Red Hat Enterprise Linux，依照开放源代码规定释出的源代码编译而成的。由于出自同样的源代码，因此有些要求稳定性强的服务器以 CentOS 代替 Red Hat Enterprise Linux。两者的不同之处在于，CentOS 并不包含封闭源代码软件。

CentOS 完全免费，不存在 Red Hat Enterprise Linux 需要序列号的问题；CentOS 独有的 yum 命令支持在线升级，可以即时更新系统，不像 Red Hat Enterprise Linux 那样需要购买支持服务；CentOS 修正了许多 Red Hat Enterprise Linux 的漏洞；CentOS 在大规模的系统下也能够发挥很好的性能，能够提供可靠稳定的运行环境。

3. Fedora

Fedora 是由 Fedora 项目社区开发并由 Red Hat 赞助的 Linux 发行版。Fedora 包含在各种免费和开源许可下分发的软件。Fedora 是 Red Hat Enterprise Linux 发行版的上游源。Fedora 作为开放的、创新的、具有前瞻性的操作系统和平台，允许任何人自由使用、修改和重新发布，它由一个强大的社群开发，无论是现在还是将来，Fedora 社群的成员都将以自己的不懈努力，提供并维护自由、开放源代码的软件和开放的标准。

4. Mandrake

Mandrake 于 1998 年由一个推崇 Linux 的小组创立，它的目标是尽量让工作变得更简单。Mandrake 提供了一个优秀的图形安装界面，它的最新版本中包含了许多 Linux 软件包。

作为 Red Hat Linux 的一个分支，Mandrake 将自己定位为桌面市场的最佳 Linux 版本，但其也支持服务器上的安装，且成绩还不错。Mandrake 的安装非常简单明了，为初级用户设置了简单的安装选项，还为磁盘分区制作了一个适合各类用户的简单图形用户界面。其软件包的选择非常标准，还有对软件组和单个工具包的选项。安装完毕后，用户只需重启系统并登录即可。

5. Debian

Debian 诞生于 1993 年 8 月 16 日，它的目标是提供一个稳定容错的 Linux 版本。支持 Debian 的不是某家公司，而是许多在其改进过程中投入了大量时间的开发人员，这种改进吸取了早期 Linux 的经验。

Debian 以其稳定性著称，虽然它的早期版本 Slink 有一些问题，但是它的现有版本 Potato 已经相当稳定了。这个版本更多地使用了可插拔认证模块（Pluggable Authentication Modules，PAM），综合了一些更易于处理的需要认证的软件（如 winbind for Samba）。

Debian 的安装完全是基于文本的，对于其本身来说这不是一件坏事，但对于初级用户来说却并非这样。因为它仅仅使用 fdisk 作为分区工具而没有自动分区功能，所以它的磁盘分区过程对于初级用户来说非常复杂。磁盘设置完毕后，软件工具包的选择通过一个名为 dselect 的工具实现，但它不向用户提供安装基本工具组（如开发工具）的简易设置步骤。最后，其需要使用 anXious 工具配置 Windows，这个过程与其他版本的 Windows 配置过程类似，完成这些配置后，即可使用 Debian。

6. Ubuntu

Ubuntu 是以桌面应用为主的 Linux 操作系统，其名称来自非洲南部祖鲁语或豪萨语的“ubuntu”一词（可译为乌班图），意思是“人性”“我的存在是因为大家的存在”，是非洲传统的一种价值观，类似于我国的“仁爱”思想。Ubuntu 基于 Debian 发行版和 Unity 桌面环境，与 Debian 的不同之处在于，其每 6 个月会发布一个新版本。Ubuntu 的目标是为一般用户提供一个最新的、同时相当稳定的、主要由自由软件构建而成的操作系统。Ubuntu 具有庞大的社区力量，用户可以方便地从社区获得帮助。随着云计算的流行，Ubuntu 推出了一个云计算环境搭建的解决方案，可以在其官方网站找到相关信息。

本书以 Ubuntu 的 20.04 版本为平台介绍 Linux 的使用。书中出现的各种操作，如无特别说明，均以 Ubuntu 为实现平台。

1.2.4 Linux 的特性

Linux 操作系统是目前发展最快的操作系统之一，这与 Linux 具有的良好特性是分不开的。它包含了 UNIX 的全部功能和特性。Linux 操作系统作为一种免费、自由、开放的操作系统，发展势不可当。它高效、安全、稳定，支持多种硬件平台，用户界面友好，网络功能强大，支持多任务、多用户。

V1-3 Linux 的特性

（1）开放性。Linux 操作系统遵循世界标准规范，特别是遵循开放系统互连（Open System Interconnection，OSI）国际标准，凡遵循国际标准所开发的硬件和软件都能彼此兼容，可方便地实现互连。另外，源代码开放的 Linux 是免费的，使用户获得 Linux 非常方便，且使用 Linux 可节省花销。使用者能控制源代码，即按照需求对部件进行配置，以及自定义建设系统安全设置等。

（2）多用户。Linux 操作系统资源可以被不同用户使用，每个用户对自己的资源（如文件、设备等）有特定的权限，互不影响。

（3）多任务。使用 Linux 操作系统的计算机可同时执行多个程序，而各个程序的运行互相独立。

（4）良好的用户界面。Linux 操作系统为用户提供了图形用户界面。它利用鼠标、菜单、窗口、滚动条等元素，给用户呈现了一个直观、易操作、交互性强的友好的图形化界面。

（5）设备独立性强。Linux 操作系统将所有外部设备统一当作文件来看待，只要安装它们的驱动程序，任何用户都可以像使用文件一样操作、使用这些设备，而不必知道它们的具体存在形式。Linux 是具有设备独立性的操作系统，它的内核具有高度适应能力。

（6）丰富的网络功能。Linux 操作系统是在 Internet 基础上产生并发展起来的，因此，完善的内置网络是 Linux 的一大特点，Linux 操作系统支持 Internet、文件传输和远程访问等。

（7）可靠的安全系统。Linux 操作系统采取了许多安全技术措施，包括读写控制、带保护的子系统、审计跟踪、核心授权等，这为网络多用户环境中的用户提供了必要的安全保障。

（8）良好的可移植性。Linux 操作系统从一个平台转移到另一个平台时仍然能用其自身的方式运行。Linux 是一种可移植的操作系统，能够在微型计算机到大型计算机的任何环境和任何平台上运行。

（9）支持多文件系统。Linux 操作系统可以把许多不同的文件系统以挂载形式连接到本地主机上，包括 ext2/ext3、FAT32、NTFS 等文件系统，以及网络中其他计算机共享的文件系统等，是数据备份、同步等的良好平台。

1.3 项目实施

1.3.1 VMware Workstation 安装

在学习 Linux 操作系统的过程中要借助虚拟机进行实验操作，本书选用 VMware Workstation 软件作为虚拟机。VMware Workstation 是一款功能强大的桌面虚拟机软件，可以在单一桌面上同时运行不同操作系统，并完成开发、调试、部署等。

（1）下载 VMware Workstation Pro 软件安装包，双击安装文件，弹出安装向导界面，如图 1.3 所示。

（2）单击“下一步（N）”按钮，弹出最终用户许可协议界面，选中“我接受许可协议中的条款（A）”复选框，如图 1.4 所示。

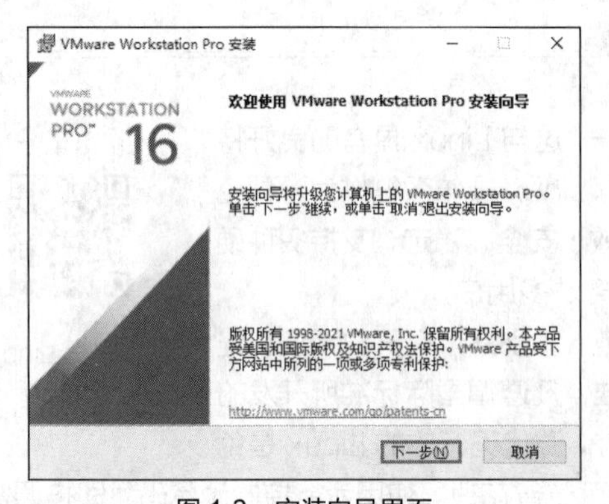

图 1.3　安装向导界面

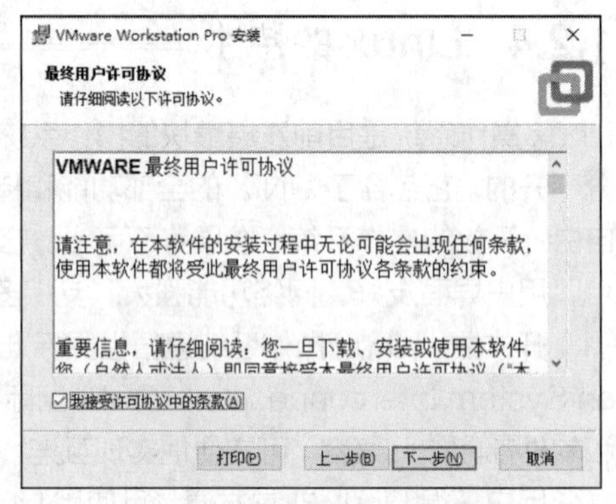

图 1.4　最终用户许可协议界面

（3）单击“下一步（N）”按钮，弹出自定义安装界面，如图 1.5 所示。

（4）选中自定义安装界面中的“将 VMware Workstation 控制台工具添加到系统 PATH”复选框，单击“下一步（N）”按钮，弹出用户体验设置界面，如图 1.6 所示。

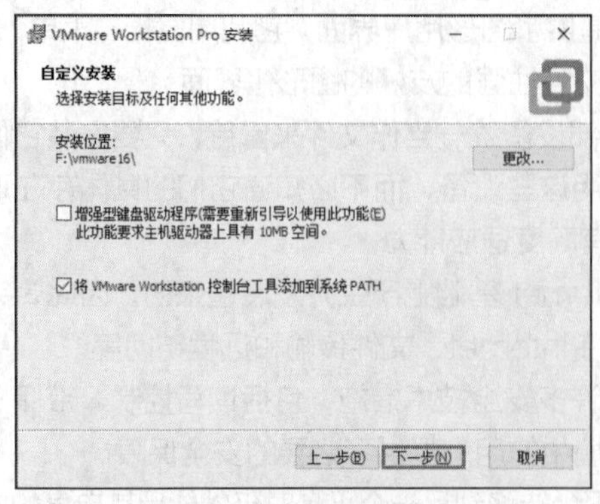

图 1.5　自定义安装界面

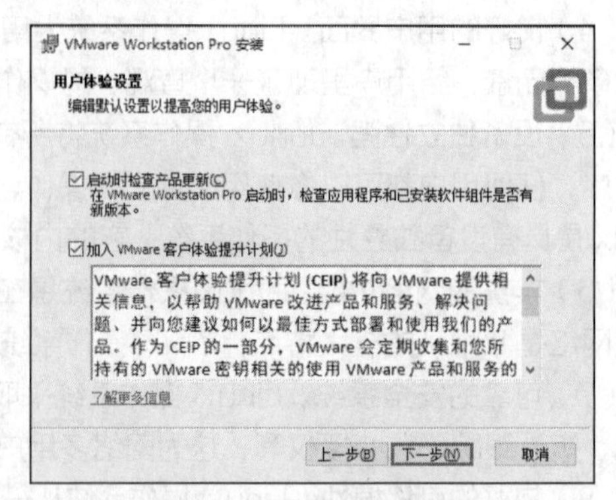

图 1.6　用户体验设置界面

（5）保留默认设置，单击“下一步（N）”按钮，弹出快捷方式界面，如图 1.7 所示。

（6）保留默认设置，单击“下一步（N）”按钮，弹出准备安装界面，如图 1.8 所示。

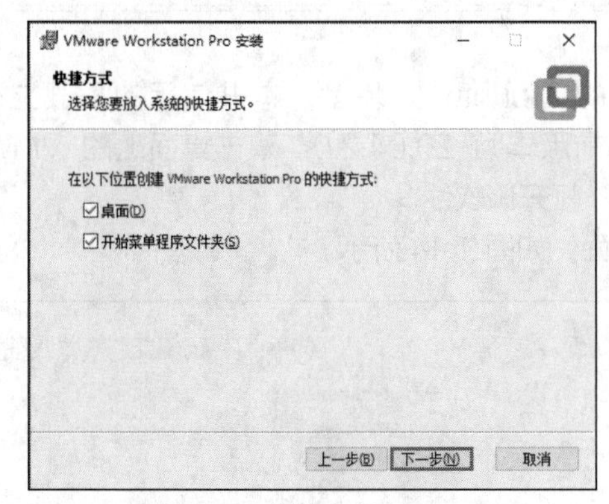

图 1.7　快捷方式界面

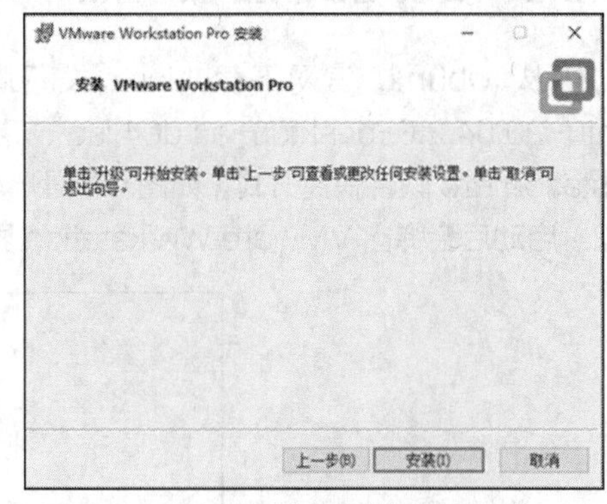

图 1.8　准备安装界面

（7）单击“安装（I）”按钮，开始安装，弹出正在安装界面，如图 1.9 所示。

（8）安装结束后，弹出安装向导已完成界面，如图 1.10 所示。

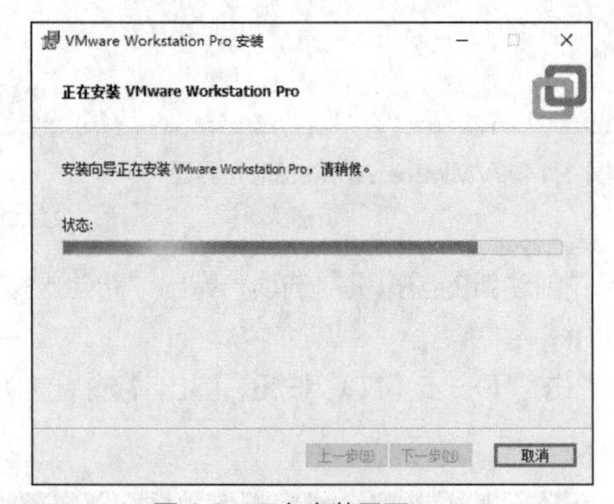

图 1.9　正在安装界面

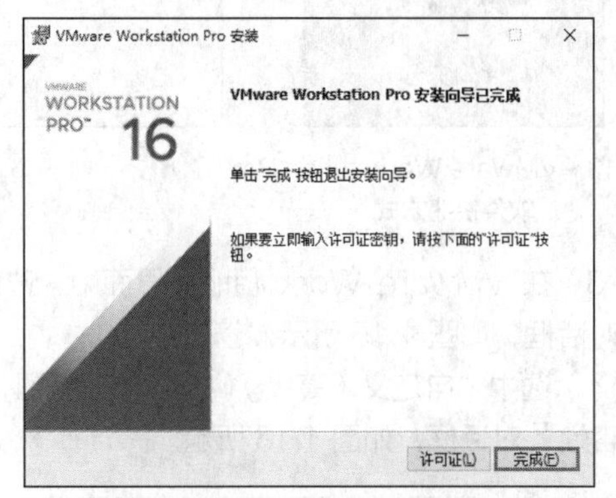

图 1.10　安装向导已完成界面

（9）在安装向导已完成界面中，单击“许可证（L）”按钮，弹出输入许可证密钥界面，进行注册认证，如图 1.11 所示。

（10）在输入许可证密钥界面中，单击“输入（E）”按钮，完成注册认证，弹出重新启动系统界面，如图 1.12 所示，单击“是（Y）”按钮，完成安装。

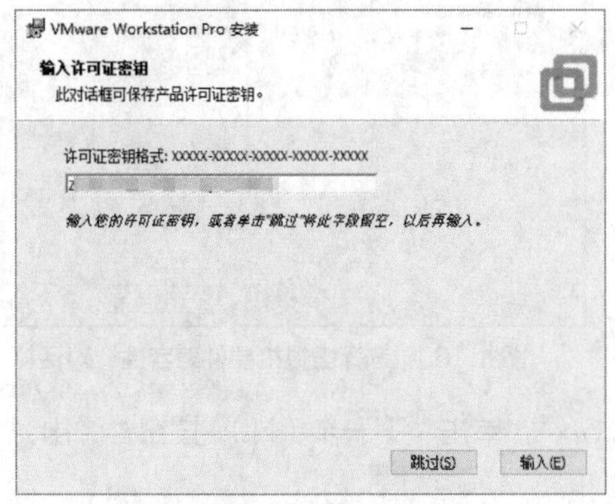

图 1.11　输入许可证密钥界面

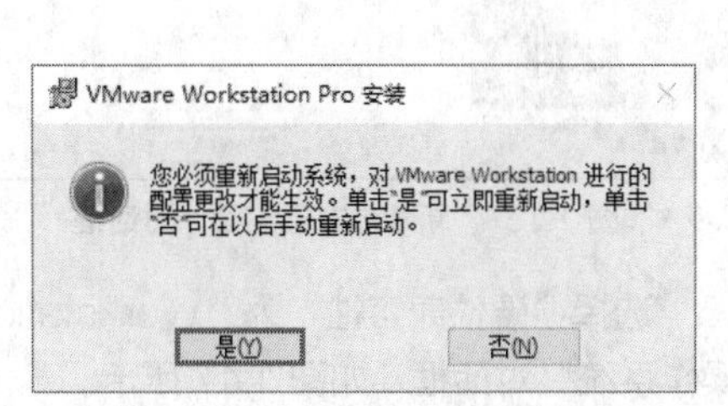

图 1.12　重新启动系统界面

1.3.2 安装 Ubuntu 操作系统

（1）从 Ubuntu 官网下载 Linux 发行版的 Ubuntu 安装包，本书使用的下载文件为“ubuntu-20.04.2.0-desktop-amd64.iso”，当前版本为 20.04.2.0。双击桌面上的 VMware Workstation Pro 软件快捷方式，如图 1.13 所示，打开该软件。

（2）启动后会弹出 VMware Workstation 界面，如图 1.14 所示。

图 1.13　VMware Workstation Pro 软件快捷方式

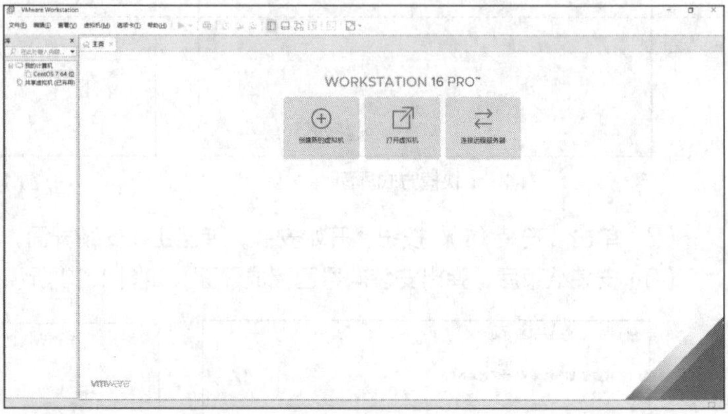

图 1.14　VMware Workstation 界面

（3）在 VMware Workstation 界面中，选择“创建新的虚拟机”选项，弹出“新建虚拟机向导”对话框，如图 1.15 所示。

（4）选中“自定义（高级）（C）”单选按钮，单击“下一步（N）”按钮，弹出“选择虚拟机硬件兼容性”对话框，如图 1.16 所示。

图 1.15　“新建虚拟机向导”对话框

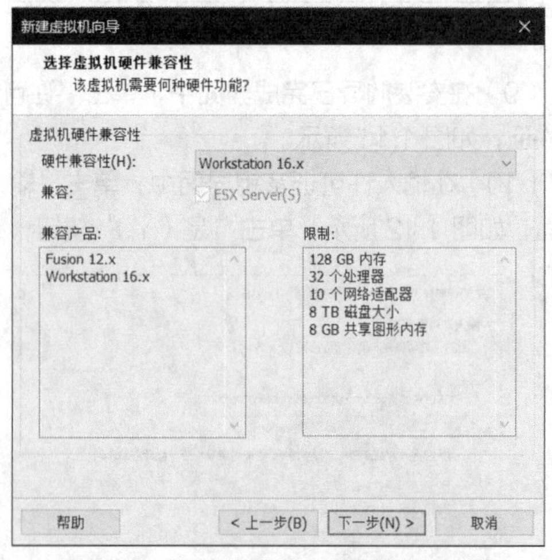

图 1.16　“选择虚拟机硬件兼容性”对话框

（5）选择“硬件兼容性”为“Workstation 16.x”，单击“下一步（N）”按钮，弹出“安装客户机操作系统”对话框，如图 1.17 所示。

（6）在“安装客户机操作系统”对话框中，选中“稍后安装操作系统（S）”单选按钮，单击“下一步（N）”按钮，弹出“选择客户机操作系统”对话框，如图 1.18 所示。

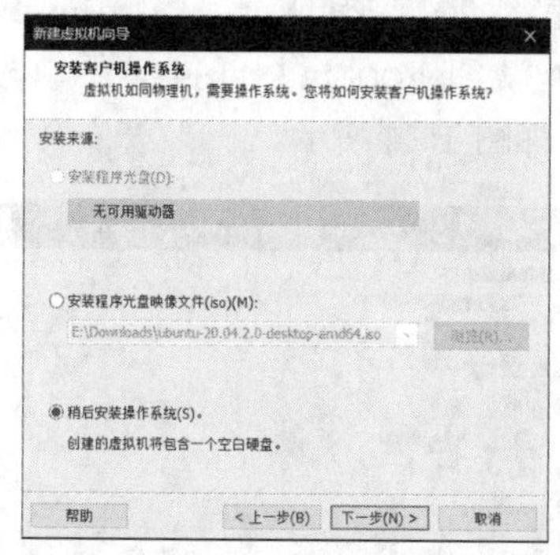

图 1.17 “安装客户机操作系统”对话框

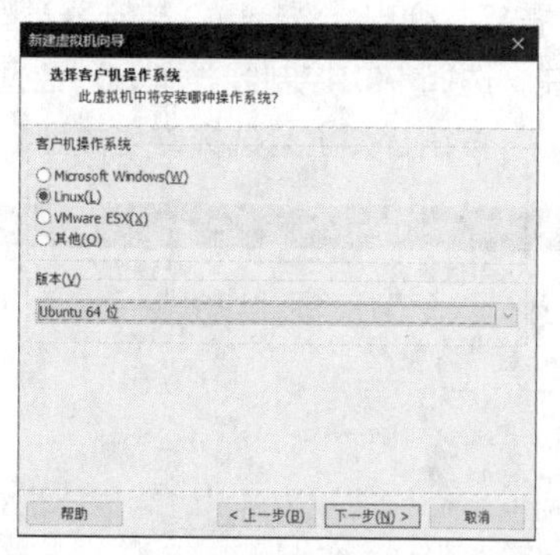

图 1.18 “选择客户机操作系统”对话框

（7）在“选择客户机操作系统”对话框中，选中“Linux（L）”单选按钮，“版本（V）”选择“Ubuntu 64 位”，单击“下一步（N）”按钮，弹出“命名虚拟机”对话框，如图 1.19 所示。

（8）在“命名虚拟机”对话框中，设置虚拟机名称及虚拟机安装位置，单击“下一步（N）”按钮，弹出“处理器配置”对话框，如图 1.20 所示。

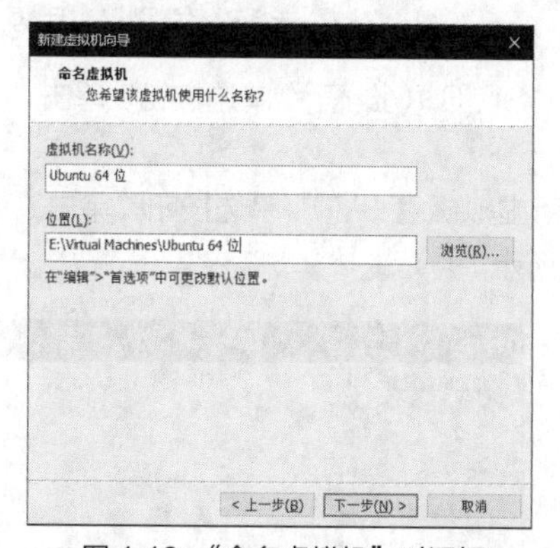

图 1.19 “命名虚拟机”对话框

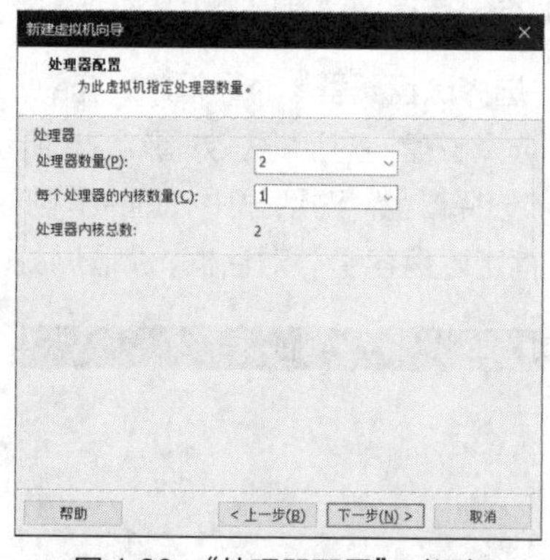

图 1.20 “处理器配置”对话框

（9）在“处理器配置”对话框中，设置处理器数量以及每个处理器的内核数量，单击“下一步（N）”按钮，弹出“此虚拟机的内存”对话框，如图 1.21 所示。

（10）在“此虚拟机的内存”对话框中，设置此虚拟机的内存，单击“下一步（N）”按钮，弹出“网络类型”对话框，如图 1.22 所示。

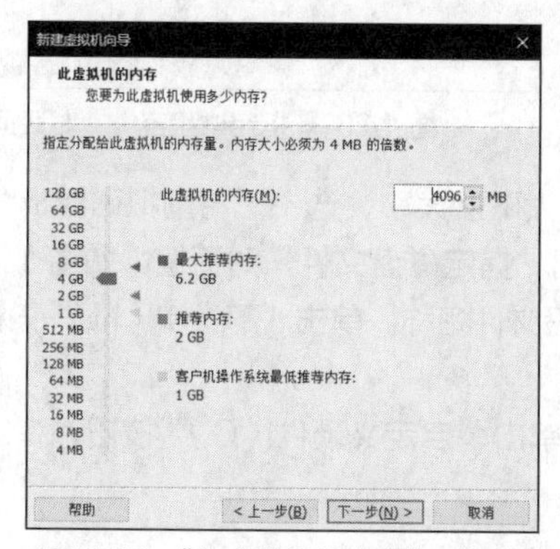

图 1.21 “此虚拟机的内存”对话框

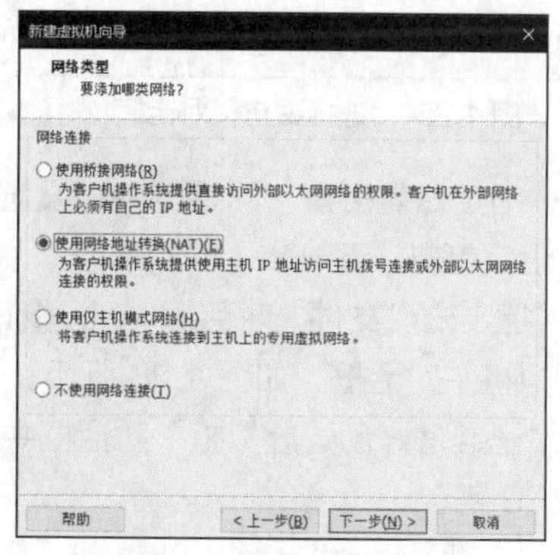

图 1.22 “网络类型”对话框

（11）在“网络类型”对话框中，选中“使用网络地址转换（NAT）（E）”单选按钮，单击“下一步（N）”按钮，弹出“选择 I/O 控制器类型”对话框，如图 1.23 所示。

（12）在“选择 I/O 控制器类型”对话框中，选中“LSI Logic（L）（推荐）”单选按钮，单击“下一步（N）”按钮，弹出“选择磁盘类型”对话框，如图 1.24 所示。

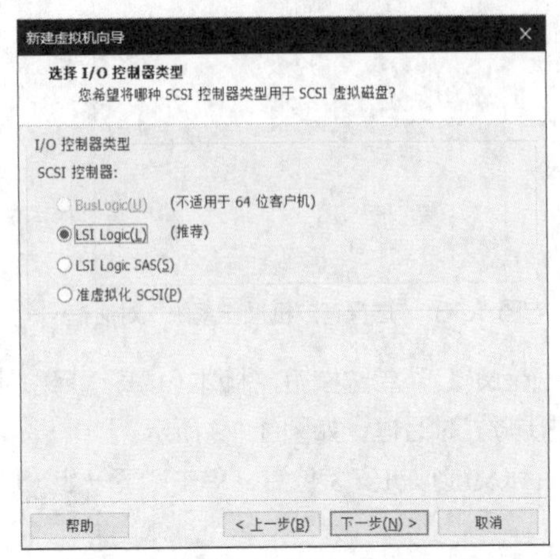

图 1.23 “选择 I/O 控制器类型”对话框

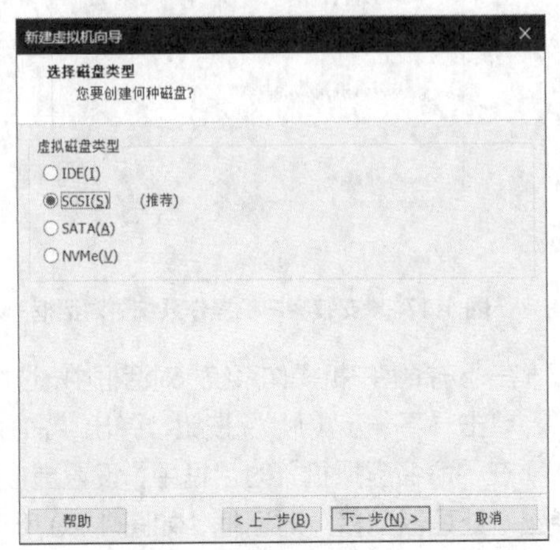

图 1.24 “选择磁盘类型”对话框

（13）在“选择磁盘类型”对话框中，选中“SCSI（S）（推荐）”单选按钮，单击“下一步（N）”按钮，弹出“选择磁盘”对话框，如图 1.25 所示。

（14）在“选择磁盘”对话框中，选中“创建新虚拟磁盘（V）”单选按钮，单击“下一步（N）”按钮，弹出“指定磁盘容量”对话框，如图 1.26 所示。

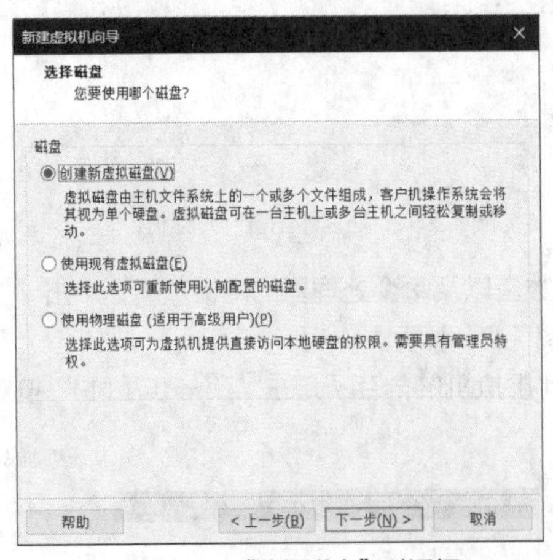

图 1.25 “选择磁盘”对话框

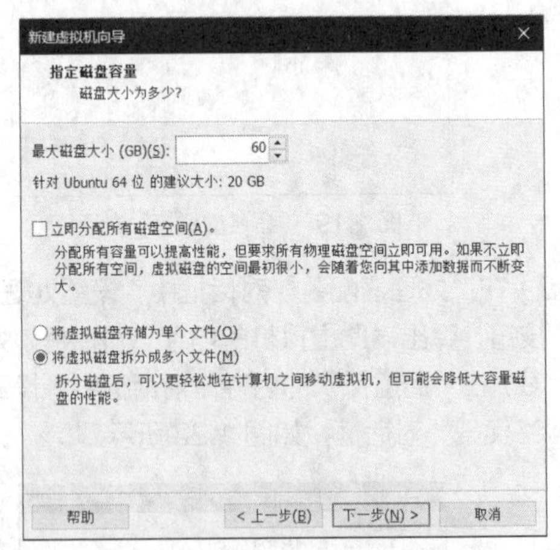

图 1.26 “指定磁盘容量”对话框

（15）在“指定磁盘容量”对话框中，设置最大磁盘大小，选中“将虚拟磁盘拆分成多个文件（M）”单选按钮，单击“下一步（N）”按钮，弹出“指定磁盘文件”对话框，如图 1.27 所示。

（16）在“指定磁盘文件”对话框中，设置磁盘文件名称，单击“下一步（N）”按钮，弹出“已准备好创建虚拟机”对话框，如图 1.28 所示。

（17）在“已准备好创建虚拟机”对话框中，单击“自定义硬件（C）”按钮，弹出“硬件”对话框，如图 1.29 所示。

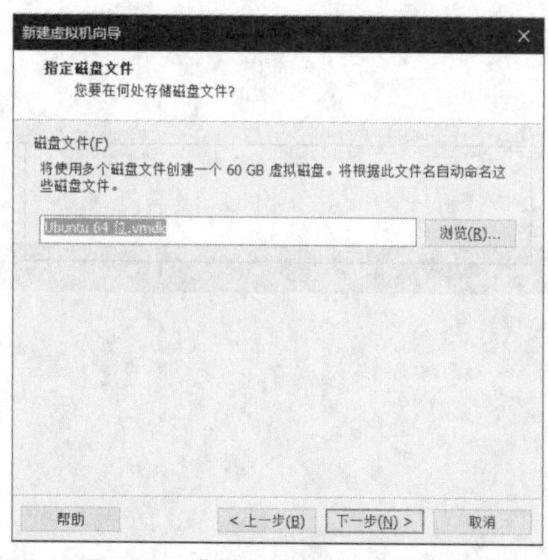

图 1.27 “指定磁盘文件”对话框

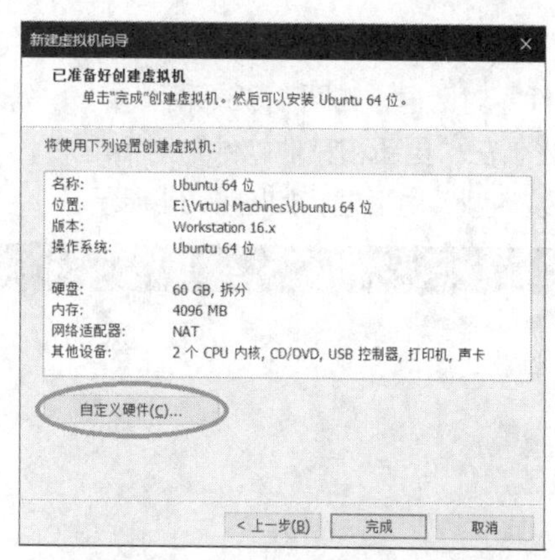

图 1.28 “已准备好创建虚拟机”对话框

（18）在“硬件”对话框中，选择“新 CD/DVD（STAT）正在使用文件...”选项，在右侧的“连接”选项组中选中“使用 ISO 映像文件（M）”单选按钮，单击“浏览”按钮，设置 ISO 映像文件的目录，单击“关闭”按钮，返回“已准备好创建虚拟机”对话框，单击“完成”按钮，返回虚拟机启动界面，如图 1.30 所示。

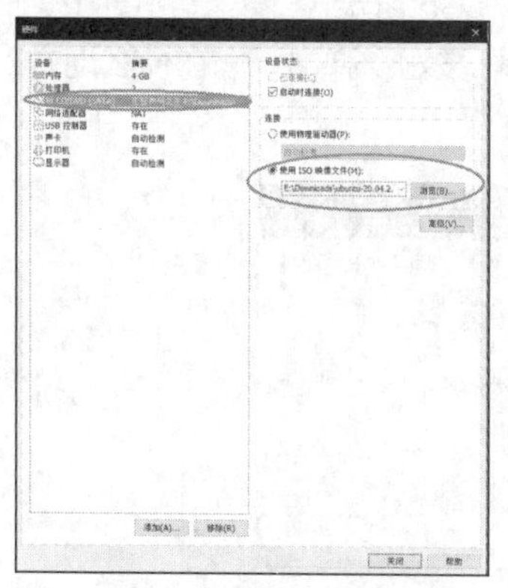

图 1.29 “硬件”对话框

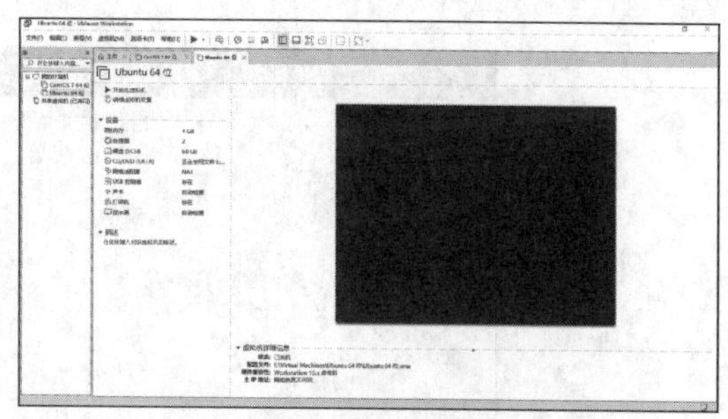

图 1.30 虚拟机启动界面

（19）在虚拟机启动界面中，选择“开启此虚拟机”选项，安装 Ubuntu 操作系统，在该界面的左侧选择语言类型，这里选择“中文（简体）”，如图 1.31 所示。

（20）在“安装”对话框中，选择“安装 Ubuntu”选项，弹出“键盘布局”对话框，如图 1.32 所示。

图 1.31 选择语言类型

图 1.32 “键盘布局”对话框

（21）在“键盘布局”对话框中，选择“Chinese”选项，单击“继续”按钮，弹出“更新和其他软件”对话框，如图 1.33 所示。

（22）在“更新和其他软件”对话框中，选中“正常安装”单选按钮，单击“继续”按钮，弹出“安装类型”对话框，如图 1.34 所示。

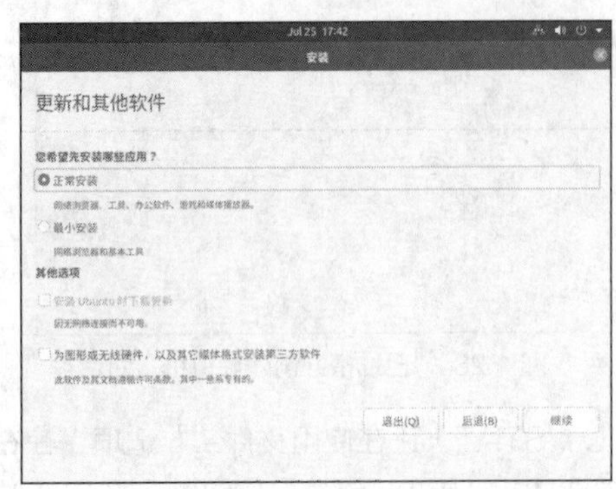

图 1.33 “更新和其他软件”对话框

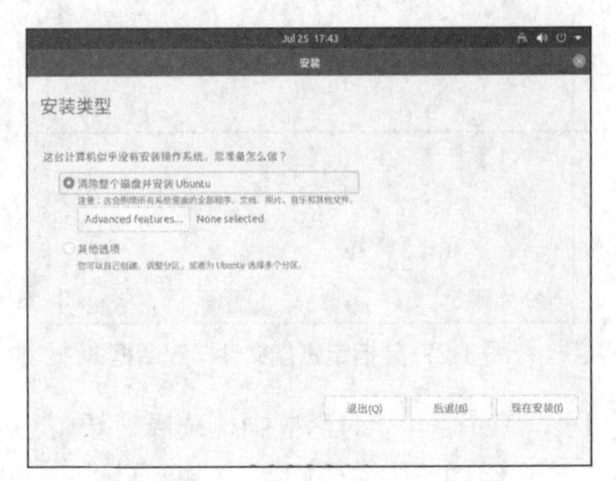

图 1.34 “安装类型”对话框

（23）在“安装类型”对话框中，选中“清除整个磁盘并安装 Ubuntu”单选按钮，单击“现在安装（I）”按钮，弹出“将改动写入磁盘吗？”对话框，如图 1.35 所示。

（24）在“将改动写入磁盘吗？”对话框中，单击“继续”按钮，弹出“您在什么地方？”对话框，选择所在区域。

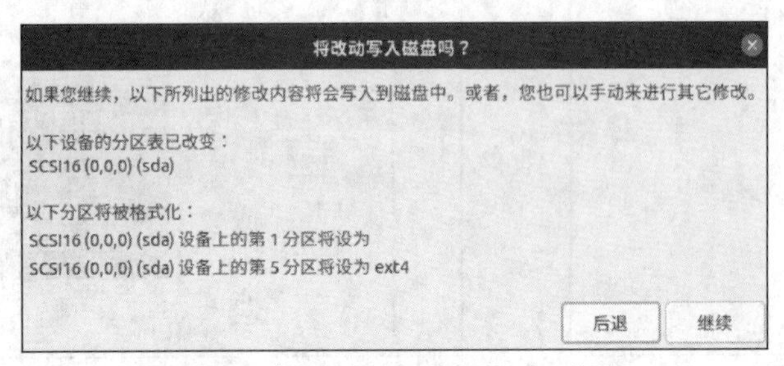

图 1.35 “将改动写入磁盘吗？”对话框

（25）在“您在什么地方？”对话框中，单击“继续”按钮，弹出“您是谁？”对话框，输入相关信息，如图 1.36 所示。

（26）在“您是谁？”对话框中，单击“继续”按钮，弹出欢迎使用 Ubuntu 界面，如图 1.37 所示。

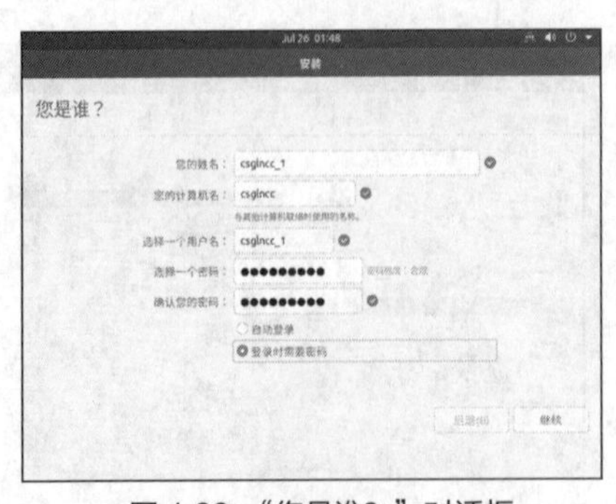

图 1.36 “您是谁？”对话框

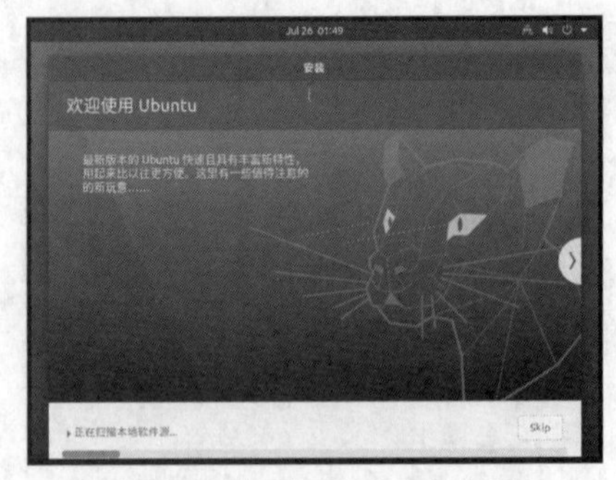

图 1.37 欢迎使用 Ubuntu 界面

（27）Ubuntu 操作系统安装完成后，弹出安装完成界面，需要重新启动系统，如图 1.38 所示。

（28）单击“现在重启”按钮，重新启动 Ubuntu 操作系统，如图 1.39 所示。

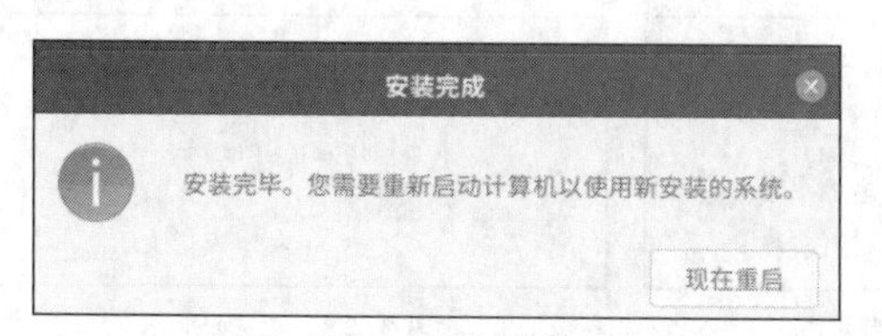

图 1.38　安装完成界面

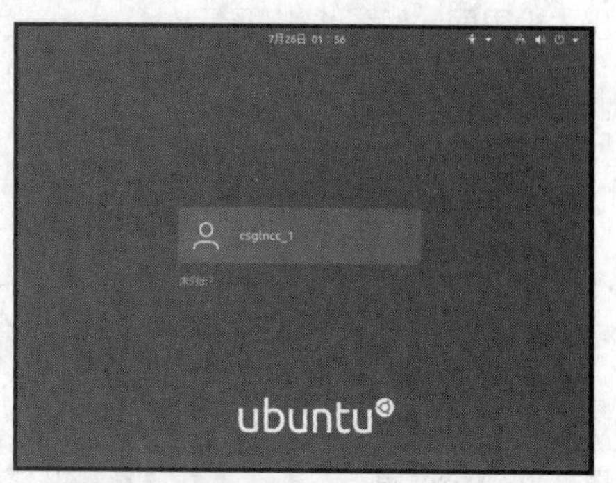

图 1.39　重新启动 Ubuntu 操作系统

1.3.3　熟悉 Ubuntu 桌面环境

使用 Ubuntu Linux 操作系统之前用户必须登录，以使用系统中的各种资源。登录的目的就是使系统能够识别出当前的用户身份，当用户访问资源时就可以判断该用户是否具有相应的访问权限。登录 Linux 操作系统是使用系统的第一步。用户应该先拥有一个系统账户作为登录凭证，再进行其他相关操作。

1. 系统登录、注销与关机

初次使用 Ubuntu 操作系统时，无法使用 root（超级管理员）登录系统。其他 Linux 操作系统发行版一般在安装过程中就可以设置 root 密码，用户可以直接用 root 账户登录，或者使用 su 命令转换到 root 身份。与之相反，Ubuntu 操作系统默认安装时并没有用 root 账户登录，也没有启用 root 账户，而是让安装系统时设置的第一个用户通过 sudo 命令获得超级用户的所有权限。在图形用户界面中执行系统配置管理操作时，会提示输入管理员密码，类似于 Windows 中的用户账户控制。

首次登录 Ubuntu 操作系统时，选择用户并输入密码进行登录，界面中会显示 Ubuntu 的新特性，登录 Ubuntu 桌面环境，如图 1.40 所示。

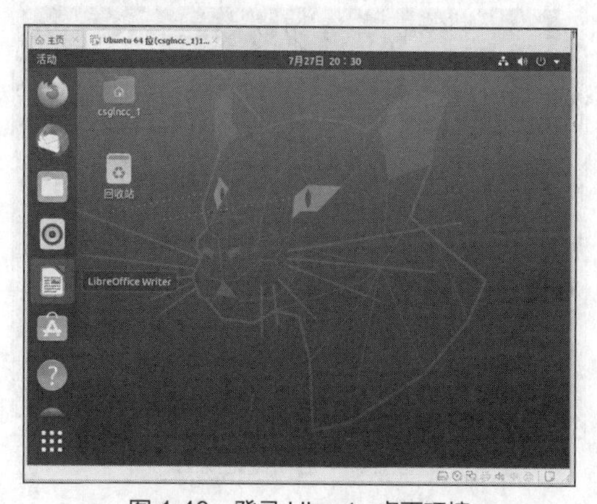

图 1.40　登录 Ubuntu 桌面环境

注销就是退出某个用户的会话，是登录操作的反向操作。注销会结束当前用户的所有进程，但是不会关闭系统，也不影响系统中其他用户的工作。注销当前登录的用户，目的是以其他用户身份登录系统。单击窗口右上角任一图标弹出状态菜单，再单击“关机/注销”右侧的 ▸ 箭头展开列表，展开后如图 1.41 所示。选择“注销”选项，弹出注销界面，如图 1.42 所示。若选择“关机”选项，则弹出关机界面，如图 1.43 所示。

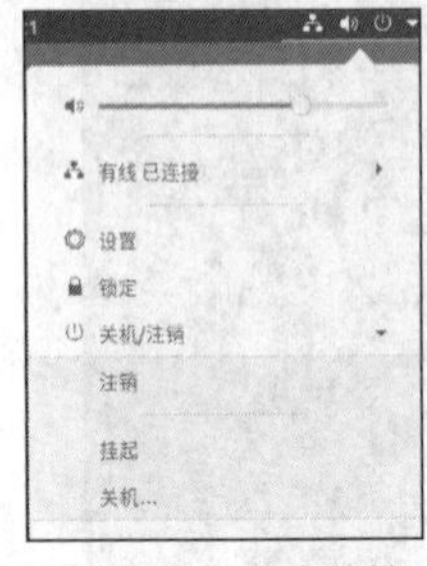

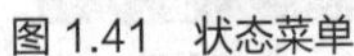
图 1.41　状态菜单

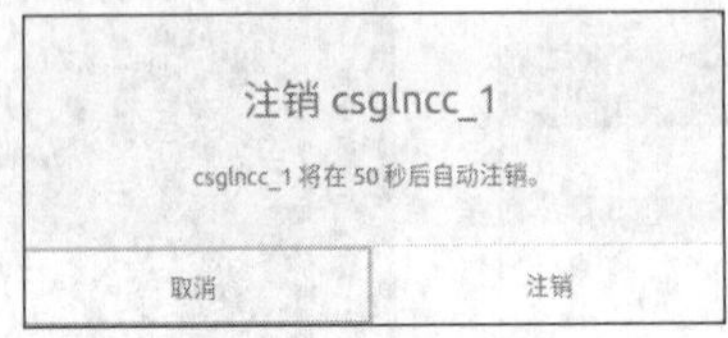

图 1.42　注销界面

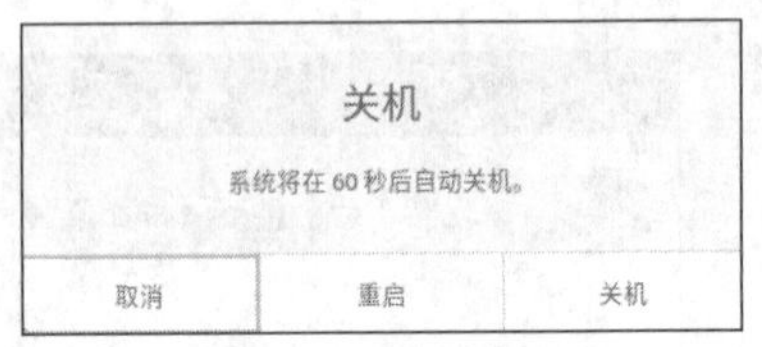

图 1.43　关机界面

2. 活动概览视图

要想熟悉 Ubuntu 系统桌面环境的基本操作，首先要了解活动概览视图。Ubuntu 系统默认处于普通视图，单击屏幕左上角的“活动”按钮或者按 Windows 键，可在普通视图和活动概览视图之间切换。活动概览视图是一种全屏模式，如图 1.44 所示，它提供从一个活动切换到另一个活动的多种途径。它会显示所有已打开的预览，以及收藏的应用程序和正在运行的应用程序的图标。另外，它还集成了搜索与浏览功能。

处于活动概览视图时，顶部面板上的左上角的“活动”按钮自动加上下画线。在视图的左边可以看到 Dash 浮动面板，它就是一个收藏夹，用于放置常用的程序和当前正在运行的程序，单击其中的图标可以打开相应的程序，如果程序已经运行了，则会高亮显示，单击图标会显示最近使用的窗口。也可以从 Dash 浮动面板中拖动图标到视图中，或者拖动图标到右边的任一工作区中。

切换到活动概览视图时桌面显示的是窗口概览视图，显示当前工作区中所有窗口的实时缩略图，其中只有一个是处于活动状态的窗口。每个窗口代表一个正在运行的图形用户界面应用程序。其上部有一个搜索框，可用于查找主目录中的应用程序、设置和文件等。工作区选择器位于活动概览视图右侧，可用于切换到不同的工作区。

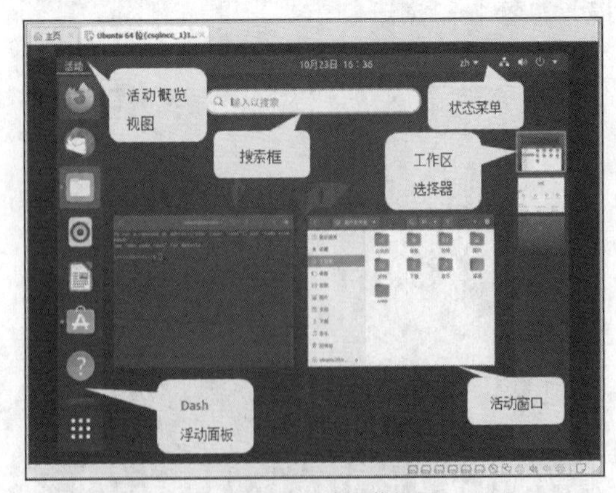

图 1.44　活动概览视图

3. 启动应用程序

启动并运行应用程序的方法有很多，列举如下。

（1）从 Dash 面板中选择要运行的应用程序。对于经常使用的程序，可以将其添加到 Dash 面板中。常用应用程序即使没有处于运行状态，也会位于该面板中，以便快速访问。在 Dash 面板图标上右键单击，会弹出一个快捷菜单，如图 1.45 所示，允许进行选择所有窗口，或者新建窗口，或者从收藏夹中移除，或者退出等操作。

（2）单击 Dash 面板底部的“网格”按钮，会显示应用程序概览视图，也就是应用程序列表，可以选择常用列表，如图 1.46 所示，也可以选择全部列表，如图 1.47 所示。单击其中要运行的程序，或者将应用程序拖动到活动概览视图或工作区缩略图中即可启动相应的应用程序。

图 1.45　右键菜单

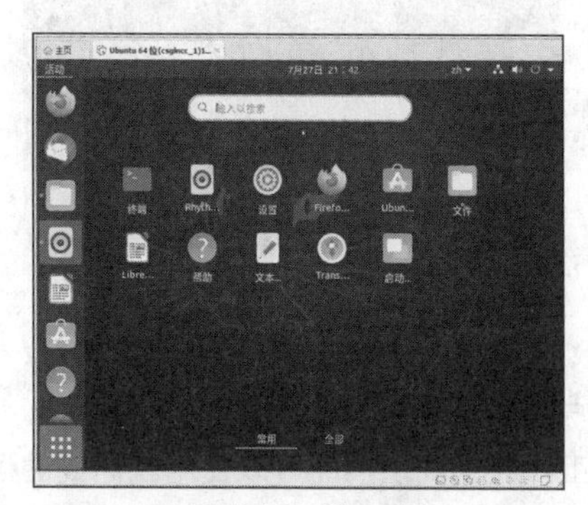

图 1.46　常用列表

（3）打开活动概览视图后，直接在搜索框中输入程序的名称，系统会自动搜索该应用程序，并显示相应的应用程序图标，单击该图标即可运行，如在搜索框中输入“Ai”，即可自动搜索到应用程序 AisleRiot（接龙游戏），如图 1.48 所示。

（4）在终端窗口中执行命令来运行图形化应用程序。

图 1.47　全部列表

图 1.48　搜索应用程序

4. 将应用程序添加到 Dash 面板中

进入活动概览视图，单击 Dash 面板底部的“网格”按钮，右键单击要添加的应用程序，在弹出的快捷菜单中选择“添加到收藏夹”选项，或者直接拖动其图标到 Dash 面板中，如将“终端”添加到 Dash 面板中，如图 1.49 所示。要从 Dash 面板中删除应用程序，可右键单击该应用程序，在弹出的快捷菜单中选择“从收藏夹中移除”选项。

5. 窗口操作

图形用户界面应用程序在 Ubuntu 操作系统中运行时会打开相应的窗口，如图 1.50 所示。应用程序窗口的标题栏右上角通常提供窗口关闭、窗口最小化和窗口最大化按钮；一般窗口都会有菜单，默认菜单位于顶部面板左侧的菜单栏（要弹出下拉菜单）；一般窗口可以通过拖动边缘来改变大小；

同时，多个窗口之间可以使用“Alt+Tab”组合键进行切换。

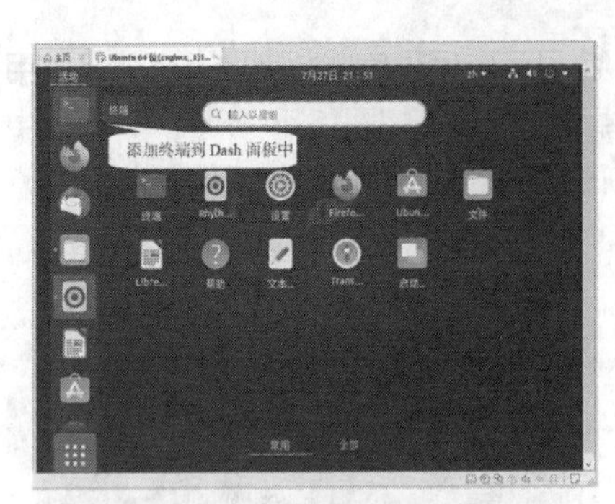

图 1.49　添加终端到 Dash 面板中

图 1.50　窗口操作

6．使用工作区

可以使用工作区将应用程序组织在一起，将程序放在不同的工作区中是组织和归类窗口的一种有效的方法。

在工作区之间切换时可以使用鼠标或键盘。进入活动概览视图之后，屏幕右侧显示工作区选择器，单击要进入的工作区，或者按“Page Up”或者“Page Down”翻页键在工作区选择器中上下切换即可。

在普通视图中启动的应用程序位于当前工作区。在活动概览视图中，可以通过以下方式使用工作区。

（1）将 Dash 面板中的应用程序拖动到右侧某工作区中，以在该工作区运行该程序。

（2）将当前工作区中某窗口的实时缩略图拖动到右侧的某工作区，使得该窗口切换到该工作区。

（3）在工作区选择器中，可以将一个工作区中的应用程序窗口缩略图拖动到另一个工作区中，使该应用程序切换到目标工作区中运行。

7．用户管理

以用户身份登录系统，单击窗口右上角任一图标弹出状态菜单，如图 1.51 所示，再选择“设置”选项，再选择“用户”选项进行用户管理，如图 1.52 所示。

图 1.51　状态菜单

图 1.52　用户管理

在用户管理界面中，添加用户需要先解锁，在窗口右上侧，单击“解锁”按钮，弹出“需要认证”对话框，如图 1.53 所示，单击“认证”按钮，弹出“添加用户”按钮，如图 1.54 所示。

图 1.53 “需要认证”对话框

图 1.54 “添加用户”按钮

单击“添加用户”按钮，弹出“添加用户”对话框，可以添加标准用户与管理员用户。添加标准用户 user01，输入用户名和密码，如图 1.55 所示，同时添加管理员账户 admin，单击“添加”按钮，完成用户账户的添加，用户账户列表如图 1.56 所示。

图 1.55 “添加用户”对话框

图 1.56 用户账户列表

在用户账户列表中，选择相应的用户，单击“移除用户”按钮，可以进行移除用户操作，如图 1.57 所示。

图 1.57 移除用户

1.3.4 常用的图形用户界面应用程序

Ubuntu Linux 操作系统的图形用户界面应用程序非常多，方便实用。

1. Firefox 浏览器

Linux 一直将 Firefox 作为默认的 Web 浏览器，Ubuntu 也不例外，单击 Dash 面板中的图标，弹出 Firefox 浏览器界面，如图 1.58 所示。

图 1.58　Firefox 浏览器界面

2. Thunderbird 邮件/新闻

单击 Dash 面板中的图标，弹出 Thunderbird 界面，如图 1.59 所示，可以选择电子邮件，设置现有的电子邮件地址，如图 1.60 所示。

图 1.59　Thunderbird 界面

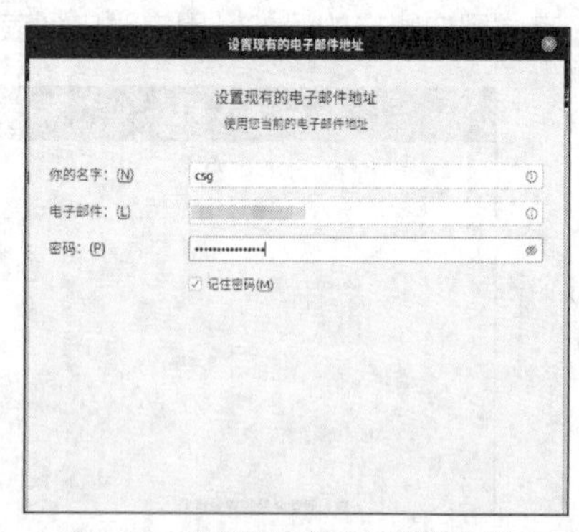

图 1.60　设置现有的电子邮件地址

3. 文件管理器

单击Dash面板中的图标，弹出文件管理器界面，如图1.61所示，Dash面板类似于Windows资源管理器，用于访问本地文件和文件夹以及网络资源等。在文件管理器窗口空白处右键单击，在弹出的快捷菜单中选择“属于”选项，可以查看当前目录属性，如图 1.62 所示。目录属性默认以图标方式显示，也可以切换到列表方式，还可以指定排序方式。

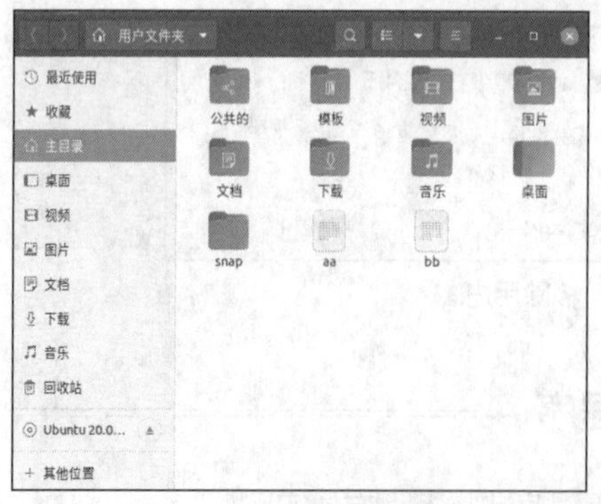

图 1.61　文件管理器界面

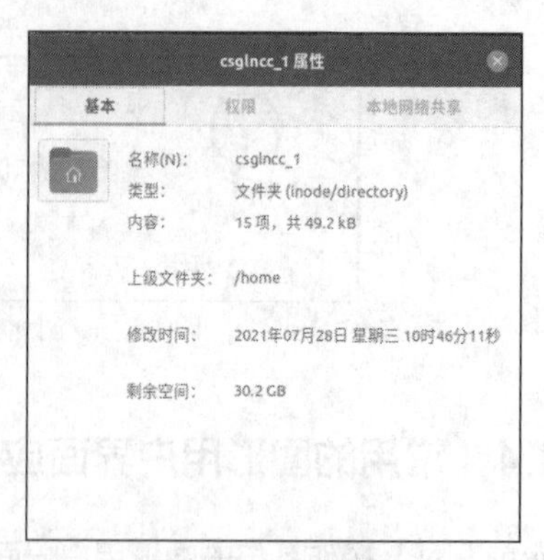

图 1.62　目录属性

在文件管理器界面中，选择“其他位置”选项，如图 1.63 所示，在此可以选择“位于本机”选项，以查看主机中的所有资源，如图 1.64 所示，或选择“网络”选项，以浏览网络资源。

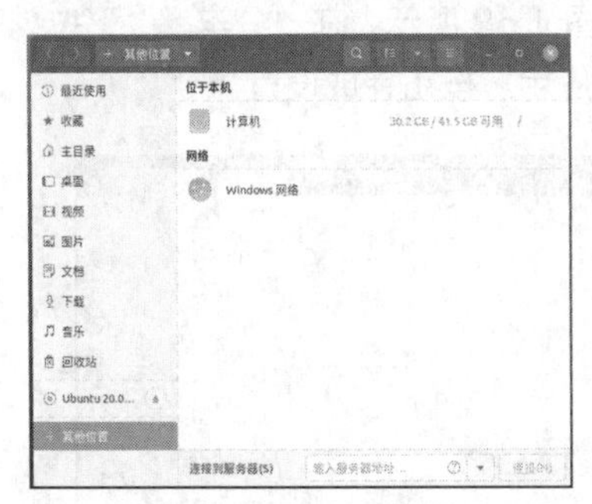

图 1.63　其他位置

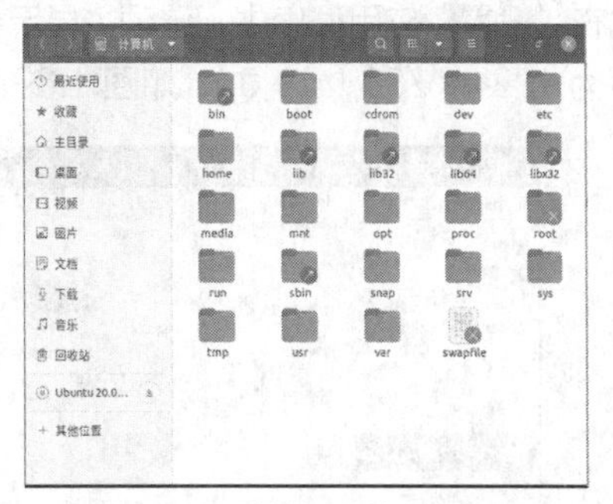

图 1.64　计算机中的所有资源

4．文本编辑器

Ubuntu 提供图形化文本编辑器 gedit 来查看和编辑纯文本文件。纯文本文件是没有应用字体或风格格式的普通文本文件，如系统日志或配置文件等。

可在活动概览视图中，在搜索框中输入“gedit”或“文本编辑器”进行查找，如图 1.65 所示，或者在 Dash 面板中找到文本编辑器应用程序，或者在应用程序中选择“全部”选项，打开文本编辑器，如图 1.66 所示。

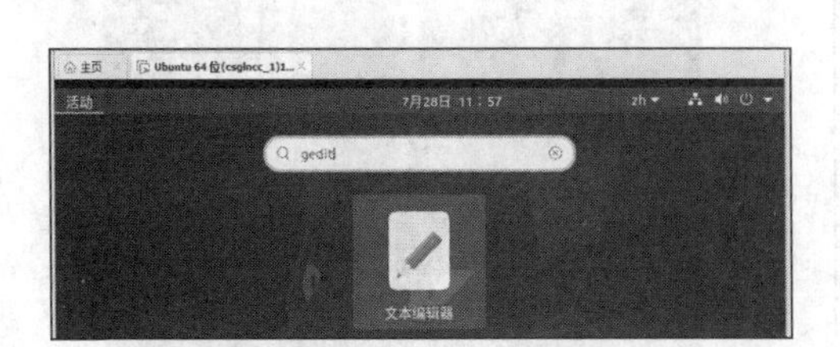

图 1.65　查找文本编辑器

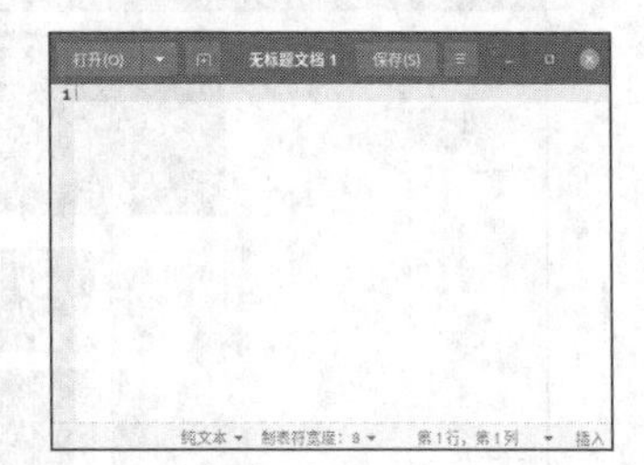

图 1.66　打开文本编辑器

1.3.5　Ubuntu 个性化设置

用户在开始使用 Ubuntu 时，往往要根据自己的需求对桌面环境进行制定。多数设置针对当前用户，不需要用户认证，而有关系统的设置需要拥有超级管理员权限。在状态菜单中，选择“设置”选项，或者在应用程序列表中选择“设置”图标，Ubuntu 系统设置如图 1.67 所示，可以执行各类设置任务。

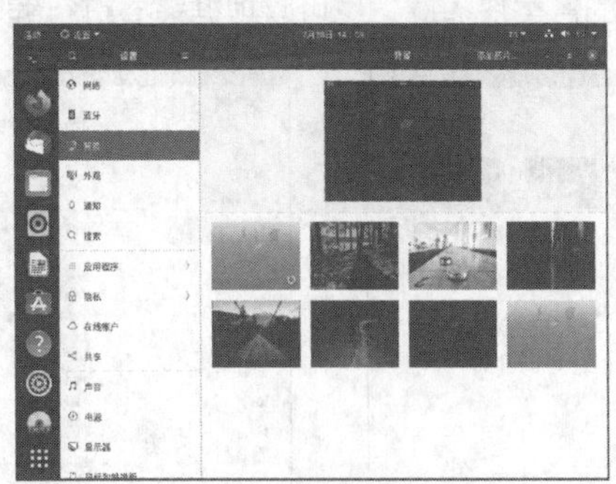

图 1.67　Ubuntu 系统设置

1. 显示器设置

默认情况下，显示器的分辨率为 800×600，一般不能满足实际需要，所以就需要修改屏幕分辨率，在“设置”应用程序中，选项“显示器”选项，如图 1.68 所示，在“分辨率”下拉列表中将其设置为 1024×768（4∶3），如图 1.69 所示，单击“应用”按钮完成设置。

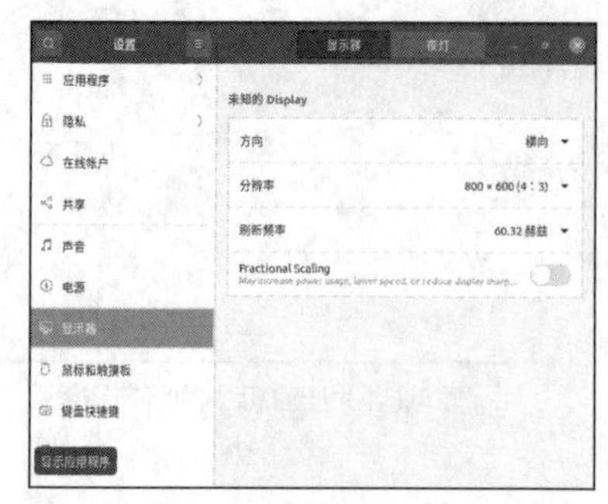

图 1.68　显示器设置

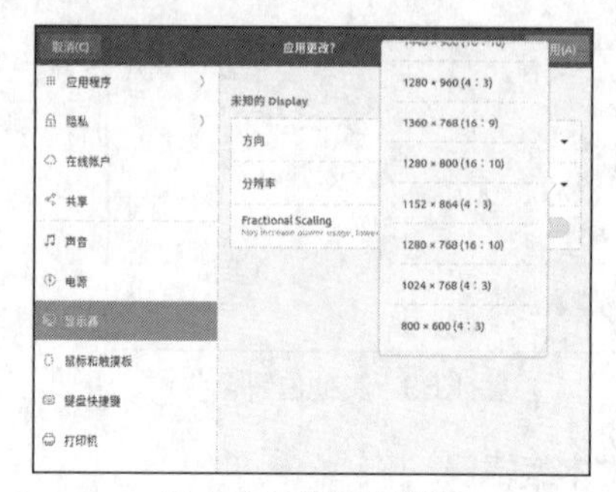

图 1.69　设置分辨率

2. 背景设置

在“设置”应用程序中，选择“背景”选项，如图 1.70 所示，双击选择相应的背景图片，将其设置为系统背景，关闭窗口，返回系统界面，如图 1.71 所示。

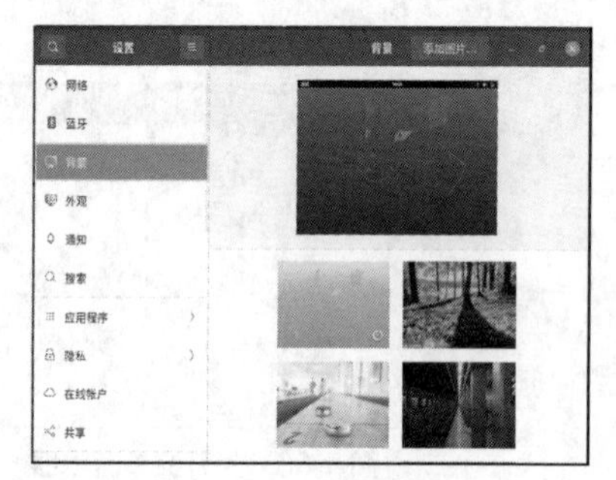

图 1.70　背景设置

图 1.71　完成桌面背景设置

3. 外观设置

在“设置”应用程序中，选择“外观”选项，如图 1.72 所示，可以设置窗口的颜色，在 Dock 中，可以自动隐藏 Dock，设置图标大小、在屏幕上的位置等相关信息。

4. 键盘快捷键设置

在桌面应用中经常要用到快捷键，在“设置”应用程序中，选择“键盘快捷键”选项，如图 1.73 所示，可以查看系统默认设置的各类快捷键，也可以根据需要进行编辑或修改。

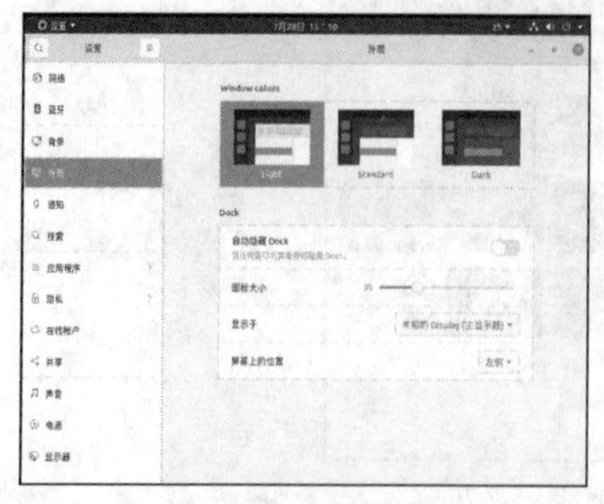

图 1.72　外观设置

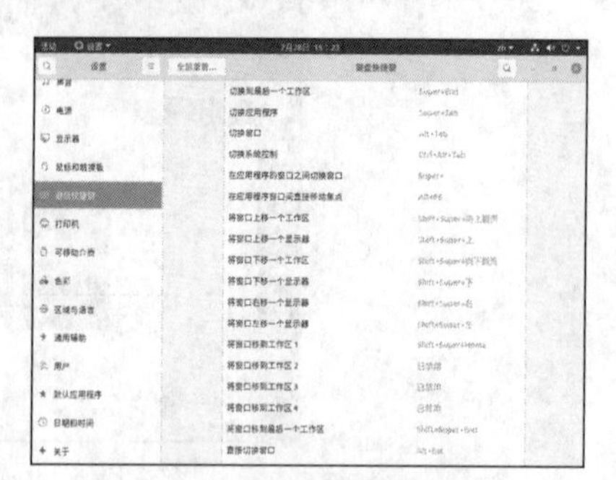

图 1.73　键盘快捷键设置

5. 网络设置

在“设置”应用程序中，选择“网络”选项，如图 1.74 所示，其中列出了已有网络接口的当前状态，默认的“有线”处于打开状态（可切换为关闭状态），单击其右侧⚙按钮，弹出“有线”对话框，可以根据需要查看或修改该网络连接设置。默认情况下，“详细信息”选项卡中会显示网络连接的详细信息，如图 1.75 所示。可以选择其他选项卡查看和修改相应的设置，例如，选择“IPv4”选项卡，如图 1.76 所示，这里将默认的“自动（DHCP）”改为“手动”，并输入相应的 IP 地址、子网掩码、网关和 DNS 等相关信息。

图 1.74　网络设置

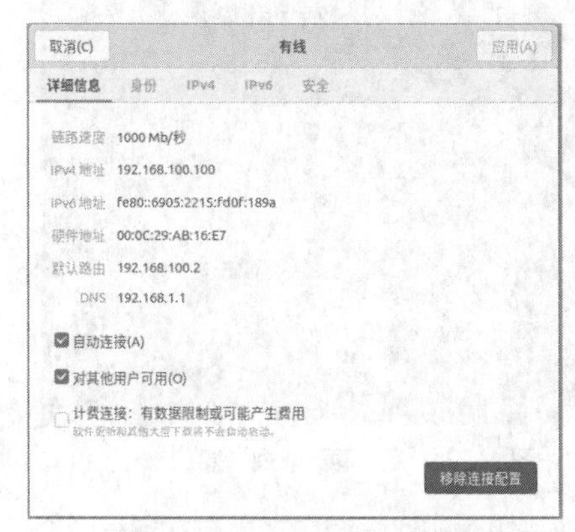

图 1.75　“详细信息”选项卡

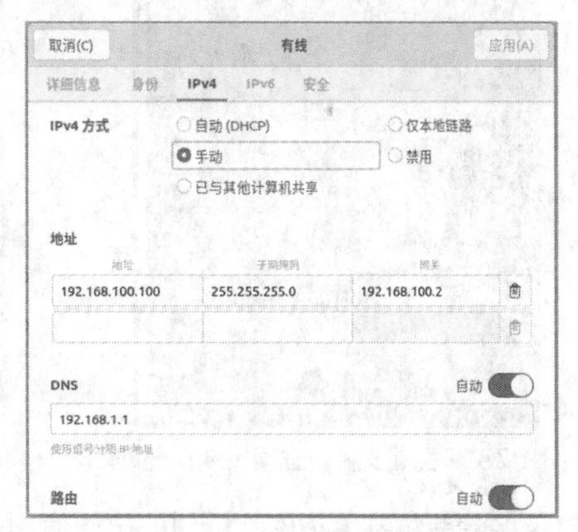

图 1.76　“IPv4”选项卡

1.3.6　Ubuntu 命令行终端管理

使用命令管理 Linux 操作系统是很基本和很重要的方法。到目前为止，很多重要的任务依然必须由命令行完成，而且执行相同的任务，使用命令行来完成比使用图形用户界面要简捷高效得多。使用命令行有两种方式，一种是在桌面环境中使用仿真终端窗口，另一种是进入文本模式后登录到终端。

1. 使用仿真终端窗口

可以在 Ubuntu 图形用户界面中使用仿真终端窗口来执行命令操作。该终端是一个终端仿真应用程序，提供命令行工作模式，Ubuntu 操作系统快捷方式中默认是没有终端图标的，可以使用以下几种方法打开终端窗口。

（1）按“Ctrl+Alt+T”组合键，这个组合键适用于 Ubuntu 的各种版本。

（2）从应用程序概览中找到“Terminal”并运行它。

（3）进入活动概览视图，输入“gnome-terminal”或“终端”就可以搜索到“Terminal”程序，按“Enter”键并运行它。

建议将终端应用程序添加到Dash面板中，以便今后通过快捷方式运行。仿真终端窗口如图1.77所示，界面中将显示一串提示符。它由4部分组成，命令格式如下。

```
当前用户名@主机名 当前目录 命令提示符
```

图1.77　仿真终端窗口

普通用户登录后，命令提示符为“$”；超级管理员root登录后，命令提示符为“#”。在命令提示符之后输入命令即可执行相应的操作，执行的结果也显示在该窗口中。

由于这是一个图形用户界面的仿真终端工具，因此用户可以通过相应的菜单很方便地修改终端的设置，如字体颜色、背景颜色等。在终端窗口中，单击图标≡，即选择“编辑”→“配置文件首选项（P）”选项，如图1.78所示，打开“首选项-常规”窗口，如图1.79所示，可以进行相应的设置。

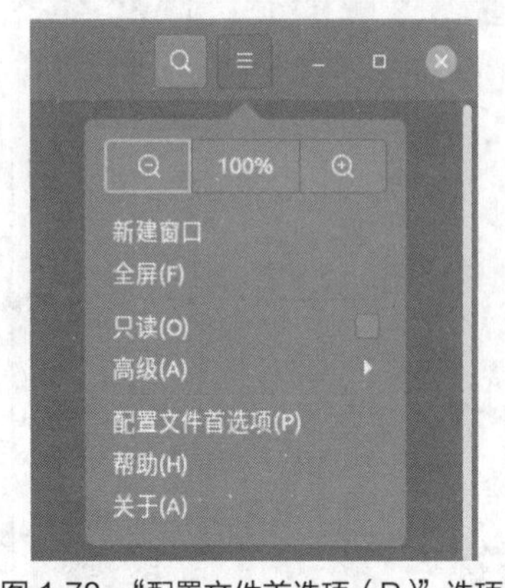

图1.78　“配置文件首选项（P）”选项

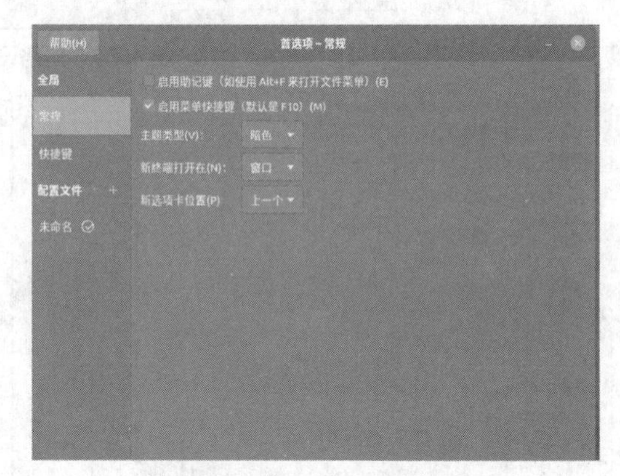

图1.79　“首选项-常规”窗口

可根据需要打开多个终端窗口，可以使用图形操作按钮关闭终端窗口，也可在终端命令行中执行exit命令关闭终端窗口。

2. 使用文本模式

Ubuntu桌面版启动之后直接进入图形用户界面，如果需要切换到文本模式，又称为字符界面，则需要登录Linux操作系统。

Linux是一个多用户操作系统，可以接受多个用户同时登录，而且允许一个用户进行多次登录，因为Linux与UNIX一样，提供虚拟控制台（Virtual Console）的访问方式，允许用户在同一时间从不同的控制台进行多次登录。直接在装有Linux的计算机上的登录称为从控制台登录，使用SSH、Telnet等工具通过网络登录Linux主机的称为远程登录，在文本模式下从控制台登录的模式称为终端tty。

终端是一种字符型设备，它有多种类型，通常使用 tty 来简称各种类型的终端设备。tty 是 Teletype 的缩写。Teletype 是最早出现的一种终端设备，很像电传打字机（或者说就是），是由Teletype公司生产的，设备名放在特殊文件目录/dev下。

默认情况下，Linux会提供6个Terminal（终端）来给用户登录，切换的方式为按“Ctrl+Alt+F1”

“Ctrl + Alt + F2”…“Ctrl + Alt + F6”组合键。此外，系统会为这 6 个终端界面以 tty1、tty2、tty3、tty4、tty5、tty6 的方式进行命名。安装完图形化终端界面后，若想进入文本模式，则可以通过按以上组合键进行切换。例如，按“Ctrl+Alt+F3”组合键，进入 tty3 控制台并登录文本模式传真终端窗口，如图 1.80 所示。需要注意的是，一共只有 6 个 tty，因而按“Ctrl+Alt+F7”组合键不会返回到图形用户界面，而是黑屏。

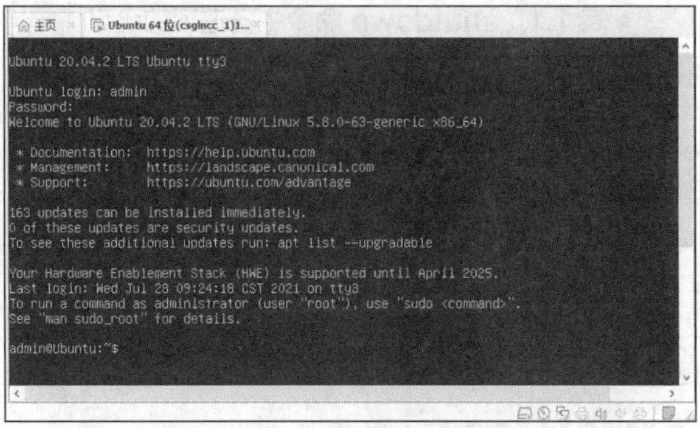

```
Ubuntu 20.04.2 LTS Ubuntu tty3

Ubuntu login: admin
Password:
Welcome to Ubuntu 20.04.2 LTS (GNU/Linux 5.8.0-63-generic x86_64)

 * Documentation:  https://help.ubuntu.com
 * Management:     https://landscape.canonical.com
 * Support:        https://ubuntu.com/advantage

163 updates can be installed immediately.
0 of these updates are security updates.
To see these additional updates run: apt list --upgradable

Your Hardware Enablement Stack (HWE) is supported until April 2025.
Last login: Wed Jul 28 09:24:18 CST 2021 on tty3
To run a command as administrator (user "root"), use "sudo <command>".
See "man sudo_root" for details.

admin@Ubuntu:~$
```

图 1.80　tty3 仿真终端窗口

安全起见，用户输入的密码（口令）不会在屏幕上显示，而用户名和密码输入错误时，也只会给出“login　incorrect”提示，不会明确地提示究竟是用户名错误还是密码错误。

在图形环境下的仿真终端窗口中使用命令行操作比直接使用 Linux 文本模式要方便一些，既可以打开多个仿真终端窗口，又可以借助图形用户界面来处理各种配置文件。建议初学者在桌面环境中使用仿真终端命令行，本书的操作实例均在仿真终端窗口中完成。

3. 配置超级管理员 root

由于 Ubuntu 在安装过程中并没有设置超级管理员 root 的用户名和密码，因此需要在用户登录系统后，单独配置用户 root 及其密码。打开仿真终端窗口，设置管理员密码，执行命令如下。

```
csglncc_1@Ubuntu:~$ sudo   passwd   root
[sudo] csglncc_1 的密码:                    #输入当前用户密码
新的 密码:                                  #输入 root 用户密码
重新输入新的 密码:                          #再次确认输入 root 用户密码
passwd：已成功更新密码
csglncc_1@Ubuntu:~$
```

使用超级管理员 root 登录，执行命令如下。

```
csglncc_1@Ubuntu:~$ su   root               #以超级管理员 root 登录
密码:                                       #输入 root 的密码
root@Ubuntu:/home/csglncc_1# exit           #超级管理员 root 登录后提示符为“#”
exit
csglncc_1@Ubuntu:~$                         #普通用户登录后提示符为“$”
```

4. 使用命令行关闭和重启系统

通过直接关掉电源来关机是很不安全的做法，正确的方法是使用命令执行关闭和重启系统操作。

在 Linux 中，reboot 命令用于重新启动系统，shutdown -r now 命令用于立即停止并重新启动系统，二者都为重启系统命令，但在使用上是有区别的。

（1）shutdown 命令可以安全地关闭或重启 Linux 操作系统，它会在系统关闭之前给系统中的所有登录用户发送一条警告信息。该命令允许用户指定一个时间参数，用于指定什么时间关闭，时间参数既可以是一个精确的时间，又可以是从现在开始的一个时间段。

精确时间的格式是 hh:mm，表示小时和分钟，时间段由小时和分钟数表示。系统执行该命令后会自动进行数据同步的工作。

该命令的一般格式如下。

```
shutdown  [选项]  [时间]  [警告信息]
```

shutdown 命令中各选项的含义如表 1.1 所示。

表 1.1　shutdown 命令中各选项的含义

选项	含义
-k	并不真正关机，而只是发出警告信息给所有用户
-r	关机后立即重新启动系统
-h	关机后不重新启动系统
-f	快速关机重启动时跳过文件系统检查
-n	快速关机且不经过 init 程序
-c	取消一个已经运行的 shutdown 操作

（2）halt 是最简单的关机命令，其实际上是调用 shutdown-h 命令。执行 halt 命令时，会结束应用进程，文件系统写操作完成后会停止内核。

```
csglncc_1@Ubuntu:~$ shutdown  -h  now                    #立刻关闭系统
```

（3）reboot 命令的工作过程与 halt 命令类似，其作用是重新启动系统，而 halt 命令的作用是关机。其选项也与 halt 命令类似，reboot 命令重启系统时是删除所有进程，而不是平稳地终止它们。因此，使用 reboot 命令可以快速地关闭系统，但当还有其他用户在该系统中工作时，会导致数据的丢失，所以使用 reboot 命令的场合主要是单用户模式。

```
csglncc_1@Ubuntu:~$ reboot                               #立刻重启系统
csglncc_1@Ubuntu:~$ shutdown  -r  00:05                  #5 min 后重启系统
csglncc_1@Ubuntu:~$ shutdown  -c                         #取消 shutdown 操作
```

（4）退出终端窗口命令 exit。

```
csglncc_1@Ubuntu:~$ exit                                 #退出终端窗口
```

1.3.7　使用 CRT 与 FX 配置管理 Ubuntu 操作系统

安全远程登录（Secure Combined Rlogin and Telnet，SecureCRT）和安全传输（Secure FTP 及 FTP over SSH2，SecureFX）都是由 VanDyke 出品的安全外壳（Secure Shell，SSH）传输工具，SecureCRT 可以进行远程连接，SecureFX 可以进行远程可视化文件传输。

SecureCRT 是一种支持 SSH（SSH1 和 SSH2）的终端仿真程序，简单地说，其为 Windows 中登录 UNIX 或 Linux 服务器主机的软件。

SecureCRT 支持 SSH，同时支持 Telnet 和 Rlogin 协议。SecureCRT 是一种用于连接运行包括 Windows、UNIX 和虚拟内存系统（Virtual Memory System，VMS）的理想工具。其通过使用内含的 VCP 命令行程序进行加密文件的传输。其包含流行 CRT Telnet 客户机的所有特点，包括自动注册、对不同主机保持不同的特性、打印、颜色设置、可变屏幕尺寸、用户定义的键位图和优良的 VT100、VT102、VT220 及 ANSI 竞争，能从命令行中运行或在浏览器中运行。SecureCRT 的其他特点包括可使用文本手稿、具有易于使用的工具栏、包含用户的键位图编辑器、可定制 ANSI 颜色等。SecureCRT 的 SSH 协议支持 DES、3DES 和 RC4 密码以及 RSA 鉴别。

在 SecureCRT 中配置本地端口转发时，涉及本机、跳板机、目标服务器。因为本机与目标服务器不能直接 ping 通，所以需要配置端口转发，并将本机的请求转发到目标服务器。

SecureFX 支持 3 种文件传输协议：FTP、SFTP 和 FTP over SSH2。它可以提供安全文件传输。无论用户连接的是哪一种操作系统的服务器，它都能提供安全的传输服务。它主要用于 Linux 操作系统（如 Red Hat、Ubuntu）的客户机文件传输程序，用户可以选择利用 SFTP 通过加密的 SSH2 实现安全传输，也可以利用 FTP 进行标准传输。SecureFX 具有 Internet Explorer 风格的界面，易于使用，同时提供了强大的自动化能力，可以实现自动化的安全文件传输。

SecureFX 可以更加有效地实现文件的安全传输，用户可以使用其新的拖放功能直接将文件拖动到 Internet Explorer 和其他程序中，也可以充分利用 SecureFX 的自动化特性，实现无须人为干扰的文件自动传输。新版本的 SecureFX 采用了一个密码库，符合 FIPS 140-2 加密要求；改进了 X.509 证书的认证能力，可以轻松开启多个会话；提高了 SSH 代理的功能。

总的来说，SecureCRT 是 Windows 中登录 UNIX 或 Linux 服务器主机的软件，SecureFX 是一种 FTP 软件，用于实现 Windows 和 UNIX 或 Linux 的文件传输。

1. 使用 SecureCRT 配置管理 Ubuntu 操作系统

为了方便操作，可以使用 SecureCRT 连接 Ubuntu 操作系统进行配置管理。

（1）在 VMware 虚拟机主界面中，选择“编辑”→“虚拟网络编辑器（N）”选项，如图 1.81 所示，对虚拟机网络进行配置。

（2）在“虚拟网络编辑器”对话框中，选择“VMnet8”选项，设置 NAT 模式的子网 IP 地址为 192.168.100.0，如图 1.82 所示。

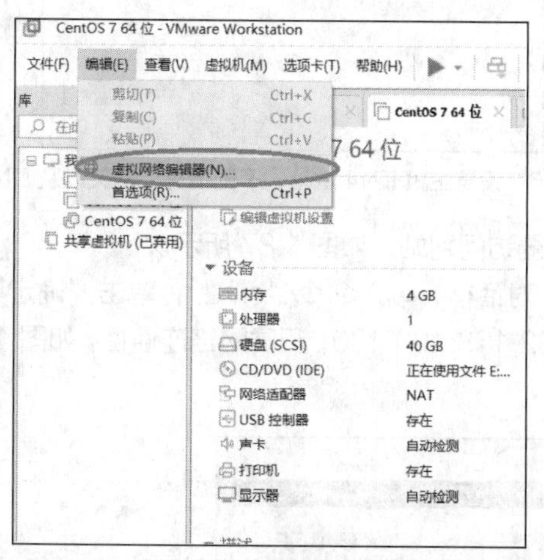

图 1.81 选择“虚拟网络编辑器（N）”选项

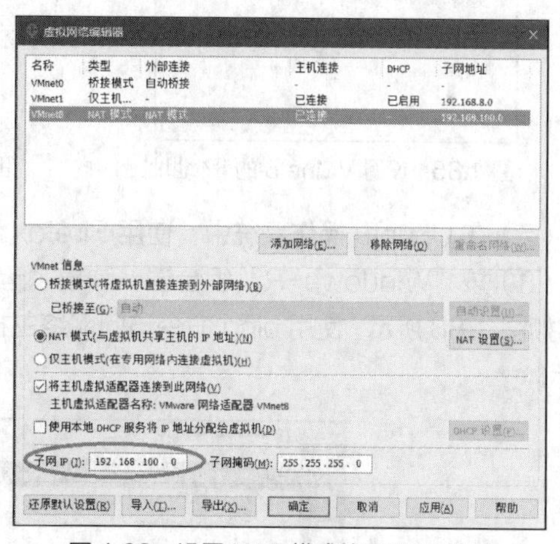

图 1.82 设置 NAT 模式的子网 IP 地址

（3）在“虚拟网络编辑器”对话框中，单击“NAT 设置（S）”按钮，弹出“NAT 设置”对话框，设置网关 IP 地址，如图 1.83 所示。

（4）选择“控制面板”→“网络和 Internet”→“网络连接”选项，查看 VMware Network Adapter VMnet8 连接，如图 1.84 所示。

（5）设置 VMnet8 的 IP 地址，如图 1.85 所示。

（6）进入 Ubuntu 操作系统桌面，单击窗口右上角任一图标弹出状态菜单，选择“有线”选项，设置主机 IPv4 地址、子网掩码、网关以及 DNS 相关信息，如图 1.86 所示，设置完成后返回 Ubuntu 操作系统桌面。

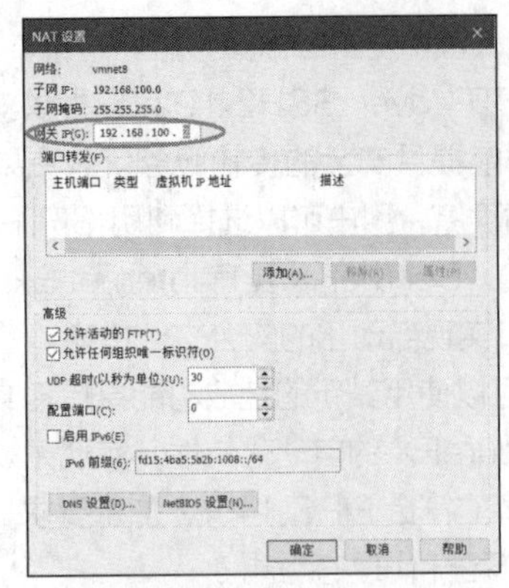

图 1.83　设置网关 IP 地址

图 1.84　查看 VMware Network Adapter VMnet8 连接

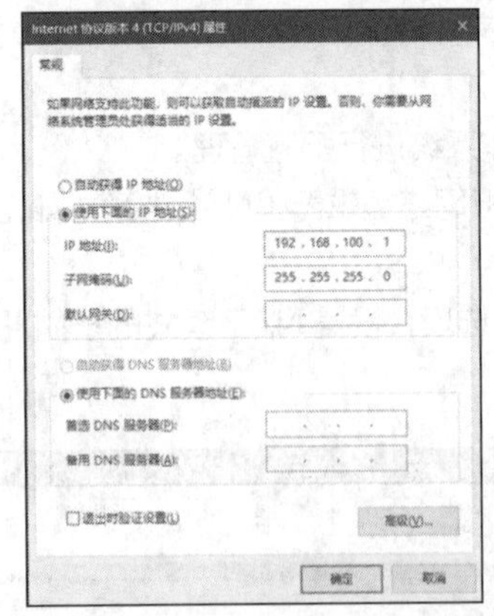

图 1.85　设置 VMnet8 的 IP 地址

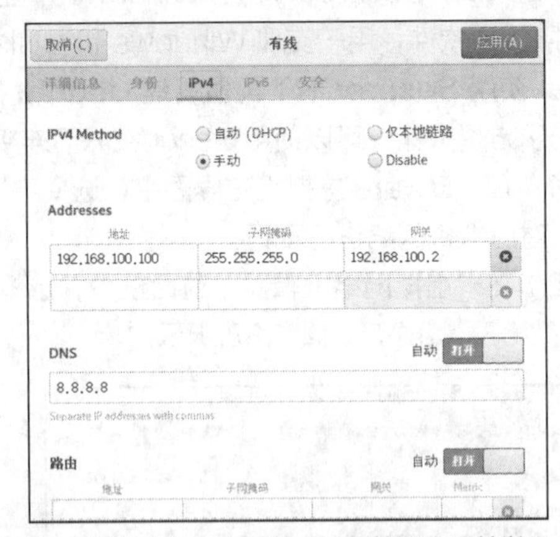

图 1.86　设置主机 IPv4 地址、子网掩码、网关以及 DNS

（7）在 Ubuntu 操作系统中，使用 Firefox 浏览器访问网站，如图 1.87 所示。

（8）按“Windows+R”组合键，弹出“运行”对话框，输入命令“cmd”，单击“确定”按钮，如图 1.88 所示，使用 ping 命令访问网络主机 192.168.100.100，测试网络连通性，如图 1.89 所示。

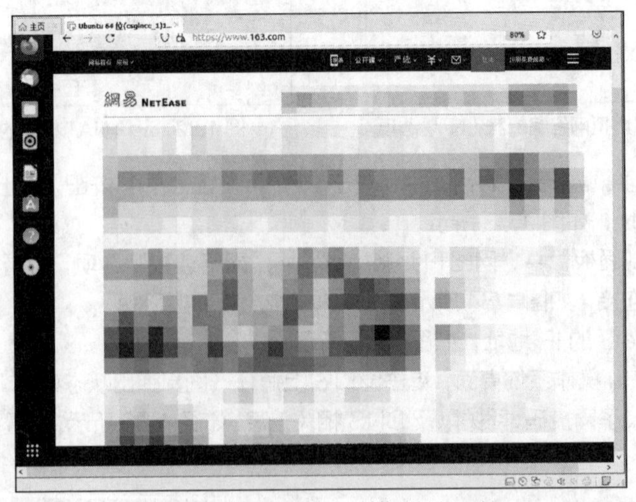

图 1.87　使用 Firefox 浏览器访问网站

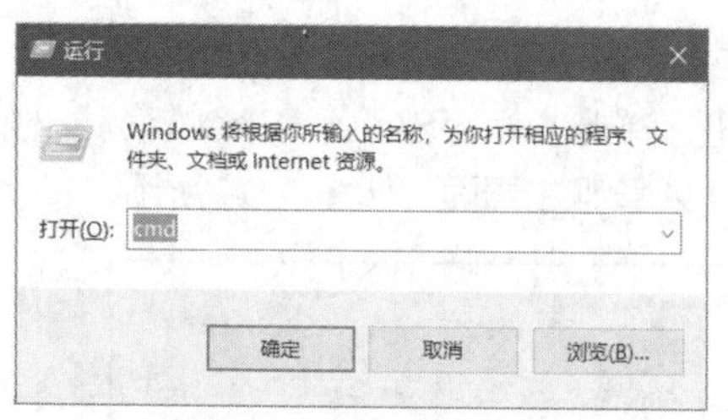

图 1.88 “运行”对话框

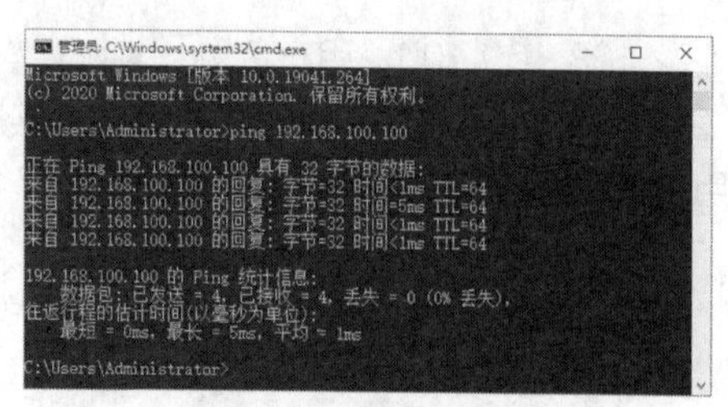

图 1.89 访问网络主机

（9）打开 SecureCRT 工具软件，单击工具栏中的图标，弹出“快速连接”对话框，如图 1.90 所示。

（10）在“快速连接”对话框中，输入主机名为 192.168.100.100，用户名为 csglncc_1，单击“连接”按钮，弹出“输入 Secure Shell 密码”对话框，如图 1.91 所示。

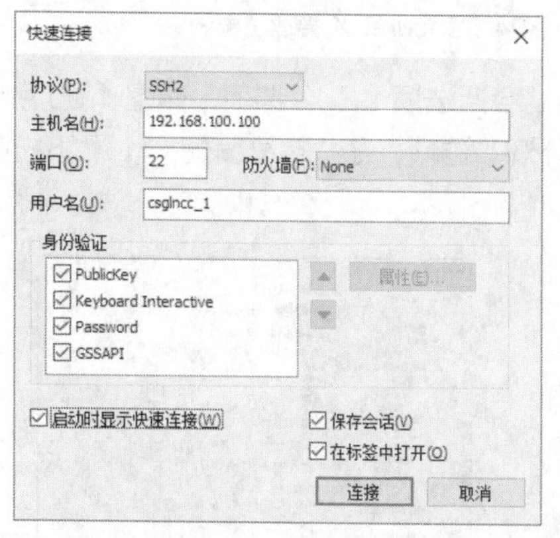

图 1.90 SecureCRT 的“快速连接”对话框

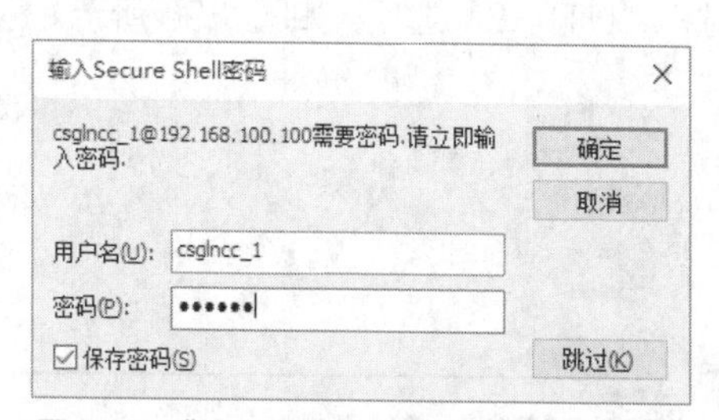

图 1.91 “输入 Secure Shell 密码”对话框

（11）在“输入 Secure Shell 密码”对话框中，输入用户名和密码。可以选中“保存密码（S）”复选框，在下次连接的时候可不用再输入密码。单击“确定”按钮，弹出系统登录界面，此时可以使用 CRT 配置管理 Ubuntu 操作系统，如图 1.92 所示。

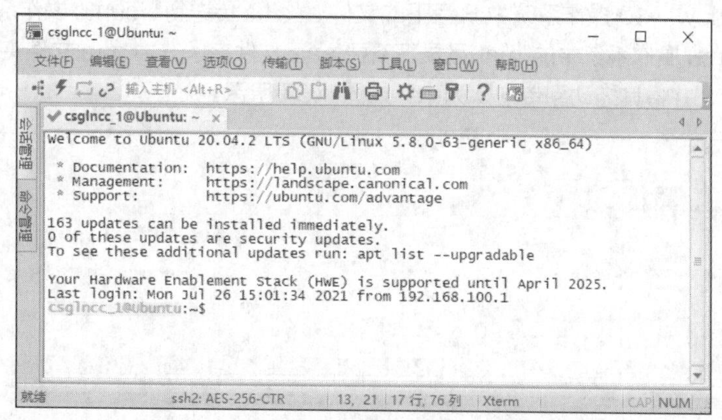

图 1.92 使用 CRT 配置管理 Ubuntu 操作系统

2. 使用 SecureFX 远程连接 Ubuntu 操作系统

使用 SecureFX 连接 Ubuntu 操作系统，进行文件传输时，其操作过程如下。

（1）打开 SecureFX 工具软件，单击工具栏中的图标，弹出“快速连接”对话框，输入主机名为 192.168.100.100，用户名为 csglncc_1 进行连接，如图 1.93 所示。

（2）在“快速连接”对话框中，单击“连接”按钮，弹出“输入 Secure Shell 密码”对话框，输入用户名和密码，单击“确定”按钮，弹出 SecureFX 管理主界面，如图 1.94 所示。

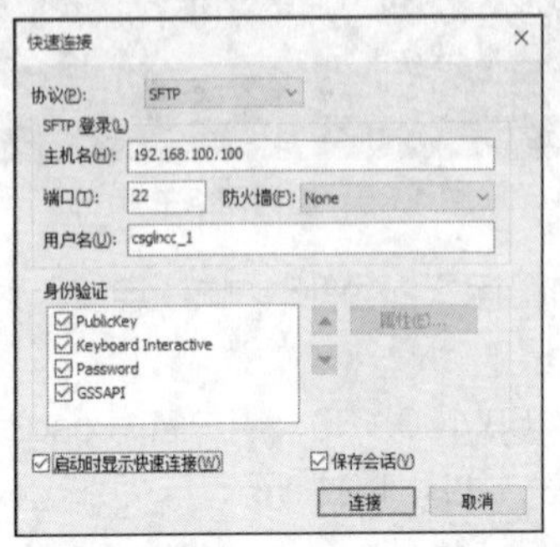

图 1.93　SecureFX 的“快速连接”对话框

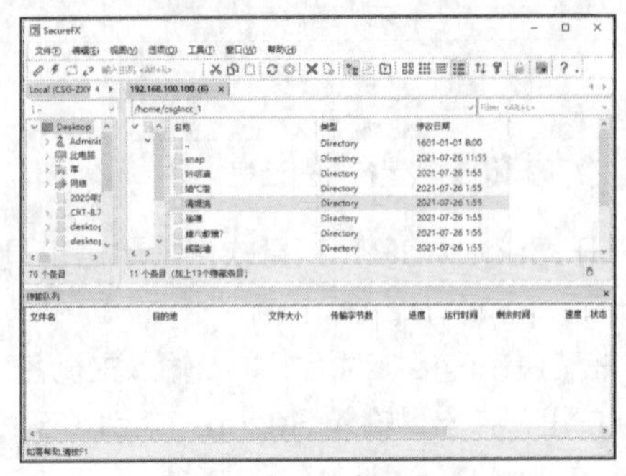

图 1.94　SecureFX 管理主界面

（3）在 SecureFX 管理主界面中，选择“选项”→“会话选项（S）”选项，如图 1.95 所示。

（4）弹出会话选项对话框，选择“外观窗口和文本外观”选项，在“字符编码（H）”下拉列表中选择“UTF-8”选项，如图 1.96 所示。

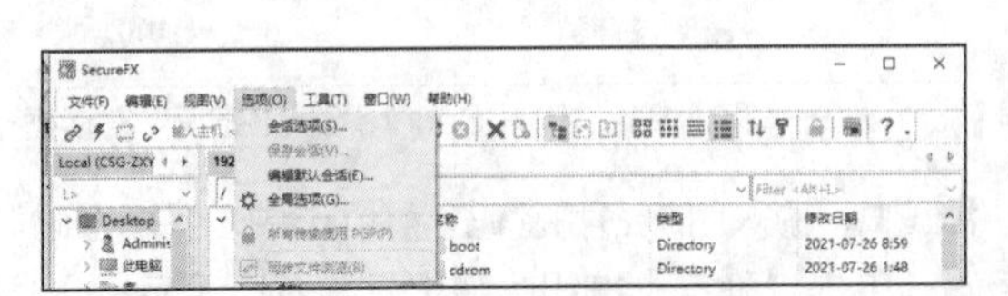

图 1.95　选择“会话选项”选项

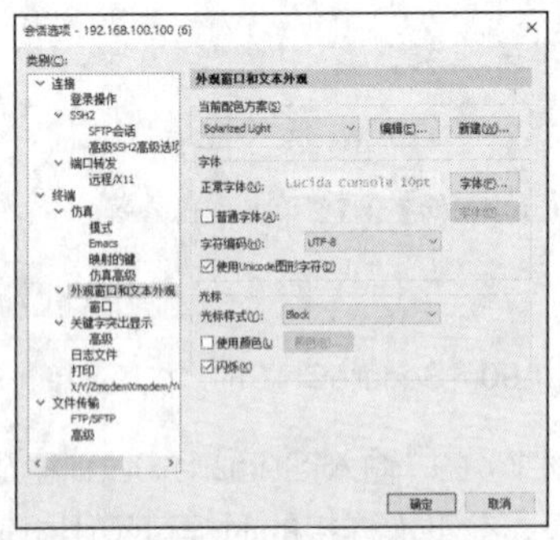

图 1.96　设置会话选项

（5）将 Windows 10 操作系统中 F 盘下的文件 abc.txt 传送到 Ubuntu 操作系统中的/mnt/aaa 目录下。在 Ubuntu 操作系统中的/mnt 目录下新建 aaa 文件夹。选中 aaa 文件夹，同时选择 F 盘下的文件 abc.txt，并将其拖动到传送队列中，如图 1.97 所示。

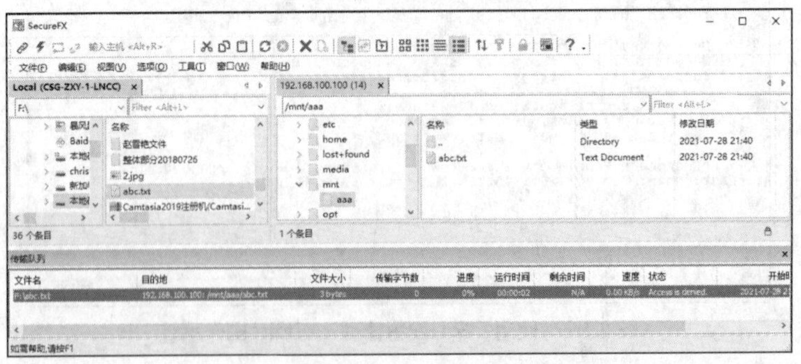

图 1.97　使用 SecureFX 传送文件

（6）使用 ls 命令，查看 Ubuntu 操作系统主机 192.168.100.100 目录/mnt/aaa 的传送结果，如图 1.98 所示。

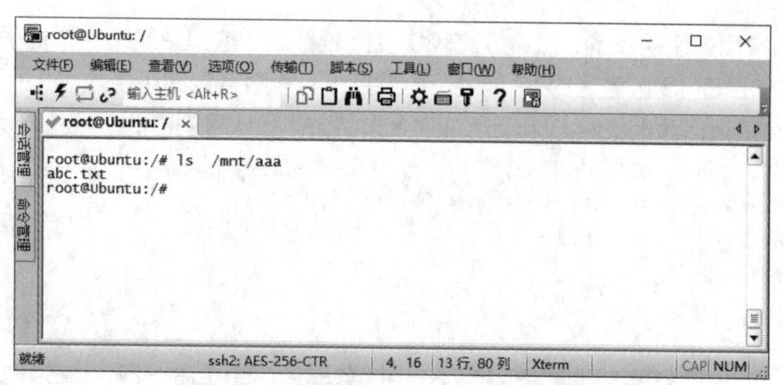

图 1.98　查看目录/mnt/aaa 的传送结果

3. SecureCRT 无法连接登录 Ubuntu 操作系统的原因及解决方案

导致 SecureCRT 无法连接 Ubuntu 操作系统的原因有很多，具体情况分析如下。

（1）安装 Ubuntu 之后没有安装 ssh 服务，导致一直连接不上。用户登录系统，执行命令如下。

```
csglncc_1@Ubuntu:~$ sudo   apt   update
csglncc_1@Ubuntu:~$ sudo    apt   install   openssh-server
```

为了支持虚拟机与主机之间自由移动鼠标，支持自由拖动功能，建议安装 open-vm-tools 工具，执行命令如下。

```
csglncc_1@Ubuntu:~$ sudo   apt   install   open-vm-tools
csglncc_1@Ubuntu:~$ sudo   apt   install   open-vm-tools-desktop
```

（2）由于虚拟机与主机之间 IP 地址、子网掩码以及网关配置不当，无法相互通信，造成无法连接登录。

（3）由于网络 DNS 配置不当，网络主机无法上网，相关服务无法安装，造成无法连接登录。

安装好 Ubuntu 之后设置了静态 IP 地址，在重启后会无法解析域名。要想重新设置 DNS，可打开/etc/resolv.conf，执行命令如下。

```
csglncc_1@Ubuntu:~$ cat   /etc/resolv.conf
# Dynamic resolv.conf(5) file for glibc resolver(3) generated by resolvconf(8)
# DO NOT EDIT THIS FILE BY HAND -- YOUR CHANGES WILL BE OVERWRITTEN
```

内容是一段警告，意为这个文件是 resolvconf 程序动态创建的，不要直接手动编辑，修改将被覆盖。果不其然，修改后重启就失效了。此时，可进行以下操作。

① 在/etc/network/interfaces 中增加一行命令 dns-nameservers 8.8.8.8，配置 DNS 服务器地址，执行命令如下。

```
csglncc_1@Ubuntu:~$ su   root
root@Ubuntu:/home/csglncc_1# cd ~
root@Ubuntu:~# vim    /etc/network/interfaces
dns-nameservers 8.8.8.8
root@Ubuntu:~#
root@Ubuntu:~# echo "dns-nameservers 114.114.114.114">> /etc/network/interfaces
root@Ubuntu:~# cat   /etc/network/interfaces
dns-nameservers 8.8.8.8
dns-nameservers 114.114.114.114
root@Ubuntu:~#
root@Ubuntu:~# apt   install   resolvconf
root@Ubuntu:~# apt   install   openresolv
root@Ubuntu:~# resolvconf    -u
```

8.8.8.8 是 Google 提供的 DNS 服务器的 IP 地址，114.114.114.114 是全国通用 DNS 服务

器的 IP 地址，国内用户使用较多，且速度比较快及比较稳定。这里只是举一个例子，用户也可以将其改成电信运营商的 DNS 服务器的 IP 地址。重启后 DNS 服务器即可生效。

② 在/etc/resolvconf/resolv.conf.d/base（这个文件默认是空白的）中执行命令如下。

```
root@Ubuntu:~# vim   /etc/resolvconf/resolv.conf.d/base
root@Ubuntu:~# cat   /etc/resolvconf/resolv.conf.d/base
nameserver   114.114.114.114
nameserver   8.8.8.8
nameserver   8.8.4.4
root@Ubuntu:~#
```

如果有多个 DNS 服务器，则使其保持为一个服务器的命令单占一行，修改好文件后将其保存，执行 resolvconf –u 命令。

```
root@Ubuntu:~# resolvconf -u
root@Ubuntu:~# ping   114.114.114.114
PING 114.114.114.114 (114.114.114.114) 56(84) bytes of data.
64 比特，来自 114.114.114.114: icmp_seq=1 ttl=128 时间=36.5 毫秒
64 比特，来自 114.114.114.114: icmp_seq=2 ttl=128 时间=36.4 毫秒
64 比特，来自 114.114.114.114: icmp_seq=3 ttl=128 时间=38.6 毫秒
64 比特，来自 114.114.114.114: icmp_seq=4 ttl=128 时间=36.6 毫秒
^C
--- 114.114.114.114 ping 统计 ---
已发送 4 个包， 已接收 4 个包, 0% 包丢失, 耗时 3007 毫秒
rtt min/avg/max/mdev = 36.378/37.037/38.588/0.900 ms
root@Ubuntu:~#
```

（4）修改客户端/etc/ssh/ssh_config 配置文件与服务端/etc/ssh/sshd_config 配置文件。

① 修改客户端/etc/ssh/ssh_config 配置文件。

```
root@Ubuntu:~# vim   /etc/ssh/ssh_config
   # Port 22
   # protocol 2
   # Ciphers aes128-ctr,aes192-ctr,aes256-ctr,aes128-cbc,3des-cbc
   MACs hmac-md5,hmac-sha1,umac-64@openssh.com
```

将前 3 行的“#”去掉，并保存文件。

② 修改服务端/etc/ssh/sshd_config 配置文件。

```
root@Ubuntu:~# vim   /etc/ssh/sshd_config
Port 22
 Protocol 2
 Ciphers aes128-ctr,aes192-ctr,aes256-ctr,aes128-cbc,3des-cbc
 MACs hmac-md5,hmac-sha1,umac-64@openssh.com
```

将以上 4 项内容复制添加到/etc/ssh/sshd_config 文件中，并保存文件，重启后启用 sshd 服务，执行命令如下。

```
root@Ubuntu:~# service   sshd   restart
root@Ubuntu:~#
```

（5）使用 SecureCRT 登录 Ubuntu 操作系统时，出现如下信息，说明密钥交换失败，可能的原因是 SecureCRT 的版本过低，需要升级 SecureCRT 版本为 8.5 以上。

```
Key exchange failed.
No compatible key exchange method. The server supports these methods:
curve25519-sha256,curve25519-sha256@libssh.org,ecdh-sha2-nistp256,ecdh-sha2-nistp384,ecdh-sha2-nislp521,diffie-hellman-group-exchange-sha256,diffie-hellman-group16-sha512,diffie-hellman-group18-sha512,diffie-hellman-group14-sha256
```

1.3.8 系统克隆与快照管理

人们经常用虚拟机做各种试验，初学者免不了因误操作导致系统崩溃、无法启动，或者在做集群的时候，通常需要多台服务器进行测试，例如，搭建 MySQL、Redis、Tomcat、Nginx 服务器等。搭建服务器费时费力，一旦系统崩溃、无法启动，需要重新安装操作系统或是部署多台服务器的时候，安装操作系统将会浪费很多时间。那么该如何进行操作呢？系统克隆将会很好地解决这个问题。

V1-4 系统克隆

1. 系统克隆

在虚拟机中安装好原始的操作系统后，进行系统克隆，克隆出几份备用，方便日后多台机器做试验，这样就可以避免重新安装操作系统，既方便又快捷。

（1）在 VMware 虚拟机主界面中，关闭虚拟机中的系统，选择要克隆的系统，在菜单栏中选择“虚拟机”→“管理（M）”→“克隆（C）”选项，如图 1.99 所示。

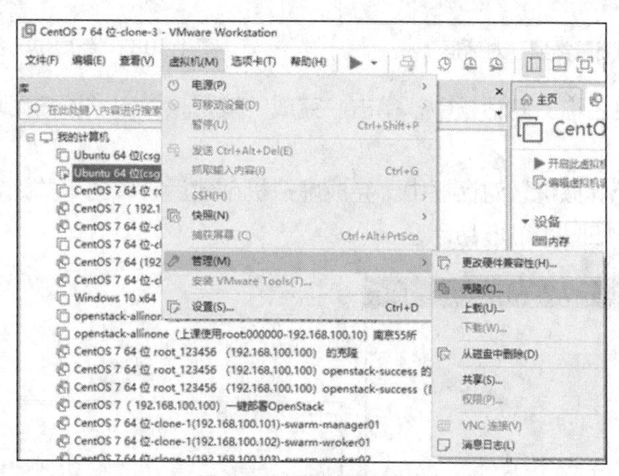

图 1.99 进行系统克隆

（2）弹出克隆虚拟机向导界面，如图 1.100 所示，单击“下一页（N）”按钮，弹出“克隆源”对话框，如图 1.101 所示，可以选中“虚拟机中的当前状态（C）”或“现有快照（仅限关闭的虚拟机）（S）”单选按钮。

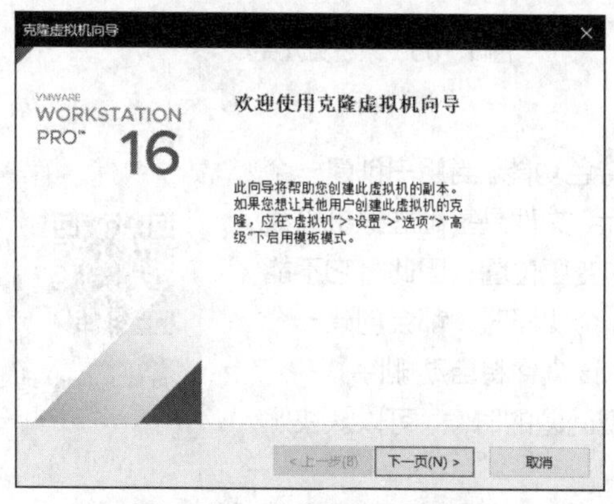

图 1.100 克隆虚拟机向导界面

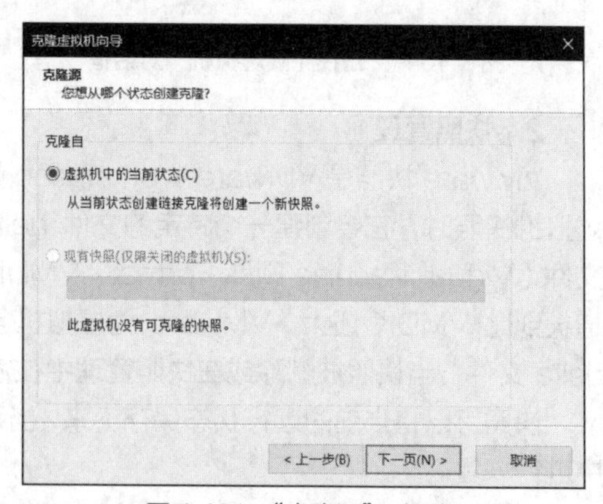

图 1.101 “克隆源”对话框

（3）在“克隆源”对话框中，单击“下一页（N）”按钮，弹出“克隆类型”对话框，选中“创建链接克隆（L）”单选按钮，如图 1.102 所示。

（4）在“克隆类型”对话框中，单击“下一页（N）”按钮，弹出“新虚拟机名称”对话框，输入虚拟机名称，设置虚拟机安装位置，如图 1.103 所示。

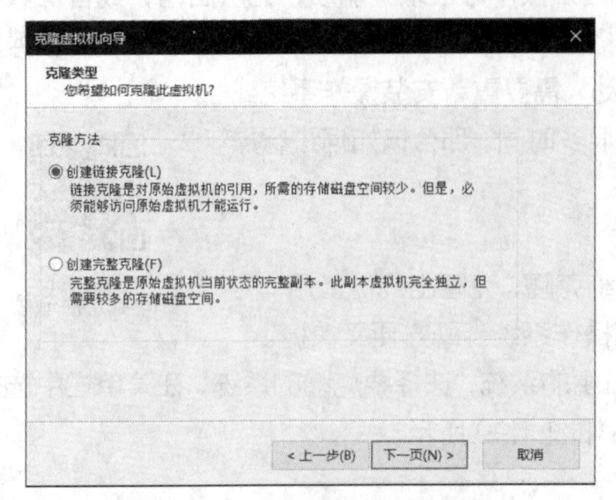

图 1.102 “克隆类型”对话框

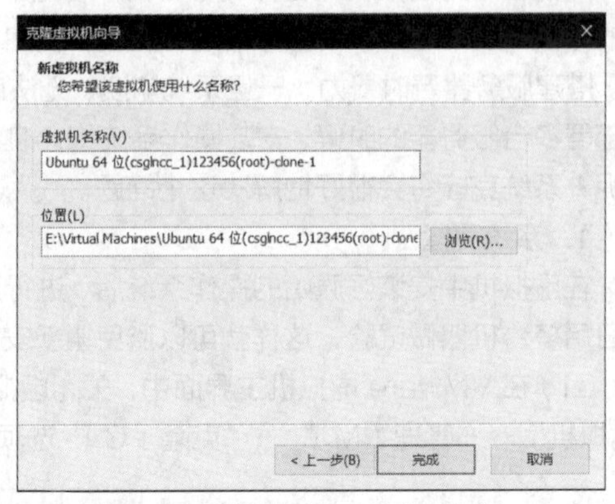

图 1.103 “新虚拟机名称”对话框

（5）在“新虚拟机名称”对话框中，单击“完成”按钮，弹出“正在克隆虚拟机”对话框，如图 1.104 所示。

（6）在“正在克隆虚拟机”对话框中，完成虚拟机创建后，单击“关闭”按钮，返回虚拟机主界面，系统克隆完成，如图 1.105 所示。

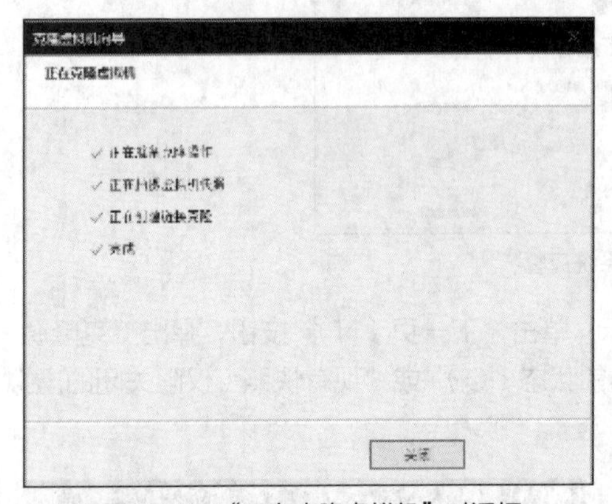

图 1.104 “正在克隆虚拟机”对话框

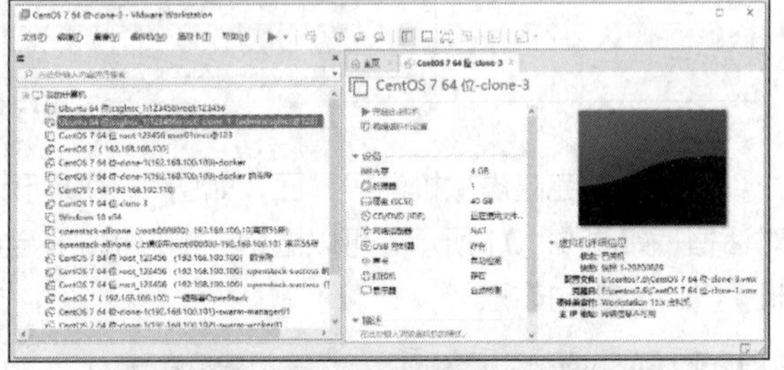

图 1.105 系统克隆完成

2. 快照管理

VMware 快照是 VMware Workstation 的一个特色功能。当用户创建一个虚拟机快照时，它会创建一个特定的文件 delta。delta 文件是基础虚拟机磁盘文件（Virtual Machine Disk Format，VMDK）中的变更位图，因此，它不能增长到比 VMDK 还大。VMware 为虚拟机创建每一个快照时，都会创建一个 delta 文件；当快照被删除或在快照管理中被恢复时，该文件将自动删除。

V1-5 快照管理

快照可以将当前的运行状态保存下来，当系统出现问题的时候，可以从快照中进行恢复。

（1）在 VMware 虚拟机主界面中，启动虚拟机中的系统，选择要快照保存备份的系统，在菜单栏中选择“虚拟机”→“快照（N）”→“拍摄快照（T）”选项，如图 1.106 所示。

（2）输入系统快照名称，如图 1.107 所示，单击“拍摄快照（T）”按钮，返回虚拟机主界面，系统快照完成，如图 1.108 所示。

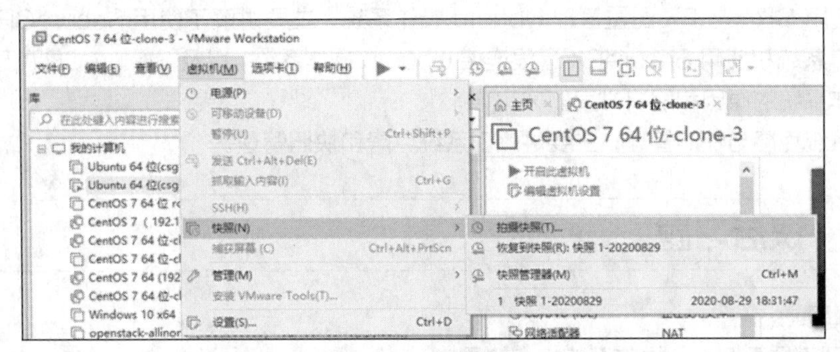

图 1.106　拍摄快照

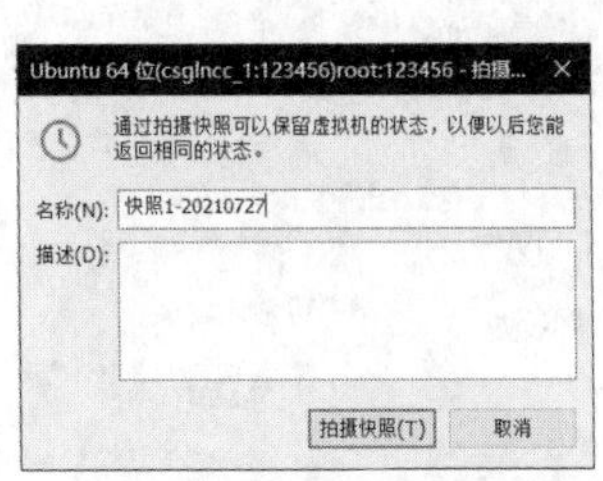

图 1.107　输入系统快照名称

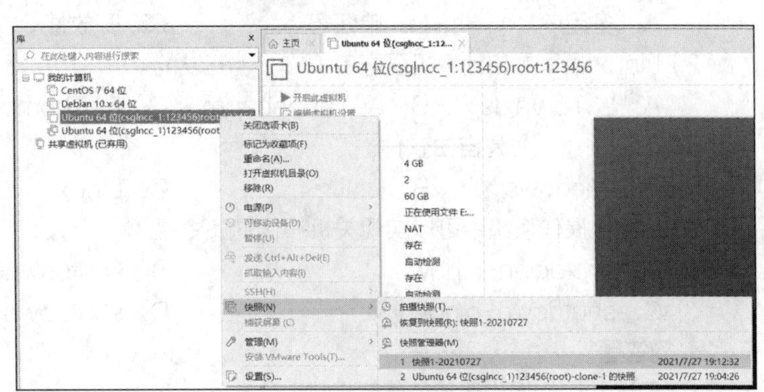

图 1.108　系统快照完成

项目小结

本项目包含 12 个部分。

（1）Linux 的发展历史，主要讲解了 Linux 的起源、诞生、发展历史。

（2）Linux 的体系结构，主要讲解了用户应用程序、操作系统服务、Linux 内核、硬件系统。

（3）Linux 的版本，主要讲解了 Red Hat Linux、CentOS、Fedora、Mandrake、Debian 以及 Ubuntu。

（4）Linux 的特性，主要讲解了 Linux 的开放性、多用户、多任务、良好的用户界面、设备独立性、丰富的网络功能、可靠的安全系统、良好的可移植性以及支持多文件系统。

（5）VMware Workstation 安装。

（6）安装 Ubuntu 操作系统。

（7）熟悉 Ubuntu 桌面环境，主要讲解了系统登录、注销与关机，活动概览视图，启动应用程序，将应用程序添加到 Dash 面板中，窗口操作，使用工作区以及用户管理。

（8）常用的图形用户界面应用程序，主要讲解了 Firefox 浏览器、Thunderbird 邮件/新闻、文件管理器以及文本编辑器。

（9）Ubuntu 个性化设置，主要讲解了显示器设置、背景设置、外观设置、键盘快捷键设置以及网络设置。

（10）Ubuntu 命令行终端管理，主要讲解了使用仿真终端窗口、使用文本模式、配置超级管理员 root 以及使用命令行关闭和重启系统。

（11）使用 CRT 与 FX 配置管理 Ubuntu 操作系统，主要讲解了使用 SecureCRT 配置管理 Ubuntu 操作系统和使用 SecureFX 远程连接 Ubuntu 操作系统，以及 SecureCRT 无法连接登录 Ubuntu 操作系统的原因和解决方案。

（12）系统克隆与快照管理，主要讲解了系统克隆和快照管理。

课后习题

1. 选择题

（1）下列不属于 Linux 操作系统特点的是（　　）。

A. 多用户　B. 单任务　C. 开放性　D. 设备独立性

（2）Linux 最早是由计算机爱好者（　　）开发的。

A. L. Torvalds　B. A. Tanenbaum　C. K. Thompson　D. D. Ritchie

（3）下列（　　）是自由软件。

A. Windows XP　B. UNIX　C. Linux　D. MAC

（4）Linux 操作系统中可以实现关机操作的命令是（　　）。

A. shutdown-k now　B. shutdown-r now

C. shutdown-c now　D. shutdown-h now

2. 简答题

（1）简述 Linux 操作系统的体系结构。

（2）简述 Linux 操作系统的版本。

（3）简述 Linux 操作系统的特性。

项目2
Linux基本操作命令

02

【学习目标】

- 了解Shell命令基础。
- 掌握Linux操作系统的目录结构以及各目录的主要作用。
- 掌握文件及目录显示类、操作类、文件内容显示和处理类、查找类的相关命令。
- 掌握Vi、Vim编辑器的使用方法。
- 理解硬链接与软链接、通配符与文件名变量、输入/输出重定向与管道配置方法。
- 掌握Linux快捷键的使用方法。

2.1 项目描述

Linux 操作系统的一个重要特点就是提供了丰富的命令。对用户来说，如何在文本模式和终端模式下，实现对 Linux 操作系统的文件和目录的浏览、操作等各种管理，是衡量用户 Linux 操作系统应用水平的一个重要方面，如复制、移动、删除、查看、磁盘挂载以及进程和作业控制等命令，可根据需要完成各种管理操作任务，所以掌握常用的 Linux 命令是非常必要的。本章主要讲解 Shell 命令基础、Linux 文件及目录管理、Vi 及 Vim 编辑器的使用以及 Linux 快捷键的使用。

2.2 必备知识

2.2.1 Shell 简介

Linux 操作系统的 Shell 作为操作系统的外壳，为用户提供使用操作系统的接口。它是命令语言、命令解释程序及程序设计语言的统称。

V2-1 Shell 简介

Shell 是用户和 Linux 内核之间的接口程序，如果把 Linux 内核想象成一个球体的中心，Shell 就是围绕内核的外层。当从 Shell 或其他程序向 Linux 传递命令时，内核会做出相应的反应。

Shell 是一个命令语言解释器，它拥有自己内建的 Shell 命令集，Shell 也能被系统中的其他应用程序所调用。用户在提示符下输入的命令都先由 Shell 解释再传给 Linux 内核。

有一些命令，如改变工作目录命令 cd，是包含在 Shell 内部的；还有一些命令，如复制命令 cp 和移动命令 mv，是存在于文件系统中某个目录下的单独程序。对于用户而言，不必关心一个命令是建立在 Shell 内部还是一个单独的程序。

Shell 会先检查命令是否为内部命令，若不是，则检查其是否为一个应用程序（这里的应用程序可以是 Linux 本身的实用程序，如 ls 和 rm；也可以是购买的商业程序，如 xv；或者是自由软件，如 Emacs）。此后，Shell 在搜索路径中寻找这些应用程序（搜索路径就是一个能找到可执行程序的目录列表）。如果输入的命令不是一个内部命令，且在路径中没有找到这个可执行文件，则会显示一条错误信息。如果能够成功找到该内部命令，则该内部命令或应用程序将被分解为系统调用并传给 Linux 内核。

Shell 的一个重要特性是它自身就是一种解释型的程序设计语言，Shell 语言支持绝大多数在高级语言中能见到的程序元素，如函数、变量、数组和程序控制结构等。Shell 语言具有普通编程语言的很多特点，如循环结构和分支结构等，用这种编程语言编写的 Shell 程序与其他应用程序具有同样的效果。Shell 语言简单易学，任何在提示符中能输入的命令都能放到一个可执行的 Shell 程序中。

Shell 是使用 Linux 操作系统的主要环境，Shell 的学习和使用是学习 Linux 不可或缺的一部分。Linux 操作系统提供的图形用户界面 X-Windows 就像 Windows 一样，也有窗口、菜单和图标，可以通过鼠标进行相关的管理操作。在图形用户界面中，按“Ctrl+Alt+T”组合键或者在应用程序的菜单中打开虚拟终端，即可启动 Shell，如图 2.1 所示，在终端中输入的命令就是依靠 Shell 来解释并执行完成的。一般的 Linux 操作系统不仅有图形用户界面，还有文本模式，在没有安装图形用户界面的 Linux 操作系统中，开机会自动进入文本模式，此时就启动了 Shell，在该模式下可以输入命令和系统进行交互。

图 2.1 启动 Shell

当用户成功登录后，系统将执行 Shell 程序，提供命令提示符，对于普通用户，用“$”作为提示符，对于超级用户，用“#”作为提示符。一旦出现命令提示符，用户就可以输入命令所需的参数，系统将执行这些命令。若要中止命令的执行，则可以按“Ctrl+C”组合键；若用户想退出登录，则可以输入 exit 或按文件结束符（“Ctrl+D”组合键）。

2.2.2 Shell 命令格式

在 Linux 操作系统中看到的命令其实就是 Shell 命令，下面介绍 Shell 命令的基本操作。

1. Shell 命令的基本格式

Shell 命令的基本格式如下。

```
command [选项] [参数]
```

（1）command 为命令名称，例如，查看当前文件夹下的文件或文件夹的命令是 ls。

（2）[选项]表示可选，是对命令的特别定义，以连接符“-”开始，多个选项之间可以用连接符“-”连接起来，例如，ls -l -a 与 ls -la 的作用是相同的，有些命令不写选项和参数也能执行，有些命令在必要的时候可以附带选项和参数。

ls 是常用的一个命令，属于目录操作命令，用来列出当前目录下的文件和文件夹。ls 命令后可以加选项，也可以不加选项，不加选项的写法如下。

```
root@Ubuntu:~# ls
snap
root@Ubuntu:~#
```

ls 命令之后不加选项和参数也能执行，但只能执行最基本的功能，即显示当前目录下的文件名。那么，其在加入一个选项后，会出现什么结果呢？

```
root@Ubuntu:~# ls   -l
总用量 4
drwxr-xr-x 3 root root 4096 7 月   26 01:55 snap
root@Ubuntu:~#
```

如果加-l 选项，则可以看到显示的内容明显增多了。-l 是长格式（long list）的意思，即显示文件的详细信息。

可以看到，选项的作用是调整命令的功能。如果没有选项，那么命令只能执行最基本的功能；而一旦有选项，就能执行更多功能，或者显示更加丰富的数据。

Linux 的选项又分为短格式选项和长格式选项两类。

短格式选项是长格式选项的缩写，用一个-和一个字母表示，如 ls -l。

长格式选项是完整的英文单词，用两个-和一个单词表示，如 ls --all。

一般情况下，短格式选项是长格式选项的缩写，即一个短格式选项会有对应的长格式选项。当然，也有例外，例如，ls 命令的短格式选项-l 就没有对应的长格式选项，所以具体的命令选项需要通过帮助手册来查询。

（3）[参数]为跟在选项后的参数，或者是 command 的参数。参数可以是文件，也可以是目录；可以没有，也可以有多个。有些命令必须使用多个参数，例如，cp 命令必须指定源操作对象和目标对象。

（4）command [选项] [参数]等项目之间以空格隔开，无论有几个空格，Shell 都视其为一个空格。

2. 输入命令时键盘操作的一般规律

（1）命令、文件名、参数等都要区分英文字母大小写，例如，md 与 MD 是不同的。

（2）命令、选项、参数之间必须有一个或多个空格。

```
root@Ubuntu:~# hostnamectl   set-hostname   test01          #修改主机名为 test01
root@Ubuntu:~# bash                                          #/bash 执行命令
root@test01:~#
```

（3）按“Enter”键以后，该命令才会被执行。

2.2.3 显示系统信息的命令

可以使用 Linux 操作系统的命令查看系统信息，列举命令如下。

1. who 命令查看用户登录信息

who 命令主要用于查看当前登录的用户，执行命令如下。

```
root@Ubuntu:~# who   -a                                        #显示所有用户的信息
           系统引导 2021-07-29 06:08
           运行级别 5 2021-07-29 06:09
csglncc_1 + pts/0        2021-07-29 06:18   .          1801 (192.168.100.1)
csglncc_1 ? :0           2021-07-29 08:58   ?           4756 (:0)
root@Ubuntu:~#
```

2. whoami 命令显示当前操作用户

whoami 命令用于显示当前操作用户的用户名，执行命令如下。

```
root@Ubuntu:~# whoami
root
root@Ubuntu:~#
```

3. hostname/hostnamectl 命令显示或设置当前系统的主机名

（1）hostname 命令用于显示当前系统的主机名，执行命令如下。

```
root@Ubuntu:~# hostname                              #显示当前系统的主机名
Ubuntu                                               #主机名为 Ubuntu
root@Ubuntu:~#
```

（2）hostnamectl 命令用于设置当前系统的主机名，执行命令如下。

```
root@Ubuntu:~# hostnamectl set-hostname   lncc01    #修改主机名为 lncc01
root@Ubuntu:~# bash                                  #执行命令
root@lncc01:~#
```

4. date 命令显示时间/日期

date 命令用于显示当前时间/日期，执行命令如下。

```
root@Ubuntu:~# date
2021 年 07 月 29 日 星期四 09:44:10 CST
root@Ubuntu:~#
```

5. cal 命令显示日历

cal 命令用于显示当前日历，执行命令如下。

```
root@Ubuntu:~# cal
      七月 2021
日 一 二 三 四 五 六
            1  2  3
 4  5  6  7  8  9 10
11 12 13 14 15 16 17
18 19 20 21 22 23 24
25 26 27 28 29 30 31
root@Ubuntu:~#
```

6. clear 命令清除屏幕

clear 命令相当于 DOS 下的 cls 命令，执行命令如下。

```
root@Ubuntu:~# clear
root@Ubuntu:~#
```

2.2.4 Shell 使用技巧

Shell 有许多实用的功能，下面一一进行介绍。

1. 命令和文件名的自动补齐功能

在命令行模式下，输入字符后，按两次“Tab”键，Shell 就会列出以这些字符开始的所有可用命令。如果只有一个命令被匹配到，则按一次“Tab”键会自动将其补全。当然，除了补全命令外，还可以补全路径和文件名。

```
root@Ubuntu:~# mk<Tab>
mkdir          mkfs.cramfs     mkfs.vfat           mkntfs
mkdosfs        mkfs.ext2       mkhomedir_helper    mksquashfs
mke2fs         mkfs.ext3       mkinitramfs         mkswap
mkfifo         mkfs.ext4       mkisofs             mktemp
```

```
mkfontdir            mkfs.fat          mklost+found      mkzftree
mkfontscale          mkfs.minix        mkmanifest
mkfs                 mkfs.msdos        mk_modmap
mkfs.bfs             mkfs.ntfs         mknod
root@Ubuntu:~# mk
```

Shell 将在这里列出所有以字符串 mk 开头的已知命令，被称为“命令行自动补齐”，这种功能在平常的应用中是经常使用的。

在命令行模式下进行操作时，一定要经常使用“Tab”键，这样可以避免因拼写导致的输入错误。

2. 历史命令

若要查看最近使用过的命令，则可以在终端执行 history 命令。

执行历史命令最简单的方法就是利用上下方向键，可以找回最近执行过的命令，减少输入命令的次数，在需要使用重复执行的命令时非常方便。例如，每按一次上方向键，就会把上一次执行的命令行显示出来，可以按“Enter”键执行该命令。

当用某账号登录系统后，历史命令列表将根据历史命令文件进行初始化，历史命令文件的文件名由环境变量 HISTFILE 指定。历史命令文件的默认名称是.bash_history（以“.”开头的文件是隐藏文件），该文件通常在用户主目录下，root 用户的历史命令文件为/root/.bash_history，普通用户的历史命令文件为/home/*/.bash_history。

```
root@Ubuntu:~# cat /root/.bash_history
exit
cd ..
ll
lsb_release   -a
pwd
exit
exit
root@Ubuntu:~#
```

bash 通过历史命令文件保留了一定数目的已经在 Shell 中输入过的命令，这个数目取决于环境变量 HISTSIZE（默认保存 1000 条命令，此值可以更改）。但是 bash 执行命令时，不会立刻将命令写入历史命令文件，而是先存放在内存的缓冲区中，该缓冲区被称为历史命令列表，等 bash 退出后再将历史命令列表写入历史命令文件。也可以执行 history -w 命令，即要求 bash 立刻将历史命令列表写入历史命令文件。这里要分清楚两个概念——历史命令文件与历史命令列表。

history 命令可以用来显示和编辑历史命令，其命令格式如下。

语法 1：

```
history    [n]
```

功能：当 history 命令没有参数时，将显示整个历史命令列表的内容，如果使用参数 *n*，则将显示最近 *n* 条历史命令。

例如，显示最近 2 条历史命令，命令如下。

```
root@Ubuntu:~# history   2
   11  cat /root/.bash_history
   12  history   2
root@Ubuntu:~#
```

执行历史命令时，可以使用 history 命令显示历史命令列表，也可以在 history 命令后加一个整数表示希望显示的命令条数，每条命令前都有一个序号，可以按照表 2.1 所示的格式快速执行历史命令。

表 2.1　快速执行历史命令的格式

格式	功能
!*n*	*n* 表示序号（执行 history 命令后可以看到），重新执行第 *n* 条命令
!-*n*	重复执行前第 *n* 条命令
!!	重新执行上一条命令
!string	执行最近用到的以 string 开头的历史命令
!?string[?]	执行最近用到的包含 string 的历史命令
<Ctrl+R>	在历史命令列表中查询某条历史命令

例如，序号为 8 的历史命令为 ifconfig，输入“!8”并执行，执行命令如下。

```
root@Ubuntu:~ # !8                                    #输入“!8”并执行
cal
      七月 2021
日 一 二 三 四 五 六
              1  2  3
 4  5  6  7  8  9 10
11 12 13 14 15 16 17
18 19 20 21 22 23 24
25 26 27 28 29 30 31
root@Ubuntu:~#
```

语法 2：

```
history    [选项]    [filename]
```

history 命令各选项及其功能说明如表 2.2 所示。

表 2.2　history 命令各选项及其功能说明

选项	功能说明
-a	把当前的历史命令记录追加到历史文件中
-c	清空历史命令列表
-n	将历史命令文件中的内容追加到当前历史命令列表中
-r	将历史命令文件中的内容更新（替换）到当前历史命令列表中
-w	将历史命令列表中的内容写入历史命令文件，并覆盖历史命令文件原来的内容
filename	如果 filename 选项没有被指定，则 history 命令将使用环境变量 HISTFILE 指定的文件名

例如，自定义历史命令列表。

（1）新建一个文件（如/root/history.txt），用于存储自己的常用命令，每条命令占一行，命令如下。

```
root@Ubuntu:~# pwd                              #查看当前目录路径
/root
root@Ubuntu:~# touch   history.txt              #新建 history.txt 文件
root@Ubuntu:~# cat   history.txt                #显示文件内容，内容不为空
root@Ubuntu:~#
```

（2）清空历史命令列表，命令如下。

```
root@Ubuntu:~# history   -c
root@Ubuntu:~#
```

（3）将历史命令列表中的内容写入历史命令文件，并覆盖历史命令文件原来的内容，命令如下。

```
root@Ubuntu:~# dir
```

```
history.txt    snap
root@Ubuntu:~# ll
总用量 44
drwx------    5 root root 4096 7 月   29 10:16./
drwxr-xr-x 20 root root 4096 7 月   26 01:48../
-rw-------    1 root root   526 7 月   28 23:27.bash_history
-rw-r--r--   1 root root 3106 12 月   5   2019.bashrc
......
-rw-------    1 root root 9443 7 月   29 07:11 .viminfo
root@Ubuntu:~# history   -w   /root/history.txt          #写入并覆盖原有历史命令文件的内容
root@Ubuntu:~# cat   /root/history.txt                   #显示 history.txt 文件的内容
dir
ll
history   -w   /root/history.txt
root@Ubuntu:~#
```

3. 命令别名

用户可以为某一个复杂的命令创建一个简单的别名，当用户使用这个别名时，系统就会自动地找到并执行这个别名对应的真实命令，从而提高工作效率。

可以使用 alias 命令查询当前已经定义的 alias 列表。使用 alias 命令可以创建别名，使用 unalias 可以取消一条别名记录。alias 命令的格式如下。

```
alias    [别名]=[命令名称]
```

功能：设置命令的别名，如果不加任何参数，仅输入 alias 命令，则将列出当前所有的别名设置，alias 命令仅对该次登录系统有效，如果希望每次登录系统都能够使用该命令别名，则需要编辑该用户的.bashrc 文件（root 用户的文件为/root/.bashrc，普通用户的文件为/home/*/.bashrc），可以按照如下格式添加一行命令。

```
alias    别名='需要替换的命令名称'
```

保存.bashrc 文件，以后每次登录系统后，均可使用命令别名。

注意

在定义别名时，等号两边不能有空格，等号右边的命令一般会包含空格或特殊字符，此时需要使用单引号。

显示 root 用户的.bashrc 文件内容的命令如下。

```
root@Ubuntu:~# cat    /root/.bashrc                       #显示 root 用户的.bashrc 文件的内容
# ~/.bashrc: executed by bash(1) for non-login shells.
# see /usr/share/doc/bash/examples/startup-files (in the package bash-doc)
# for examples
......
    alias ls='ls --color=auto'
    #alias dir='dir --color=auto'
    #alias vdir='vdir --color=auto'
    alias grep='grep --color=auto'
    alias fgrep='fgrep --color=auto'
    alias egrep='egrep --color=auto'
......
root@Ubuntu:~#
```

例如，执行不加任何参数的 alias 命令，将列出当前所有的别名设置，命令如下。

```
root@Ubuntu:~# alias                    #执行不加任何参数的 alias 命令
alias egrep='egrep --color=auto'
alias fgrep='fgrep --color=auto'
alias grep='grep --color=auto'
alias l='ls -CF'
alias la='ls -A'
alias ll='ls -alF'
alias ls='ls --color=auto'
root@Ubuntu:~#
```

例如，为 ls -l /home 命令设置别名 displayhome，即可使用 displayhome 命令。若执行 unalias displayhome 命令取消别名设置，则 displayhome 不再是命令。设置命令别名的命令如下。

```
root@Ubuntu:~# alias displayhome='ls   -l /home'
root@Ubuntu:~# displayhome
总用量 12
drwxr-xr-x   5 admin      admin      4096 7月   28 09:24 admin
drwxr-xr-x 18 csglncc_1 csglncc_1  4096 7月   29 06:53 csglncc_1
drwxr-xr-x   2 user01     user01     4096 7月   28 19:34 user01
root@Ubuntu:~#
```

查看当前别名配置信息，命令如下。

```
root@Ubuntu:~# alias
alias displayhome='ls   -l /home'
alias egrep='egrep --color=auto'
alias fgrep='fgrep --color=auto'
alias grep='grep --color=auto'
alias l='ls -CF'
alias la='ls -A'
alias ll='ls -alF'
alias ls='ls --color=auto'
root@Ubuntu:~#
```

取消别名设置的命令如下，此时 displayhome 已经不是命令。

```
root@Ubuntu:~# unalias   displayhome
root@Ubuntu:~# displayhome
displayhome：未找到命令
root@Ubuntu:~#
```

4．命令帮助

由于 Linux 操作系统的命令及其选项和参数太多，因此建议用户不要去费力记住所有命令的用法，实际上也不可能全部记住，借助 Linux 操作系统提供的各种帮助工具，可以很好地解决此类问题。

（1）利用 whatis 命令查询命令。

```
root@Ubuntu:~# whatis   ls
ls (1)                   - list directory contents
root@Ubuntu:~#
```

（2）利用--help 选项查询命令。

```
root@Ubuntu:~# ls   --help
用法：ls [选项]... [文件]...
列出给定文件（默认为当前目录）的信息。
如果不指定 -cftuvSUX 中任意一个或--sort 选项，则根据字母大小排序。
必选参数对长短选项同时适用。
  -a, --all                        不隐藏任何以 . 开始的项目
```

```
    -A, --almost-all              列出除 . 及 .. 以外的任何项目
        --author                  与 -l 同时使用时，列出每个文件的作者
    -b, --escape                  以 C 风格的转义序列表示不可打印的字符
        --block-size=大小         与 -l 同时使用时，将文件大小以此处给定的大小为
                                  单位进行缩放；例如："--block-size=M"；
  ......
  root@Ubuntu:~#
```

（3）利用 man 命令查询命令。

```
  root@Ubuntu:~# man  ls
  LS(1)                    General Commands Manual                    LS(1)
  NAME
        ls, dir, vdir - 列出目录内容
  提要
        ls [选项] [文件名...]
        POSIX 标准选项: [-CFRacdilqrtu1]
  GNU 选项 (短格式):
        [-1abcdfgiklmnopqrstuxABCDFGLNQRSUX] [-w cols] [-T cols] [-I pattern] [--full-time]
[--format={long,ver -
        bose,commas,across,vertical,single-column}]
[--sort={none,time,size,extension}]
        [--time={atime,access,use,ctime,status}]    [--color[={none,auto,always}]]    [--help]
[--version] [--]
  描述（  DESCRIPTION  ）
       程序 ls 先列出非目录的文件项，再列出每一个目录中的"可显示"文件。如果
       没有选项之外的参数（即文件名部分为空）出现，则默认为"."（当前目录）。
       ......
```

（4）利用 info 命令查询命令。

```
  root@Ubuntu:~# info  ls
  Next: dir invocation,  Up: Directory listing
  10.1 'ls': List directory contents
  ==================================
  The 'ls' program lists information about files (of any type, including
  directories).  Options and file arguments can be intermixed arbitrarily,
  as usual.
  ......
  root@Ubuntu:~#
```

（5）其他获取帮助的方法。

① 查询系统中的帮助文档。

② 通过官网获取 Linux 操作系统文档。

2.2.5 Linux 操作系统的目录结构

文件系统是 Linux 操作系统的重要组成部分，文件系统中的文件是数据的集合，文件系统不仅包含文件中的数据，还包含文件系统的结构，所有 Linux 用户和程序看到的文件、目录、软链接及文件保护信息等都存储在其中。学习 Linux 时，不仅要学习各种命令，还要了解整个 Linux 操作系统的目录结构，以及各个目录的功能。

V2-2 Linux 操作系统的目录结构

Linux 操作系统安装完成以后，会自动建立一套完整的目录结构，虽然各个 Linux 发行版本之间有一些差异，但是基本上都会遵循传统 Linux 操作系统建立目录的方法，即最底层的目录称为根目录，用“/”表示。Linux 操作系统的主要目录结构如图 2.2 所示。

Linux 的文件系统结构不同于 Windows 操作系统，Linux 操作系统只有“一棵文件树”，整个文件系统是以一个树根“/”为起点的，所有的文件和外部设备（如硬盘、光驱、打印机等）都以文件的形式挂载在这棵文件树上。通常 Linux 发行版本的根目录下含有/boot、/cdrom、/dev、/etc、/home、/lost+found、/media、/mnt、/opt、/proc、/root、/run、/snap、/srv、/sys、/tmp、/usr、/var、/bin、/lib、/lib32、/lib64、/libx32、/sbin、/swapfile 等目录。

/ 根目录
名称
boot
cdrom
dev
etc
home
lost+found
media
mnt
opt
proc
root
run
snap
srv
sys
tmp
usr
var
bin
lib
lib32
lib64
libx32
sbin
swapfile

图 2.2　Linux 操作系统的主要目录结构

其主要目录说明如下。

/boot：系统启动目录，存放的是启动 Linux 时的一些核心文件、一些链接文件和映像文件，以及与系统启动相关的文件，如内核文件和启动引导程序（grub）文件等。

/cdrom：此目录主要作为光盘挂载点使用。

/dev：Linux 设备文件的保存位置，dev 是 device（设备）的缩写，该目录下存放的是 Linux 的外部设备，Linux 中的设备都是以文件的形式存在的。

/etc：该目录用来存放系统管理员所需要的配置文件和子目录的文件保存位置，该目录的内容一般只能由管理员进行修改。密码文件、网络配置信息、系统内所有采用默认安装方式（RPM 安装）的服务配置文件全部保存在该目录下，如用户信息、服务的启动脚本、常用服务的配置文件等。

/home：普通用户的主目录（也称为家目录）。在创建用户时，每个用户要有一个默认登录和保存自己数据的位置，即用户的主目录，所有普通用户的主目录都是在/home 下建立的一个和用户名相同的目录，为该用户分配一个空间，例如，用户 user01 的主目录就是/home/user01，这个目录主要用于存放与个人用户有关的私人文件。

/lost+found: 系统异常产生错误时，会将一些遗失的片段放置于此目录下，通常这个目录会自动出现在装置目录下。如加载硬盘于/disk 中，此目录下就会自动产生目录/disk/lost+found。

/media：挂载目录，建议用来挂载媒体设备，如软盘和光盘等。

/mnt：挂载目录，该目录是空的，建议用来挂载额外的设备，如 U 盘、移动硬盘和其他操作系统的分区等。

/opt：安装的第三方软件的保存位置，该目录用于放置和安装其他软件，手工安装的源代码包软件都可以安装到该目录下。但建议将软件放到/usr/local 目录下，也就是说，/usr/local 目录也可以用于安装软件。

/proc：虚拟目录，是系统内存的映射，可直接访问该目录来获取系统信息。该目录中的数据并不保存在硬盘中，而是保存在内存中。该目录主要用于保存系统的内核、进程、外部设备状态和网络状态等。例如，/proc/cpuinfo 是保存 CPU 信息的，/proc/devices 是保存设备驱动的列表的，/proc/filesystems 是保存文件系统列表的，/proc/net 是保存网络协议信息的。

/root：超级用户系统管理员的主目录，普通用户的主目录在/home 目录下，root 用户的主目录在根目录下。

/run：用于存放自系统启动以来描述系统信息的文件。

/srv：服务数据目录。一些系统服务启动之后，可以在该目录下保存所需要的数据。

/sys：可以访问的虚拟文件系统，用于设置或获取有关内核系统视图的信息。

/tmp：临时目录。系统存放临时文件的目录，在该目录下，所有用户都可以访问和写入。建议该目录下不要保存重要数据，最好每次开机都把该目录清空。

/usr：该目录用于存储系统软件资源，即应用程序和文件。用户要用到的程序和文件几乎都存放在该目录下，如命令、帮助文件等。当安装一个 Linux 发行版官方提供的软件包时，大多安装在该目录下。

/var：用于存放运行时需要改变数据的文件，也是某些大文件的溢出区，如各种服务的日志文件（系统启动日志等）。

/bin：存放系统基本的用户命令。基础系统所需要的命令位于该目录下，也是最小系统所需要的命令，如 ls、rm、cp 等。普通用户和 root 用户都可以执行该目录下的文件，位于/bin 下的命令在单用户模式下也可以执行。

/lib、/lib32、/lib64、/libx32：用于保存系统调用的函数库，包含最基本的共享库和内核模块，如/bin/sbin 存放的二进制文件的共享库，存放了用于启动系统和执行 root 文件系统的命令，或者存放了 32 位/64 位（可使用 file 命令查看）文件。

/sbin：用于保存系统管理员命令，管理员用户权限可以执行。

/swapfile：用于存放交换分区文件，用 swapfile 来取代或增加 swap 分区的功能。

2.2.6 文件及目录显示类命令

Linux 操作系统中用于文件及目录显示的命令列举如下。

1. pwd 命令显示当前工作目录

pwd 是 print working directory 的缩写，用于显示当前工作目录，以绝对路径的形式显示目录。

每次打开终端时，系统都会处在某个当前工作目录下，一般开启终端后默认的当前工作目录是用户的主目录。

V2-3 文件及目录显示类命令

```
root@Ubuntu:~# pwd                              #显示当前工作目录
/root
root@Ubuntu:~#
```

2. cd 命令改变当前工作目录

cd 是 change directory 的缩写，用于改变当前工作目录。其命令格式如下。

```
cd    [绝对路径或相对路径]
```

路径是文件或目录在系统中的存放位置，如果想要编辑 ifcfg-ens33 文件，则要知道此文件所在的位置，此时就需要用路径来表示。

路径是由目录和文件名构成的，例如，/etc 是一个路径，/etc/apt 是一个路径，/etc/apt/apt.conf.d/20packagekit 也是一个路径。

路径的分类如下。

（1）绝对路径：从根目录（/）开始的路径，如/usr、/usr/local、/usr/local/etc 等是绝对路径，它指向系统中一个绝对的位置。

（2）相对路径：路径不是由“/”开始的，相对路径的起点为当前目录。如果现在位于/usr 目录，那么相对路径 local/etc 所指示的位置为/usr/local/etc，也就是说，相对路径所指示的位置，除了相对路径本身之外，还受到当前位置的影响。

Linux 操作系统中常见的目录有/bin、/usr/bin、/usr/local/bin，如果只有一个相对路径 bin，那么它指示的位置可能是上面 3 个目录中的任意一个，也可能是其他目录。特殊符号表示的目录如表 2.3 所示。

表 2.3　特殊符号表示的目录

特殊符号	表示的目录
~	表示当前登录用户的主目录
~用户名	表示切换到指定用户的主目录
-	表示上次所在目录
.	表示当前目录
..	表示上级目录

如果只输入 cd，未指定目标目录名，则返回到当前用户的主目录，等同于 cd~。一般用户的主目录默认在/home 下，root 用户的默认主目录为/root。为了能够进入指定的目录，用户必须拥有对指定目录的执行和读权限。

例如，以 root 身份登录到系统中，进行目录切换等操作，执行以下命令。

```
root@Ubuntu:~# pwd                          #显示当前工作目录
/root
root@Ubuntu:~# cd   /etc                    #以绝对路径进入 etc 目录
root@Ubuntu:/etc# cd apt                    #以相对路径进入 apt 目录
root@Ubuntu:/etc/apt# pwd
/etc/apt
root@Ubuntu:/etc/apt# cd .                  #当前目录
root@Ubuntu:/etc/apt# cd ..                 #返回上一级目录
root@Ubuntu:/etc# pwd
/etc
root@Ubuntu:/etc# cd ~                      #返回当前登录用户的主目录
root@Ubuntu:~# pwd
/root
root@Ubuntu:~# cd   -                       #返回上一次所在目录
/etc
root@Ubuntu:/etc#
```

3. ls 命令显示目录文件

ls 是 list 的缩写，不加参数时，ls 命令用来显示当前目录清单，是 Linux 中最常用的命令之一。通过 ls 命令不仅可以查看 Linux 文件夹包含的文件，还可以查看文件及目录的权限、目录信息等。其命令格式如下。

```
ls    [选项]    目录或文件名
```

ls 命令各选项及其功能说明如表 2.4 所示。

表 2.4　ls 命令各选项及其功能说明

选项	功能说明
-a	显示所有文件，包括隐藏文件，如“.”“..”
-d	仅可以查看目录的属性参数及信息
-h	以易于阅读的格式显示文件或目录的大小
-i	查看任意一个文件的节点
-l	长格式输出，包含文件属性，显示详细信息

续表

选项	功能说明
-L	递归显示，即列出某个目录及其子目录的所有文件和目录
-t	以文件或目录的更改时间排序显示

例如，使用 ls 命令，进行显示目录文件相关操作，执行以下命令。

（1）显示所有文件，包括隐藏文件，如“.”“..”。

```
root@Ubuntu:~# ls  -a
.  ..  .bash_history  .bashrc  .cache  history.txt  .local  .profile  snap  .viminfo
root@Ubuntu:~#
```

（2）长格式输出，包含文件属性，显示详细信息。

```
root@Ubuntu:~# ls  -l
总用量 8
-rw------- 1 root root    39 7月  29 10:17 history.txt
drwxr-xr-x 3 root root 4096 7月  26 01:55 snap
root@Ubuntu:~# ll
总用量 48
drwx------  5 root root 4096 7月  29 10:17 ./
drwxr-xr-x 20 root root 4096 7月  26 01:48 ../
-rw-------  1 root root  526 7月  28 23:27 .bash_history
......
-rw-------  1 root root 9443 7月  29 07:11 .viminfo
root@Ubuntu:~#
```

ls -al 命令与 ll 命令的功能效果一样，其会以长格式显示所有信息，包括隐藏文件信息等。

4. stat 命令显示文件或文件系统状态信息

stat 是 status 的缩写，若想显示/etc/passwd 的文件系统信息，则可执行以下命令。

```
root@Ubuntu:~# stat   /etc/passwd
  文件：/etc/passwd
  大小：2897          块：8          IO 块：4096    普通文件
设备：805h/2053d          Inode：1449709      硬链接：1
权限：(0644/-rw-r--r--)  Uid：(    0/    root)   Gid：(    0/    root)
最近访问：2021-07-29 09:21:09.516212101 +0800
最近更改：2021-07-28 09:20:04.826034652 +0800
最近改动：2021-07-28 09:20:04.826034652 +0800
创建时间：-
root@Ubuntu:~#
```

通过该命令可以查看文件的大小、类型、环境、访问权限、访问和修改时间等相关信息。

2.2.7 文件及目录操作类命令

Linux 操作系统中用于文件及目录操作的命令列举如下。

1. touch 命令创建文件或修改文件的存取时间

touch 命令可以用来创建文件或修改文件的存取时间，如果指定的文件不存在，则会生成一个空文件。其命令格式如下。

```
touch  [选项]  目录或文件名
```

touch 命令各选项及其功能说明如表 2.5 所示。

V2-4 文件及目录操作类命令

表 2.5　touch 命令各选项及其功能说明

选项	功能说明
-a	只把文件存取时间修改为当前时间
-d	把文件的存取/修改时间格式改为 yyyymmdd
-m	只把文件的修改时间修改为当前时间

例如，使用 touch 命令创建一个或多个文件时，执行以下命令。

```
root@Ubuntu:~# cd /mnt                                      #切换目录
root@Ubuntu:/mnt# touch  file01.txt                         #创建一个文件
root@Ubuntu:/mnt# touch  file02.txt  file03.txt  file04.txt  #创建多个文件
root@Ubuntu:/mnt# touch  *          #把当前目录下所有文件的存取和修改时间修改为当前时间
root@Ubuntu:/mnt# ls  -l            #查看修改结果
总用量 8
drwxr-xr-x 2 root root 4096 7 月  29 12:35 aaa
-rw-r--r-- 1 root root     4 7 月  29 12:35 abc.txt
-rw-r--r-- 1 root root     0 7 月  29 12:35 file01.txt
-rw-r--r-- 1 root root     0 7 月  29 12:35 file02.txt
-rw-r--r-- 1 root root     0 7 月  29 12:35 file03.txt
-rw-r--r-- 1 root root     0 7 月  29 12:35 file04.txt
root@Ubuntu:/mnt#
```

使用 touch 命令把目录/mnt 下的所有文件的存取和修改时间修改为 2021 年 7 月 29 日，执行以下命令。

```
root@Ubuntu:/mnt# touch  -d  20210729  /mnt/*
root@Ubuntu:/mnt# ls  -l
总用量 8
drwxr-xr-x 2 root root 4096 7 月  29 00:00 aaa
-rw-r--r-- 1 root root     4 7 月  29 00:00 abc.txt
-rw-r--r-- 1 root root     0 7 月  29 00:00 file01.txt
-rw-r--r-- 1 root root     0 7 月  29 00:00 file02.txt
-rw-r--r-- 1 root root     0 7 月  29 00:00 file03.txt
-rw-r--r-- 1 root root     0 7 月  29 00:00 file04.txt
root@Ubuntu:/mnt#
```

2. mkdir 命令创建新目录

mkdir 命令用于创建指定的目录名，要求用户在当前目录下具有写权限，并且指定的目录名不能是当前目录下已有的目录名。目录可以是绝对路径，也可以是相对路径。其命令格式如下。

```
mkdir    [选项] 目录名
```

mkdir 命令各选项及其功能说明如表 2.6 所示。

表 2.6　mkdir 命令各选项及其功能说明

选项	功能说明
-p	创建目录时，进行递归创建，如果父目录不存在，则此时可以与子目录一起创建，即可以一次创建多个层次的目录
-m	给创建的目录设定权限，默认权限是 drwxr-xr-x
-v	显示目录创建的详细信息

例如，使用 mkdir 命令创建新目录时，执行以下命令。

```
root@Ubuntu:/mnt# mkdir  user01                             #创建新目录 user01
```

```
root@Ubuntu:/mnt# ls  -l
总用量 12
drwxr-xr-x 2 root root 4096 7 月  29 00:00 aaa
-rw-r--r-- 1 root root    4 7 月  29 00:00 abc.txt
-rw-r--r-- 1 root root    0 7 月  29 00:00 file01.txt
-rw-r--r-- 1 root root    0 7 月  29 00:00 file02.txt
-rw-r--r-- 1 root root    0 7 月  29 00:00 file03.txt
-rw-r--r-- 1 root root    0 7 月  29 00:00 file04.txt
drwxr-xr-x 2 root root 4096 7 月  29 12:40 user01
root@Ubuntu:/mnt# mkdir  -v  user02                    #创建新目录 user02
mkdir: 已创建目录 "user02"
root@Ubuntu:/mnt# ls  -l
总用量 16
drwxr-xr-x 2 root root 4096 7 月  29 00:00 aaa
-rw-r--r-- 1 root root    4 7 月  29 00:00 abc.txt
-rw-r--r-- 1 root root    0 7 月  29 00:00 file01.txt
-rw-r--r-- 1 root root    0 7 月  29 00:00 file02.txt
-rw-r--r-- 1 root root    0 7 月  29 00:00 file03.txt
-rw-r--r-- 1 root root    0 7 月  29 00:00 file04.txt
drwxr-xr-x 2 root root 4096 7 月  29 12:40 user01
drwxr-xr-x 2 root root 4096 7 月  29 12:41 user02
root@Ubuntu:/mnt#
root@Ubuntu:/mnt# mkdir -p /mnt/user03/a01  /mnt/user03/a02
                                 #在 user03 目录下，同时创建目录 a01 和目录 a02
root@Ubuntu:/mnt# ls  -l  /mnt/user03
总用量 8
drwxr-xr-x 2 root root 4096 7 月  29 12:44 a01
drwxr-xr-x 2 root root 4096 7 月  29 12:44 a02
root@Ubuntu:/mnt#
```

3. rmdir 命令删除目录

rmdir 是常用的命令，该命令的功能是删除空目录，一个目录被删除之前必须是空的，删除某目录时必须具有对其父目录的写权限。其命令格式如下。

```
rmdir  [选项]  目录名
```

rmdir 命令各选项及其功能说明如表 2.7 所示。

表 2.7　rmdir 命令各选项及其功能说明

选项	功能说明
-p	递归删除目录，当子目录删除后其父目录为空时，父目录也一同被删除。如果整个路径被删除或者由于某种原因保留部分路径，则系统在标准输出上显示相应的信息
-v	显示指令执行过程

例如，使用 rmdir 命令删除目录时，执行以下命令。

```
root@Ubuntu:/mnt# rmdir  -v  /mnt/user03/a01
rmdir: 正在删除目录，'/mnt/user03/a01'
root@Ubuntu:/mnt# ls  -l  /mnt/user03
总用量 4
drwxr-xr-x 2 root root 4096 7 月  29 12:44 a02
root@Ubuntu:/mnt#
```

4. rm 删除文件或目录

rm 既可以删除一个目录下的一个文件或多个文件或目录，又可以将某个目录及其下的所有文件及子目录都删除，功能非常强大。其命令格式如下。

```
rm   [选项]      目录或文件名
```

rm 命令各选项及其功能说明如表 2.8 所示。

表 2.8　rm 命令各选项及其功能说明

选项	功能说明
-f	强制删除，删除文件或目录时不提示用户
-i	在删除前会询问用户是否确认操作
-r	删除某个目录及其中的所有文件和子目录
-d	删除空文件或目录
-v	显示指令执行过程

例如，使用 rm 命令删除文件或目录时，执行以下命令。

```
root@Ubuntu:~# ls   -l   /mnt                              #显示目录下的信息
总用量 20
drwxr-xr-x 2 root root 4096 7 月   29 00:00 aaa
-rw-r--r-- 1 root root      4 7 月   29 00:00 abc.txt
-rw-r--r-- 1 root root      0 7 月   29 00:00 file01.txt
-rw-r--r-- 1 root root      0 7 月   29 00:00 file02.txt
-rw-r--r-- 1 root root      0 7 月   29 00:00 file03.txt
-rw-r--r-- 1 root root      0 7 月   29 00:00 file04.txt
drwxr-xr-x 2 root root 4096 7 月   29 12:40 user01
drwxr-xr-x 2 root root 4096 7 月   29 12:41 user02
drwxr-xr-x 3 root root 4096 7 月   29 13:19 user03
root@Ubuntu:~# rm   -r   -f   /mnt/*                       #强制删除目录下的所有文件和目录
root@Ubuntu:~# ls   -l   /mnt                              #显示目录下的信息
总用量 0
root@Ubuntu:~#
```

5. cp 命令复制文件或目录

要将一个文件或目录复制到另一个文件或目录下，可以使用 cp 命令，该命令的功能非常强大，选项也有很多，除了单纯的复制之外，还可以建立连接文件，复制整个目录，在复制的同时可以对文件进行改名等操作，这里仅介绍几个常用的选项。其命令格式如下。

```
cp   [选项]      源目录或文件名   目标目录或文件名
```

cp 命令各选项及其功能说明如表 2.9 所示。

表 2.9　cp 命令各选项及其功能说明

选项	功能说明
-a	将文件的属性一起复制
-f	强制复制，无论目标文件或目录是否已经存在，如果目标文件或目录存在，则先删除它们再进行复制（即覆盖），并且不提示用户
-i	i 和 f 选项的作用正好相反，如果目标文件或目录存在，则提示是否覆盖已有的文件
-n	不要覆盖已存在的文件（使-i 选项失效）
-p	保持指定的属性，如模式、所有权、时间戳等，与-a 的作用类似，常用于备份
-r	递归复制目录，即包含目录下的各级子目录的所有内容

续表

选项	功能说明
-s	只创建符号链接而不复制文件
-u	只在源文件比目标文件新或目标文件不存在时才进行复制
-v	显示指令执行过程

例如，使用 cp 命令复制文件或目录时，执行以下命令。

```
root@Ubuntu:~#  cd  /mnt
root@Ubuntu:/mnt# touch  a01.txt  a02.txt  a03.txt
root@Ubuntu:/mnt# mkdir  user01  user02  user03
root@Ubuntu:/mnt# dir
a01.txt  a02.txt  a03.txt  user01  user02  user03
root@Ubuntu:/mnt# ls  -l
总用量 12
-rw-r--r-- 1 root root     0 7 月  29 13:27 a01.txt
-rw-r--r-- 1 root root     0 7 月  29 13:27 a02.txt
-rw-r--r-- 1 root root     0 7 月  29 13:27 a03.txt
drwxr-xr-x 2 root root 4096 7 月  29 13:27 user01
drwxr-xr-x 2 root root 4096 7 月  29 13:27 user02
drwxr-xr-x 2 root root 4096 7 月  29 13:27 user03
root@Ubuntu:/mnt# cd  ~
root@Ubuntu:~# cp  -r  /mnt/a01.txt  /mnt/user01/test01.txt
root@Ubuntu:~# ls  -l  /mnt/user01/test01.txt
-rw-r--r-- 1 root root 0 7 月  29 13:28 /mnt/user01/test01.txt
root@Ubuntu:~#
```

6. mv 命令移动文件或目录

使用 mv 命令可以为文件或目录重命名或将文件由一个目录移入另一个目录，如果在同一目录下移动文件或目录，则该操作可理解为给文件或目录重命名。其命令格式如下。

```
mv  [选项]    源目录或文件名  目标目录或文件名
```

mv 命令各选项及其功能说明如表 2.10 所示。

表 2.10 mv 命令各选项及其功能说明

选项	功能说明
-f	覆盖前不询问
-i	覆盖前询问
-n	不覆盖已存在文件
-v	显示指令执行过程

例如，使用 mv 命令移动文件或目录时，执行以下命令。

```
root@Ubuntu:~# ls  -l  /mnt                                    #显示/mnt 目录的信息
总用量 12
-rw-r--r-- 1 root root     0 7 月  29 13:27 a01.txt
-rw-r--r-- 1 root root     0 7 月  29 13:27 a02.txt
-rw-r--r-- 1 root root     0 7 月  29 13:27 a03.txt
drwxr-xr-x 2 root root 4096 7 月  29 13:28 user01
drwxr-xr-x 2 root root 4096 7 月  29 13:27 user02
drwxr-xr-x 2 root root 4096 7 月  29 13:27 user03
```

```
root@Ubuntu:~#
root@Ubuntu:~# mv   -f   /mnt/a01.txt    /mnt/test01.txt        #将 a01.txt 重命名为 test01.txt
root@Ubuntu:~# ls   -l   /mnt                                  #显示/mnt 目录的信息
总用量 12
-rw-r--r-- 1 root root      0 7 月   29 13:27 a02.txt
-rw-r--r-- 1 root root      0 7 月   29 13:27 a03.txt
-rw-r--r-- 1 root root      0 7 月   29 13:27 test01.txt
drwxr-xr-x 2 root root 4096 7 月   29 13:28 user01
drwxr-xr-x 2 root root 4096 7 月   29 13:27 user02
drwxr-xr-x 2 root root 4096 7 月   29 13:27 user03
root@Ubuntu:~#
```

7．tar 命令打包、归档文件或目录

使用 tar 命令可以把整个目录的内容归并为一个单一的文件，而许多用于 Linux 操作系统的程序就打包成了 TAR 文件的形式。tar 命令是 Linux 中最常用的备份命令之一。

tar 命令可用于建立、还原、查看、管理文件，也可以方便地追加新文件到备份文件中，或仅更新部分备份文件，以及解压、删除指定的文件。这里仅介绍几个常用的选项，以便于日常的系统管理。其命令格式如下。

```
tar   [选项]      文件目录列表
```

tar 命令各选项及其功能说明如表 2.11 所示。

表 2.11　tar 命令各选项及其功能说明

选项	功能说明
-c	创建一个新归档，如果备份一个目录或一些文件，则要使用这个选项
-f	使用归档文件或目录，这个选项通常是必选的，选项后面一定要跟文件名
-z	用 gzip 来压缩或解压缩文件，加上该选项后可以对文件进行压缩，还原时也一定要使用该选项进行解压缩
-v	详细地列出处理的文件信息，如无此选项，则 tar 命令不报告文件信息
-r	把要归档的文件追加到备份文件的末尾，使用该选项时，可将归档的文件追加到备份文件中
-t	列出归档文件的内容，可以查看哪些文件已经备份
-x	从归档文件中释放文件

例如，使用 tar 命令打包、归档文件或目录。

（1）将/mnt 目录打包为一个文件 test01.tar，将其压缩为文件 test01.tar.gz，并存放在/root/user01 目录下作为备份。

```
root@Ubuntu:~# rm   -rf   /mnt/*                          #删除/mnt 目录下的所有目录或文件
root@Ubuntu:~# ls   -l   /mnt
总用量 0
root@Ubuntu:~#   touch   /mnt/a01.txt   /mnt/a02.txt      #新建两个文件
root@Ubuntu:~#   mkdir   /mnt/test01   /mnt/test02        #新建两个目录
root@Ubuntu:~# ls -l /mnt
总用量 8
-rw-r--r-- 1 root root      0 7 月   29 14:53 a01.txt
-rw-r--r-- 1 root root      0 7 月   29 14:53 a02.txt
drwxr-xr-x 2 root root 4096 7 月   29 14:53 test01
drwxr-xr-x 2 root root 4096 7 月   29 14:53 test02
root@Ubuntu:~#
root@Ubuntu:~# mkdir   /root/user01                       #新建目录
```

```
root@Ubuntu:~# tar  -cvf  /root/user01/test01.tar  /mnt
                                        #将/mnt 目录下的所有文件归并为文件 test01.tar
tar: 从成员名中删除开头的"/"
/mnt/
/mnt/a01.txt
/mnt/test02/
/mnt/test01/
/mnt/a02.txt
root@Ubuntu:~# ls   /root/user01
test01.tar
root@Ubuntu:~#
```

（2）在/root/user01 目录下生成压缩文件 test01.tar.gz，使用 gzip 命令可对单个文件进行压缩，原归档文件 test01.tar 就消失了，并生成压缩文件 test01.tar.gz。

```
root@Ubuntu:~# gzip   /root/user01/test01.tar
root@Ubuntu:~# ls  -l  /root/user01
总用量 4
-rw-r--r-- 1 root root 188 7 月  29 14:54 test01.tar.gz
root@Ubuntu:~#
```

（3）在/root/user01 目录下生成压缩文件 test01.tar.gz，可以一次完成归档和压缩操作，把两步合并为一步。

```
root@Ubuntu:~# tar   -zcvf   /root/user01/test01.tar.gz   /mnt
tar: 从成员名中删除开头的"/"
/mnt/
/mnt/a01.txt
/mnt/test02/
/mnt/test01/
/mnt/a02.txt
root@Ubuntu:~#  ls  -l  /root/user01
总用量 4
-rw-r--r-- 1 root root 177 7 月  29 14:57 test01.tar.gz
root@Ubuntu:~#
```

（4）对文件 test01.tar.gz 进行解压缩。

```
root@Ubuntu:~# cd  /root/user01
root@Ubuntu:~/user01# ls  -l
总用量 4
-rw-r--r-- 1 root root 177 7 月  29 14:57 test01.tar.gz
root@Ubuntu:~/user01# gzip  -d  test01.tar.gz
root@Ubuntu:~/user01# tar  -xf  test01.tar
root@Ubuntu:~/user01#
```

也可以一次完成解压缩操作，把两步合并为一步。

```
root@Ubuntu:~/user01# tar  -zxf  test01.tar.gz
root@Ubuntu:~/user01# ls   -l
用量 8
drwxr-xr-x 4 root root 4096 7 月  29 14:53 mnt
-rw-r--r-- 1 root root  177 7 月  29 15:06 test01.tar.gz
root@Ubuntu:~/user01# cd  /mnt
root@Ubuntu:/mnt# ls  -l
总用量 8
-rw-r--r-- 1 root root    0 7 月  29 14:53 a01.txt
```

```
-rw-r--r-- 1 root root       0 7月   29 14:53 a02.txt
drwxr-xr-x 2 root root 4096 7月   29 14:53 test01
drwxr-xr-x 2 root root 4096 7月   29 14:53 test02
root@Ubuntu:/mnt#
```

可查看用户目录下的文件列表，检查命令执行的情况，选项 f 之后的文件名是由用户自己定义的，通常应命名为便于识别的名称，并加上相对应的压缩名称，如 xxx.tar.gz。在前面的实例中，如果加上选项 z，则调用 gzip 进行压缩时，通常以.tar.gz 来代表 gzip 压缩过的 TAR 文件。注意，在压缩时自身不能处于要压缩的目录及子目录内。

8. du 命令查看文件或目录的容量大小

使用 du 命令可以查看文件或目录的容量大小。其命令格式如下。

```
du    [选项]      文件或目录
```

du 命令各选项及其功能说明如表 2.12 所示。

表 2.12　du 命令各选项及其功能说明

选项	功能说明
-a	为每个指定文件显示磁盘使用情况，或者为目录下的每个文件显示各自的磁盘使用情况
-b	显示目录或文件大小时，以 Byte 为单位
-c	除了显示目录或文件的大小外，还显示所有目录或文件的总和
-D	显示指定符号链接的源文件大小
-h	以 KB、MB、GB 为单位，提高信息的可读性
-H	与-h 参数相同，但是 K、M、G 是以 1000 为换算单位的，而不是以 1024 为换算单位的
-l	重复计算硬件连接的文件
-L	显示选项中所指定符号链接的源文件大小
-s	仅显示总计，即当前目录容量的大小
-S	显示每个目录的大小时，并不含其子目录的大小
-x	以一开始处理时的文件系统为准，若遇到其他不同的文件系统目录，则略过

例如，使用 du 命令查看文件或目录的容量大小时，执行以下命令。

```
root@Ubuntu:/mnt# cd ~
root@Ubuntu:~# du   -h   /boot          #以 KB、MB、GB 为单位显示文件或目录的容量大小
4.0K     /boot/efi
2.3M      /boot/grub/fonts
2.5M      /boot/grub/i386-pc
7.1M      /boot/grub
139M      /boot
root@Ubuntu:~#
root@Ubuntu:~# du   -hs   /boot          #仅显示总计，即当前目录的容量大小
139M      /boot
root@Ubuntu:~#
```

2.2.8　文件内容显示和处理类命令

Linux 操作系统中用于文件内容显示和处理的命令列举如下。

1. cat 命令显示文件内容

cat 命令的作用是连接文件或标准输入并输出。这个命令常用来显示文件内容，或者将几个文

件连接起来显示，或者从标准输入读取内容并显示，常与重定向符号配合使用。其命令格式如下。

```
cat  [选项]    文件名
```

cat 命令各选项及其功能说明如表 2.13 所示。

表 2.13 cat 命令各选项及其功能说明

选项	功能说明
-A	等价于-vET
-b	对非空输出行编号
-e	等价于-vE
-E	在每行结束处显示$
-n	对输出的所有行进行编号，即由 1 开始对所有输出的行数进行编号
-s	当有连续两个以上的空白行时，将其替换为一个空白行
-t	与-vT 等价
-T	将制表符显示为^I
-v	使用^和 M-引用，除了“Tab”键之外

例如，使用 cat 命令来显示文件内容时，执行以下命令。

```
root@Ubuntu:~# vim    test01.txt
root@Ubuntu:~# cat   test01.txt                #显示 test01.txt 文件的内容
aaa
bbb
ccc
ddd
root@Ubuntu:~# dir
history.txt   snap   test01.txt   user01
root@Ubuntu:~# cat  -nE  test01.txt      #显示 test01.txt 文件的内容，对输出的所有行进行编号，
由 1 开始对所有输出的行数进行编号，在每行结束处显示$#
     1  aaa$
     2  bbb$
     3  ccc$
     4  ddd$
root@Ubuntu:~#
```

2. tac 命令反向显示文件内容

tac 命令与 cat 命令的作用相反，只适用于显示内容较少的文件。其命令格式如下。

```
tac  [选项]    文件名
```

tac 命令各选项及其功能说明如表 2.14 所示。

表 2.14 tac 命令各选项及其功能说明

选项	功能说明
-b	在行前而非行尾添加分隔标志
-r	将分隔标志视作正则表达式来进行解析，正则表达式描述了字符串匹配的模式
-s	使用指定字符串代替换行作为分隔标志

例如，使用 tac 命令来反向显示文件内容时，执行以下命令。

```
root@Ubuntu:~#  tac  -r   test01.txt
ddd
```

```
ccc
bbb
aaa
root@Ubuntu:~#
```

3. more 命令逐页显示文件中的内容（仅向下翻页）

配置文件和日志文件通常采用了文本格式，这些文件通常有很长的内容，无法在一屏内全部显示出来，所以在处理这种文件时需要分页显示，此时可以使用 more 命令。其命令格式如下。

```
more  [选项]   文件名
```

more 命令各选项及其功能说明如表 2.15 所示。

表 2.15　more 命令各选项及其功能说明

选项	功能说明
-d	显示帮助，而不是响铃
-f	统计逻辑行数而不是屏幕行数
-l	抑制换页后的暂停
-p	不滚屏，清屏并显示文本
-c	不滚屏，显示文本并清理行尾
-u	抑制下画线
-s	将多个空行压缩为一行
-NUM	指定每屏显示的行数为 NUM
+NUM	从文件第 NUM 行开始显示
+/STRING	从匹配搜索字符串 STRING 的文件位置开始显示
-v	输出版本信息并退出

例如，使用 more 命令来逐页显示文件中的内容时，执行以下命令。

```
root@Ubuntu:~# more  /etc/passwd
root:x:0:0:root:/root:/bin/bash
daemon:x:1:1:daemon:/usr/sbin:/usr/sbin/nologin
bin:x:2:2:bin:/bin:/usr/sbin/nologin
……
--More--（45%）
root@Ubuntu:~#
```

如果 more 命令后面接的文件长度大于屏幕输出的行数，则会出现类似以上的内容，此实例中的最后一行显示了当前显示内容占全部内容的百分比。

4. less 命令逐页显示文件中的内容（可向上、向下翻页）

less 命令的功能比 more 命令更强大，用法也更加灵活，less 是 more 的改进版。more 只能向下翻页，less 命令可以向上、向下翻页，按“Enter”键下移一行，按“Space”键下移一页，按“B”键上移一页，按“Q”键退出。less 还支持在文本文件中进行快速查找，可按“/”键后再输入查找的内容。其命令格式如下。

```
less  [选项]   文件名
```

less 命令各选项及其功能说明如表 2.16 所示。

表 2.16　less 命令各选项及其功能说明

选项	功能说明
-b	设置缓冲区的大小

续表

选项	功能说明
-e	当文件显示结束后，自动离开
-g	只标志最后搜索的关键词
-i	搜索时忽略字母大小写
-f	强制打开特殊文件，如二进制文件等
-c	从上到下刷新屏幕
-m	显示读取文件的百分比
-o	将 less 输出的内容在指定文件中保存起来
-N	在每行前输入行号
-s	将连续多个空白行当作一个空白行显示出来
-Q	在终端下不响铃

例如，使用 less 命令来逐页显示文件中的内容时，执行以下命令。

```
root@Ubuntu:~#   less   -N   /etc/passwd
1 root:x:0:0:root:/root:/bin/bash
2 daemon:x:1:1:daemon:/usr/sbin:/usr/sbin/nologin
3 bin:x:2:2:bin:/bin:/usr/sbin/nologin
4 sys:x:3:3:sys:/dev:/usr/sbin/nologin
5 sync:x:4:65534:sync:/bin:/bin/sync
......
root@Ubuntu:~#
```

5. head 命令查看文件的前 *n* 行

head 命令用于查看具体文件的前几行的内容，默认情况下显示文件前 10 行的内容。其命令格式如下。

```
head  [选项]   文件名
```

head 命令各选项及其功能说明如表 2.17 所示。

表 2.17　head 命令各选项及其功能说明

选项	功能说明
-c	后面接数字，表示显示文件的前 *n* 个字节，如-c5，表示显示文件内容的前 5 个字节
-n	后面接数字，表示显示几行
-q	不显示包含给定文件名的文件头
-v	总是显示包含给定文件名的文件头

例如，使用 head 命令来查看具体文件的前几行的内容时，执行以下命令。

```
root@Ubuntu:~#   head   -n5   -v   /etc/passwd
==> /etc/passwd <==
root:x:0:0:root:/root:/bin/bash
daemon:x:1:1:daemon:/usr/sbin:/usr/sbin/nologin
bin:x:2:2:bin:/bin:/usr/sbin/nologin
sys:x:3:3:sys:/dev:/usr/sbin/nologin
sync:x:4:65534:sync:/bin:/bin/sync
root@Ubuntu:~#
```

6. tail 命令查看文件的最后 *n* 行

tail 命令用来查看具体文件的最后几行的内容，默认情况下显示文件最后 10 行的内容，可以使用 tail 命令来查看日志文件被更改的过程。其命令格式如下。

```
tail  [选项] 文件名
```

tail 命令各选项及其功能说明如表 2.18 所示。

表 2.18　tail 命令各选项及其功能说明

选项	功能说明
-c	后面接数字，表示显示文件的最后 *n* 个字节，如-c5，表示显示文件内容最后 5 个字节，其他文件内容不显示
-f	随着文件的增长输出附加数据，即实时跟踪文件，显示一直继续，直到按“Ctrl+C”组合键才停止显示
-F	实时跟踪文件，如果文件不存在，则继续尝试
-n	后面接数字时，表示显示几行
-q	不显示包含给定文件名的文件头
-v	总是显示包含给定文件名的文件头

例如，使用 tail 命令来查看具体文件的最后几行的内容时，执行以下命令。

```
root@Ubuntu:~# tail  -n5  -v  /etc/passwd
==> /etc/passwd <==
csglncc_1:x:1000:1000:csglncc_1,,,:/home/csglncc_1:/bin/bash
systemd-coredump:x:999:999:systemd Core Dumper:/:/usr/sbin/nologin
sshd:x:126:65534::/run/sshd:/usr/sbin/nologin
user01:x:1001:1001:user01,,,:/home/user01:/bin/bash
admin:x:1002:1002:admin,,,:/home/admin:/bin/bash
root@Ubuntu:~#
```

7. file 命令查看文件或目录的类型

如果想要知道某个文件的基本信息，如其属于 ASCII 文件、数据文件还是二进制文件，则可以使用 file 命令来查看。其命令格式如下。

```
file  [选项]  文件名
```

file 命令各选项及其功能说明如表 2.19 所示。

表 2.19　file 命令各选项及其功能说明

选项	功能说明
-b	列出文件辨识结果时，不显示文件名称
-c	详细显示指令执行过程，以便于排错或分析程序执行的情形
-f	列出文件的文件类型
-F	使用指定分隔符替换输出文件名后的默认的“:”分隔符
-i	输出 MIME 类型的字符串
-L	查看软链接对应文件的类型
-v	显示版本信息
-z	尝试解读压缩文件的内容

例如，使用 file 命令来查看文件或目录的类型时，执行以下命令。

```
root@Ubuntu:~# ls  -l
总用量 16
-rw------- 1 root root   39 7月  29 10:17 history.txt
drwxr-xr-x 3 root root 4096 7月  26 01:55 snap
-rw-r--r-- 1 root root   16 7月  29 15:23 test01.txt
```

```
drwxr-xr-x 3 root root 4096 7 月   29 15:07 user01
root@Ubuntu:~# file   test01.txt
test01.txt: ASCII text
root@Ubuntu:~# file   /etc/passwd
/etc/passwd: ASCII text
root@Ubuntu:~#
```

通过此命令可以判断文件的格式。

8. wc 命令统计

在命令行模式下工作时，有时用户可能想要知道一个文件中的单词数量、字节数，甚至换行数量，此时，可以使用 wc 命令来查看文件。其命令格式如下。

```
wc   [选项]    文件名
```

wc 命令各选项及其功能说明如表 2.20 所示。

表 2.20　wc 命令各选项及其功能说明

选项	功能说明
-c	显示字节数
-m	显示字符数
-l	显示行数
-L	显示最长行的长度
-w	显示字数。一个字被定义为空白、跳格或换行分隔的字符串

例如，使用 wc 命令来统计指定文件中的字节数、字数、行数，并将统计结果显示输出，执行以下命令。

```
root@Ubuntu:~# cat   test01.txt
aaa
bbb
ccc
ddd
root@Ubuntu:~# wc   test01.txt
 4   4 16 test01.txt
root@Ubuntu:~#
```

9. sort 命令排序

sort 命令用于对文本文件内容进行排序。其命令格式如下。

```
sort   [选项]    文件名
```

sort 命令各选项及其功能说明如表 2.21 所示。

表 2.21　sort 命令各选项及其功能说明

选项	功能说明
-b	忽略前导的空白区域
-c	检查输入是否已排序，若已排序，则不进行操作
-d	排序时，除了英文字母、数字及空格字符外，忽略其他的字符
-f	忽略字母大小写
-i	除了 040～176 中的 ASCII 字符外，忽略其他的字符
-m	将几个排序好的文件合并
-M	将前面 3 个字母依照月份的缩写进行排序
-n	依照数值的大小进行排序

续表

选项	功能说明
-o	将结果写入文件而非标准输出
-r	逆序输出排序结果
-s	禁用 last-resort 比较，以稳定比较算法
-t	使用指定的分隔符代替非空格到空格的转换
-u	配合-c 时，严格校验排序；不配合-c 时，只输出一次排序结果

例如，使用 sort 命令时，可针对文本文件的内容，以行为单位进行排序，执行以下命令。

```
root@Ubuntu:~# vim   test02.txt                    #新建文件 test02.txt
root@Ubuntu:~# cat   test02.txt                    #显示文件 test02.txt 的内容
10 aaa
30 bbb
80 ccc
50 ddd
root@Ubuntu:~# sort    test02.txt                  #对文件 test02.txt 的内容进行排序
10 aaa
30 bbb
50 ddd
80 ccc
root@Ubuntu:~#
```

sort 命令将以默认的方式使文本文件的第一列以 ASCII 的次序排列，并将结果输出到标准输出。

10. uniq 命令去重

uniq 命令用于删除文件中的重复行。其命令格式如下。

```
uniq  [选项]    文件名
```

uniq 命令各选项及其功能说明如表 2.22 所示。

表 2.22　uniq 命令各选项及其功能说明

选项	功能说明
-c	在每行前加上表示相应行出现次数的前缀编号
-d	只输出重复的行
-D	显示所有重复的行
-f	比较时跳过前 *n* 列
-i	在比较的时候不区分字母大小写
-s	比较时跳过前 *n* 个字符
-u	只显示唯一的行
-w	对每行第 *n* 个字符以后的内容不作对照
-z	使用"\0"作为行结束符，而不是新换行

例如，使用 uniq 命令从输入文件或者标准输入中筛选相邻的匹配行并写入输出文件或标准输出时，执行以下命令。

```
root@Ubuntu:~# vim   test03.txt
root@Ubuntu:~# cat   test03.txt
hello
friend
welcome
```

```
hello
friend
world
hello
root@Ubuntu:~# uniq   -c   test03.txt
      2 friend
      3 hello
      1 welcome
      1 world
root@Ubuntu:~#
```

11. echo 命令将显示内容输出到屏幕上

echo 命令非常简单，如果命令的输出内容没有什么特殊要求，则原内容输出到屏幕上；如果命令的输出内容有特殊含义，则输出其含义。其命令格式如下。

```
echo  [选项]   [输出内容]
```

echo 命令各选项及其功能说明如表 2.23 所示。

表 2.23　echo 命令各选项及其功能说明

选项	功能说明
-n	取消输出后行末的换行符号（内容输出后不换行）
-e	支持反斜线控制的字符转换

在 echo 命令中，如果使用了-n 选项，则表示输出文字后不换行；字符串可以加引号，也可以不加引号，用 echo 命令输出加引号的字符串时，将字符串原样输出；用 echo 命令输出不加引号的字符串时，字符串中的各个单词作为字符串输出，各字符串用一个空格分隔。

如果使用了-e 选项，则可以支持控制字符，会对其进行特别处理，而不会将它当作一般文字输出。控制字符功能说明如表 2.24 所示。

表 2.24　控制字符功能说明

控制字符	功能说明
\\	输出\本身
\a	输出警告音
\b	退格键，即向左删除键
\c	取消输出行末的换行符。和-n 选项一致
\e	“Esc”键
\f	换页符
\n	换行符
\r	“Enter”键
\t	制表符，即“Tab”键
\v	垂直制表符
\0nnn	按照八进制 ASCII 表输出字符。其中，0 为数字 0，nnn 是 3 位八进制数
\xhh	按照十六进制 ASCII 表输出字符。其中，hh 是两位十六进制数

例如，使用 echo 命令输出相关内容到屏幕上，执行以下命令。

```
root@Ubuntu:~# echo  -en  "hello welcome\n"     #换行输出
hello welcome
```

```
root@Ubuntu:~# echo   -en   "1 2 3\n"                    #整行换行输出
1 2 3
root@Ubuntu:~# echo   -en   "1\n2\n3\n"                  #每个字符换行输出
1
2
3
root@Ubuntu:~# echo   -n   aaa                           #字符串不加引号，不换行输出
aaaroot@Ubuntu:~# echo   -n   123
123root@Ubuntu:~#
```

echo 命令也可以将显示输出的内容输入一个文件中，命令如下。

```
root@Ubuntu:~# echo     "hello everyone welcome to here">   welcome.txt   #替换文件内容
root@Ubuntu:~# echo     "hello everyone">>   welcome.txt             #在文件尾部增加内容
root@Ubuntu:~# cat     welcome.txt
hello everyone welcome to here
hello everyone
root@Ubuntu:~# ls   -l
总用量 28
-rw------- 1 root root    39 7 月   29 10:17 history.txt
drwxr-xr-x 3 root root 4096 7 月   26 01:55 snap
-rw-r--r-- 1 root root    16 7 月   29 15:23 test01.txt
-rw-r--r-- 1 root root    28 7 月   29 15:41 test02.txt
-rw-r--r-- 1 root root    46 7 月   29 15:45 test03.txt
drwxr-xr-x 3 root root 4096 7 月   29 15:07 user01
-rw-r--r-- 1 root root    46 7 月   29 15:51 welcome.txt
root@Ubuntu:~#
```

2.2.9 文件查找类命令

Linux 操作系统中用于文件查找的命令列举如下。

1. whereis 命令查找文件位置

whereis 命令用于查找可执行文件、源代码文件、帮助文件在文件系统中的位置。其命令格式如下。

```
whereis   [选项]   文件
```

whereis 命令各选项及其功能说明如表 2.25 所示。

表 2.25 whereis 命令各选项及其功能说明

选项	功能说明
-b	只搜索二进制文件
-B<目录>	定义二进制文件查找路径
-m	只搜索 man 手册
-M<目录>	定义 man 手册查找路径
-s	只搜索源代码文件
-S<目录>	定义源代码文件查找路径
-f	终止 <目录> 参数列表
-u	搜索不常见记录
-l	输出有效查找路径

例如，使用 whereis 命令查找文件位置时，执行以下命令。

```
root@Ubuntu:~#  whereis  passwd
passwd: /usr/bin/passwd /etc/passwd /usr/share/man/man5/passwd.5.gz /usr/share/man/man1/passwd.1ssl.gz /usr/share/man/man1/passwd.1.gz
root@Ubuntu:~#
```

2. locate 命令查找绝对路径中包含指定字符串的文件的位置

locate 命令用于快速查找文件或目录的位置。其命令格式如下。

```
locate  [选项]  文件
```

locate 命令各选项及其功能说明如表 2.26 所示。

表 2.26　locate 命令各选项及其功能说明

选项	功能说明
-b	仅匹配路径名的基本名称
-c	只输出找到的数量
-d	使用 DBPATH 指定的数据库，而不是默认数据库/var/lib/mlocate/mlocate.db
-e	仅输出当前现有文件的条目
-L	当文件存在时，跟随蔓延的符号链接（默认）
-h	显示帮助
-i	忽略字母大小写
-l	限制为 LIMIT 项目的输出（或计数）
-q	安静模式，不会显示任何错误信息
-r	使用基本正则表达式
-w	匹配整个路径名（默认）

例如，使用 locate 命令查找文件位置时，执行以下命令。

```
root@Ubuntu:~# apt  install  mlocate
root@Ubuntu:~# locate   passwd
/etc/passwd
/etc/passwd-
/etc/pam.d/chpasswd
/etc/pam.d/passwd
/etc/security/opasswd
/snap/core18/1988/etc/passwd
/snap/core18/1988/etc/pam.d/chpasswd
......
root@Ubuntu:~# locate  -c  passwd              #只输出找到的数量
171
root@Ubuntu:~# locate  firefox  |  grep  gz      #查找 Firefox 压缩文件的位置
/usr/share/doc/firefox/MPL-1.1.gz
/usr/share/doc/firefox/MPL-2.0.gz
/usr/share/doc/firefox/changelog.Debian.gz
/usr/share/doc/firefox-locale-en/changelog.Debian.gz
/usr/share/doc/firefox-locale-zh-hans/changelog.Debian.gz
/usr/share/man/man1/firefox.1.gz
root@Ubuntu:~#
```

3. find 命令查找文件

find 命令用于查找文件，其功能非常强大。对于文件和目录的一些比较复杂的搜索操作，可以灵活应用最基本的通配符和搜索命令 find 来实现，其可以在某一目录及其所有的子目录下快速搜索具有某些特征的目录或文件。其命令格式如下。

```
find [路径] [匹配表达式] [-exec command]
```

find 命令各匹配表达式及其功能说明如表 2.27 所示。

表 2.27　find 命令各匹配表达式及其功能说明

匹配表达式	功能说明
-name filename	查找指定名称的文件
-user username	查找属于指定用户的文件
-group groupname	查找属于指定组的文件
-print	显示查找结果
-type	查找指定类型的文件。文件类型有：b（块设备文件）、c（字符设备文件）、d（目录）、p（管道文件）、l（符号链接文件）、f（普通文件）
-mtime n	类似于 atime，但查找的是文件内容被修改的时间
-ctime n	类似于 atime，但查找的是文件索引节点被改变的时间
-newer file	查找比指定文件新的文件，即文件的最后修改时间离现在较近
-perm mode	查找与给定权限匹配的文件，必须以八进制的形式给出访问权限
-exec command {} \;	对匹配指定条件的文件执行 command 命令
-ok command {} \;	与 exec 相同，但执行 command 命令时请用户确认

例如，使用 find 命令查找文件时，执行以下命令。

```
root@Ubuntu:~# find /etc -name passwd
/etc/passwd
/etc/pam.d/passwd
root@Ubuntu:~# find / -name "firefox*.gz"
/usr/share/man/man1/firefox.1.gz
find: '/run/user/1000/doc': 权限不够
find: '/run/user/1000/gvfs': 权限不够
root@Ubuntu:~#
```

4. which 命令确定程序的具体位置

which 命令用于查找并显示给定命令的绝对路径。环境变量 PATH 中保存了查找命令时需要遍历的目录，which 命令会在环境变量 PATH 设置的目录下查找符合条件的文件，也就是说，使用 which 命令可以看到某个系统指令是否存在，以及执行的命令的位置。其命令格式如下。

```
which [选项] [--] COMMAND
```

which 命令各选项及其功能说明如表 2.28 所示。

表 2.28　which 命令各选项及其功能说明

选项	功能说明
--version	输出版本信息
--help	输出帮助信息
--skip-dot	跳过以点开头的路径中的目录
--show-dot	不将点扩展到输出的当前目录下
--show-tilde	输出一个目录的非根
--tty-only	如果不处于 tty 模式，则停止右侧的处理选项

续表

选项	功能说明
--all, -a	输出所有的匹配项，但不输出第一个匹配项
--read-alias, -i	从标准输入读取别名列表
--skip-alias	忽略选项--read-alias，不读取标准输入
--read-functions	从标准输入读取 shell 方法
--skip-functions	忽略选项--read-functions

例如，使用 which 命令查找文件位置时，执行以下命令。

```
root@Ubuntu:~# which    find
/usr/bin/find
root@Ubuntu:~# which   --show-tilde   pwd
Illegal option --
Usage: /usr/bin/which [-a] args
root@Ubuntu:~# which   --version   bash
Illegal option --
Usage: /usr/bin/which [-a] args
root@Ubuntu:~#
```

5. grep 命令查找文件中包含指定字符串的行

grep 是一个强大的文本搜索命令，它能使用正则表达式搜索文本，并把匹配的行输出。在 grep 命令中，字符“^”表示行的开始，字符“$”表示行的结束，如果要查找的字符串中带有空格，则可以用单引号或双引号括注。其命令格式如下。

```
grep  [选项]  [正则表达式]  文件名
```

grep 命令各选项及其功能说明如表 2.29 所示。

表 2.29 grep 命令各选项及其功能说明

选项	功能说明
-a	对二进制文件以文本文件的方式搜索数据
-c	对匹配的行进行计数
-i	忽略字母大小写的不同
-l	只显示包含匹配模式的文件名
-n	每个匹配行只按照相对的行号显示
-v	反向选择，列出不匹配的行

例如，使用 grep 命令查找文件位置时，执行以下命令。

```
root@Ubuntu:~# grep   "root"   /etc/passwd
root:x:0:0:root:/root:/bin/bash
nm-openvpn:x:118:124:NetworkManager OpenVPN,,,:/var/lib/openvpn/chroot:/usr/sbin/nologin
root@Ubuntu:~# grep   -il   "root"   /etc/passwd
/etc/passwd
root@Ubuntu:~#
```

grep 命令与 find 命令的区别在于，grep 是在文件中搜索满足条件的行，而 find 是在指定目录下根据文件的相关信息查找满足指定条件的文件。

2.3 项目实施

2.3.1 Vi、Vim 编辑器的使用

可视化接口（Visual interface，Vi）也称为可视化界面，它为用户提供了一个全屏幕的窗口编辑器，窗口中一次可以显示一屏的编辑内容，并可以上下滚动。Vi 是所有 UNIX 和 Linux 操作系统中的标准编辑器，类似于 Windows 操作系统中的记事本。对于 UNIX 和 Linux 操作系统中的任何版本，Vi 编辑器都是完全相同的，因此可以在其他任何介绍 Vi 的地方进一步了解它，Vi 也是 Linux 中最基本的文本编辑器之一，学会它后，可以在 Linux 尤其是在终端中畅通无阻。

V2-5 Vi、Vim 编辑器的使用

Vim（Visual interface improved）可以看作 Vi 的改进升级版。Vi 和 Vim 都是 Linux 操作系统中的编辑器，不同的是，Vim 比较高级。Vi 用于文本编辑，而 Vim 更适用于面向开发者的云端开发平台。

Vim 可以执行输出、移动、删除、查找、替换、复制、粘贴、撤销、块操作等众多文件操作，而且用户可以根据自己的需要对其进行定制，这是其他编辑程序没有的功能。但 Vim 不是一个排版程序，它不像 Word 或 WPS 那样可以对字体、格式、段落等其他属性进行编排，它只是一个文件编辑程序。Vim 是全屏幕文件编辑器，没有菜单，只有命令。

在命令行中执行命令 vim filename，如果 filename 已经存在，则该文件被打开且显示其内容；如果 filename 不存在，则 Vim 在第一次存盘时自动在硬盘中新建 filename 文件。

Vim 有 3 种基本工作模式：命令模式、编辑模式、末行模式。考虑到各种用户的需要，可采用状态切换的方法实现工作模式的转换。切换只是习惯性的问题，一旦熟练掌握使用 Vim 的方法，就会觉得它非常易于使用。

1. 命令模式

命令模式（在其他模式下按“Esc”键，进入命令模式）是用户进入 Vim 的初始状态。在此模式下，用户可以输入 Vim 命令，使 Vim 完成不同的工作任务，如光标移动、复制、粘贴、删除等，也可以从其他模式返回到命令模式，在编辑模式下按“Esc”键或在末行模式下输入错误命令都会返回到命令模式。Vim 命令模式的光标移动命令如表 2.30 所示，Vim 命令模式的复制和粘贴命令如表 2.31 所示，Vim 命令模式的删除操作命令如表 2.32 所示，Vim 命令模式的撤销与恢复操作命令如表 2.33 所示。

表 2.30 Vim 命令模式的光标移动命令

操作	功能说明
gg	将光标移动到当前文件的首行
G	将光标移动到当前文件的尾行
w 或 W	将光标移动到下一个单词
H	将光标移动到该屏幕的顶端
M	将光标移动到该屏幕的中间
L	将光标移动到该屏幕的底端
h（←）	将光标向左移动一格
l（→）	将光标向右移动一格
j（↓）	将光标向下移动一格

续表

操作	功能说明
k（↑）	将光标向上移动一格
0（Home）	数字 0，将光标移动到行首
$（End）	将光标移动到行尾
Page Up/Page Down	（Ctrl+B/Ctrl+F）上下翻屏

表 2.31　Vim 命令模式的复制和粘贴命令

操作	功能说明
yy 或 Y（大写）	复制光标所在的整行
3yy 或 y3y	复制 3 行（含当前行、后 2 行），如复制 5 行，则使用 5yy 或 y5y 即可
y1G	从当前行复制到文件首
yG	从当前行复制到文件尾
yw	复制一个单词
y2w	复制 2 个字符
p（小写）	粘贴到光标的后（下）面，如果复制的是整行，则粘贴到光标所在行的下一行
P（大写）	粘贴到光标的前（上）面，如果复制的是整行，则粘贴到光标所在行的上一行

表 2.32　Vim 命令模式的删除操作命令

操作	功能说明
dd	删除当前行
3dd 或 d3d	删除 3 行（含当前行、后 2 行），如删除 5 行，则使用 5dd 或 d5d 即可
d1G	从当前行删除到文件首
dG	从当前行删除到文件尾
D 或 d$	删除到行尾
dw	删除到词尾
ndw	删除后面的 *n* 个词

表 2.33　Vim 命令模式的撤销与恢复操作命令

操作	功能说明
U（小写）	取消上一个更改（常用）
U（大写）	取消一行内的所有更改
Ctrl+R	重做一个动作（常用），通常与“u”配合使用，将会为编辑提供很多方便
.	重复前一个动作，如果想要重复删除、复制、粘贴等，则按“.”键即可

2. 编辑模式

在编辑模式（在命令模式下按“a/A”键、“i/I”键或“o/O”键，进入编辑模式）下，可对编辑文件添加新的内容并进行修改，这是该模式的唯一功能。进入该模式时，可按“a/A”键、“i/I”键或“o/O”键。Vim 编辑模式命令如表 2.34 所示。

表 2.34　Vim 编辑模式命令

操作	功能说明
a（小写）	在光标之后插入内容

续表

操作	功能说明
A（大写）	在光标当前行的末尾插入内容
i（小写）	在光标之前插入内容
I（大写）	在光标当前行的开始部分插入内容
o（小写）	在光标所在行的下面新增一行
O（大写）	在光标所在行的上面新增一行

3. 末行模式

末行模式（在命令模式下按“:”键或“/”键与“？”键，进入末行模式）主要用来实现一些文字编辑辅助功能，如查找、替换、文件保存等。在命令模式下输入“:”字符，即可进入末行模式，若输入命令完成或命令出错，则会退出 Vim 或返回到命令模式。按“Esc”键可返回命令模式。Vim 末行模式命令如表 2.35 所示。

表 2.35　Vim 末行模式命令

操作	功能说明
ZZ（大写）	保存当前文件并退出
:wq 或:x	保存当前文件并退出
:q	结束 Vim 程序，如果文件有过修改，则必须先保存文件
:q!	强制结束 Vim 程序，修改后的文件不会保存
:w[文件路径]	保存当前文件，将其保存为另一个文件（类似于另存为新文件）
:r[filename]	在编辑的数据中，读入另一个文件的数据，即将 filename 文件的内容追加到光标所在行的后面
:!command	暂时退出 Vim 到命令模式下执行 command 的显示结果，如“:!ls/home”表示可在 Vim 中查看/home 下以 ls 输出的文件信息
:set nu	显示行号，设定之后，会在每一行的前面显示该行的行号
:set nonu	与:set nu 相反，用于取消行号

在命令模式下输入“:”字符，即可进入末行模式，在末行模式下可以进行查找与替换操作。其命令格式如下。

```
:[range]    s/pattern/string/[c,e,g,i]
```

查找与替换操作各参数及其功能说明如表 2.36 所示。

表 2.36　查找与替换操作各参数及其功能说明

参数	功能说明
range	指的是范围，如“1，5”指从第 1 行至第 5 行，“1，$”指从首行至最后一行，即整篇文章
s（search）	表示查找搜索
pattern	要被替换的字符串
string	用 string 替换 pattern 的内容
c（confirm）	每次替换前会进行询问
e（error）	不显示 error
g（globe）	不询问，将做整行替换
i（ignore）	不区分字母大小写

在命令模式下输入“/”或“？”字符，即可进入末行模式，在末行模式下可以进行查找操作。其命令格式如下。

```
/word #或? word
```

查找操作各参数及其功能说明如表 2.37 所示。

表 2.37 查找操作各参数及其功能说明

参数	功能说明
/word	向光标之下输入要查找的名称为 word 的字符串。例如，要在文件中查找“welcome”字符串，则输入/welcome 即可
?word	向光标之上输入要查找的名称为 word 的字符串
n	其代表英文按键，表示重复前一个查找的动作。例如，如果刚刚执行了/welcome 命令向下查找 welcome 字符串，则按“n”键后，会继续向下查找下一个 welcome 字符串；如果执行了?welcome 命令，那么按“n”键会向上查找 welcome 字符串
N	其代表英文按键，与 n 刚好相反，为反向进行前一个查找动作。例如，执行/welcome 命令后，按“N”键表示向上查找 welcome 字符串

例如，Vim 编辑器的使用。默认安装 Ubuntu 时，Vim 编辑器没有安装，需要单独安装，可以执行 apt install vim 命令进行安装。

（1）在当前目录下新建文件 newtest.txt，输入文件内容，执行以下命令。

```
root@Ubuntu:~# apt   update                  #升级应用程序系统
root@Ubuntu:~# apt   install   vim           #安装 vim 工具
root@Ubuntu:~# vim   newtest.txt             #创建新文件 newtest.txt
```

在命令模式下按“a/A”键、“i/I”键或“o/O”键，进入编辑模式，完成以下内容的输入。

```
1      hello
2      everyone
3      welcome
4      to
5      here
```

输入以上内容后，按“Esc”键，将从编辑模式返回命令模式，再输入“ZZ”，将退出并保存文件内容。

（2）复制第 2 行与第 3 行文本到文件尾，同时删除第 1 行文本。

按“Esc”键，从编辑模式返回命令模式，将光标移动到第 2 行，按“2yy”键，再按“G”键，将光标移动到文件最后一行；按“p”键，复制第 2 行与第 3 行文本到文件尾；按“gg”键，将光标移动到文件首行，按“dd”键，删除第 1 行文本。执行以上命令后，显示的文件内容如下。

```
2      everyone
3      welcome
4      to
5      here
2      everyone
3      welcome
```

（3）在命令模式下，输入“:”字符，进入末行模式，在末行模式下进行查找与替换操作，执行以下命令。

```
:1,$   s/everyone/myfriend/g
```

其表示对整个文件进行查找，用 myfriend 字符串替换 everyone，无询问进行替换操作，执行命令后的结果如下。

```
2          myfriend
3          welcome
4          to
5          here
2          myfriend
3          welcome
```

（4）在命令模式下，输入“?”或“/”，进行查询，执行以下命令。

```
/welcome
```

按“Enter”键后，可以看到光标位于第 2 行，welcome 闪烁显示；按“n”键，可以继续进行查找，可以看到光标已经移动到最后一行 welcome 处进行闪烁显示。按“a/A”键、“i/I”键或“o/O”键，进入编辑模式；按“Esc”键返回命令模式，再输入“ZZ”，保存文件并退出 Vim 编辑器。

2.3.2 文件硬链接与软链接管理

Linux 操作系统的文件管理不但包括文件和目录的常规管理，而且包括文件的硬链接与软链接、通配符与文件名变量、输入输出重定向与管道等相关操作。

V2-6 文件硬链接与软链接管理

Linux 中可以为一个文件取多个名称，称为链接文件，链接分为硬链接与软链接两种。链接文件命令是 ln，它是 Linux 中的一个非常重要的命令，它的功能是为一个文件在另一个位置建立一个同步的链接，即不必在每一个需要的目录下都存放一个相同的文件，而只在某个固定的目录下存放该文件，并在其他目录下用 ln 命令链接它即可，不必重复地占用磁盘空间。其命令格式如下。

```
ln [选项] [源文件或目录] [目标文件或目录]
```

ln 命令各选项及其功能说明如表 2.38 所示。

表 2.38 ln 命令各选项及其功能说明

选项	功能说明
-b	类似于--backup，但不接任何参数，覆盖以前建立的链接
-d	创建指向目录的硬链接（只适用于超级管理员用户）
-f	强行删除任何已存在的目标文件
-i	交互模式，若文件存在，则提示用户是否覆盖
-n	把符号链接视为一般目录
-s	软链接（符号链接）
-v	显示详细的处理过程

例如，使用 ln 命令建立硬链接与软件链接的相关操作如下。

（1）建立硬链接文件，执行以下命令。

```
root@Ubuntu:~# touch  test01.txt
root@Ubuntu:~# cat test01.txt
aaa
bbb
ccc
ddd
root@Ubuntu:~# ln  test01.txt  test02.txt
```

使用 ln 命令建立链接时，若不加选项，则建立的是硬链接。这里给源文件 test01.txt 建立了一个硬链接 test02.txt，此时，test02.txt 可以看作 test01.txt 的别名文件，它和 text01.txt 不分主次，这两个文件都指向硬盘中相同位置上的同一个文件。对 test01.txt 的内容进行修改后，硬链接文件

test02.txt 中会同时显示这些修改，实质上它们是同一个文件的两个不同的名称。只能给文件建立硬链接，不能给目录建立硬链接。显示文件 test01.txt 和 test02.txt 的内容，执行以下命令。

```
root@Ubuntu:~# cat test01.txt
aaa
bbb
ccc
ddd
root@Ubuntu:~# cat test02.txt
aaa
bbb
ccc
ddd
root@Ubuntu:~#
```

可以看出文件 test01.txt 和 test02.txt 的内容是一样的。

（2）建立软链接文件，执行以下命令。

```
root@Ubuntu:~# ln   -s   test01.txt   test03.txt
```

建立软链接文件时，需要加选项“-s”，软链接又称符号链接，很像 Windows 操作系统中的快捷方式。删除软链接文件（如 test03.txt）时，源文件 test01.txt 不会受到影响，但源文件一旦被删除，软链接文件即无效。文件或目录都可以建立软链接。

```
root@Ubuntu:~# ls    -l
总用量 28
-rw------- 1 root root    39 7 月   29 10:17 history.txt
-rw-r--r-- 1 root root    72 7 月   29 17:09 newtest.txt
drwxr-xr-x 3 root root 4096 7 月   26 01:55 snap
-rw-r--r-- 2 root root    16 7 月   29 17:21 test01.txt
-rw-r--r-- 2 root root    16 7 月   29 17:21 test02.txt
lrwxrwxrwx 1 root root    10 7 月   29 17:23 test03.txt -> test01.txt
drwxr-xr-x 3 root root 4096 7 月   29 15:07 user01
-rw-r--r-- 1 root root    46 7 月   29 15:51 welcome.txt
root@Ubuntu:~#
```

链接文件使系统在管理和使用时非常方便。系统中有大量的链接文件，如/sbin、/usr/bin 等目录下都有大量的链接文件。

```
root@Ubuntu:~# ls   -l   /usr/sbin
......
lrwxrwxrwx 1 root root          27 7 月   26 01:45 arptables -> /etc/alternatives/arptables
lrwxrwxrwx 1 root root          17 7 月   26 01:45 arptables-nft -> xtables-nft-multi
lrwxrwxrwx 1 root root          17 7 月   26 01:45 arptables-nft-restore -> xtables-nft-multi
lrwxrwxrwx 1 root root          17 7 月   26 01:45 arptables-nft-save -> xtables-nft-multi
......
root@Ubuntu:~#
```

实际中，大量带有“->”并以不同颜色显示的文件即为链接文件。可以查看文件或目录的属性 lrwxrwxrwx，其第一个字母为“l”，即表示链接文件，如果处于桌面环境下，则文件图标上带有左上方向箭头的文件就是链接文件。

硬链接的特点如下。

① 硬链接以文件副本的形式存在，但不占用实际空间。

② 不允许给目录创建硬链接。

③ 硬链接只能在同一文件系统中创建。

软链接的特点如下。

① 软链接以路径的形式存在，类似于 Windows 操作系统中的快捷方式。

② 软链接可以跨文件系统。

③ 软链接可以对一个不存在的文件名进行链接。

④ 软链接可以对目录进行链接。

2.3.3 使用通配符与文件名变量

文件名是命令中最常用的参数之一，如果用户只知道文件名的一部分，或者用户想同时对具有相同扩展名或以相同字符开始的多个文件进行操作，则应该怎么进行操作呢？Shell 提供了一组称为通配符的特殊符号。所谓通配符，就是使用通用的匹配信息的符号匹配零个或多个字符，用于模式匹配，如文件名匹配、字符串匹配等。常用的通配符有星号（*）、问号（?）与方括号（[]），用户可以在作为命令参数的文件名中包含这些通配符，构成一个所谓的模式串，以在执行过程中进行模式匹配。通配符及其功能说明如表 2.39 所示。

表 2.39 通配符及其功能说明

通配符	功能说明
*	匹配任何字符和任何数目的字符组合
?	匹配任何单个字符
[ ]	匹配任何包含在括号中的单个字符

例如，通配符的使用如下。

（1）使用通配符*。

在/root/temp 目录下创建如下文件。

V2-7 通配符的使用

```
root@Ubuntu:~# cd   /root
root@Ubuntu:~# ls
history.txt   snap          test02.txt   user01
newtest.txt   test01.txt   test03.txt   welcome.txt
root@Ubuntu:~# mkdir   temp
root@Ubuntu:~# cd     temp/
root@Ubuntu:~/temp# touch test1.txt test2.txt test3.txt test4.txt test5.txt test11.txt test22.txt test33.txt
root@Ubuntu:~/temp# ls   -l
总用量 0
-rw-r--r-- 1 root root 0 7 月   29 17:34 test11.txt
-rw-r--r-- 1 root root 0 7 月   29 17:34 test1.txt
-rw-r--r-- 1 root root 0 7 月   29 17:34 test22.txt
-rw-r--r-- 1 root root 0 7 月   29 17:34 test2.txt
-rw-r--r-- 1 root root 0 7 月   29 17:34 test33.txt
-rw-r--r-- 1 root root 0 7 月   29 17:34 test3.txt
-rw-r--r-- 1 root root 0 7 月   29 17:34 test4.txt
-rw-r--r-- 1 root root 0 7 月   29 17:34 test5.txt
root@Ubuntu:~/temp#
```

使用通配符*进行文件名匹配，第 1 条命令用于显示/root/temp 目录下以 test 开头的文件名，第 2 条命令用于显示/root/temp 目录下所有包含“3”的文件名。

```
root@Ubuntu:~/temp# dir   test*
```

```
test11.txt   test22.txt   test33.txt   test4.txt
test1.txt    test2.txt    test3.txt    test5.txt
root@Ubuntu:~/temp# dir   *3*
test33.txt   test3.txt
root@Ubuntu:~/temp#
```

（2）使用通配符?。

使用通配符?只能匹配单个字符，在进行文件名匹配时，执行以下命令。

```
root@Ubuntu:~/temp# dir    test?.txt
test1.txt   test2.txt   test3.txt   test4.txt   test5.txt
root@Ubuntu:~/temp#
```

（3）使用通配符[ ]。

使用通配符[ ]能匹配括号中给出的字符或字符范围，执行以下命令。

```
root@Ubuntu:~/temp# dir   test[2-3]*
test22.txt   test2.txt   test33.txt   test3.txt
root@Ubuntu:~/temp# dir   test[2-3].txt
test2.txt   test3.txt
root@Ubuntu:~/temp#
```

[ ]代表指定的一个字符范围，只要文件名中[ ]位置处的字符与[ ]指定范围中的字符相同，那么这个文件名就与模式串匹配。方括号中的字符范围可以由直接给出的字符组成，也可以由表示限定范围的字符、终止字符及中间的连字符（-）组成，如 test[a-d]与 test[abcd]的作用是一样的。Shell 将把与命令行中指定的模式串相匹配的所有文件名都作为命令的参数，形成最终的命令，并执行这个命令。

注意 

连字符（-）仅在方括号内有效，表示字符范围，若在方括号外，则为普通字符，而“*”和“?”只在方括号外是通配符，若在方括号内，则失去通配符的能力，成为普通字符。

由于“*”“?”和“[ ]”对于 Shell 来说具有比较特殊的意义，因此在正常的文件名中不应出现这些字符，特别是在目录中，否则 Shell 匹配可能会无穷递归下去。如果目录中没有与指定的模式串相匹配的文件名，那么 Shell 将使用此模式串本身作为参数传递给有关命令，这可能就是命令中出现特殊字符的原因所在。

2.3.4 输入输出重定向与管道

从终端输入信息时，用户输入的信息只能使用一次，下次再想使用这些信息时需要重新输入，且在终端上输入时，若输入有误，则修改起来不是很方便。输出到终端屏幕上的信息只能看不能修改，无法对此输出做更多的处理。为了解决上述问题，Linux 操作系统为输入输出的传送引入了两种机制，即输入输出重定向和管道。

Linux 中使用标准输入 stdin（0，默认是键盘）和标准输出 stdout（1，默认是终端屏幕）来表示每个命令的输入和输出，并使用一个标准错误输出 stderr（2，默认是终端屏幕）来输出错误信息，对于这 3 个标准输入输出，系统默认与控制终端设备联系在一起。因此，在标准情况下，每个命令通常从它的控制终端获取输入，并输出到控制终端的屏幕上。但是也可以重新定义程序的 stdin、stdout、stderr，对它们进行重定向，用特定符号改变数据来源或去向，最基本的用法是将它们重新定向到一个文件中，从一个文件中获取输入，并输出到另一个文件中。

1．标准文件

Linux 把所有的设备当作文件来管理，每个设备都有相应的文件名，如执行以下命令。

```
root@Ubuntu:~# ls   -l   /dev
总用量 0
crw-------    1 root    root    10, 175 7 月   29 06:09 agpgart
crw-r--r--    1 root    root    10, 235 7 月   29 06:09 autofs
drwxr-xr-x    2 root    root        380 7 月   29 06:09 block
drwxr-xr-x    2 root    root         80 7 月   29 06:08 bsg
crw-------    1 root    root    10, 234 7 月   29 06:08 btrfs-control
drwxr-xr-x    3 root    root         60 7 月   29 06:08 bus
lrwxrwxrwx    1 root    root          3 7 月   29 06:09 cdrom -> sr0
lrwxrwxrwx    1 root    root          3 7 月   29 06:09 cdrw -> sr0
drwxr-xr-x    2 root    root       3700 7 月   29 06:08 char
crw--w----    1 root    tty      5,   1 7 月   29 06:09 console
lrwxrwxrwx    1 root    root         11 7 月   29 06:08 core -> /proc/kcore
crw-------    1 root    root    10,  59 7 月   29 06:09 cpu_dma_latency
……
root@Ubuntu:~#
```

其对于输入输出设备也一样，具体说明如下。

（1）文件/dev/stdin：标准输入（Standard Input）文件。

（2）文件/dev/stdout：标准输出（Standard Output）文件。

（3）文件/dev/stderr：标准错误输出（Standard Error）文件。

如果某命令需要输出结果到屏幕上，那么只需要把结果送到 stdout 即可，因为 stdout 是作为一个文件被看待的，所以用户可以想办法通过把文件 stdout 换成另一个指定的普通文件来执行该命令，这样结果就会被送到文件中保存，而不送到屏幕上显示，这就是文件的重定向的工作原理。

2. 输入重定向

有些命令需要用户从标准输入（键盘）来输入数据，但某些时候让用户手动输入数据会相当麻烦，此时，可以使用“<”重定向输入源。

输入重定向是指把命令或可执行程序的标准输入重定向到指定的文件，也就是说，输入可以不来自键盘，而来自一个指定的文件，所以输入重定向主要用于改变一个命令的输入源，特别是改变那些需要大量输入的输入源，如执行以下命令。

```
root@Ubuntu:~# wc   <   /etc/resolv.conf
 18 114 717
root@Ubuntu:~# wc   <   ./test01.txt
 4   4 16
root@Ubuntu:~#
```

cat 命令不带参数时，默认从标准输入文件（键盘）获取内容，并原样输出到标准输出文件（显示器）中，如执行以下命令。

```
root@Ubuntu:~# cat                       #按“Enter”键后，在下一行可以输入相关测试内容
hello,everyone welcome to here           #按“Enter”键后，会原样输出到显示器上
hello,everyone welcome to here
<Ctrl+d>                                 #强行终止命令的执行，即退出输入
root@Ubuntu:~#
```

查看文件内容可使用 cat 命令，而利用输入重定向也可以实现类似的功能，如执行以下命令。

```
root@Ubuntu:~# cat   test01.txt
aaa
bbb
ccc
```

```
ddd
root@Ubuntu:~# cat <   test01.txt
aaa
bbb
ccc
ddd
root@Ubuntu:~#
```

也可以使用“<<”使系统将键盘的全部输入先送入虚拟的“当前文档”，再一次性输入，可以选择任意符号作为终止标识符，如执行以下命令。

```
root@Ubuntu:~# cat   <  filetest.txt   <<quit
> hello welcome
> myfriend
> open the door
> quit
root@Ubuntu:~# cat   filetest.txt
hello welcome
myfriend
open the door
root@Ubuntu:~#
```

3. 输出重定向

多数命令在正确执行后，执行结果会显示在标准输出（终端屏幕）上，用户可以使用“>”改变数据输出的目标，一般是将其另存到一个文件中供以后分析使用。

输出重定向能把一个命令的输出重定向到一个文件中，而不是显示在终端屏幕上，很多情况下可以使用这种功能。例如，某个命令的输出内容有很多，在屏幕上不能完全显示，则可以把它重定向到一个文件中，再用文本编辑器来打开这个文件。当要保存一个命令的输出时也可以使用这种方法。输出重定向也可以把一个命令的输出当作另一个命令的输入。此外，还有一种更简单的方法，即可以把一个命令的输出当作另一个命令的输入，也就是使用管道。管道的使用将在后面介绍，输出重定向的使用与输入重定向相似，但是输出重定向的符号是“>”。

注意 **若“>”右边指定的文件已经存在，则该文件会被删除，并被重新创建，即其原内容被覆盖。**

为了避免输出重定向中指定的文件被重写，Shell 提供了输出重定向的追加功能。追加重定向与输出重定向的功能非常相似，区别仅在于追加重定向的功能是把命令（或可执行程序）的输出结果追加到指定文件的最后，而该文件原有内容不被破坏。如果要将一条命令的输出结果追加到指定文件的后面，则可以使用追加重定向操作符“>>”，如执行以下命令。

```
root@Ubuntu:~# cat   test[1-3].txt   > test.txt                #输出到 test.txt 文件中
root@Ubuntu:~# cat   test.txt
this is the content of the test1.txt
this is the content of the test2.txt
this is the content of the test3.txt
root@Ubuntu:~# cat   test11.txt   test22.txt   >>   test.txt   #追加 test.txt 文件内容
root@Ubuntu:~# cat   test.txt
this is the content of the test1.txt
this is the content of the test2.txt
this is the content of the test3.txt
```

```
this is the content of the test11.txt
this is the content of the test22.txt
root@Ubuntu:~#
```

4. 错误重定向

若一个命令执行时发生错误，则会在屏幕上显示错误信息，虽然其与标准输出一样都会将结果显示在屏幕上，但它们占用的输入输出通道不同，错误输出也可以重定向。使用符号“2>”（或追加符号“2>>”）表示对错误输出设备的重定向，如执行以下命令。

```
root@Ubuntu:~# dir   test???.txt
dir: 无法访问 test???.txt: 没有那个文件或目录
root@Ubuntu:~# dir   test???.txt   2>error.txt
root@Ubuntu:~# cat   error.txt
dir: 无法访问 test???.txt: 没有那个文件或目录
root@Ubuntu:~#
```

错误重定向的符号是“2>”和“2>>”，使用 2 的原因是标准错误文件的文件描述符是 2，标准输入文件可用 0，标准输出文件可用 1，0 和 1 都可以省略，但 2 不能省略，否则会和输出重定向产生冲突。使用错误重定向技术，可以避免将错误信息输出到屏幕上。

5. 管道

想将一个程序或命令的输出作为另一个程序或命令的输入，有两种方法：一种是通过一个暂存文件将两个命令或程序结合在一起；另一种是通过 Linux 提供的管道功能，这种方法比第一种方法更好、更常用。管道具有把多个命令从左到右串联起来的能力，可以通过使用管道符号“|”来建立一个管道。管道的功能是把左边命令的输出重定向，并将其传送给右边的命令作为输入，同时，把右边命令的输入重定向，并以左边命令的输出结果作为输入，如执行以下命令。

```
root@Ubuntu:~# cat   testfile.txt
hello
friend
welcome
hello
friend
world
hello
root@Ubuntu:~# cat   testfile.txt   |   grep   "friend"
friend
friend
root@Ubuntu:~# cat   testfile.txt   |   grep   "friend"   |   wc   -l
2
```

此例中，管道将 cat 命令的输出作为 grep 命令的输入，grep 命令的输出是所有包含单词“friend”的行，这个输出又被送给 wc 命令。

2.3.5 使用 Linux 快捷键

Linux 控制台、虚拟终端中的快捷键及其功能说明如表 2.40 所示。

表 2.40 Linux 控制台、虚拟终端中的快捷键及其功能说明

快捷键	功能说明
Ctrl+A	把光标移动到命令行开头
Ctrl+E	把光标移动到命令行末尾

续表

快捷键	功能说明
Ctrl+C 或 Ctrl+\	键盘中断请求，结束当前任务
Ctrl+Z	中断当前执行的进程，但并不结束此进程，而是将其放到后台，想要继续执行时，可用 fg 命令唤醒它，但由于“Ctrl+Z”组合键转入后台运行的进程在当前用户退出后就会终止，因此使用此快捷键不如使用 nohup 命令方便实用，因为 nohup 命令的作用就是用户退出之后进程仍然继续运行，而现在许多脚本和命令都要求在 root 用户退出后仍然有效
Ctrl+D	设置文件末尾（End Of File，EOF）。如果光标处在一个空白的命令行中，则按“Ctrl+D”组合键后将会退出 bash，这比使用 exit 命令退出要快得多
Ctrl+S	暂停屏幕输出
Ctrl+Q	恢复屏幕输出
Ctrl+L	清屏，相当于 clear 命令
Ctrl+U	剪切光标前的所有字符
Ctrl+K	剪切光标后的所有字符
Ctrl+W	剪切光标前的字段
Alt+D	向后删除一个词
Ctrl+Y	粘贴被“Ctrl+U”或“Ctrl+K”或“Ctrl+W”组合键剪切的部分
Tab	自动补齐命令行或文件名，双击“Tab”键，可以列出所有可能匹配的选择
Alt+F	光标向前移动一个词的距离
Alt+B	光标向后移动一个词的距离
Ctrl+R	在历史命令中查找，当 history 比较多时，若想查找一个比较复杂的命令，则可以使用此快捷键，Shell 会自动查找并调用该命令

Linux 中的桌面环境（GNOME）的快捷键及其功能说明如表 2.41 所示。

表 2.41　Linux 中的桌面环境（GNOME）的快捷键及其功能说明

快捷键	功能说明
Alt+F1	类似于 Windows 中的“Windows”键，在 GNOME 中用于打开应用程序主菜单
Alt+F2	类似于 Windows 中的“Windows+R”组合键，在 GNOME 中用于运行应用程序
Alt+F4	关闭窗口
Alt+F5	取消最大化窗口（恢复窗口原来的大小）
Alt+F6	聚集桌面上的当前窗口
Alt+F7	移动窗口（注：在窗口最大化的状态下无效）
Alt+F8	改变窗口大小（注：在窗口最大化的状态下无效）
Alt+F9	最小化窗口
Alt+F10	最大化窗口
Alt+Space	打开窗口的控制菜单（单击窗口左上角的图标后弹出的菜单）
Alt+Esc	切换已经打开的窗口
Alt+Tab	类似于 Windows 中的“Alt+Tab”组合键，可在不同程序窗口间进行切换
PrintScreen	复制当前屏幕到粘贴板中
Alt+ PrintScreen	当前窗口抓图
Ctrl+ Alt+L	锁定桌面并启动屏幕保护程序
Ctrl+ Alt+↑/↓	在不同工作台间切换
Ctrl+ Alt+Shift+↑/↓	移动当前窗口到不同工作区中

续表

快捷键	功能说明
Ctrl+ Alt+Fn	从图形用户界面切换到控制台，终端 *n* 或模拟终端 *N*（*n* 和 *N* 的取值为数字 1～6）
Ctrl+ Alt+F1/F7	从控制台返回图形用户界面，默认情况下，runlevel=3 时，按“F7”键返回图形用户界面；默认情况下，runlevel=5 时，按“F1”键返回图形用户界面，按“F7”键无用
Ctrl+ Alt+BackSpace	注销

项目小结

本项目包含 14 个部分。

（1）Shell 简介。

（2）Shell 命令格式，主要讲解了 Shell 命令的基本格式、输入命令时键盘操作的一般规律。

（3）显示系统信息的命令，主要讲解了 who 命令查看用户登录信息、whoami 命令显示当前操作用户、hostname/hostnamectl 命令显示或设置当前系统的主机名、date 命令显示时间/日期、cal 命令显示日历以及 clear 命令清除屏幕。

（4）Shell 使用技巧，主要讲解了命令和文件名的自动补齐功能、历史命令、命令别名以及命令帮助。

（5）Linux 操作系统的目录结构。

（6）文件及目录显示类命令，主要讲解了 pwd 命令显示当前工作目录、cd 命令改变当前工作目录、ls 命令显示目录文件以及 stat 命令显示文件或文件系统状态信息。

（7）文件及目录操作类命令，主要讲解了 touch 命令创建文件或修改文件的存取时间、mkdir 命令创建新目录、rmdir 命令删除目录、rm 命令删除文件或目录、cp 命令复制文件或目录、mv 命令移动文件或目录、tar 命令打包归档文件或目录以及 du 命令查看文件或目录的容量大小。

（8）文件内容显示和处理类命令，主要讲解了 cat 命令显示文件内容、tac 命令反向显示文件内容、more 命令逐页显示文件中的内容（仅向下翻页）、less 命令逐页显示文件中的内容（可向上、向下翻页）、head 命令查看文件的前 *n* 行、tail 命令查看文件的最后 *n* 行、file 命令查看文件或目录的类型、wc 命令统计、sort 命令排序、uniq 命令去重以及 echo 命令将显示内容输出到屏幕上。

（9）文件查找类命令，主要讲解了 whereis 命令查找文件位置、locate 命令查找绝对路径中包含指定字符串的文件的位置、find 命令查找文件、which 命令确定程序的具体位置以及 grep 命令查找文件中包含指定字符串的行。

（10）使用 Vi、Vim 编辑器，主要讲解了命令模式、编辑模式和末行模式。

（11）文件硬链接与软链接管理。

（12）使用通配符与文件名变量。

（13）输入输出重定向与管道，主要讲解了标准文件、输入重定向、输出重定向、错误重定向以及管道。

（14）Linux 快捷键的使用。

课后习题

1. 选择题

（1）Linux 操作系统中的 root 用户登录后，默认的命令提示符为（　　）。

A. !　　B. #　　C. $　　D. @

（2）可以用来创建一个新文件的命令是（　　）。

A. cp　　B. rm　　C. touch　　D. more

（3）命令行的自动补齐功能要使用到（　　）键。

A. Alt　　B. Shift　　C. Ctrl　　D. Tab

（4）以下不属于通配符的是（　　）。

A. !　　B. *　　C. ?　　D. []

（5）Linux 设备文件的保存位置为（　　）。

A. /home　　B. /dev　　C. /etc　　D. /root

（6）普通用户主目录的位置为（　　）。

A. /home　　B. /dev　　C. /etc　　D. /root

（7）在下列命令中，用于显示当前目录路径的命令是（　　）。

A. cd　　B. ls　　C. stat　　D. pwd

（8）在下列命令中，不能显示文本文件内容的命令是（　　）。

A. cat　　B. more　　C. less　　D. join

（9）在下列命令中，用于对文本文件内容进行排序的命令是（　　）。

A. wc　　B. file　　C. sort　　D. tail

（10）在给定文件中查找与设定条件相符字符串的命令是（　　）。

A. grep　　B. find　　C. head　　D. gzip

（11）在 Vim 的命令模式中，输入（　　）无法进入末行模式。

A. :　　B. l　　C. ?　　D. /

（12）在 Vim 的命令模式中，输入（　　）无法进入编辑模式。

A. o　　B. a　　C. e　　D. i

（13）使用（　　）操作符，可以输出重定向到指定的文件中，并追加文件内容。

A. >　　B. >>　　C. <　　D. <<

（14）在 Linux 控制台中，按（　　）组合键，可以实现清屏功能。

A. Ctrl+A　　B. Ctrl+E　　C. Ctrl+S　　D. Ctrl+L

（15）在 Linux 控制台中，按（　　）组合键，可以剪切光标前的所有字符。

A. Ctrl+U　　B. Ctrl+K　　C. Ctrl+W　　D. Ctrl+Y

2. 简答题

（1）什么是 Shell？它的功能是什么？

（2）列举 Linux 中的主要目录，并简述其主要作用。

（3）more 和 less 命令有何区别？

（4）举例说明压缩/解压缩的常用命令。

（5）显示文件内容的常用命令有哪些？简述其特点。

（6）Vim 编辑器的基本工作模式有哪几种？简述其主要作用。

（7）Vim 中替换命令的格式是什么，各部分的含义是什么？

（8）硬链接与软链接的区别是什么？

（9）管道有什么作用？

（10）简述输入与输出重定向的作用。

项目3 用户组群与文件目录权限管理

03

【学习目标】

- 理解用户账户分类、用户账户密码文件及组群文件。
- 掌握Ubuntu的超级用户权限与管理员。
- 掌握用户账户管理及组群维护与管理。
- 理解su和sudo命令的使用方法。
- 掌握文件和目录的权限以及详解文件和目录的属性信息。
- 掌握使用数字表示法与文字表示法修改文件和目录的权限的方法。
- 掌握文件访问控制列表的配置方法。

3.1 项目描述

Ubuntu Linux 是一个多用户、多任务的操作系统，可以让多个用户同时使用系统。为了保证用户之间的独立性，允许用户保护自己的资源不被非法访问，用户之间可以共享信息和文件，也允许用户分组工作，对不同的用户分配不同的权限，使每个用户都能各自不受干扰地独立工作。因此，作为系统的管理员，掌握系统配置、用户权限设置与管理、文件和目录的权限设置是至关重要的。本章主要讲解用户账户、组群管理、su 和 sudo 命令的使用以及文件和目录权限管理。

3.2 必备知识

3.2.1 Linux 用户账户管理

为了实现安全控制，每次登录 Linux 操作系统时都要选择一个用户并输入密码，每个用户在系统中有不同的权限，其所能管理的文件、执行的操作也不同。下面介绍用户账户分类、用户账户密码文件以及用户账户管理等相关内容。

V3-1 用户账户分类

1. 用户账户分类

Linux 操作系统中的用户账户分为 3 种：超级用户（root）、系统用户和普通用户。系统为每一个用户都分配了一个用户 ID（UID），它是区分用户的唯一标志，Linux 并不会直接识别用户的用户名，它识别的其实是以数字表示的用户 ID。

（1）超级用户（root）：也称为管理员账户，它具有一切权限，它的任务是对普通用户和整个系统进行管理，超级用户对系统具有绝对的控制权。如果操作不当，则很容易对系统造成损坏，只有进行系统维护（如建立用户账户）或其他必要情况下才使用超级用户登录，以避免系统出现问题。默认情况下，超级用户的 ID 为 0。

（2）系统用户：这是 Linux 操作系统正常工作所必需的内建的用户，主要是为了满足相应的系统进程对文件属主的要求而建立的。系统用户不能用来登录，如 man、bin、daemon、list、sys 等用户。系统用户的 ID 一般为 1～999。

（3）普通用户：这是为了让使用者能够使用 Linux 操作系统资源而建立的，普通用户在系统中只能进行普通工作，只能访问其拥有的或者有权限执行的文件，大多数用户属于此类。普通用户的 ID 一般为 1000～65535。

Linux 操作系统继承了 UNIX 操作系统传统的方法，采用文本文件来保存账户的各种信息，用户可以通过修改文本文件来管理用户和组。用户默认配置信息是从/etc/login.defs 文件中读取的，用户基本信息保存在/etc/passwd 文件中，用户密码等安全信息保存在/etc/shadow 文件中。

因此，账户的管理实际上就是对这几个文件的内容进行添加、修改和删除的操作，可以使用 Vim 编辑器来更改它们，也可以使用专门的命令来更改它们，不管以哪种方式来管理账户，了解这几个文件的内容是非常必要的。为了本身的安全，Linux 操作系统默认情况下只允许 root 用户更改这几个文件。即使当前系统只有一个用户使用，也应该在超级用户账户之外再建立一个普通用户账户，在用户进行普通工作时以普通用户账户登录系统，并进行相应的操作。

V3-2 用户账户密码文件

2. 用户账户密码文件

/etc/passwd 是一个账户管理文件，这个文件可以实现对用户的管理，每个用户在该文件中都对应一行，其中记录了该用户的相关信息。

（1）用户账户管理文件/etc/passwd。

在 Linux 操作系统中，创建的用户账户及其相关信息（密码除外）均放在/etc/passwd 配置文件中，可以使用 cat 命令来查看/etc/passwd 文件的内容，-n 表示为每一行加一个行号，如图 3.1 所示。

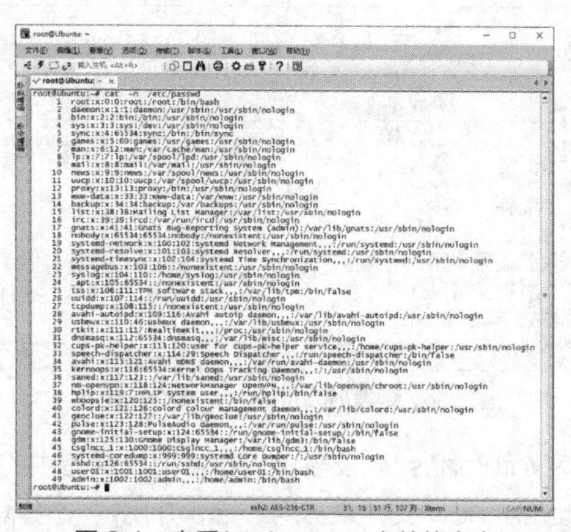

图 3.1 查看/etc/passwd 文件的内容

passwd 文件中的每一行代表一个用户的信息，可以看到第一个用户账户是 root，其后是一些标准用户账户，每行由 7 个字段的数据组成，字段之间用“:”分隔。其格式如下。

```
账户名称：密码：UID：GID：用户信息：主目录：命令解释器（登录 Shell）
```

passwd 文件中各字段的功能说明如表 3.1 所示，其中，数字段的内容可以是空的，但仍然需要使用“:”进行占位来表示该字段。

表 3.1　passwd 文件中各字段的功能说明

字段	功能说明
账户名称	用户账户名称，用户登录时所使用的用户名
密码	用户口令，这里的密码会显示为特定的字符“X”，真正的密码被保存在 shadow 文件中
UID	用户的标识，是一个数值，Linux 操作系统内部使用它来区分不同的用户
GID	用户所在的主组的标识，是一个数值，Linux 操作系统内部使用它来区分不同的组，相同的组具有相同的 GID
用户信息	可以记录用户的个人信息，如用户姓名、电话等
主目录	用户的宿主目录，用户成功登录后的默认目录
命令解释器	用户所使用的 Shell 类型，默认为/bin/bash

（2）用户密码文件/etc/shadow。

在/etc/passwd 文件中，有一个字段用来存放经过加密后的密码。下面先来查看/etc/passwd 文件的权限，执行命令如下。

```
root@Ubuntu:~# ls   -l   /etc/passwd
-rw-r--r-- 1 root root 2897 7 月   28 09:20 /etc/passwd
root@Ubuntu:~#
```

可以看到任何用户对它都有读的权限，虽然密码已经经过加密，但是仍不能避免“别有用心”的人轻易地获取加密后的密码并进行解密。为了增强系统的安全性，Linux 操作系统对密码提供了更多的保护，即把加密后的密码重定向到另一个文件/etc/shadow 中，只有 root 用户能够读取/etc/shadow 文件的内容，这样密码就安全多了。查看/etc/shadow 文件的权限，执行命令如下。

```
root@Ubuntu:~# ls   -l   /etc/shadow
-rw-r----- 1 root shadow 1835 7 月   28 19:36 /etc/shadow
root@Ubuntu:~#
```

查看/etc/shadow 文件的内容，如图 3.2 所示。

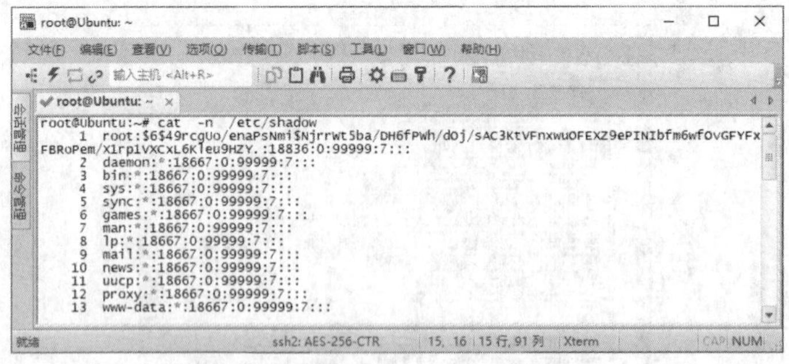

图 3.2　查看/etc/shadow 文件的内容

可以看到/etc/shadow 和/etc/passwd 文件的内容类似，前者中的每一行都和后者中的每一行对应，每个用户的信息在/etc/shadow 文件中占用一行，并用“:”分隔为 9 个字段。其格式如下。

```
账户名称:密码:最后一次修改时间:最小时间间隔:最大时间间隔:警告时间:不活动时间:失效时间:标志字段
```

shadow 文件中各字段的功能说明如表 3.2 所示，其中，少数字段的内容是可以为空的，但仍然需要使用“:”进行占位来表示该字段。

表 3.2　shadow 文件中各字段的功能说明

字段	功能说明
账户名称	用户账户名称，用户登录时所使用的用户名，即/etc/passwd 文件中相对应的用户名
密码	加密后的用户口令，*表示用户被禁止登录，!表示用户被锁定，!!表示没有设置密码
最后一次修改时间	用户最后一次修改密码的时间（从 1970 年 1 月 1 日起计的天数）
最小时间间隔	两次修改密码允许的最小天数，即最短口令存活期
最大时间间隔	密码保持有效的最多天数，即最长口令存活期
警告时间	从系统提前警告到密码正式失效的天数
不活动时间	口令过期多少天后账户被禁用
失效时间	表示用户被禁止登录的时间
标志字段	保留域，用于功能扩展，未使用

用户的管理是系统至关重要的环节，Linux 操作系统中用户开机时要求必须提供用户名和密码，因此设置的用户名和密码必须牢记，密码的长度要求至少是 6 位。因为可以手动修改/etc/passwd 文件，更容易出现问题，因此建议用户在使用的时候，用命令或者图形用户界面设置用户名和密码，不要直接更改/etc/passwd 文件的内容。

3.2.2　Ubuntu 超级用户权限与管理员

Linux 操作系统中具有最高权限的 root 账户可以对系统做任何事情，这对系统安全来说可能是一种严重威胁。Ubuntu Linux 是一个多用户、多任务的操作系统，任何一个用户要获得系统的使用授权，都必须要拥有一个用户账户。

1. Linux 的超级用户权限解决方案

多数 Linux 发行版安装完毕都会要求设置两个用户账户的密码，一个是 root 账户，另一个是用于登录系统的普通账户，并且允许 root 账户直接登录到系统，这样 root 账户的任何误操作都有可能带来灾难性的后果。

然而，许多系统配置和管理操作需要 root 权限，如安装软件、添加或删除用户和组、添加或删除硬件和设备、启动或禁止网络服务、执行某些系统调用、关闭和重启系统等，为此 Linux 提供了特殊机制，让普通用户临时具备 root 权限。一种方法是用户执行 su 命令（不带任何参数）将自己提升为 root 权限（需要提供 root 密码），另一种方法是使用命令行工具 sudo 临时以 root 身份运行程序，执行完毕后自动返回到普通用户状态。

2. Ubuntu 管理员

Ubuntu（包括其父版本 Debian）默认禁止 root 账户，在安装过程中不提供 root 账户设置，而只设置一个普通用户，并且让系统安装时创建的第一个用户自动成为 Ubuntu 管理员，这是 Ubuntu 的一大特色。

Ubuntu 将普通用户进一步分为两种类型：标准用户和管理员。Ubuntu 管理员是指具有管理权限的普通用户，有权删除用户、安装软件和驱动程序、修改日期和时间，或者进行一些可能导致计算机不稳定的操作。标准用户不能进行这些操作，只能修改自己的个人设置。

Ubuntu 管理员主要执行系统配置管理任务，但不能等同于 Windows 系统管理员，其权限比标准用户高，比超级用户低很多。在工作中，当需要超级用户权限时，管理员可以通过 sudo 命令获得 root 用户的所有权限。

3.2.3 组群管理

Linux 操作系统中包含私有组、系统组、标准组。

（1）私有组：建立用户账户时，若没有指定其所属的组，则系统会建立一个组名和用户名相同的组，这个组就是私有组，它只容纳一个用户。

（2）系统组：这是 Linux 操作系统正常运行所必需的组，安装 Linux 操作系统或添加新的软件包时会自动建立系统组。

（3）标准组：可以容纳多个用户，组中的用户都具有组所拥有的权限。

一个用户可以属于多个组，用户所属的组又有基本组（也称主组）和附加组之分。用户所属组中的第一个组称为基本组，基本组在/etc/passwd 文件中指定；其他组为附加组，附加组在/etc/group 文件中指定。属于多个组的用户所拥有的权限是它所在的组的权限之和。

相对于用户信息，用户组的信息要少一些。与用户一样，用户分组也是由一个唯一的身份来标识的，该标识叫作用户组 ID（Group ID，GID）。在 Linux 操作系统中，关于组群账户的信息存放在/etc/group 文件中，而关于组群管理的信息，如组群密码、组群管理员等，则存放在/etc/gshadow 文件中。

1. 组群/etc/group 文件

/etc/group 文件用于存放用户的组群账户信息，任何用户都可以读取该文件的内容，每个组群账户在 group 文件中占一行，并用“:”分隔为 4 个字段。其格式如下。

```
组群名称：组群密码（一般为空，用 x 占位）：GID：组群成员
```

group 文件中各字段的功能说明如表 3.3 所示。

表 3.3 group 文件中各字段的功能说明

字段	功能说明
组群名称	组群的名称
组群密码	通常不需要设定，一般很少用组群登录，其密码也被记录在/etc/gshadow 中
GID	组群的 ID
组群成员	组群所包含的用户，用户之间用“,”分隔，如果没有成员，则默认为空

group 文件中显示的用户的组只有用户的附加组，用户的主组在这里是看不到的，它的主组在/etc/passwd 文件中显示。一般情况下，管理员不必手动修改这个文件，系统提供了一些命令来完成组的管理。

查看/etc/group 文件的内容，相关命令如下。

```
root@Ubuntu:~# useradd   -p   123456   user02          #创建用户 user02
root@Ubuntu:~# useradd   -p   123456   user03          #创建用户 user03
root@Ubuntu:~# usermod   -G   root   user01            #加入 root 组
root@Ubuntu:~# usermod   -G   bin   user02             #加入 bin 组
root@Ubuntu:~# usermod   -G   bin   user03             #加入 bin 组
root@Ubuntu:~# cat   -n   /etc/group                   #查看组群信息
     1  root:x:0:user01
     2  daemon:x:1:
     3  bin:x:2:user02,user03
     4  sys:x:3:
     5  adm:x:4:syslog,csglncc_1
```

```
  ......
   77  user02:x:1003:
   78  user03:x:1004:
root@Ubuntu:~# id    user01                          #查看 user01 用户相关组信息
用户 id=1001(user01) 组 id=1001(user01) 组=1001(user01),0(root)
root@Ubuntu:~# id    user02                          #查看 user02 用户相关组信息
用户 id=1003(user02) 组 id=1003(user02) 组=1003(user02),2(bin)
root@Ubuntu:~#
```

从以上配置可以看出，root 组的 ID 为 0，包含用户 user01 组成员；bin 组的 ID 为 2，包含用户 user02 和 user03 组成员，各成员之间用“,”分隔。在/etc/group 文件中，用户的主组群并不把该用户作为成员列出，只有用户的附属组群才会把该用户作为成员列出，例如，用户 bin 的主组群是 bin，但/etc/group 文件的组群的成员列表中并没有用户 bin，只有用户 user02 和 user03。

2．组群/etc/gshadow 文件

/etc/gshadow 文件用于存放组群的加密口令、组管理员等信息，该文件只有 root 用户可以读取，每个组群账户在 gshadow 文件中占一行，并用“:”分隔为 4 个字段。其格式如下。

```
组群名称:加密后的组群密码:组群的管理员:组群成员
```

gshadow 文件中各字段的功能说明如表 3.4 所示。

表 3.4　gshadow 文件中各字段的功能说明

字段	功能说明
组群名称	组群的名称
加密后的组群密码	通常不需要设定，没有时用“!”占位
组群的管理员	组群的管理员，默认为空
组群成员	组群所包含的用户，用户之间用“,”分隔，如果没有成员，则默认为空

查看/etc/gshadow 文件的内容，相关命令如下。

```
root@Ubuntu:~#  cat  -n  /etc/gshadow
     1  root:*::user01
     2  daemon:*::
     3  bin:*::user02,user03
     4  sys:*::
     5  adm:*::syslog,csglncc_1
......
    77  user02:!::
    78  user03:!::
root@Ubuntu:~#
```

3.2.4　文件和目录权限管理

对于初学者而言，理解 Linux 操作系统文件和目录权限管理是非常必要的。下面主要讲解文件和目录的权限、文件和目录的属性信息等相关操作。

1．理解文件和目录的权限

文件是操作系统用来存储信息的基本结构，是一组信息的集合，文件通过文件名来唯一标识。在 Linux 操作系统中，文件名称最长允许有 255 个字符，可用 a～z、A～Z、0～9、特殊字符等来表示。与其他操作系统相比，Linux 操作系统最大的不同就是没有“扩展名”的概念，也就是说，文件的名称和该文

V3-3　理解文件和目录的权限

件的类型并没有直接的联系。例如，file01.txt 有可能是一个运行文件，而 file01.exe 有可能是一个文本文件，甚至可以不使用扩展名。另外，Linux 操作系统文件名区分字母大小写，如 file01.txt、File01.txt、FILE01.TXT、file01.TXT 在 Linux 操作系统中分别代表不同的文件，但在 Windows 操作系统中代表同一个文件。在 Linux 操作系统中，如果文件名以“.”开始，则表示该文件为隐藏文件，需要使用 ls -a 命令才能显示出来。

Linux 操作系统中的每一个文件或目录都包含访问权限，这些访问权限决定了哪些用户能访问和如何访问这些文件或目录，可以通过设定权限来实现访问权限的限制。

（1）只允许用户自己访问。

（2）允许一个预先指定的用户组中的用户访问。

（3）允许系统中的任何用户访问。

同时，用户能够控制一个给定的文件或目录的访问程度。一个文件或目录可能有读、写及执行权限，当创建一个文件时，系统会自动赋予文件所有者读和写的权限，这样可以允许所有者显示文件内容和修改文件。文件或目录所有者可以将这些权限改变为任何其想要指定的权限，一个文件或目录也许只有读权限，禁止任何修改；也可能只有执行权限，允许它像一个程序一样执行。

根据赋予权限的不同，不同的用户（所有者、用户组或其他用户）能够访问不同的文件或目录，所有者是创建文件的用户，文件的所有者能够授予所在用户组的其他成员以及系统中的除所属组之外的其他用户的文件访问权限。

针对系统中的所有文件，每一个用户都有其自身的读、写和执行权限。

（1）第一套权限控制为访问自己的文件权限，即文件或目录所有者。

（2）第二套权限控制为用户组群访问其中一个用户的文件或目录权限。

（3）第三套权限控制为其他用户访问一个用户的文件或目录权限。

以上 3 套权限赋予了用户（所有者、用户组或其他用户）不同类型的读、写和执行权限，构成了一个有 9 种类型的权限组。

用户可以使用 ls -l 或者 ll 命令来显示文件的详细信息，其中包括文件或目录的权限，命令显示如下。

```
root@Ubuntu:~# ls  -l
总用量 32
-rw------- 1 root root   39 7月  29 10:17 history.txt
-rw-r--r-- 1 root root   72 7月  29 17:09 newtest.txt
drwxr-xr-x 3 root root 4096 7月  26 01:55 snap
drwxr-xr-x 2 root root 4096 7月  29 17:34 temp
-rw-r--r-- 2 root root   37 7月  29 17:48 test01.txt
-rw-r--r-- 2 root root   37 7月  29 17:48 test02.txt
lrwxrwxrwx 1 root root   10 7月  29 17:23 test03.txt -> test01.txt
drwxr-xr-x 3 root root 4096 7月  29 15:07 user01
-rw-r--r-- 1 root root   46 7月  29 15:51 welcome.txt
root@Ubuntu:~# cat   test01.txt
hello welcome
myfriend
open the door
root@Ubuntu:~#
```

以上列出了各种文件或目录的详细信息，共分为 7 组，各组信息的含义如图 3.3 所示。

2．详解文件和目录的属性信息

文件和目录的属性信息解读如下。

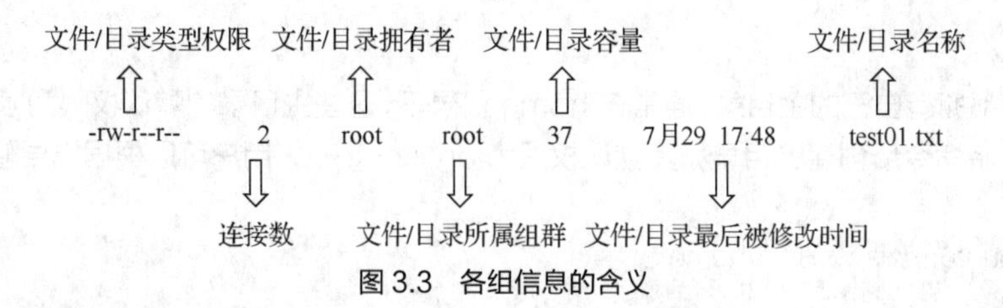

图 3.3　各组信息的含义

（1）第一组表示文件/目录类型权限。

每一行的第一个字符一般用来区分文件的类型，一般取值为-、b、c、d、l、s、p，其具体含义如表 3.5 所示。

表 3.5　文件/目录类型权限第一个字符的具体含义

取值	具体含义
-	表示该文件是一个普通的文件
b	表示该文件为块设备，是特殊类型的文件
c	表示该文件为其他的外围设备，是特殊类型的文件
d	表示是一个目录，在 ext 文件系统中，目录也是一种特殊的文件
l	表示文件是一个符号链接文件，实际上它指向另一个文件
s、p	这些文件关系到系统的数据结构和管道，通常很少见到

每一行的第 2～10 个字符表示文件的访问权限，这 9 个字符每 3 个为一组，左边 3 个字符表示所有者权限，中间 3 个字符表示与所有者同一组的用户的权限，右边 3 个字符是其他用户的权限。其代表的意义分别如下。

① 字符 2、3、4 表示该文件所有者的权限，有时简称为 u（user）的权限。

② 字符 5、6、7 表示该文件所有者属组的组成员的权限，如此文件所有者属于 workgroup 组群，该组群中有 5 个成员，表示这 5 个成员都有此处指定的权限，简称为 g（group）的权限。

③ 字符 8、9、10 表示该文件所有者所属组群以外的其他用户的权限，简称 o（other）的权限。

这 9 个字符根据权限种类的不同而分为以下 3 种类型。

① r（read，读取）：对于文件而言，具有读取文件内容的权限；对于目录而言，具有浏览目录的权限。

② w（write，写入）：对于文件而言，具有新增、修改文件内容的权限；对于目录而言，具有删除、移动目录中文件的权限。

③ x（execute，执行）：对于文件而言，具有执行文件的权限；对于目录而言，具有进入目录的权限。

-：表示不具有该项权限。

解读文件类型权限属性信息如下。

① -rw-rw-rw-：该文件为普通文件，文件所有者、同组用户和其他用户对文件都只具有读、写权限，不具有执行权限。

② brwxr--r--：该文件为块设备文件，文件所有者具有读、写和执行的权限，同组用户和其他用户具有读取的权限。

③ drwx--x--x：该文件是目录文件，目录所有者具有读、写和执行的权限，同组用户和其他用户能进入该目录，但无法读取任何数据。

④ lrwxrwxrwx：该文件是符号链接文件，文件所有者、同组用户和其他用户对文件都具有读、

写和执行权限。

每个用户都拥有自己的主目录，通常在/home 目录下，这些主目录的默认权限为 drwx------，对于执行 mkdir 命令所创建的目录，其默认权限为 drwxr-xr-x，用户可以根据需要修改目录权限，相关命令如下。

```
root@Ubuntu:~# ls    -l    /home
总用量 12
drwxr-xr-x   5 admin       admin       4096 7 月   28 09:24 admin
drwxr-xr-x 18 csglncc_1 csglncc_1   4096 7 月   29 06:53 csglncc_1
drwxr-xr-x   2 user01      user01      4096 7 月   28 19:34 user01
root@Ubuntu:~#
```

（2）第二组表示连接数。

每个文件都会将其权限与属性记录到文件系统的 i-node 中，但这里使用的目录树却使用了文件记录，因此每个文件名会连接到一个 i-node，这个属性记录的就是有多少个不同的文件名连接到一个相同的 i-node。

（3）第三组表示文件/目录拥有者。

在 Linux 操作系统中，每个文件或目录都有属于自己的属主文件或目录，通常指的是文件或目录的创建者，即拥有者。

（4）第四组表示文件/目录所属组群。

在 Linux 操作系统中，用户的账户会附属到一个或多个组群中，例如，user01、user02、user03 用户均属于 workgroup 组群。如果某个文件所属的组群为 workgroup，且这个文件的权限为 -rwxrwx---，则 user01、user02、user03 用户对这个文件都具有读、写和执行的权限，但如果是不属于 workgroup 的其他用户，则其对此文件不具有任何权限。

（5）第五组表示文件/目录容量。

此组信息显示文件或目录的容量，默认单位为 Byte。

（6）第六组表示文件/目录最后被修改时间。

此组信息显示日期（月/日）及时间。如果这个文件被修改的时间距离现在太久了，那么时间部分会仅显示年份；如果想要显示完整的时间格式，则可以利用 ls 的选项，即 ls -l --full-time，执行命令如下。

```
root@Ubuntu:~# ls   -l   --full-time
总用量 32
-rw------- 1 root root     39 2021-07-29 10:17:10.299169698 +0800 history.txt
-rw-r--r-- 1 root root     72 2021-07-29 17:09:41.120295100 +0800 newtest.txt
drwxr-xr-x 3 root root 4096 2021-07-26 01:55:07.219186953 +0800 snap
drwxr-xr-x 2 root root 4096 2021-07-29 17:34:58.837864607 +0800 temp
-rw-r--r-- 2 root root     37 2021-07-29 17:48:04.701681299 +0800 test01.txt
-rw-r--r-- 2 root root     37 2021-07-29 17:48:04.701681299 +0800 test02.txt
lrwxrwxrwx 1 root root     10 2021-07-29 17:23:37.626464716 +0800 test03.txt -> test01.txt
drwxr-xr-x 3 root root 4096 2021-07-29 15:07:55.211168426 +0800 user01
-rw-r--r-- 1 root root     46 2021-07-29 15:51:49.972554550 +0800 welcome.txt
root@Ubuntu:~#
```

（7）第七组表示文件/目录名称。

文件或目录最后一项属性的信息为其名称，比较特殊的是，如果文件名称之前多了一个“.”，则代表这个文件为隐藏文件，可以使用 ls 和 ls -a 命令来查看隐藏文件，执行命令如下。

```
root@Ubuntu:~# ls
```

```
history.txt   snap   test01.txt   test03.txt   welcome.txt
newtest.txt   temp   test02.txt   user01
root@Ubuntu:~# ls  -a
.                .bashrc        .local         snap          test02.txt   .viminfo
..               .cache         newtest.txt    temp          test03.txt   welcome.txt
.bash_history   history.txt   .profile       test01.txt   user01
root@Ubuntu:~#
```

3.3 项目实施

3.3.1 在图形用户界面中管理用户和组群

为了直观方便地管理用户和组群，Ubuntu 提供了相应的图形化配置管理工具。

1. 创建用户账户

Ubuntu 内置了一个名为“用户”的图形化应用程序，使用该程序能够进行创建用户、设置密码和删除用户等相关操作。下面示范新建用户账户的步骤。

（1）单击应用程序中的“设置”图标，选择“用户”选项，列出当前已有的用户账户。

（2）由于涉及系统管理，需要超级用户权限，默认情况下该权限处于锁定状态，单击“解锁”按钮，弹出“需要认证”窗口，输入当前登录用户的密码，单击“认证”按钮。

（3）添加用户 user-test01，单击右上角的“添加用户（A）”按钮，弹出“添加用户”对话框，选择账号类型，设置用户名和密码，如图 3.4 所示。单击“添加（A）”按钮，返回“用户”界面，如图 3.5 所示，可以查看新建用户 user-test01 相关信息。根据需要设置用户自动登录或者更改用户类型，只需设置相应的开关即可。对于已有的用户账户，可以查看用户账户类型、登录历史和上次登录时间。管理员账户可以删除现有的用户账户，从账户列表中选择要删除的用户，单击左下角的“移除用户”按钮，即可删除选择的用户。

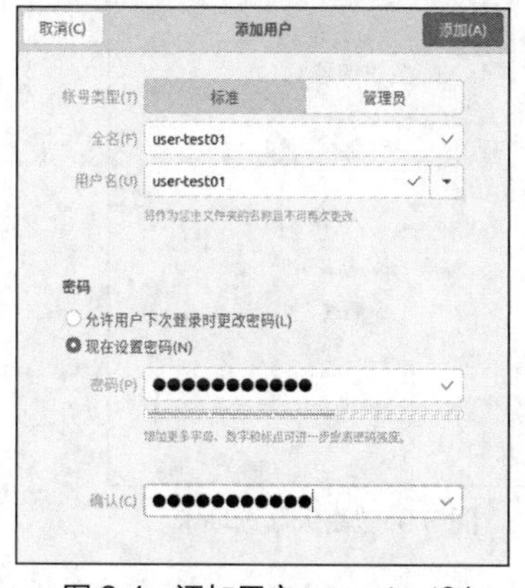

图 3.4　添加用户 user-test01

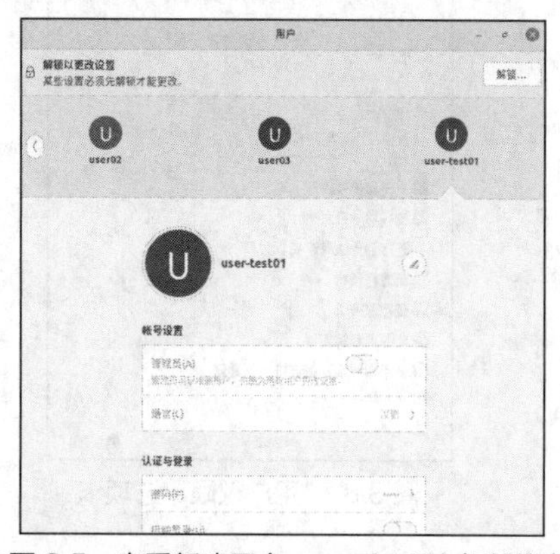

图 3.5　查看新建用户 user-test01 相关信息

2. 用户账户管理

上述 Ubuntu 内置的“用户”应用程序仅支持创建或删除账户以及设置密码，但不支持组管理，也不支持用户权限设置。可以安装图形化系统管理应用程序 gnome-system-tools 来解决这个问题，执行命令如下。

```
root@Ubuntu:~# apt  install  gnome-system-tools
```

安装好该应用程序后，Dash 面板中的“用户”图标变为“用户设置”图标，选择“用户设置”图标，弹出“用户设置”对话框，也可以在视图窗口的搜索框中输入“用户设置”，输入法切换可以按“Windows+Space”组合键，如图 3.6 所示。

从左侧列表中选中要设置的用户账户，右侧将显示其基本信息，单击“账户类型”右侧的“更改”超链接，更改用户账户类型，如图 3.7 所示，首次使用先要进行用户认证，设置账户类型。默认类型为“自定义”，可以将其更改为“管理员”或“桌面用户”（相当于前面提到的标准用户）。

图 3.6 “用户设置”对话框

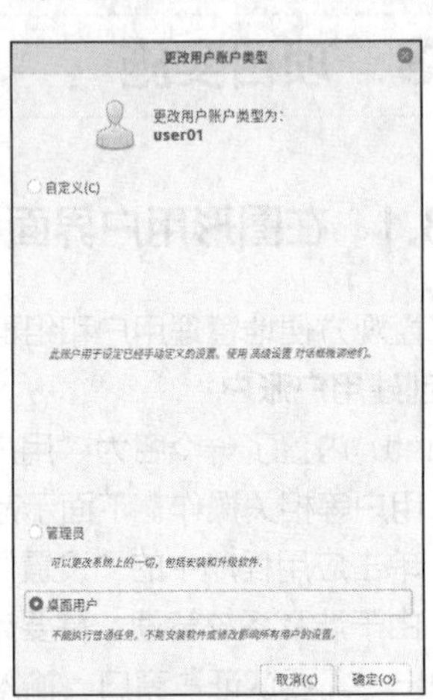

图 3.7 更改用户账户类型

还可以对用户账户进行高级设置。在用户列表中选中要设置的账户，单击“高级设置”按钮，弹出相应的对话框，选择“用户权限”选项卡，如图 3.8 所示，可以设置用户权限。选择“高级”选项卡，如图 3.9 所示，可以设置用户的高级选项，包括主目录、默认使用的 Shell、所属主组以及用户 ID 等，还可以禁用该用户。

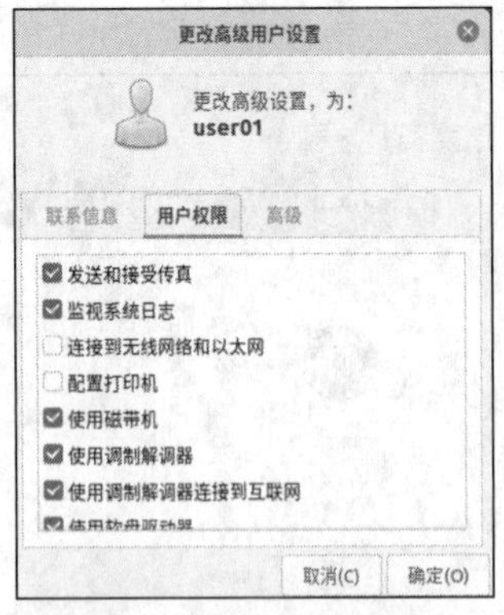

图 3.8 “用户权限”选项卡

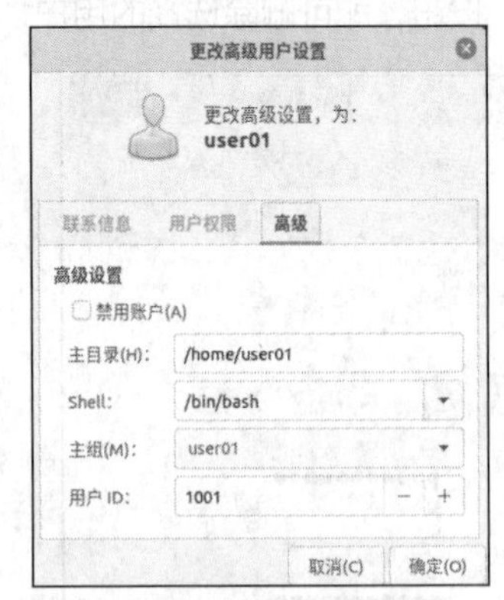

图 3.9 “高级”选项卡

3. 创建和管理组账户

Ubuntu 内置的“用户”应用程序不支持组账户管理，可以考虑改用“用户设置”应用程序。打开“用户设置”应用程序，单击“管理组”按钮，弹出“组设置”对话框，显示现有的组账户，如图 3.10 所示，可以添加、删除组，或者设置组的属性。单击“添加（A）”按钮，弹出“新的组”对话框，如图 3.11 所示，需要设置组名和组 ID，根据需要选择组成员，即添加组成员。

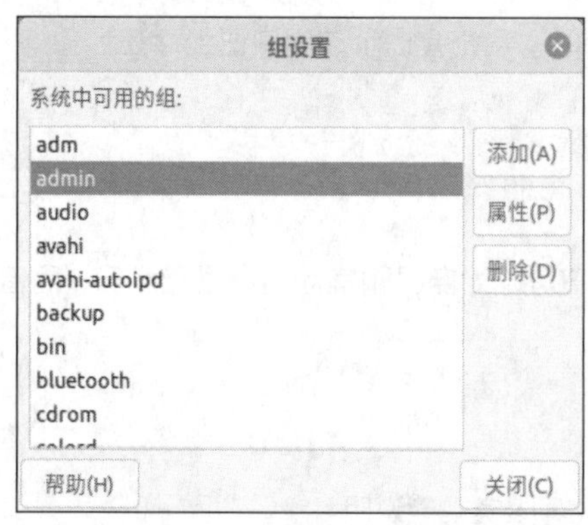

图 3.10 "组设置"对话框

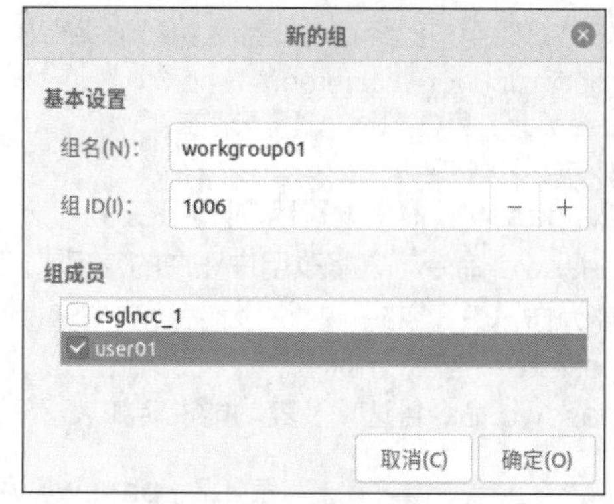

图 3.11 "新的组"对话框

3.3.2 使用命令行工具管理用户和组群

用户账户管理包括建立用户账户、设置用户账户密码和用户账户维护等。

1. useradd（adduser）命令建立用户账户

在 Linux 操作系统中可以使用 useradd 或者 adduser 命令来建立用户账户。其命令格式如下。

```
useradd  [选项]  用户名
```

V3-4 用户账户管理

useradd 命令各选项及其功能说明如表 3.6 所示。

表 3.6 useradd 命令各选项及其功能说明

选项	功能说明
-c comment	用户的注释性信息，如全名、办公电话等
-d home_dir	设置用户的主目录，默认值为"/home/用户名"
-e YYYY-MM-DD	设置账户的有效日期，此日期以后，用户将不能使用该账户
-f days	设置账户过期多少天后用户账户被禁用，如果为 0，则账户过期后将立刻被禁用；如果为-1，则账户过期后将不被禁用
-g group	用户所属主组群的组群名称或者 GID
-G group-list	用户所属的附属组群列表，多个组群之间用逗号分隔
-m	自动建立用户的主目录
-M	不要自动建立用户的主目录
-n	不要为用户创建用户私人组群
-p passwd	加密的口令
-r	建立系统账户
-s shell	指定用户登录所使用的 Shell，默认为/bin/bash
-u UID	指定用户 ID，它必须是唯一的

例如，使用 useradd 命令新建用户 user10，UID 为 2000，用户主目录为/home/user10，用户的 Shell 为/bin/bash，用户的密码为 admin@123，用户账户永不过期，执行命令如下。

```
root@Ubuntu:~# useradd -u 2000 -d /home/user10 -s /bin/bash -p admin@123 -f -1 user10
root@Ubuntu:~#  tail  -1  /etc/passwd                    #查看新建用户信息
user10:x:2000:2000::/home/user10:/bin/bash
root@Ubuntu:~#
```

如果新建用户已经存在，那么执行 useradd 命令时，系统会提示该用户已经存在。

```
root@Ubuntu:~# useradd   user01
useradd：用户“user01”已存在
root@Ubuntu:~#
```

2. passwd 命令设置用户账户密码

passwd 命令可以修改用户账户的密码，超级用户可以为自己和其他用户设置密码，而普通用户只能为自己设置密码。其命令格式如下。

```
passwd   [选项]   用户名
```

passwd 命令各选项及其功能说明如表 3.7 所示。

表 3.7　passwd 命令各选项及其功能说明

选项	功能说明
-d	删除已命名账户的密码（只有超级用户才能进行此操作）
-l	锁定指明账户的密码（仅限超级用户）
-u	解锁指明账户的密码（仅限超级用户）
-e	终止指明账户的密码（仅限超级用户）
-f	强制执行操作
-x	密码的最长有效时限（只有超级用户才能进行此操作）
-n	密码的最短有效时限（只有超级用户才能进行此操作）
-w	在密码过期前多少天开始提醒用户（只有超级用户才能进行此操作）
-i	当密码过期多少天后该账户会被禁用（只有超级用户才能进行此操作）
-S（大写字母）	报告已命名账户的密码状态（只有超级用户才能进行此操作）

例如，使用 passwd 命令修改用户 root 和用户 user01 的密码时，执行命令如下。

```
root@Ubuntu:~# passwd                    #用户 root 修改自己的密码，直接按“Enter”键即可
新的 密码：
重新输入新的 密码：
passwd：已成功更新密码
root@Ubuntu:~#
root@Ubuntu:~# passwd   user01
新的 密码：
重新输入新的 密码：
passwd：已成功更新密码
root@Ubuntu:~#
```

3. chage 命令修改用户账户口令属性

chage 命令也可以修改用户账户的口令等相关属性。其命令格式如下。

```
chage   [选项]   用户名
```

chage 命令各选项及其功能说明如表 3.8 所示。

表 3.8　chage 命令各选项及其功能说明

选项	功能说明
-d	将最近一次密码设置时间设置为“最近日期”
-E	将账户过期时间设置为“过期日期”
-h	显示此帮助信息并退出
-I（大写的 i）	过期失效多少天后，设定密码为失效状态
-l（小写的 L）	列出账户口令属性的各个数值

续表

选项	功能说明
-m	将两次改变密码之间相距的最小天数设为“最小天数”
-M	将两次改变密码之间相距的最大天数设为“最大天数”
-W	将过期警告天数设为“警告天数”

例如，使用 chage 命令设置用户 user01 的最短口令存活期为 10 天，最长口令存活期为 90 天，口令到期前 3 天提醒用户修改口令，设置完成后查看各属性值，执行命令如下。

```
root@Ubuntu:~#  chage  -m  10  -M  90  -W3  user01
root@Ubuntu:~#  chage  -l  user01
最近一次密码修改时间                    :  7 月 30, 2021
密码过期时间                           :  10 月 28, 2021
密码失效时间                           :  从不
账户过期时间                           :  从不
两次改变密码之间相距的最小天数           : 10
两次改变密码之间相距的最大天数           : 90
在密码过期之前警告的天数                : 3
root@Ubuntu:~#
```

4. usermod 命令修改用户账户

usermod 命令用于修改用户账户的属性。其命令格式如下。

```
usermod  [选项]  用户名
```

前文中反复强调过，Linux 操作系统中的一切都是文件，因此在其中创建用户的过程就是修改配置文件的过程。用户的信息保存在/etc/passwd 文件中，可以直接用文本编辑器来修改其中的用户参数项目，也可以用 usermod 命令修改已经创建的用户信息，如用户的 ID、用户组、默认终端等。usermod 命令各选项及其功能说明如表 3.9 所示。

表 3.9　usermod 命令各选项及其功能说明

选项	功能说明
-d	用户的新主目录
-e	设定账户过期的日期
-f	过期失效多少天后，设定密码为失效状态
-g	强制使用 GROUP 为新主组，变更所属用户组
-G	新的附加组列表 GROUPS，变更附加用户组
-a	将用户追加到-G 提到的附加组中，并不从其他组中删除此用户
-h	显示此帮助信息并退出
-l	新的登录名称
-L	锁定用户账户
-m	将家目录内容移动到新位置（仅与-d 一起使用）
-o	允许使用重复的（非唯一的）UID
-p	将加密过的密码设为新密码
-R	改变根目录到指定目录
-s	用户账户的新登录 Shell
-u	用户账户的新 ID
-U	解锁用户账户
-Z	用户账户的新 SELinux 用户映射

例如，使用 usermod 命令维护用户账户、禁用和恢复用户账户。

先来看一下用户 user02 的默认信息。

```
root@Ubuntu:~# id   user02
用户 id=1003(user02) 组 id=1003(user02) 组=1003(user02),2(bin)
root@Ubuntu:~#
```

将用户 user02 加入 root 用户组，这样附加组列表中会出现 root 用户组的字样，而基本组不会受影响。

```
root@Ubuntu:~#  usermod  -G  root  user02
root@Ubuntu:~# id  user02
用户 id=1003(user02) 组 id=1003(user02) 组=1003(user02),0(root)
root@Ubuntu:~#
```

可以使用-u 选项修改用户 user02 的 ID，操作命令如下。

```
root@Ubuntu:~# usermod  -u  5000  user02
root@Ubuntu:~# id  user02
用户 id=5000(user02) 组 id=1003(user02) 组=1003(user02),0(root)
root@Ubuntu:~#
```

修改用户 user02 的主目录为/var/user02，把启动 Shell 修改为/bin/tabs，操作命令如下。

```
root@Ubuntu:~# usermod  -d  /var/user02  -s  /bin/tabs  user02
root@Ubuntu:~# tail  -4  /etc/passwd
user02:x:5000:1003::/var/user02:/bin/tabs
user03:x:1004:1004::/home/user03:/bin/sh
user-test01:x:1005:1005:user-test01,,,:/home/user-test01:/bin/bash
user10:x:2000:2000::/home/user10:/bin/bash
root@Ubuntu:~#
```

有时候需要临时禁用一个账户而不删除它，禁用用户账户可以使用 passwd 或 usermod 命令实现，也可以通过直接修改/etc/passwd 或/etc/shadow 文件来实现。

例如，如果需要暂时禁用和恢复用户 user10，则可以使用以下 3 种方法实现。

（1）使用 passwd 命令。

使用 passwd 命令禁用用户 user10，使用 tail 命令进行查看，执行命令如下。

```
root@Ubuntu:~# passwd  -l  user10
passwd：密码过期信息已更改。
root@Ubuntu:~# tail  -1  /etc/shadow
user10:!admin@123:18838:0:99999:7:::
root@Ubuntu:~# passwd  -u  user10
passwd：密码过期信息已更改。
root@Ubuntu:~#
```

（2）使用 usermod 命令。

使用 usermod 命令禁用用户 user10，使用 tail 命令进行查看，可以看到/etc/shadow 文件中被锁定的账户密码前面会加上“!”。

```
root@Ubuntu:~# usermod  -L  user10
root@Ubuntu:~# tail  -1  /etc/shadow
user10:!admin@123:18838:0:99999:7:::
root@Ubuntu:~# tail  -1  /etc/passwd
user10:x:2000:2000::/home/user10:/bin/bash
root@Ubuntu:~# usermod  -U  user10            #解除用户 user10 的锁定
root@Ubuntu:~#
```

（3）直接修改用户账户配置文件。

可以在/etc/passwd 或/etc/shadow 文件中，在用户 user10 的 passwd 域的第一个字符前面加上一个“*”，以达到禁用账户的目的，在需要恢复的时候只要删除字符“*”即可，如图 3.12 所示。

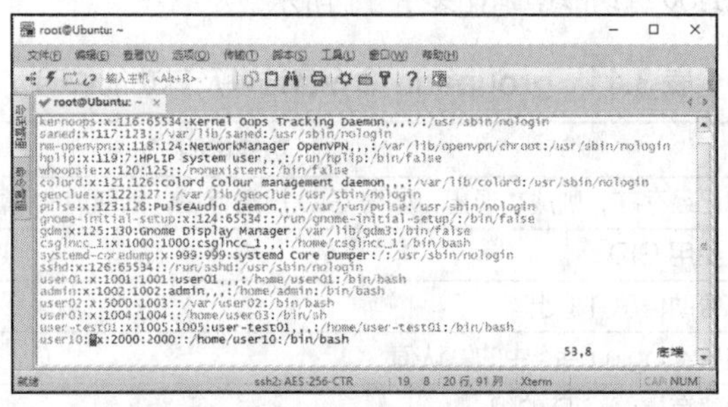

图 3.12　修改文件以禁用用户 user10

5. userdel 命令删除用户账户

要想删除一个用户账户，可以直接删除/etc/passwd 或 etc/shadow 文件中要删除的用户账户所对应的行，也可以使用 userdel 命令进行删除。其命令格式如下。

```
userdel  [选项]  用户名
```

userdel 命令各选项及其功能说明如表 3.10 所示。

表 3.10　userdel 命令各选项及其功能说明

选项	功能说明
-h	显示此帮助信息并退出
-r	删除主目录及目录下的所有文件
-f	强制删除主目录及目录下的所有文件
-R	改变根目录到指定目录
-Z	为用户账户删除所有的 SELinux 用户映射

例如，使用 userdel 命令删除用户账户，先创建用户 user20 和 user30，再查看用户目录相关信息，最后删除用户 user20、user30，并查看用户主目录的变化。

```
root@Ubuntu:~# useradd  -p  123456  –m  user20    #新建用户 user20，密码为 123456
root@Ubuntu:~# useradd  -p  123456  -m  user30    #新建用户 user30，密码为 123456
root@Ubuntu:~# ls   /home                         #查看目录情况
admin  csglncc_1  user01  user10  user20  user30  user-test01
root@Ubuntu:~# tail  -4  /etc/passwd              #查看用户账户信息
user-test01:x:1005:1005:user-test01,,,:/home/user-test01:/bin/bash
user10:*x:2000:2000::/home/user10:/bin/bash
user20:x:5001:5001::/home/user20:/bin/sh
user30:x:5002:5002::/home/user30:/bin/sh
root@Ubuntu:~# userdel  -r  user30               #删除用户 user30
root@Ubuntu:~# userdel  -f  user20               #强制删除用户 user20
root@Ubuntu:~# ls  /home                         #查看目录情况
admin  csglncc_1  user01  user10  user-test01
root@Ubuntu:~#
```

6. groupadd 命令创建组群

groupadd 命令用来在 Linux 操作系统中创建用户组，只需要为不同的用户组赋予不同的权限，再将不同的用户加入不同的组，用户即可获得所在组群拥有的权限。这种方法在 Linux 操作系统中有许多用户时使用非常方便。其命令格式如下。

```
groupadd  [选项]  组群名
```

groupadd 命令各选项及其功能说明如表 3.11 所示。

表 3.11　groupadd 命令各选项及其功能说明

选项	功能说明
-f	如果组已经存在，则成功退出；如果 GID 已经存在，则取消-g 操作
-g	为新组使用 GID
-h	显示此帮助信息并退出
-k	不使用/etc/login.defs 中的默认值
-o	允许创建有重复 GID 的组
-p	为新组使用此加密过的密码
-r	创建一个系统账户
-R	改变根目录到指定目录

例如，使用 groupadd 命令创建用户组 workgroup10，执行命令如下。

```
root@Ubuntu:~# groupadd   workgroup10          #创建用户组 workgroup10
root@Ubuntu:~# tail   -5   /etc/group
user-test01:x:1005:user-test01
workgroup01:x:1006:user01
user10:x:2000:
user20:x:5001:
workgroup10:x:5002:
root@Ubuntu:~# tail -5   /etc/gshadow
user-test01:!::user-test01
workgroup01:!::user01
user10:!::
user20:!::
workgroup10:!::
root@Ubuntu:~#
```

7．groupdel 命令删除组群

groupdel 命令用来在 Linux 操作系统中删除组群。如果该组群中仍包括某些用户，则必须先使用 userdel 命令删除这些用户，才能使用 groupdel 命令删除组群；如果有任何一个组群的使用者在线，则不能删除该组群。其命令格式如下。

```
groupdel  [选项]  组群名
```

groupdel 命令各选项及其功能说明如表 3.12 所示。

表 3.12　groupdel 命令各选项及其功能说明

选项	功能说明
-h	显示此帮助信息并退出
-R	改变根目录到指定目录

例如，使用 groupdel 命令删除组群，执行命令如下。

```
root@Ubuntu:~#   groupadd   workgroup-1          #新建组群 workgroup-1
root@Ubuntu:~#   groupadd   workgroup-2          #新建组群 workgroup-2
```

```
root@Ubuntu:~#  tail  -6  /etc/group                  #尾部显示 6 条 group 文件的内容
workgroup01:x:1006:user01
user10:x:2000:
user20:x:5001:
workgroup10:x:5002:
workgroup-1:x:5003:
workgroup-2:x:5004:
root@Ubuntu:~#  groupdel  workgroup-2                 #删除组群 workgroup-2
root@Ubuntu:~#  tail  -6  /etc/group                  #尾部显示 6 条 group 文件的内容
workgroup01:x:1006:user01
user10:x:2000:
user20:x:5001:
workgroup10:x:5002:
workgroup-1:x:5003:
root@Ubuntu:~#
```

8. groupmod 命令更改组群识别码或名称

groupmod 命令用来在 Linux 操作系统中更改组群识别码或名称。其命令格式如下。

```
groupmod  [选项]  组群名
```

groupmod 命令各选项及其功能说明如表 3.13 所示。

表 3.13　groupmod 命令各选项及其功能说明

选项	功能说明
-g	更改群组识别码 GID
-h	显示此帮助信息并退出
-n	改名为 NEW_GROUP
-o	允许使用重复的 GID
-p	将密码更改为（加密过的）PASSWORD
-R	改变根目录到指定目录

例如，使用 groupmod 命令更改组群识别码或名称，将 workgroup-1 组群 ID 修改为 3000，同时将组群名称修改为 workgroup-student，并显示相关结果，执行命令如下。

```
root@Ubuntu:~#  groupmod  -g  3000  -n  workgroup-student  workgroup-1
root@Ubuntu:~#  tail  -6  /etc/group
user-test01:x:1005:user-test01
workgroup01:x:1006:user01
user10:x:2000:
user20:x:5001:
workgroup10:x:5002:
workgroup-student:x:3000:
root@Ubuntu:~#
```

9. gpasswd 命令管理组群

gpasswd 命令用来在 Linux 操作系统中管理组群，可以将用户加入组群，也可以删除组群中的用户、指定管理员、设置组群成员列表、删除密码等。其命令格式如下。

```
gpasswd  [选项]  组群名
```

gpasswd 命令各选项及其功能说明如表 3.14 所示。

表 3.14　gpasswd 命令各选项及其功能说明

选项	功能说明
-a	向组中添加用户
-d	从组中删除用户
-h	显示此帮助信息并退出
-Q	改变根目录到指定目录
-r	删除密码
-R	向其成员限制访问组
-M	设置组的成员列表
-A	设置组的管理员列表

例如，使用 gpasswd 命令管理组群，执行命令如下。

```
root@Ubuntu:~# gpasswd   -a   user01   workgroup-student              #添加组中用户
正在将用户“user01”加入“workgroup-student”组中
root@Ubuntu:~# gpasswd   -a   user02   workgroup-student              #添加组中用户
正在将用户“user02”加入“workgroup-student”组中
root@Ubuntu:~#   tail   -6   /etc/group
user-test01:x:1005:user-test01
workgroup01:x:1006:user01
user10:x:2000:
user20:x:5001:
workgroup10:x:5002:
workgroup-student:x:3000:user01,user02
root@Ubuntu:~# gpasswd   -d   user02   workgroup-student              #删除组中用户
正在将用户“user02”从“workgroup-student”组中删除
root@Ubuntu:~# tail   -6   /etc/group
user-test01:x:1005:user-test01
workgroup01:x:1006:user01
user10:x:2000:
user20:x:5001:
workgroup10:x:5002:
workgroup-student:x:3000:user01
root@Ubuntu:~# gpasswd   -A   csglncc_1   workgroup-student     #配置组群指定管理员
```

10. chown 命令修改文件的拥有者和组群

chown 命令可以将指定文件的拥有者改为指定的用户或组，用户可以是用户名或者用户 ID，组可以是组名或者组 ID；文件是以空格分开的要改变权限的文件列表，支持通配符。系统管理员经常使用 chown 命令，如在将文件复制到另一个用户的目录下后，通过 chown 命令改变文件的拥有者和群组，使用户拥有使用该文件的权限。在更改文件的所有者或所属群组时，可以使用用户名称或用户识别码进行设置，普通用户不能将自己的文件改成其他的拥有者，文件的操作权限一般为管理员。其命令格式如下。

```
chown [选项]   user[:group]   文件名
```

chown 命令各选项及其功能说明如表 3.15 所示。

表 3.15　chown 命令各选项及其功能说明

选项	功能说明
-c	作用与-v 相似，但只传回修改的部分

续表

选项	功能说明
-f	不显示错误信息
-h	只对符号链接的文件做修改，而不更改其他任何相关文件
-R	递归处理，对指定目录下的所有文件及子目录一并进行处理
-v	显示指令执行过程
--dereference	作用于符号链接的指向，而不是符号链接本身
--reference=<参考文件或目录>	把指定文件或目录的所有者与所属组都设置为参考文件或目录的所有者与所属组
--help	显示帮助信息
--version	显示版本信息

例如，使用 chown 命令修改文件的拥有者和组群，执行命令如下。

（1）将 test01.txt 文件的属主改为 test 用户。

```
root@Ubuntu:~# useradd  -p  123456  -m  test        #添加 test 用户
root@Ubuntu:~# ls  -l  test01.txt
-rw-r--r-- 2 root root 37 7 月  29 17:48 test01.txt
root@Ubuntu:~#  chown  test:root  test01.txt        #修改 test01.txt 文件的属主为 test 用户
root@Ubuntu:~#  ls  -l  test01.txt
-rw-r--r-- 2 test root 37 7 月  29 17:48 test01.txt
root@Ubuntu:~#
```

（2）chown 所接的新的属主和新的属组之间可以使用“:”连接，属主和属组其中之一可以为空。如果属主为空，则应该是“: 属组”；如果属组为空，则可以不加“:”。

```
root@Ubuntu:~#  ls  -l  test01.txt
-rw-r--r--. 1 test root 84 8 月  22 20:33 test01.txt
root@Ubuntu:~#  chown  :test  test01.txt             #修改属组为 test 用户组
root@Ubuntu:~# ls  -l  test01.txt
-rw-r--r-- 2 test test 37 7 月  29 17:48 test01.txt
root@Ubuntu:~#
```

（3）chown 也提供了-R 选项，这个选项在对目录改变属主和属组时极为有用，可以通过添加-R 选项来改变某个目录下的所有文件到新的属主或属组中。

```
root@Ubuntu:~#  mkdir  testdir                    # 新建文件夹
root@Ubuntu:~#  ls  -ld  testdir                  # 查看文件夹默认属性
drwxr-xr-x 2 root root 4096 7 月  30 16:47 testdir
root@Ubuntu:~#  touch  testdir/test1.txt          # 新建文件 test1.txt
root@Ubuntu:~#  touch  testdir/test2.txt          # 新建文件 test2.txt
root@Ubuntu:~#  touch  testdir/test3.txt          # 新建文件 test3.txt
root@Ubuntu:~#  ls  -l  testdir/
总用量 0
-rw-r--r-- 1 root root 0 7 月  30 16:48 test1.txt
-rw-r--r-- 1 root root 0 7 月  30 16:48 test2.txt
-rw-r--r-- 1 root root 0 7 月  30 16:48 test3.txt
root@Ubuntu:~#  chown  -R  test:test  testdir
                        # 修改 testdir 及其下级目录和所有文件到新的用户与用户组中
root@Ubuntu:~#  ls  -ld  testdir
drwxr-xr-x 2 test test 4096 7 月  30 16:48 testdir
root@Ubuntu:~#
```

11. chgrp 命令修改文件与目录所属组群

在 Linux 操作系统中，文件与目录的权限控制是以拥有者及所属组群来管理的，可以使用 chgrp 命令来修改文件与目录的所属组群。chgrp 命令可采用组群名称或组群识别码的方式来改变文件或目录的所属群组，使用权限是 root 用户。chgrp 命令是 change group 的缩写，被改变的组群名必须在/etc/group 文件中。其命令格式如下。

```
chgrp  [选项]  组  文件名
```

chgrp 命令各选项及其功能说明如表 3.16 所示。

表 3.16 chgrp 命令各选项及其功能说明

选项	功能说明
-c	当发生改变时输出调试信息
-f	不显示错误信息
-R	处理指定目录及其子目录下的所有文件
-v	运行时显示详细的处理信息
--dereference	作用于符号链接的指向，而不是符号链接本身
--no-dereference	作用于符号链接本身
--reference=<文件或者目录>	将指定文件或目录的所有者与所属组都设置为参考文件或目录的所有者与所属组
--help	显示帮助信息
--version	显示版本信息

例如，通过使用 chgrp 命令修改组群名称或组群识别码的方式改变了文件或目录的所属组群，相关命令如下。

（1）改变文件的组群属性，将 test01 用户的所属组群属性由 root 更改为 bin。

```
root@Ubuntu:~# ls  -l  test01.txt
-rw-r--r-- 2 test test 37 7月  29 17:48 test01.txt
root@Ubuntu:~#  chgrp  -v  bin  test01.txt     # 改变文件的组群属性为 bin
'test01.txt' 的所属组已从 test 更改为 bin
root@Ubuntu:~# ls  -l  test01.txt
-rw-r--r-- 2 test bin 37 7月  29 17:48 test01.txt
root@Ubuntu:~#
```

（2）改变文件 test02.txt 的组群属性，使得文件 test02.txt 的组群属性和参考文件 test01.txt 的组群属性相同。

```
root@Ubuntu:~# ls  -l  test*
-rw-r--r-- 2 test bin     37 7月  29 17:48 test01.txt
-rw-r--r-- 2 root root     37 7月  29 17:48 test02.txt
lrwxrwxrwx 1 root root     10 7月  29 17:23 test03.txt -> test01.txt
testdir:
总用量 0
-rw-r--r-- 1 test test 0 7月  30 16:48 test1.txt
-rw-r--r-- 1 test test 0 7月  30 16:48 test2.txt
-rw-r--r-- 1 test test 0 7月  30 16:48 test3.txt
root@Ubuntu:~# chgrp --reference=test01.txt test02.txt
root@Ubuntu:~# ls  -l  test*
-rw-r--r-- 2 test bin     37 7月  29 17:48 test01.txt
-rw-r--r-- 2 test bin     37 7月  29 17:48 test02.txt
lrwxrwxrwx 1 root root     10 7月  29 17:23 test03.txt -> test01.txt
```

```
testdir:
总用量 0
-rw-r--r-- 1 test test 0 7 月   30 16:48 test1.txt
-rw-r--r-- 1 test test 0 7 月   30 16:48 test2.txt
-rw-r--r-- 1 test test 0 7 月   30 16:48 test3.txt
root@Ubuntu:~#
```

（3）改变指定目录及其子目录下的所有文件的组群属性。

```
root@Ubuntu:~# ls   -l   testdir/
总用量 0
-rw-r--r-- 1 test test 0 7 月   30 16:48 test1.txt
-rw-r--r-- 1 test test 0 7 月   30 16:48 test2.txt
-rw-r--r-- 1 test test 0 7 月   30 16:48 test3.txt
root@Ubuntu:~#   chgrp   -R   bin   testdir/        # 指定 testdir 下所有文件的属组为 bin
root@Ubuntu:~# ls     -l   testdir/
总用量 0
-rw-r--r-- 1 test bin 0 7 月   30 16:48 test1.txt
-rw-r--r-- 1 test bin 0 7 月   30 16:48 test2.txt
-rw-r--r-- 1 test bin 0 7 月   30 16:48 test3.txt
root@Ubuntu:~#
```

（4）通过组群识别码来改变文件组群属性。

```
root@Ubuntu:~# tail   -5   /etc/group
user20:x:5001:
workgroup10:x:5002:
workgroup-student:x:3000:user01
test:x:5003:
test-user02:x:5004:
root@Ubuntu:~# chgrp   -R   3000   test01.txt      #指定为 workgroup-student 组群识别码 3000
root@Ubuntu:~# ls   -l   test01.txt
-rw-r--r-- 2 test workgroup-student 37 7 月   29 17:48 test01.txt
root@Ubuntu:~#
```

3.3.3 在图形用户界面中管理文件和文件夹访问权限

在 Ubuntu 桌面环境中使用文件管理器进行文件操作。打开文件管理器，执行文件浏览管理任务。

1. 文件管理

要创建文件的用户必须对所创建的文件的文件夹具有写权限。一般用户只能在自己的主目录（主文件夹）中进行文件操作。在应用程序中，选择“文本编辑器”选项，打开文本编辑器，如图 3.13 所示，输入文件内容，单击“保存（S）”按钮，弹出“保存”对话框，如图 3.14 所示，输入文件名 test01.txt，单击“保存（S）”按钮，保存文件。

Ubuntu 支持右键菜单操作，选择相应文件并单击右键，弹出右键菜单，如图 3.15 所示，选择“属性（R）”选项，弹出文件属性对话框，如图 3.16 所示，可以进行文件权限设置。

除了用户主目录外，普通用户无法进行文件创建、删除和修改操作，除非以 root 身份登录。而在命令行中可以临时切换到 root 身份进行操作。如果权限允许，则可在文件管理器中找到相应的文本文件，直接使用 gedit 编辑器打开并查看文件内容。

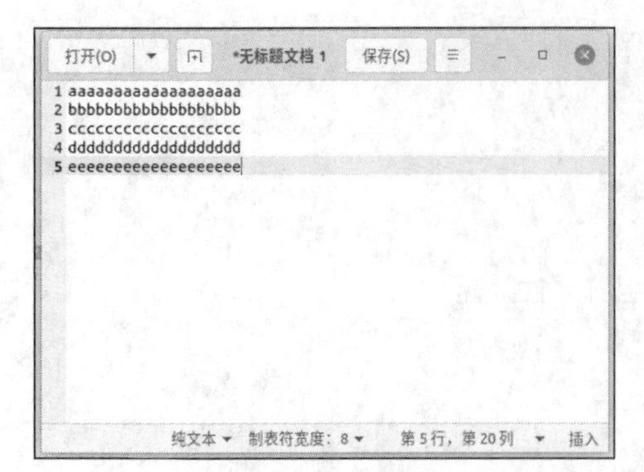

图 3.13　文本编辑器

图 3.14　“保存”对话框

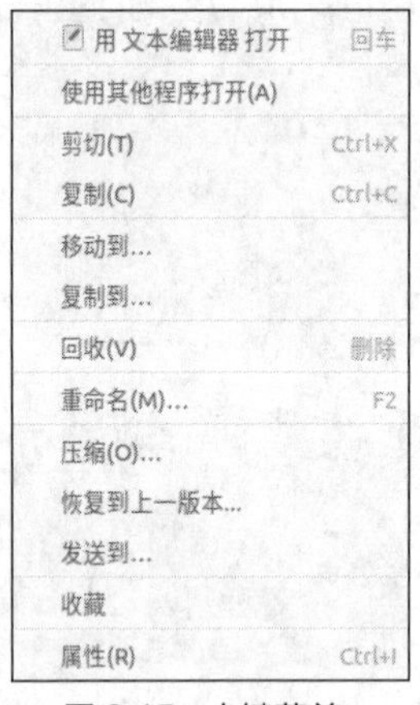

图 3.15　右键菜单

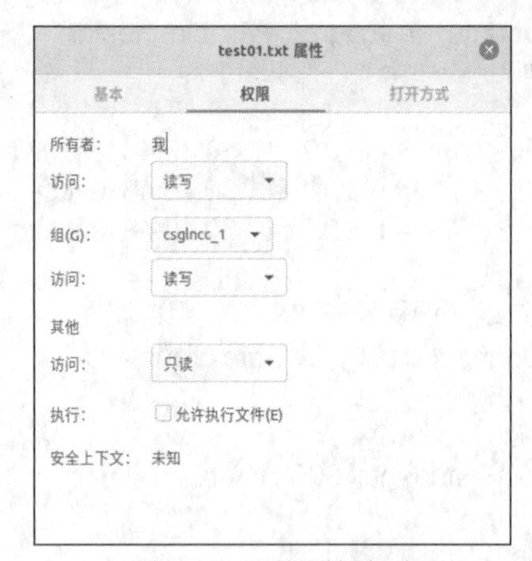

图 3.16　文件属性对话框

2．文件夹管理

在图形用户界面中可通过查看或修改文件或文件夹的属性来管理访问权限，可以为所有者、所属组和其他用户设置访问权限。

打开文件管理器，在主文件夹中单击右键，在弹出的快捷菜单中选择“新建文件夹（F）”选项，弹出“新建文件夹”对话框，如图 3.17 所示，输入文件夹名称为 data，单击“新建”按钮，返回用户文件夹，如图 3.18 所示。

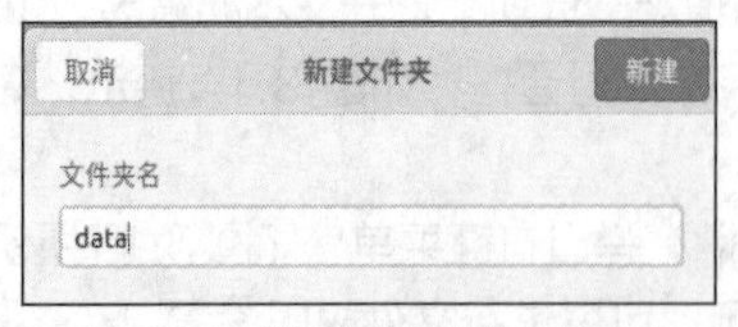

图 3.17　“新建文件夹”对话框

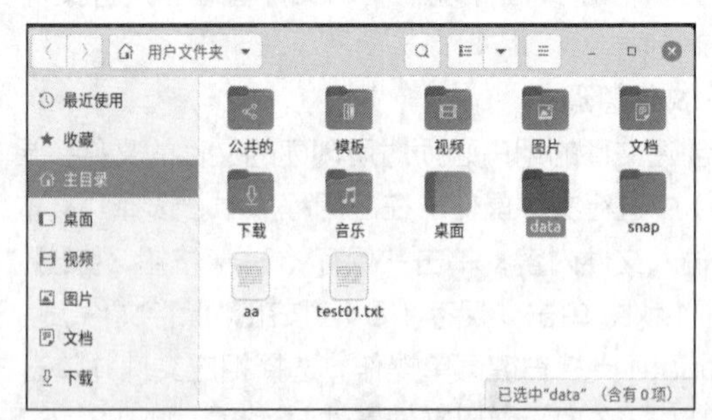

图 3.18　用户文件夹

选中要设置的文件夹并单击右键，选择“属性”选项，弹出相应的文件夹属性对话框，如图 3.19 所示，文件夹属性对话框中显示了该文件夹的基本信息，选择“权限”选项卡，如图 3.20 所示，分别列出了所有者、所属组和其他用户的当前访问权限。要修改访问权限，可以在“访问”下拉列表中选择所需的权限。

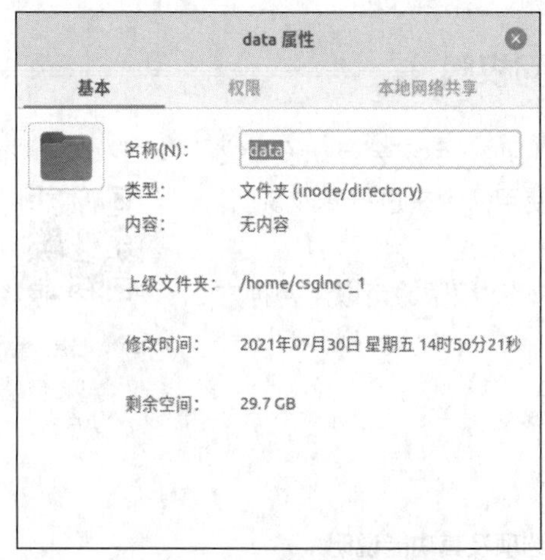
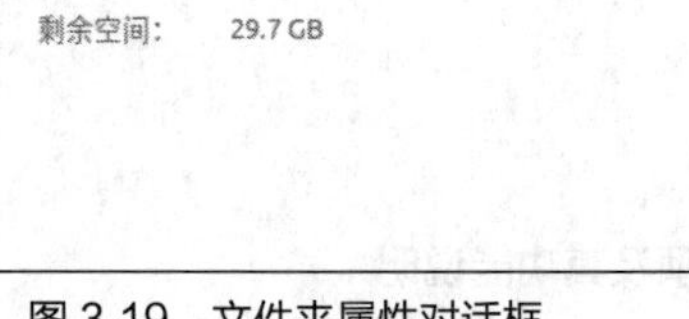

图 3.19　文件夹属性对话框

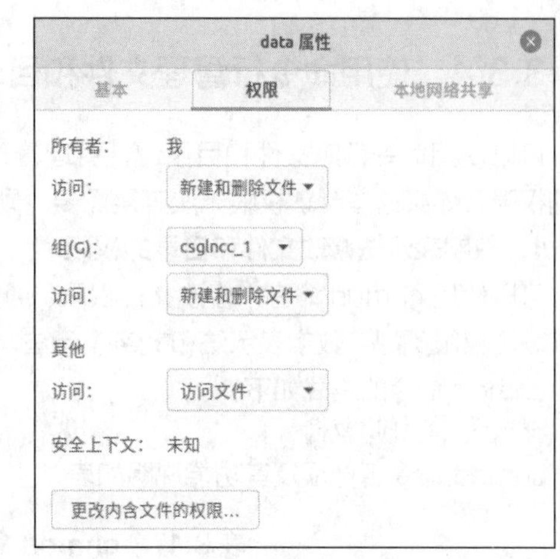

图 3.20　“权限”选项卡

Ubuntu Linux 对文件夹可以设置以下 4 种权限。

（1）无：没有任何访问权限（不能对所有者设置此权限）。

（2）只能列出文件：可列出文件清单。

（3）访问文件：可以查看文件，但是不能做任何更改。

（4）创建和删除文件：这是最高权限。

文件夹下的文件或子文件夹默认继承上级文件夹的访问权限，还可以个别定制其访问权限。在“权限”选项卡中单击“更改内含文件的权限”按钮，弹出“更改内含文件的权限”对话框，如图 3.21 所示，可查看或设置所包含的文件和文件夹的访问权限。选择“本地网络共享”选项卡，如图 3.22 所示，可以进行文件夹共享设置。

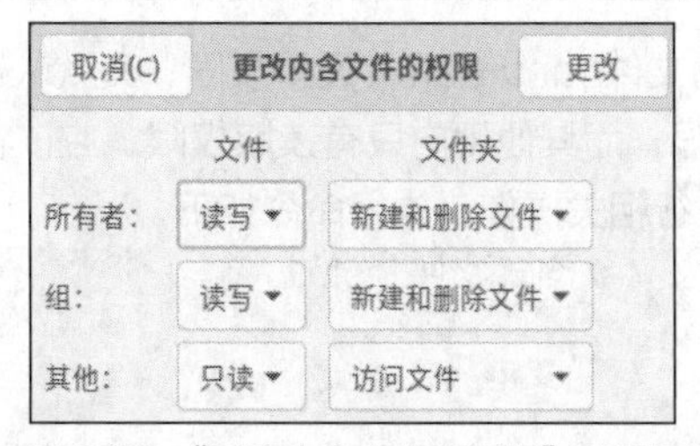

图 3.21　“更改内含文件的权限”对话框

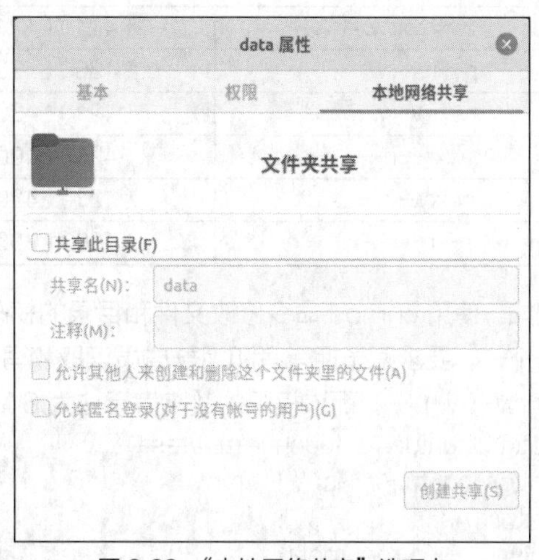

图 3.22　“本地网络共享”选项卡

再次强调一下，只有文件所有者或 root 账户才有权限修改文件。Ubuntu 默认禁用 root 账户，在命令行中可以使用 sudo 命令获取 root 权限，而图形用户界面中的文件管理器不支持 root 授权，这给文件权限的管理带来了不便。例如，管理员可以查看自己主目录之外的文件或目录的权限，但不能修改，否则将给出提示。当然，如果以 root 身份登录系统，则使用文件管理器操作文件和文件夹基本上不受任何限制，因此用户在操作上需要特别注意。

3.3.4 使用命令行管理文件和目录访问权限

可以使用命令行对文件和目录进行管理。建立文件时，系统会自动设置文件的权限，如果这些默认权限无法满足需要，则需要使用命令来进行修改。

V3-5 数字表示法修改文件和目录的权限

1. 数字表示法修改文件和目录的权限

可以使用 chmod 命令来修改文件权限。通常，在修改权限时可以用两种方法来表示权限类型：数字表示法和文字表示法。

chmod 命令的格式如下。

```
chmod  [选项] 文件
```

chmod 命令各选项及其功能说明如表 3.17 所示。

表 3.17 chmod 命令各选项及其功能说明

选项	功能说明
-c	当该文件权限确实已经更改时，才能显示其更改动作
-f	若该文件权限无法被更改，则不要显示错误信息
-v	显示权限变更的详细资料
-R	对当前目录下的所有文件与子目录进行相同的权限变更（以递归的方式逐个进行变更）

所谓数字表示法是指将读取（r）、写入（w）和执行（x）分别以数字 4、2、1 来表示，没有授予权限的部分表示为 0，再将授予的权限相加，如表 3.18 所示。

表 3.18 以数字表示法表示文件权限

原始权限	转换为数字	数字表示
rwxrwxrwx	（421）（421）（421）	777
rw-rw-rw-	（420）（420）（420）	666
rwxrw-rw-	（421）（420）（420）	766
rwxr--r--	（421）（400）（400）	744
rwxrw-r--	（421）（420）（400）	764
r--r--r--	（400）（400）（400）	444

例如，使用 chmod 命令修改文件和目录的权限，为文件/mnt/test01 设置权限，其默认权限为 rw-r--r--，要求赋予拥有者和组群成员读取和写入权限，而其他用户只有读取权限，应该将权限设置为 rw-rw-r--，而该权限的数字表示法为 644，进行相关操作，执行命令如下。

```
root@Ubuntu:~#  touch  /mnt/test01                    # 创建文件 test01
root@Ubuntu:~#  ls  -l  /mnt
总用量 0
-rw-r--r-- 1 root root 0 7 月  30 17:14 test01
root@Ubuntu:~#  chmod  644  /mnt/test01               # 修改文件 test01 的权限
root@Ubuntu:~#  ls  -l  /mnt
总用量 0
-rw-rw-r-- 1 root root 0 7 月  30 17:14 test01
root@Ubuntu:~#
```

如果想要使用隐藏文件.bashrc，则需要对这个文件所有的权限设定启用，执行命令如下。

```
root@Ubuntu:~# ls  -la  .bashrc
```

```
-rw-r--r-- 1 root root 3106 12 月   5   2019 .bashrc
root@Ubuntu:~# chmod   777   .bashrc
root@Ubuntu:~# ls   -la   .bashrc
-rwxrwxrwx 1 root root 3106 12 月   5   2019 .bashrc
root@Ubuntu:~#
```

如何将权限变为-rwxr-xr--呢？此时，权限的数字表示会变为（4+2+1）（4+0+1）（4+0+0），即 754，所以需要使用 chmod 754 filename 命令。另外，在实际的系统运行中经常出现的一个问题是用 Vim 编辑一个 Shell 的文本批处理文件 test01.sh 后，它的权限通常是-rw-rw-r--，即 664；如果要将该文件变成可执行文件，且不让其他人修改此文件，则需要设置权限为-rwxr-xr-x，此时要使用 chmod 755 test01.sh 命令；如果有些文件不希望被其他人看到，则可以将文件的权限设为-rwxr-----，即使用 chmod 740 filename 命令。

2. 字符表示法修改文件

使用权限的文字表示法时，系统以 4 种字母来表示不同的用户。

（1）u：user，表示所有者。

（2）g：group，表示属组。

（3）o：others，表示其他用户。

（4）a：all，表示以上 3 种用户。

使用以下 3 种字符的组合表示法设置操作权限。

（1）r：read，表示可读取。

（2）w：write，表示可写入。

（3）x：execute，表示可执行。

操作符号包括以下 3 种。

（1）+：表示添加某种权限。

（2）-：表示取消某种权限。

（3）=：表示赋予给定权限并取消原来的权限。

以文字表示法修改文件权限时，使用 chmod 命令后，设置权限的命令如下。

```
root@Ubuntu:~# cat     test01.txt
hello welcome
myfriend
open the door
root@Ubuntu:~#   ls   -l   test01.txt
-rw-r--r-- 2 test workgroup-student 37 7 月   29 17:48 test01.txt
root@Ubuntu:~#
root@Ubuntu:~#   chmod u=rwx,g=rw,o=rx     test01.txt        # 修改文件权限
root@Ubuntu:~# ls   -l   test01.txt
-rwxrw-r-x 2 test workgroup-student 37 7 月   29 17:48 test01.txt
root@Ubuntu:~#
```

修改目录权限和修改文件权限的方法相同，都是使用 chmod 命令，但不同的是，要使用通配符“*”来表示目录下的所有文件。

例如，修改/mnt/test 的权限时，要同时将/mnt/test 目录下的所有文件权限都设置为所有人都可以读取及写入，在/mnt/test 目录下新建文件 test01.txt、test02.txt、test03.txt，设置相关权限，执行命令如下。

```
root@Ubuntu:~#   mkdir   /mnt/test   -p
root@Ubuntu:~#   touch   /mnt/test/test01.txt   /mnt/test/test02.txt   /mnt/test/test03.txt
```

```
root@Ubuntu:~#  ls  -l  /mnt/test
总用量 0
-rw-r--r-- 1 root root 0 7 月  30 17:42 test01.txt
-rw-r--r-- 1 root root 0 7 月  30 17:42 test02.txt
-rw-r--r-- 1 root root 0 7 月  30 17:42 test03.txt
root@Ubuntu:~#  chmod a=rw /mnt/test/*        # 设置为所有人都可以读取及写入
root@Ubuntu:~#  ls  -l  /mnt/test
总用量 0
-rw-rw-rw- 1 root root 0 7 月  30 17:42 test01.txt
-rw-rw-rw- 1 root root 0 7 月  30 17:42 test02.txt
-rw-rw-rw- 1 root root 0 7 月  30 17:42 test03.txt
root@Ubuntu:~#
```

如果目录下包含子目录，则必须使用-R 选项来同时设置所有文件及子目录的权限，在/mnt/test目录下新建子目录/aaa 和/bbb，同时在子目录/aaa 下新建文件 user01.txt，在子目录/bbb 下新建文件 user02.txt，设置/mnt/test 子目录及文件的权限为只读，设置相关权限，执行命令如下。

```
root@Ubuntu:~#  mkdir  /mnt/test/aaa
root@Ubuntu:~#  mkdir  /mnt/test/bbb
root@Ubuntu:~#  touch  /mnt/test/aaa/user01.txt
root@Ubuntu:~#  touch  /mnt/test/bbb/user02.txt
root@Ubuntu:~#  ls  -l  /mnt/test
总用量 8
drwxr-xr-x 2 root root 4096 7 月  30 17:45 aaa
drwxr-xr-x 2 root root 4096 7 月  30 17:45 bbb
-rw-rw-rw- 1 root root     0 7 月  30 17:42 test01.txt
-rw-rw-rw- 1 root root     0 7 月  30 17:42 test02.txt
-rw-rw-rw- 1 root root     0 7 月  30 17:42 test03.txt
root@Ubuntu:~# chmod  -R  a=r  /mnt/test*      # 设置 test 子目录及文件的权限为只读
root@Ubuntu:~#  ls  -l  /mnt/test
总用量 8
dr--r--r-- 2 root root 4096 7 月  30 17:45 aaa
dr--r--r-- 2 root root 4096 7 月  30 17:45 bbb
-r--r--r-- 1 root root     0 7 月  30 17:42 test01.txt
-r--r--r-- 1 root root     0 7 月  30 17:42 test02.txt
-r--r--r-- 1 root root     0 7 月  30 17:42 test03.txt
root@Ubuntu:~#
```

例如，当要设定一个文件的权限为-rwxrw-rw-时，使用文字表示法所表述的含义如下。

（1）user（u）：文件具有可读取、可写入及可执行的权限。

（2）group 与 other（g 与 o）：文件具有可读取、可写入的权限，但不具有可执行的权限。

执行相关命令如下。

```
root@Ubuntu:~# touch   aa.txt
root@Ubuntu:~# ls   -l  aa.txt
-rw-r--r-- 1 root root 0 7 月  30 20:09 aa.txt
root@Ubuntu:~#  chmod  u=rwx,go=rw  aa.txt          # u=rwx,go=rw 之间没有任何空格
root@Ubuntu:~#  ls   -l  aa.txt
-rwxrw-rw- 1 root root 0 7 月  30 20:09 aa.txt
root@Ubuntu:~#
```

如果要设定一个文件的权限为-rwxrw-r--，则应该如何操作呢？此时，可以通过 chmod u=rwx，g=rw,o=r filename 命令来设定。另外，如果不知道原先的文件属性，而想增加所有人均

有写入的权限，应该如何操作呢？设定/mnt/bbb.txt文件，执行命令如下。

```
root@Ubuntu:~# touch    /mnt/aaa.txt
root@Ubuntu:~# touch    /mnt/bbb.txt
root@Ubuntu:~# ls   -l   /mnt
总用量 4
-rw-r--r-- 1 root root      0 7月   30 20:11 aaa.txt
-rw-r--r-- 1 root root      0 7月   30 20:11 bbb.txt
dr--r--r-- 4 root root 4096 7月   30 17:45 test
-rw-rw-r-- 1 root root      0 7月   30 17:14 test01
root@Ubuntu:~#   chmod   a+w    /mnt/bbb.txt          # 设定/mnt/bbb.txt文件的权限
root@Ubuntu:~# ls   -l   /mnt
总用量 4
-rw-r--r-- 1 root root      0 7月   30 20:11 aaa.txt
-rw-rw-rw- 1 root root      0 7月   30 20:11 bbb.txt
dr--r--r-- 4 root root 4096 7月   30 17:45 test
-rw-rw-r-- 1 root root      0 7月   30 17:14 test01
root@Ubuntu:~#
```

如果要将文件的某些权限取消而不改动其他已存在的权限，应该如何操作呢？例如，要想取消所有人的可执行权限，可以执行如下命令。

```
root@Ubuntu:~# ls   -la   .bashrc*
-rwxrwxrwx 1 root root 3106 12月   5   2019 .bashrc
root@Ubuntu:~# chmod   a-x .bashrc
root@Ubuntu:~# ls   -la   .bashrc*
-rw-rw-rw- 1 root root 3106 12月   5   2019 .bashrc
root@Ubuntu:~#
```

在+与-的状态下，只要不是指定的项目，权限是不会变动的。例如，在前面的例子中，仅取消了x的权限，其他权限值保持不变。如果想让用户拥有执行的权限，但又不知道该文件原来的权限，则使用chmod a+x filename命令即可使该程序有被执行的权限。权限对于使用者来说是非常重要的，因为权限可以决定使用者能否进行读取、写入、修改、建立、删除、执行文件或目录等操作。

3. 文件系统高级权限

（1）SET位权限。

SET位权限也称特殊权限，一般情况下，文件的权限是rwx，在某些特殊场合中可能无法满足要求。为了方便普通用户执行一些特权命令，可以通过设置SUID、SGID权限，允许普通用户以root用户的身份暂时执行某些程序，并在执行结束后恢复身份。因此，Linux操作系统提供了一些额外的权限，只要设置了这些权限，就会具有一些额外的功能。chmod u+s命令就是为某个程序的所有者授予SUID、SGID权限，使其可以像root用户一样进行操作。

使用chmod命令设置特殊权限时，其命令格式如下。

```
chmod   u+s 或 g+s 可执行文件
```

关于SET位权限命令设置的几点说明如下。

① 设置对象：可执行文件。完成设置后，此文件的使用者在使用文件的过程中会临时获得该文件的属主身份及部分权限。

② 设置位置：SUID附加在文件属主的x权限位上，表示对该用户增加SET位权限；SGID附加在属组的x权限位上，表示对属组中的用户增加SET位权限。

③ 设置后的变化：此文件属主或属组的x权限位会变为s。

例如，设置/usr/bin/mkdir 文件的 SUID 权限时，执行命令如下。

```
root@Ubuntu:~#  ls  -l  /usr/bin/mkdir
-rwxr-xr-x. 1 root root 79864 10 月  31 2018 /usr/bin/mkdir
root@Ubuntu:~#  chmod  u+s  /usr/bin/mkdir            # 设置 mkdir 文件的 SUID 权限
root@Ubuntu:~#  ls  -l  /usr/bin/mkdir
-rwsr-xr-x. 1 root root 79864 10 月  31 2018 /usr/bin/mkdir
root@Ubuntu:~#  su  -  user02                         # 切换为 user02 用户登录
上一次登录：五 8 月 21 19:34:16 CST 2020pts/0 上
[user02@ Ubuntu:/root$  pwd
/root
[user02@ Ubuntu:/root$  mkdir  test01
[user02@ Ubuntu:/root$  ls  -l
总用量 0
-rw-r--r--. 1 user02 root 0 8 月  21 18:45 aa.txt
drwxr-xr-x.  2 root  root 6 8 月   21 20:29 test01
……
root@Ubuntu:~#
```

特殊权限也可以采用数字表示法，SUID、SGID 和 SBIT 权限（Sticky BIT 粘带位权限，简称 SBIT）分别以 4、2 和 1 来表示，使用 chmod 命令设置文件权限时，可以在普通权限的数字前面加上一位数字来表示特殊权限。例如，设置/mnt/test01 文件的特殊权限时，执行命令如下。

```
root@Ubuntu:~#  ls  -l  /mnt/test01
-rwxrw-r-x. 1 root root 60 8 月  21 08:33 /mnt/test01
root@Ubuntu:~#  chmod  6664  /mnt/test01               # 设置 test01 文件的特殊权限
root@Ubuntu:~#  ls  -l  /mnt/test01
-rwSrwSr--. 1 root root 60 8 月  21 08:33 /mnt/test01
root@Ubuntu:~#
```

（2）粘滞位权限。

通常情况下，用户只要对某个目录拥有写入权限，就可以删除该目录下的任何文件，而不论这些文件的权限是什么，这是非常不安全的。粘滞位权限就是针对此种情况设置的，当目录被设置了粘滞位权限之后，即便用户对该目录拥有写入权限，也不能删除该目录下其他用户的数据，而只有该文件的属主和 root 用户才有权限将其删除。这样就保持了一种动态的平衡，即允许用户在目录下写入、删除数据，但是又禁止其随意删除其他用户的数据。

使用 chmod 命令设置粘滞位权限时，其命令格式如下。

```
chmod  o+t 可执行文件
```

关于粘滞位权限命令设置的几点说明如下。

① 设置对象：可执行文件。完成设置后，此文件的使用者在使用文件的过程中会临时获得该文件的属主身份及部分权限。

② 设置位置：SUID 附加在文件属主的其他用户 x 权限位上。

③ 设置后的变化：此文件属主的其他用户 x 权限位会变为 t。

例如，设置粘滞位权限时，执行命令如下。

```
root@Ubuntu:~# cd  /
root@Ubuntu:/# pwd
/
root@Ubuntu:/# chmod  777  mnt
root@Ubuntu:/# ls  -l  | grep  mnt
drwxrwxrwx   3 root root      4096 7 月  30 20:11 mnt
```

```
root@Ubuntu:/# chmod   o+t   mnt                                    #设置/mnt 目录的粘滞位权限
root@Ubuntu:/# ls   -l   | grep   mnt
drwxrwxrwt     3 root root          4096 7 月   30 20:11 mnt
root@Ubuntu:/# su   user01
user01@Ubuntu:/$ touch     /mnt/ccc.txt
user01@Ubuntu:/$ su   user02
user02@Ubuntu:/$ touch     /mnt/ddd.txt
user02@Ubuntu:/$ rm        /mnt/ccc.txt
rm：是否删除有写保护的普通空文件 '/mnt/ccc.txt'?   y
rm: 无法删除 '/mnt/ccc.txt': 不允许的操作                            #权限不足，不允许删除
user02@Ubuntu:/$exit
root@Ubuntu:/# cd   ~
root@Ubuntu:/#
```

4. 修改文件和目录的默认权限与隐藏权限

文件和目录的权限包括读取（r）、写入（w）、执行（x）等。决定文件和目录类型的属性包括目录（d）、文件（-）、连接（l）等。修改权限时可以通过使用 chmod、chown、chgrp 等命令来实现。在 Linux 的 ext2、ext3、ext4 文件系统中，除基本的读取、写入、执行权限外，还可以设置系统隐藏属性。设置系统隐藏属性可以使用 chattr 命令，而使用 lsattr 命令可以查看隐藏属性。另外，出于安全机制方面的考虑，可以设定文件不可修改的特性，即文件的拥有者也不能修改文件，这也是非常重要的。

（1）文件预设权限 umask。

其命令格式如下。

```
umask   [-p]   [-S]   [模式]
```

umask 命令各选项及其功能说明如表 3.19 所示。

表 3.19　umask 命令各选项及其功能说明

选项	功能说明
-p（小写）	输出的权限掩码可直接作为指令来执行
-S（大写）	以符号方式输出权限掩码

建立文件或目录时，如何知道文件或目录的默认权限是什么呢？实际上，默认权限与 umask 有着密切的关系，umask 指定的就是用户在建立文件或目录时的默认权限值，那么如何得知或设定 umask 呢？下面使用 umask 命令查看默认权限值，执行相关命令如下。

```
root@Ubuntu:~#   umask
0022
root@Ubuntu:~#   umask -S
u=rwx,g=rx,o=rx
root@Ubuntu:~#
```

查看默认权限的方式有两种：一种是直接输入 umask，可以看到数字形态的权限设定；另一种是加-S 选项，即以符号方式显示权限。umask 有 4 组数字，而不是 3 组数字，其中，第一组数字是特殊权限使用的，在复杂多变的生产环境中，单纯设置文件的 rwx 权限无法满足用户对安全性和灵活性的需求，因此便有了 SUID、SGID 与 SBIT 的特殊权限位，可以分别用 4、2 和 1 来表示，这是一种对文件权限进行设置的特殊方法，可以与一般权限同时使用，以弥补权限无法实现的功能。

目录与文件的默认权限是不一样的。我们知道，执行权限对于目录是非常重要的，一般文件在建立时不应该有执行的权限，因为一般文件通常用于数据的记录，不需要执行的权限，因此，预设

的情况如下。

① 若使用者建立文件，则预设没有可执行（x）权限，即只有读取（r）和写入（w）这两个权限，亦即最大值为 666，预设权限为-rw-rw-rw-。

② 若使用者建立目录，则由于执行与是否可以进入此目录有关，因此默认所有权限均开放，即为 777，预设权限为 drwxrwxrwx。

umask 的分值指的是该默认值需要减掉的权限对应的值（r、w、x 分别对应的是 4、2、1），具体情况如下。

① 取消读取的权限时，umask 的分值为 4。

② 取消写入的权限时，umask 的分值为 2。

③ 取消执行的权限时，umask 的分值为 1。

④ 取消读取和写入的权限时，umask 的分值为 6。

⑤ 取消读取和执行的权限时，umask 的分值为 5。

⑥ 取消执行和写入的权限时，umask 的分值为 3。

从以上执行结果可以看到 umask 的值为 0022，所以用户并没有被取消任何权限，但 group 与 other 的权限被减掉了 2，即写入（w）的权限被取消了，那么使用者的权限是多少呢？

① 建立的文件的权限是（-rw-rw-rw-）-（----w--w-）=-rw-r--r--。

② 建立的目录的权限是（drwxrwxrwx）-（d----w--w-）=drwxr-xr-x。

执行以下命令，测试并查看结果。

```
root@Ubuntu:~#  umask
0022
root@Ubuntu:~#  touch  user01-text.txt        # 新建文件
root@Ubuntu:~#  mkdir  user01-dir             # 新建目录
root@Ubuntu:~#  ll  -ld  user01*              # 查看目录和文件的详细信息
drwxr-xr-x. 2 root root 6 8 月    22 22:34 user01-dir
-rw-r--r--. 1 root root 0 8 月  22 22:34 user01-text.txt
root@Ubuntu:~#
```

（2）使用 umask。

当某人和自己的团队在同一个项目专题的时候，其账户属于相同的组群，且/home/team01 目录是项目专题目录。想象一下，对于此人所建立的文件，有没有可能其团队成员无法编辑呢？如果这样，应该如何解决呢？

这样的问题可能经常发生，以前面的实例为例，user01 用户的权限是 644，也就是说，如果 umask 的值为 022，那么新建的文件只有用户自己拥有写入（w）的权限，同组群的人只有读取（r）的权限，他们肯定无法修改文件，这样怎么可能共同制作项目专题呢？

因此，当需要新文件能被同组群的使用者共同编辑时，umask 的组群就不能被去掉 2 对应的写入（w）的权限了，此时，umask 的值应该是 002，这样才能使新建的文件的权限是-rw-rw-r--。那么，如何设定 umask 的值呢？直接在 umask 后面输入 002 即可，执行命令如下。

```
root@Ubuntu:~#  umask 002
root@Ubuntu:~#  umask
0002
root@Ubuntu:~#  mkdir  /home/team01                        # 新建目录 team01
root@Ubuntu:~#  touch  /home/team01/user01-test1.txt       # 新建文件 user01-test1.txt
root@Ubuntu:~#  ls     -ld  /home/team01                   # 查看目录详细信息
drwxrwxr-x. 2 root root 30 8 月  23 06:24 /home/team01
root@Ubuntu:~#  ls  -l  /home/team01/user01-test1.txt      # 查看文件详细信息
```

```
-rw-rw-r--. 1 root root 0 8 月   23 06:24 /home/team01/user01-test1.txt
root@Ubuntu:~#
```

umask 的值的设定与新建文件及目录的默认权限有很大关系，此属性可以用在服务器上，尤其是文件服务器，如在创建 FTP 服务器或者 Samba 服务器时，此属性尤为重要。

当 umask 的值为 003 时，建立的文件与目录的权限是怎样的呢?

umask 的值为 003，取消的权限为--------wx，因此相关的权限如下。

① 建立的文件的权限是（-rw-rw-rw-）-（--------wx）=-rw-rw-r--。

② 建立的目录的权限是（drwxrwxrwx）-（--------wx）=drwxrwxr--。

对于 umask 的值的设定与权限的计算方法，有些教材喜欢使用二进制的方式来进行 AND 与 NOT 的计算，但本书认为上面的计算方式比较容易。

注意

在有些教材或论坛上，会使用文件默认属性 666 及目录默认属性 777 与 umask 的值相减来计算文件属性值，这样是不准确的。由前面的例子来看，如果使用默认属性相减，则文件属性变为 666-003=663，即-rw-rw--wx，这是不准确的。想想看，原本文件的属性就已经除去了执行（x）的默认权限，怎么可能又有该权限了呢? 所以一定要特别注意，否则很容易出错。

root 用户的 umask 的值默认为 022，这是基于安全考虑的。对于一般用户而言，umask 的值通常设定为 002，即保留同组群的写入（w）权限。关于 umask 的值的设定可以参考/etc/bashrc 文件的内容。

（3）设置文件隐藏属性。

当使用 Linux 操作系统的时候，有时会发现 root 用户都无法修改某个文件的权限，很可能的原因是该文件被 chattr 命令锁定了。chattr 命令的作用很强大，其中一些功能是由 Linux 内核版本来支持的。通过 chattr 命令修改隐藏属性能够提高系统的安全性，但是它并不适用于所有的目录。chattr 命令无法保护/、/dev、/tmp、/var 目录。lsattr 命令用于显示 chattr 命令设置的文件隐藏属性。

这两个命令是用于查看和改变文件、目录隐藏属性的，与 chmod 命令相比，chmod 只是改变文件的读写、执行权限，而更底层的属性控制是由 chattr 命令实现的。

① chattr 命令——修改文件隐藏属性。

其命令格式如下。

```
chattr  [-RV]  [-v<版本编号>]  [+/-/=<属性>]  [文件或目录...]
```

chattr 命令各参数或选项及其功能说明如表 3.20 所示。

表 3.20　chattr 命令各参数或选项及其功能说明

参数或选项	功能说明
-R	递归处理，对指定目录下的所有文件及子目录一并进行处理
-V	显示命令执行过程
+<属性>	启用文件或目录的该项属性
-<属性>	关闭文件或目录的该项属性
=<属性>	指定文件或目录的该项属性

chattr 命令各属性选项及其功能说明如表 3.21 所示。

表 3.21 chattr 命令各属性选项及其功能说明

属性选项	功能说明
a	即 append，设定该属性后，只能向文件添加数据，而不能删除数据，多用于维持服务器日志文件的安全性，只有 root 用户才能设定这个属性
b	不更新文件或目录的最后存取时间
c	将文件或目录压缩后存放
d	将文件或目录排除在倾倒操作之外，即 no dump，设定文件不能成为 dump 程序的备份目标
i	设定文件不能被删除、重命名、设定链接关系，同时不能写入或新增内容。其对于文件系统的安全设置有很大帮助
s	保密性删除文件或目录
S	即时更新文件或目录
U	避免意外删除

例如，在/home/test01 目录下新建文件 test01.txt，使用 chattr 命令进行相关操作，执行命令如下。

```
root@Ubuntu:~#  mkdir  /home/test01                    # 新建目录 test01
root@Ubuntu:~#  touch  /home/test01/test01.txt         # 新建文件 test01.txt
root@Ubuntu:~#  ls  -l  /home/test01/test01.txt        # 显示文件详细信息
-rw-rw-r--. 1 root root 0 8 月  23 08:58 /home/test01/test01.txt
root@Ubuntu:~#  chattr  +i  /home/test01/test01.txt    # 修改文件隐藏属性，启用 i 属性
root@Ubuntu:~#  ls  -l  /home/test01
总用量 0
-rw-rw-r--. 1 root root 0 8 月  23 08:58 test01.txt
root@Ubuntu:~#  rm  /home/test01/test01.txt            # 删除文件
rm：是否删除普通空文件 "/home/test01/test01.txt"? y
rm: 无法删除"/home/test01/test01.txt": 不允许的操作
root@Ubuntu:~#
```

从以上操作可以看出，即使是 root 用户也没有删除此新建文件的权限，将该文件的 i 属性取消后即可进行删除操作，执行命令如下。

```
root@Ubuntu:~#  chattr  -i  /home/test01/test01.txt
root@Ubuntu:~#  rm  /home/test01/test01.txt
rm：是否删除普通空文件 "/home/test01/test01.txt"? y
root@Ubuntu:~#  ls  -l  /home/test01/
总用量 0
root@Ubuntu:~#
```

在 chattr 命令的相关属性中，最重要的是+i 和+a 两个属性，尤其是在系统的数据安全方面。如果是日志文件，则需要启用+a 属性，即能增加但不能修改或删除旧有数据，这一点非常重要。因为这些属性是隐藏的，所以需要使用 lsattr 命令来显示文件隐藏属性。

② lsattr 命令——显示文件隐藏属性。

其命令格式如下。

```
lsattr  [选项]  文件
```

lsattr 命令各选项及其功能说明如表 3.22 所示。

表 3.22 lsattr 命令各选项及其功能说明

选项	功能说明
-a	列出目录下的全部文件，将隐藏文件的属性也显示出来

续表

选项	功能说明
-E	显示文件属性的当前值，从文件数据库中获得
-d	如果是目录，则仅列出目录本身的属性而非目录下的文件名
-D	显示属性的名称、属性的默认值，以及描述和用户是否可以修改属性值的标志
-R	递归的操作方式，连同子目录的数据一并列出
-V	显示指令的版本信息

例如，在/home/test01 目录下新建文件 test01.txt，使用 lsattr 命令进行相关操作，执行命令如下。

```
root@Ubuntu:~#  touch  /home/test01/test01.txt
root@Ubuntu:~#  chattr  +aiS  /home/test01/test01.txt       # 修改文件的隐藏属性
root@Ubuntu:~#  lsattr  -a  /home/test01/test01.txt         # 显示文件的隐藏属性
--S-ia---------- /home/test01/test01.txt
root@Ubuntu:~#
```

使用 chattr 命令设定文件隐藏属性后，可以使用 lsattr 命令来查看文件的隐藏属性。使用这两个命令时要特别小心，否则会造成很大的困扰。例如，如果将/etc/passwd 或/etc/shadow 密码文件设定为具有 i 属性，则会发现无法新增用户。

5. 文件访问控制列表

Linux 操作系统中的传统权限设置方法比较简单，仅有属主、属组、其他用户 3 种身份和读取、写入、执行 3 种权限。传统权限设置方法有一定的局限性，在进行比较复杂的权限设置时，如果某个目录要开放给某个特定的用户使用，则传统权限设置方法无法满足要求。如果希望对某个指定的用户进行单独的权限控制，则需要用到文件的访问控制列表（Access Control List，ACL）。通常，基于普通文件或目录设置 ACL 就是对指定的用户或用户组设置文件或目录的操作权限。另外，若对目录设置了 ACL，则目录下的文件会继承其 ACL；若对文件设置了 ACL，则文件不再继承其所在目录的 ACL。

为了更直观地看到 ACL 对文件权限控制的强大效果，可以先切换到普通用户，再尝试进入 root 用户的主目录，在没有针对普通用户对 root 用户的主目录设置 ACL 之前，执行命令如下。

```
root@Ubuntu:~#  ls  -ld                              # 查看 root 目录的权限
dr-xr-x---. 18 root root 4096 8 月  22 22:34 .
root@Ubuntu:~#
root@Ubuntu:~#  su  user04                           # 以 user04 用户登录
上一次登录：三 8 月 19 21:20:01 CST 2020pts/0 上
user04@ Ubuntu:/$ cd   /root                         # 访问 root 目录
-bash: cd: /root: 权限不够
user04@ Ubuntu:/$  exit
root@Ubuntu:~#
```

可以看到，user04 用户并没有进入 root 目录，因为权限不够，所以无法进入目录。当为 user04 用户属组权限赋予 rwx 权限时，属组的其他用户也拥有此权限，而 ACL 权限可以单独为用户设置对此目录的权限，使其可以操作此目录。

（1）setfacl 命令——设置 ACL 权限。

setfacl 命令用于管理文件的 ACL 权限。其命令格式如下。

```
setfacl  [选项] 文件名
```

针对特殊用户设置的命令格式如下。

```
setfacl  [选项]  [u：用户名：权限（rwx）] 目标文件名
```

权限为 rwx 的组合形式，如果用户账户列表为空，则代表为当前文件所有者设置权限。

setfacl 命令各选项及其功能说明如表 3.23 所示。

表 3.23　setfacl 命令各选项及其功能说明

选项	功能说明
-m，--modify=acl	更改文件的 ACL
-M，--modify-file=file	从文件中读取 ACL 的条目并更改信息
-x，--remove=acl	根据文件中的 ACL 移除条目
-X，--remove-file=file	从文件中读取 ACL 的条目并删除
-b，--remove-all	删除所有扩展 ACL 条目
-k，--remove-default	移除默认 ACL
-n，--no-mask	不重新计算有效权限掩码
-R，--recursive	递归操作子目录
-d，-default	应用到默认 ACL 的操作，只对目录操作有效
-L，--logical	依照系统逻辑，跟随符号链接
-P，--physica	依照自然逻辑，不跟随符号链接
-v，　--version	显示版本并退出
-h，　--help	显示帮助信息

文件的 ACL 提供的是在所有者、所属组、其他人的读取、写入、执行权限之外的特殊权限控制，使用 setfacl 命令可以针对单一用户或用户组、单一文件或目录来进行读取、写入、执行权限的控制。其中，针对目录文件需要使用-R 选项；针对普通文件可以使用-m 选项；如果想要删除某个文件的 ACL，则可以使用-b 选项。

例如，使用 setfacl 命令管理 ACL 权限时，执行命令如下。

```
root@Ubuntu:~#  mkdir  /home/share01
root@Ubuntu:~#  ls  -ld  /home/share01
drwxrwxr-x. 2 root root 4096 7月  30 20:50 /home/share01
root@Ubuntu:~#
root@Ubuntu:~#  setfacl  -Rm  u:user04:rwx  /home/share01    # 设置 ACL 权限
```

怎么查看文件是否设置了 ACL 呢？常用的 ls 命令看不到 ACL 的信息，但可以看到文件权限的最后一个“.”变成了“+”，这就意味着文件已经设置了 ACL 权限。

```
root@Ubuntu:~#  ls  -ld  /home/share01
drwxrwxr-x+ 2 root root 4096 7月  30 20:50 /home/share01
root@Ubuntu:~#
```

（2）getfacl 命令——显示 ACL 权限。

getfacl 命令用于显示 ACL 权限。其命令格式如下。

```
getfacl  [选项] 文件名
```

getfacl 命令各选项及其功能说明如表 3.24 所示。

表 3.24　getfacl 命令各选项及其功能说明

选项	功能说明
-a	仅显示文件 ACL
-c	不显示注释表头

续表

选项	功能说明
-d	仅显示默认的 ACL
-e	显示所有的有效权限
-E	显示无效权限
-s	跳过只有基条目的文件
-R	递归显示子目录
-L	逻辑遍历（跟随符号链接）
-P	物理遍历（不跟随符号链接）
-t	使用制表符分隔的输出格式
-n	显示数字的用户/组标识
-p	不去除路径前的“/”
-v	显示版本并退出
-h	显示帮助信息

例如，使用 getfacl 命令显示 ACL 权限时，执行命令如下。

```
root@Ubuntu:~#  getfacl  /home/share01/                    # 显示目录 share01 的 ACL 权限
getfacl: 从绝对路径名尾部去除" / "字符。
# file: home/share01/
# owner: root
# group: root
user::rwx
user:user04:rwx
group::r-x
mask::rwx
other::r-x
root@Ubuntu:~#  setfacl  -x  u:user04  /home/share01      # 删除 ACL 权限
root@Ubuntu:~#  getfacl  -c  /home/share01/                # 不显示注释表头
getfacl: 从绝对路径名尾部去除" / "字符。
user::rwx
group::r-x
mask::r-x
other::r-x
root@Ubuntu:~#
```

3.3.5 文件权限管理实例配置

假设系统中有两个用户账户，它们分别是 user-stu01 与 user-stu02，这两个用户账户除了支持自己的组群外，还要共同支持一个名为 stu 的组群。这两个用户账户需要共同拥有/home/share-stu 目录的项目开发权限，且该目录不许其他账户进入查阅，该目录的权限应该如何设定？下面先以传统的权限进行说明，再以特殊权限 SGID 的功能进行解析。

多个用户账户支持同一组群，且共同拥有目录的使用权限，建议将项目开发目录权限设定为 SGID 权限，需要使用 root 身份执行 chmod、chgrp 等命令，以帮助用户账户设定其开发环境，这也是管理员的重要任务之一。

（1）添加 user-stu01 与 user-stu02 用户账户及其属组，执行命令如下。

```
root@Ubuntu:~#  groupadd  stu                     # 新建工作组群
```

```
root@Ubuntu:~#  useradd  -p 123456  –m  -G  stu  user-stu01  # 新建用户并加入stu组群
root@Ubuntu:~#  useradd  -p 123456  –m  -G  stu  user-stu02
root@Ubuntu:~#  tail  -3  /etc/group                # 查看组群信息
stu:x:5006:user-stu01,user-stu02
user-stu01:x:5007:
user-stu02:x:5008:
root@Ubuntu:~#  tail  -3  /etc/passwd               # 查看用户信息
test:x:5005:5005::/home/test:/bin/bash
user-stu01:x:5006:5007::/home/user-stu01:/bin/bash
user-stu02:x:5007:5008::/home/user-stu02:/bin/bash
root@Ubuntu:~#  id  user-stu01                      # 查看用户账户的属性
uid=5006(user-stu01) gid=5007(user-stu01)  组=5007(user-stu01),5006(stu)
root@Ubuntu:~#  id  user-stu02
uid=5007(user-stu02) gid=5008(user-stu02)  组=5008(user-stu02),5006(stu)
root@Ubuntu:~#
```

（2）建立所需要的项目开发目录，执行命令如下。

```
root@Ubuntu:~#  mkdir  /home/share-stu             # 新建目录share-stu
root@Ubuntu:~#  ls  -ld  /home/share-stu           # 显示目录属性
drwxrwxr-x. 2 root root 6 8月  23 14:45 /home/share-stu
root@Ubuntu:~#
```

从以上输出结果可以看出，用户账户user-stu01与user-stu02都不能在/home/share-stu目录下建立文件，因此需要进行权限与属性的修改。

（3）修改/home/share-stu 目录的属性，且其他人均不可进入此目录，该目录的组群应该为stu，权限应为770，执行命令如下。

```
root@Ubuntu:~#  ls  -ld  /home/share-stu
drwxrwxr-x. 2 root root 6 8月  23 14:45 /home/share-stu
root@Ubuntu:~#  chgrp  stu  /home/share-stu          # 修改目录属组属性为stu
root@Ubuntu:~#  chmod  770  /home/share-stu          # 修改目录访问权限
root@Ubuntu:~#  ls  -ld  /home/share-stu             # 显示目录属性信息
drwxrwx---. 2 root stu 6 8月  23 14:45 /home/share-stu
root@Ubuntu:~#
```

从上面的权限来看，由于用户账户user-stu01与user-stu02均支持stu，因此问题似乎得到了解决，但结果是这样吗？

（4）分别以用户账户user-stu01与user-stu02来进行测试，情况会怎样呢？先使用用户账户user-stu01建立文件test01.txt，再使用用户账户user-stu02进行处理，执行命令如下。

```
root@Ubuntu:~#  umask
0002
root@Ubuntu:~#  su  -  user-stu01                            # 以用户账户user-stu01登录
[user-stu01@localhost ~]$ cd  /home/share-stu
[user-stu01@localhost share-stu]$ touch  test01.txt          # 新建文件test01.txt
[user-stu01@localhost share-stu]$ exit                       # 退出user-stu01
登出
root@Ubuntu:~#  su  -  user-stu02                            # 以用户账户user-stu02登录
[user-stu02@localhost ~]$ cd  /home/share-stu
[user-stu02@localhost share-stu]$ ls  -l
总用量 0
-rw-rw-r--. 1 user-stu01 user-stu01 0 8月  23 15:25 test01.txt
[user-stu02@localhost share-stu]$ echo  "welcome"  > test01.txt  # 修改文件内容
```

```
-bash: test01.txt: 权限不够
[user-stu02@localhost share-stu]$ exit
登出
root@Ubuntu:~#
```

从以上输出结果可以看出，用户账户 user-stu01 新建文件 test01.txt 的属组为 user-stu01，而组群 user-stu02 并不支持这种操作。对于文件 test01.txt 而言，user-stu02 应该是其他人，只具有 r 权限，若只使用传统的 rwx 权限，则对 user-stu01 建立的文件 test01.txt 而言，user-stu02 可以删除它，但不能编辑它，若要达到目标结果，则需要用到特殊权限。

（5）设置 SGID 权限，并进行结果测试，执行命令如下。

```
root@Ubuntu:~#  chmod  2770  /home/share-stu            # 设置 SGID 写入权限
root@Ubuntu:~#  ls  -ld  /home/share-stu                # 查看目录详细信息
drwxrws---. 2 root stu 24 8 月  23 15:25 /home/share-stu
root@Ubuntu:~#
```

（6）结果测试，先使用用户账户 user-stu01 建立文件 test02.txt，再使用用户账户 user-stu02 进行处理，并建立文件 test03.txt，执行命令如下。

```
root@Ubuntu:~#  su -  user-stu01                              # 以用户账户 user-stu01 登录
上一次登录：日 8 月 23 15:24:35 CST 2020pts/0 上
[user-stu01@localhost ~]$ cd  /home/share-stu
[user-stu01@localhost share-stu]$ touch  test02.txt            # 新建文件 test02.txt
[user-stu01@localhost share-stu]$ ls  -l                       # 显示文件详细信息
总用量 0
-rw-rw-r--. 1 user-stu01 user-stu01 0 8 月  23 15:25 test01.txt
-rw-rw-r--. 1 user-stu01 stu        0 8 月  23 15:49 test02.txt
[user-stu01@localhost share-stu]$ exit
登出
root@Ubuntu:~#  su - user-stu02
上一次登录：日 8 月 23 15:28:42 CST 2020pts/0 上
[user-stu02@localhost ~]$ cd  /home/share-stu
[user-stu02@localhost share-stu]$ echo  "welcome"  > test01.txt
-bash: test01.txt: 权限不够
[user-stu02@localhost share-stu]$ echo  "welcome"  > test02.txt# 修改文件内容
[user-stu02@localhost share-stu]$ cat  test02.txt              # 显示文件内容
welcome
[user-stu02@localhost share-stu]$ touch  test03.txt            # 新建文件 test03.txt
[user-stu02@localhost share-stu]$ ls  -l
总用量 4
-rw-rw-r--. 1 user-stu01 user-stu01 0 8 月  23 15:25 test01.txt
-rw-rw-r--. 1 user-stu01 stu        8 8 月  23 15:51 test02.txt
-rw-rw-r--. 1 user-stu02 stu        0 8 月  23 15:57 test03.txt
[user-stu02@localhost share-stu]$ exit
登出
root@Ubuntu:~#  ls  -ld  /home/share-stu                # 查看目录 share-stu 的权限信息
drwxrws---. 2 root stu 60 8 月  23 15:57 /home/share-stu
root@Ubuntu:~#
```

通过以上配置可以看出，用户账户 user-stu01 与 user-stu02 建立的文件所属组群都是 stu。因为这两个用户账户均属于 stu 组群，且 umask 都是 002，所以这两个用户账户可以相互修改对方的文件。最终的结果显示，/home/share-stu 的权限是 2770，文件所有者为 root 用户，至于组群，两个用户账户必须共同为 stu。

3.3.6 su 和 sudo 命令使用

通常情况下，在 Ubuntu Linux 中用户看到的普通用户命令提示符是$。当需要执行 root 权限的命令时，一种方式是在命令前面加上 sudo，根据提示输入正确的密码后，Ubuntu 操作系统将会执行该命令，该用户就好像是超级用户；另一种方式是使用 su 命令切换到 root 用户，执行相关命令。

1. su 命令

su 命令可在不注销的情况下切换到系统中的另一个用户。su 命令可以让一个普通用户拥有 root 用户或其他用户的权限，也可以让 root 用户以普通用户的身份做一些事情。若没有指定的使用者账户，则系统默认值为 root 用户。普通用户使用这个命令时必须有 root 用户或其他用户的密码，root 用户向普通用户切换时不需要密码。如果要离开当前用户的身份，则可使用 exit 命令，返回默认用户。其命令格式如下。

```
su  [选项]  [-]  [USER [参数]...]
```

su 命令各选项及其功能说明如表 3.25 所示。

表 3.25 su 命令各选项及其功能说明

选项	功能说明
-	-切换到 root，-user 表示完全切换到另一个用户
-c	向 Shell 传递一条命令，并退出所切换到的用户环境
-f	适用于 csh 与 tsch，使用 Shell 时不用读取启动文件
-m，-p	变更身份时，不重置环境变量，保留环境变量不变
-g	指定基本组
-G	指定一个附加组
-l	使 Shell 成为登录 Shell
-s	指定要执行的 Shell

例如，使用 su 命令进行用户切换时，执行命令如下。

```
root@Ubuntu:~#  su  user05              # 切换到 user05 用户
user05@Ubuntu:/root$  su  -             # 切换到 root 用户
密码:                                   # 输入 root 用户的密码
root@Ubuntu:~# exit
注销
user05@Ubuntu:/root$ exit
exit
root@Ubuntu:~#
```

su 命令的优点：su 命令为管理带来了方便，只要把 root 用户的密码交给普通用户，普通用户就可以通过 su 命令切换到 root 用户，完成相应的管理工作任务。

su 命令的缺点：root 用户把密码交给了普通用户，这种方法存在安全隐患。如果系统有 10 个用户需要执行管理工作任务，则意味着要把 root 用户的密码告诉这 10 个用户，这在一定程度上对系统安全构成了威胁，因此 su 命令在多人参与的系统管理中不是非常好的选择。为了解决该问题，可以使用 sudo 命令。

注意

系统管理员的命令行提示符默认为“#”，普通用户的命令行提示符默认为“$”。

2. sudo 命令

sudo 命令可以让用户以其他的身份来执行指定的命令，默认的身份为 root。在/etc/sudoers 文件中，系统设置了可执行 sudo 命令的用户，若未经授权的用户企图使用 sudo 命令，则系统会发送警告邮件给管理员。用户使用 sudo 命令时，必须先输入密码，输入密码有 5 分钟的有效期限，超过有效期限时必须重新输入密码。sudo 提供的日志真实地记录了每个用户使用 sudo 命令时做了哪些操作，并将日志传到中心主机或者日志服务器中。通过 sudo 命令可以把某些超级权限有针对性地下放，且不需要普通用户知道 root 用户的密码，所以 sudo 命令相对于权限无限制的 su 命令来说是比较安全的，故 sudo 命令也被称为受限制的 su 命令；另外，sudo 命令是需要授权许可的，所以也被称为授权许可的 su 命令。其命令格式如下。

```
sudo  [选项]  [-s]  [-u 用户]  command
```

sudo 命令各选项及其功能说明如表 3.26 所示。

表 3.26　sudo 命令各选项及其功能说明

选项	功能说明
-A	使用助手程序进行密码提示
-b	后台运行命令
-c	关闭所有>= num 的文件描述符
-E	在执行命令时保留用户环境，保留特定的环境变量
-e	编辑文件而非执行命令
-g	以指定的用户组或 ID 执行命令
-H	将 HOME 环境变量设为新身份的 HOME 环境变量
-h	显示帮助消息并退出
-i	以目标用户身份进行登录
-k	完全移除时间戳文件
-l	列出用户权限或检查某个特定命令
-n	非交互模式，不提示
-p	保留组向量，而非设置为目标的组向量
-P	使用指定的密码提示
-r	以指定的角色创建 SELinux 安全环境
-S	从标准输入读取密码
-s	以目标用户运行 Shell，可同时指定一条命令
-t	以指定的类型创建 SELinux 安全环境
-T	在达到指定时间限制后终止命令
-U	在列表模式下显示用户的权限
-u	以指定用户或 ID 运行命令（或编辑文件）
-V	显示版本信息并退出
-v	更新用户的时间戳而不执行命令

sudo 是 Linux 操作系统中非常有用的命令，它允许系统管理员分配给普通用户一些合理的权限，使其执行一些只有 root 用户或其他特许用户才能完成的任务，运行诸如 restart、reboot、passwd 之类的命令，或者编辑一些系统配置文件，这样不仅减少了 root 用户的登录次数和管理时间，还提高了系统安全性，其特性主要有以下几点。

（1）sudo 的配置文件为 sudoers 文件，它允许系统管理员集中地管理用户的使用权限和使用的主机。

（2）不是所有的用户都可以使用 sudo 命令来执行管理权限，普通用户是否可以使用 sudo 命令执行管理权限是通过/etc/sudoers 文件来设置的。在默认情况下，/etc/sudoers 文件是只读文件，需要进行属性设置才能配置使用。

（3）sudo 能够限制用户只在某台主机上运行某些命令。

（4）sudo 提供了丰富的日志，详细地记录了每个用户都做了哪些操作，它能够将日志传到中心主机或日志服务器中。

（5）sudo 使用时间戳文件来执行类似“检票”的系统，当用户调用 sudo 命令并输入密码时，用户会获得一张存活期为 5 分钟的“票”，这个时间值可以在编译时修改。

例如，使用 sudo 命令进行相关操作，执行命令如下。

```
root@Ubuntu:~# useradd   -p   123456   -m   user100                #-m 自动添加主用户目录
root@Ubuntu:~# usermod   -G   root   user100        #将 user100 用户添加到 root 管理员组群中
root@Ubuntu:~# id   user100
用户 id=5005(user100) 组 id=5006(user100) 组=5006(user100),0(root)
root@Ubuntu:~# passwd   user100
新的 密码:
重新输入新的 密码:
passwd：已成功更新密码
csglncc_1@Ubuntu:~$ cat   /etc/sudoers
cat: /etc/sudoers: 权限不够
csglncc_1@Ubuntu:~$ sudo   cat   /etc/sudoers
[sudo] csglncc_1 的密码:
#
# This file MUST be edited with the 'visudo' command as root.
......
root      ALL=(ALL:ALL) ALL
# Members of the admin group may gain root privileges
%admin ALL=(ALL) ALL
# Allow members of group sudo to execute any command
%sudo    ALL=(ALL:ALL) ALL
# See sudoers(5) for more information on "#include" directives:
#includedir /etc/sudoers.d
csglncc_1@Ubuntu:~$ su   -
密码:
root@Ubuntu:~#
```

从以上操作可以看出，user100 用户被添加到 root 管理员组群中，拥有 root 用户的权限。/etc/sudoers 文件默认情况下为只读文件，只有 root 用户和组群可以进行读操作，其他用户都不可以使用，所以在为其他用户授权时，必须对/etc/sudoers 文件进行属性设置，修改/etc/sudoers 文件为可读写文件，并添加授权用户，执行命令如下。

```
root@Ubuntu:~# cp   /etc/sudoers   /mnt
#复制备份文件
root@Ubuntu: ~# chmod   777   /etc/sudoers
root@Ubuntu:~# vim   /etc/sudoers
```

添加授权用户的结果如图 3.23 所示。

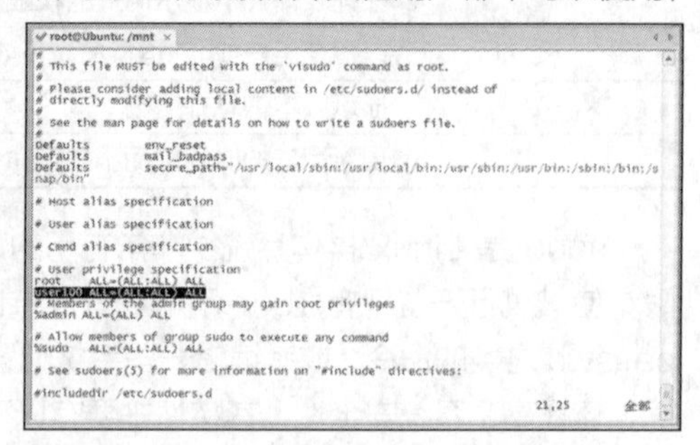

图 3.23　添加授权用户的结果

项目小结

本项目包含 10 个部分。

（1）Linux 用户账户管理，主要讲解了用户账户分类、用户账户密码文件。

（2）Ubuntu 超级用户权限与管理员，主要讲解了 Linux 的超级用户权限解决方案、Ubuntu 管理员。

（3）组群管理，主要讲解了组群/etc/group 文件、组群/etc/gshadow 文件。

（4）文件和目录权限管理，主要讲解了理解文件和目录的权限、详解文件和目录的属性信息。

（5）在图形用户界面中管理用户和组群，主要讲解了创建用户账户、用户账户管理、创建和管理组账户。

（6）使用命令行工具管理用户和组群，主要讲解了 useradd（adduser）命令建立用户账户、passwd 命令设置用户账户密码、chage 命令修改用户账户口令属性、usermod 命令修改用户账户、userdel 命令删除用户账户、groupadd 命令创建组群、groupdel 命令删除组群、groupmod 命令更改组群识别码或名称、gpasswd 命令管理组群、chown 命令修改文件的拥有者和组群、chgrp 命令修改文件与目录所属组群。

（7）在图形用户界面中管理文件和文件夹访问权限，主要讲解了文件管理、文件夹管理。

（8）使用命令行管理文件和目录访问权限，主要讲解了数字表示法修改文件和目录的权限、文字表示法修改文件、文件系统高级权限、修改文件和目录的默认权限与隐藏权限、文件访问控制列表。

（9）文件权限管理实例配置。

（10）su 和 sudo 命令的使用，主要讲解了 su 命令、sudo 命令。

课后习题

1. 选择题

（1）在 Linux 操作系统中，若文件名前面多一个“.”，则代表文件为（　　）。

A. 只读文件　　B. 写入文件　　C. 可执行文件　　D. 隐藏文件

（2）在 Linux 操作系统中，可以使用（　　）命令来查看隐藏文件。

A. ll　　B. ls　-a　　C. ls　-l　　D. ls　-ld

（3）存放 Linux 基本命令的目录是（　　）。

A. /bin　　B. /lib　　C. /root　　D. /home

（4）在 Linux 操作系统中，会将加密后的密码存放到（　　）文件中。

A. /etc/passwd　　B. /etc/shadow　　C. /etc/password　　D. /etc/gshadow

（5）在 Linux 操作系统中，root 用户的 ID 是（　　）。

A. 0　　B. 1　　C. 100　　D. 1000

（6）在 Linux 操作系统中，新建用户 user01，并为用户设置密码为 123456 的命令是（　　）。

A. useradd　-c　123456　user01　　B. useradd　-d　123456　user01

C. useradd　-p　123456　user01　　D. useradd　-n　123456　user01

（7）在 Linux 操作系统中，为 user01 用户添加属组 student 的命令是（　　）。

A. usermod -G student user01　B. usermod -g student user01
C. usermod -M student user01　D. usermod -m student user01

（8）在Linux操作系统中，删除主目录及目录下的所有文件的命令是（　　）。

A. userdel -h user01　B. userdel -r user01
C. userdel -R user01　D. userdel -z user01

（9）在Linux操作系统中，groupmod命令更改组群识别码或名称的参数为（　　）。

A. -g　B. -h　C. -n　D. -p

（10）在Linux操作系统中，将user01用户加入workgroup组的命令是（　　）。

A. gpasswd -a user01 workgroup
B. gpasswd -d user01 workgroup
C. gpasswd -h user01 workgroup
D. gpasswd -r user01 workgroup

（11）在Linux操作系统中，为文件/mnt/test01设置权限，其默认权限为rw-r--r--，则该权限的数字表示法为（　　）。

A. 764　B. 644　C. 640　D. 740

（12）在Linux操作系统中，当一个文件的权限为-rwxrw-rw-时，这个文件为（　　）。

A. 目录文件　B. 普通文件　C. 设备文件　D. 链接文件

（13）在Linux操作系统中，当一个文件的权限为drwxrw-rw-时，这个文件为（　　）。

A. 目录文件　B. 普通文件　C. 设备文件　D. 链接文件

（14）在Linux操作系统中，当一个文件的权限为lrwxrw-rw-时，这个文件为（　　）。

A. 目录文件　B. 普通文件　C. 设备文件　D. 链接文件

（15）在Linux操作系统中，建立目录的默认权限为（　　）。

A. drwxr-xr--　B. drw-r-xr-x　C. drwxr-xr-x　D. drw-r-xr--

（16）在Linux操作系统中，显示隐藏文件属性的命令是（　　）。

A. chown　B. chattr　C. chgrp　D. lsattr

（17）在Linux操作系统中，设置ACL权限的命令是（　　）。

A. setacl　B. setfacl　C. getacl　D. getfacl

（18）在Linux操作系统中，显示ACL权限的命令是（　　）。

A. setacl　B. setfacl　C. getacl　D. getfacl

2. 简答题

（1）Linux操作系统中的用户账户分为哪几种，其UID的取值分别是多少?

（2）简述用户账户管理文件/etc/passwd中各字段的含义。

（3）简述组群文件/etc/group中各字段的含义。

（4）如何设置文件和目录的权限?

（5）如何进行特殊权限的设置?

（6）如何修改文件和目录的默认权限与隐藏权限?

项目4 磁盘配置与管理

04

【学习目标】

- 掌握Linux操作系统中的设备命名规则。
- 掌握磁盘添加、磁盘分区及磁盘格式化的方法。
- 掌握磁盘挂载、卸载以及磁盘管理其他相关命令。
- 掌握使用图形化工具管理磁盘分区和文件系统的方法。
- 掌握配置管理逻辑卷的方法。
- 了解RAID技术，掌握RAID配置的方法。
- 掌握文件系统备份管理的方法。

4.1 项目描述

对于任何一个通用操作系统而言，磁盘管理与文件管理都是必不可少的功能，因此，Linux 操作系统提供了非常强大的磁盘与文件管理功能。Linux 操作系统的管理员应掌握配置和管理磁盘的技巧，高效地对磁盘空间进行使用和管理。如果 Linux 服务器有多个用户经常存取数据，为了有效维护用户数据的安全性与可靠性，应配置逻辑卷及 RAID 管理。本章主要讲解磁盘管理、磁盘挂载与卸载、磁盘管理其他相关命令、配置管理逻辑卷以及 RAID 管理。

4.2 必备知识

4.2.1 Linux 磁盘概述

从广义上来讲，硬盘、光盘和 U 盘等用来保存数据信息的存储设备都可以称为磁盘。其中，硬盘是计算机的重要组件，无论是在 Windows 操作系统还是在 Linux 操作系统中，都要使用硬盘。因此，规划和管理磁盘是非常重要的工作。

1. 磁盘分区

计算机中存放信息的主要存储设备就是硬盘，但是硬盘不能直接使用，必须对硬盘进行“分割”，“分割”成的一块一块的硬盘区域就是磁盘分区。在传统的磁盘管理中，将一个硬盘分为两大类分区：主分区和扩展分区。其中，主分区是能够安装操作系统，能够进行计算机启动的分区，这样的分区可以直接格式化并安装操作系统，可直接存放文件。

磁盘分区是使用分区编辑器（Partition Editor）在磁盘上划分的几个逻辑部分，磁盘划分成数个分区（Partition）后，不同类的目录与文件就可以存储到不同的分区中。分区越多，就有越多不同的地方，可以将文件的性质区分得更细，按照其性质，存储在不同的地方来管理文件；但分区太多就成了麻烦。空间管理、访问许可与目录搜索的方式，依属于安装在分区中的文件系统。当改变分区大小的能力依属于安装在分区中的文件系统时，需要谨慎地考虑分区的大小。

2. 磁盘低级格式化

低级格式化就是将磁盘内容清空，恢复出厂时的状态，划分出柱面和磁道，再将磁道划分为若干个扇区，每个扇区又划分出标识部分（ID）、间隔区（GAP）和数据区（DATA）等。低级格式化是高级格式化之前的一项工作，它不仅能在 DOS 环境下完成，也能在 Windows NT 系统下完成。低级格式化只能针对一个硬盘而不能针对单独的某一个分区。每个硬盘在出厂时，已由硬盘生产商进行低级格式化，因此通常使用者无须再进行低级格式化。

硬盘低级格式化是对硬盘最彻底的初始化方式，经过低级格式化后的硬盘，原来保存的数据将会全部丢失，所以一般来说对硬盘进行低级格式化是非常慎重的，只有非常必要的时候才能对硬盘进行低级格式化。这个必要时候有两种：一种是硬盘出厂前，硬盘生产商会对硬盘进行一次低级格式化；另一种是当硬盘出现某种类型的坏道时，使用低级格式化能起到一定的屏蔽作用。

3. 磁盘高级格式化

高级格式化又称逻辑格式化，它是指根据用户选定的文件系统（如 FAT12、FAT16、FAT32、NTFS、ext2、ext3 等），在磁盘的特定区域写入特定数据，以完成初始化磁盘或磁盘分区、清除原磁盘或磁盘分区中所有文件的一个操作。

高级格式化包括对主引导记录中分区表相应区域的重写；根据用户选定的文件系统，在分区中划出一片用于存放文件分配表、目录表等用于文件管理的磁盘空间，以便用户使用该分区管理文件。

高级格式化可以优化硬盘，从而最大限度地利用全新操作系统的功能。这种功能使硬盘生产商无论在何时，都能设计出更大容量的硬盘。高级格式化使硬盘能够在相同的硬盘可用空间内读写更多数据。

4.2.2 Linux 磁盘设备命名规则

在 Linux 操作系统中，每个硬件设备都有一个称为设备名称的特别名称，IDE 硬盘（包括光驱设备）由内部连接来区分，最多可以连接 4 个设备。例如，对于接在 IDE1 的第 1 个 IDE（主硬盘），其设备名称为/dev/hda，也就是说，可以用“/dev/hda”来代表此硬盘，/dev/hdb 表示第 1 个 IDE 通道的从设备（slave），按照这个原则，/dev/hdc 和/dev/hdd 为第 2 个 IDE 通道（IDE2）的主设备和从设备。对于以下信息，相信大家能够一目了然。下面介绍硬盘设备在 Linux 操作系统中的命名规则。

V4-1 Linux 磁盘设备命名规则

IDE1 的第 1 个硬盘（master）/dev/hda；
IDE1 的第 2 个硬盘（slave） /dev/hdb；
IDE2 的第 1 个硬盘（master）/dev/hdc；
IDE2 的第 2 个硬盘（slave） /dev/hdd；
……
SCSI 的第 1 个硬盘 /dev/sda；

SCSI 的第 2 个硬盘 /dev/sdb；

……

原则上，SCSI、SAS、SATA、USB 接口硬盘（包括固态硬盘）的设备名称均以/dev/sd 开头。这些设备命名依赖于设备的 ID，不考虑遗漏的 ID。例如，3 个 SCSI 设备分别是/dev/sda、/dev/sdb 和/dev/sdc，一般情况下 SATA 硬盘类似 SCSI 硬盘，在 Linux 中用类似/dev/sda 这样的设备名称来表示。

4.2.3 Linux 磁盘分区规则

在 Linux 操作系统中，分区的概念和 Windows 中的概念十分接近，磁盘在 Linux 操作系统中使用时也必须先进行分区，然后建立文件系统，才可以存储数据。

1. 磁盘分区类型

按照功能的不同，硬盘分区可以分为以下几类。

（1）主分区。在划分硬盘的第 1 个分区时，会指定其为主分区，Linux 最多可以让用户创建 4 个主分区，其主要用来存放操作系统的启动或引导程序，/boot 分区建议放在主分区中。

（2）扩展分区。Linux 中的一个硬盘最多有 4 个主分区，如果用户想要创建更多的分区，应该怎么办呢？这就有了扩展分区的概念。用户可以创建一个扩展分区，并在扩展分区中创建多个逻辑分区，从理论上来说，其逻辑分区没有数量限制。需要注意的是，创建扩展分区的时候，会占用一个主分区的位置，因此，如果要创建扩展分区，则一个硬盘中最多只能创建 3 个主分区和 1 个扩展分区。扩展分区不是用来存放数据的，它的主要功能是创建逻辑分区。

（3）逻辑分区。逻辑分区不能被直接创建，它必须依附在扩展分区下，容量受到扩展分区大小的限制，逻辑分区通常用于存放文件和数据。

2. 磁盘分区命名

大部分设备的前缀名后面跟有一个数字，它唯一指定了某一设备；硬盘驱动器的前缀名后面跟有一个字母和一个数字，字母用于指明设备，而数字用于指明分区。因此，/dev/sda2 指定了硬盘中的一个分区，/dev/pts/10 指定了一个网络终端会话。设备节点前缀及设备类型说明如表 4.1 所示。

表 4.1 设备节点前缀及设备类型说明

设备节点前缀	设备类型说明	设备节点前缀	设备类型说明
fb	Frame 缓冲	ttyS	串口
fd	软盘	scd	SCSI 音频光驱
hd	IDE 硬盘	sd	SCSI 硬盘
lp	打印机	sg	SCSI 通用设备
par	并口	sr	SCSI 数据光驱
pt	伪终端	st	SCSI 磁带
tty	终端	md	磁盘阵列

一些 Linux 发行版用 SCSI 层访问所有固定硬盘，因此，虽然硬盘有可能并不是 SCSI 硬盘，但仍可以通过存储设备进行访问。

有了磁盘命名和分区命名的概念，理解诸如/dev/hda1 之类的分区名称就不难了，分区命名规则如下。

IDE1 的第 1 个硬盘（master）的第 1 个主分区 /dev/hda1；

IDE1 的第 1 个硬盘（master）的第 2 个主分区 /dev/hda2；

IDE1 的第 1 个硬盘（master）的第 1 个逻辑分区 /dev/hda5；

IDE1 的第 1 个硬盘（master）的第 2 个逻辑分区 /dev/hda6；

……

IDE1 的第 2 个硬盘（slave）的第 1 个主分区 /dev/hdb1；

IDE1 的第 2 个硬盘（slave）的第 2 个主分区 /dev/hdb2；

……

SCSI 的第 1 个硬盘的第 1 个主分区 /dev/sda1；

SCSI 的第 1 个硬盘的第 2 个主分区 /dev/sda2；

SCSI 的第 2 个硬盘的第 1 个主分区 /dev/sdb1；

SCSI 的第 2 个硬盘的第 2 个主分区 /dev/sdb2；

……

3. MBR 与 GPT 分区样式

磁盘分区可以采用不同类型的分区表，分区表类型决定了分构样式。目前，Linux 主要使用 MBR 和 GPT 两种分构样式。

主引导记录（Master Boot Record，MBR）有自己的启动器，也就是启动代码，一旦启动代码被破坏，系统就无法启动，只有通过修复才能启动系统。MBR 最大支持 2TB 容量，在容量方面存在着极大的瓶颈。

全局唯一标识分区表（Globally Unique Identifier Partition Table，GPT）由统一可扩展固件接口（Unified Extensible Firmware Interface，UEFI）辅助形成。这样就有了 UEFI 用于取代基本输入输出系统（Basic Input Output System，BIOS），而 GPT 则取代 MBR。这个标准没有 MBR 的那些限制，磁盘驱动器容量可以大得多，同时支持几乎无限个分区数量。因此 GPT 在今后的发展中会越来越占优势，MBR 也会逐渐被 GPT 取代。

与支持最大卷为 2TB 并且每个磁盘最多有 4 个主分区（或 3 个主分区、1 个扩展分区和无限制的逻辑驱动器）的 MBR 磁盘分区的样式相比，GPT 磁盘分区样式支持最大卷为 18EB 并且每块磁盘最多有 128 个分区。与 MBR 分区的磁盘不同，至关重要的平台操作数据位于分区，而不是位于非分区或隐藏扇区。另外，GPT 分区磁盘有多余的主要及备份分区表来提高分区数据结构的完整性。

在单个动态磁盘组中既可以有 MBR 磁盘，也可以有 GPT 磁盘，也可以将 GPT 和 MBR 磁盘混合，但它们不是磁盘组的一部分。可以同时使用 MBR 和 GPT 磁盘来创建镜像卷、带区卷、跨区卷和 RAID-5 卷，但是 MBR 的柱面对齐的限制可能会使得创建镜像卷有困难。通常可以将 MBR 的磁盘镜像到 GPT 磁盘中，从而避免柱面对齐的问题。可以将 MBR 磁盘转换为 GPT 磁盘；只有在磁盘为空的情况下，才可以将 GPT 磁盘转换为 MBR 磁盘，否则数据将会丢失。

4.2.4 Linux 文件系统格式

目录结构是操作系统中管理文件的逻辑方式，对用户来说是可见的。而文件系统是磁盘中文件的物理存放形式，对用户来说是不可见的。文件系统是操作系统在磁盘中组织文件的方法，也就是保存文件信息的方法和数据结构。

不同的操作系统使用的文件系统格式不同，Linux 文件系统格式主要有 ext2、ext3、ext4 等。Linux 还支持 XFS、NFS、ISO9660、MINIX、VFAT 等文件系统，现在的 Ubuntu 版本使用 ext4 作为默认文件系统。

ext 是 Extented File System（扩展文件系统）的简称，一直是 Linux 首选的文件系统格式。在过去较长一段时间中，ext3 是 Linux 操作系统的主流文件系统格式，Linux 内核自 2.6.28 版本开始正式支持新的文件系统 ext4。

作为 ext3 的改进版，ext4 修改了 ext3 中部分重要的数据结构，提供更佳的性能和可靠性，以及更为丰富的功能，ext4 即第 4 代扩展文件系统，其主要特点如下。

（1）属于大型文件系统，支持最高 1EB（1048576TB）的分区，最大 16TB 的单个文件。

（2）向下兼容 ext2 和 ext3，可将 ext2 和 ext3 的文件系统挂载为 ext4 分区。

（3）支持持久分配，在文件系统层面实现了持久预分配并提供相应的 API，相对于应用软件自己实现效率更高。

（4）引入现在文件系统中流行的 Extent 文件存储方式，以取代 ext2 和 ext3 使用的映射方式。Extent 为一组连续的数据块，可以提高大型文件的处理效率，ext4 支持单一 Extent，在单一块大小为 4KB 的系统中最高可达 128MB。

（5）能够尽可能延迟分配磁盘空间，使用一种称为 allocate-on-flush 的方式，直到文件在缓存中写完才开始分配数据块并写入磁盘，这样就能优化整个文件的数据块分配。

（6）支持无限数量的子目录，使用日志校验来提高文件系统的可靠性，支持在线磁盘碎片整理。

就企业级应用来说，性能是十分重要的，特别是面临高并发大量、大型文件这种情况。Ubuntu 服务器可以考虑改用 XFS 来满足这类需求。XFS 是专为超大分区及大文件设计的，它支持最高容量 18EB（1EB=1048576TB）的分区，并支持最大 9EB 的单个文件。

4.2.5 逻辑卷概述

逻辑卷管理器（Logical Volume Manager，LVM）是建立在磁盘分区和文件系统之间的一个逻辑层，其设计目的是实现对磁盘的动态管理。管理员利用 LVM 不用重新分区磁盘即可动态调整文件系统的大小，而且，当服务器添加新磁盘后，管理员不必将已有的磁盘文件移动到校检磁盘中，通过 LVM 即可直接跨越磁盘扩展文件系统。LVM 为管理员提供了一种非常高效灵活的磁盘管理方式。

通过 LVM，用户可以在系统运行时动态调整文件系统的大小，把数据从一块硬盘重定位到另一块硬盘中，可以提高 I/O 操作的性能，以及提供冗余保护，它的快照功能还允许用户对逻辑卷进行实时的备份。

早期硬盘驱动器（Device Driver）呈现给操作系统的是一组连续的物理块，整个硬盘驱动器都分配给文件系统或者其他数据体，由操作系统或应用程序使用。这样做的缺点是缺乏灵活性：当一个硬盘驱动器的空间使用完时，很难扩展文件系统的大小；而当硬盘驱动器存储容量增加时，把整个硬盘驱动器分配给文件系统又会导致无法充分利用存储空间。

用户在安装 Linux 操作系统时遇到的一个常见问题是，如何正确评估分区的大小，以分配合适的硬盘空间。普通的磁盘分区管理方式在逻辑分区划分完成之后就无法改变其大小，当一个逻辑分区存放不下某个文件时，这个文件受上层文件系统的限制，无法跨越多个分区存放，所以也不能同时存放到其他磁盘中。当某个分区空间耗尽时，解决的方法通常是使用符号链接，或者使用调整分区大小的工具，但这并没有从根本上解决问题。随着逻辑卷管理器的出现，该问题迎刃而解，用户可以在无须停机的情况下方便地调整各个分区的大小。

对一般用户而言，使用最多的是动态调整文件系统大小的功能。这样，在分区时就不必为如何设置分区的大小而烦恼，只要在硬盘中预留部分空间，并根据系统的使用情况动态调整分区大小即可。

LVM 是磁盘分区和文件系统之间的一个逻辑层，为文件系统屏蔽下层磁盘分区。通过它可以将若干个磁盘分区连接为一个整块的抽象卷组，在卷组中可以任意创建逻辑卷并在逻辑卷中建立文件系统，最终在系统中挂载使用的是逻辑卷，逻辑卷的使用方法与管理方式和普通的磁盘分区是完全一样的。LVM 磁盘组织结构如图 4.1 所示。

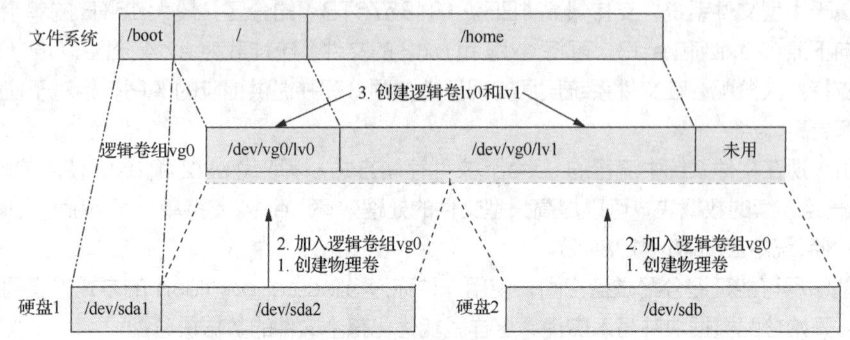

图 4.1 LVM 磁盘组织结构

LVM 中主要涉及以下几个概念。

（1）物理存储介质（Physical Storage Media）：指系统的物理存储设备，如/dev/sda、/dev/had 等，是存储系统最底层的存储单元。

（2）物理卷（Physical Volume，PV）：指磁盘分区或逻辑上与磁盘分区具有同样功能的设备，是 LVM 的最基本的存储逻辑块，但和基本的物理存储介质（如分区、磁盘）相比，其包含与 LVM 相关的管理参数。

（3）卷组（Volume Group，VG）：类似于非 LVM 系统中的物理磁盘，由一个或多个物理卷组成，可以在卷组中创建一个或多个逻辑卷。

（4）逻辑卷：可以将卷组划分成若干个逻辑卷，相当于在逻辑硬盘中划分出若干个逻辑分区，逻辑卷建立在卷组之上，每个逻辑分区中都可以创建具体的文件系统，如/home、/mnt 等。

（5）物理块：每一个物理卷被划分成称为物理块的基本单元，具有唯一编号的物理块是可以被 LVM 寻址的最小单元。物理块的大小是可以配置的，默认为 4MB，物理卷由大小相同的基本单元（即物理块）组成。

在 Linux 操作系统中，LVM 得到了重视。在安装系统的过程中，如果设置由系统自动进行分区，则系统除了创建一个/boot 引导分区之外，会对剩余的磁盘空间全部采用 LVM 进行管理，并在其中创建两个逻辑卷，分别挂载到/root 分区和/swap 分区中。

4.2.6 RAID 概述

独立磁盘冗余阵列（Redundant Arrays of Independent Disks，RAID）通常简称为磁盘阵列。简单地说，RAID 是由多个独立的高性能磁盘组成的磁盘子系统，提供了比单个磁盘更高的存储性能和数据冗余技术。

1. RAID 中的关键概念和技术

（1）镜像。

镜像是一种冗余技术，为磁盘提供保护功能，以防止磁盘发生故障而造成数据丢失。对于 RAID 而言，采用镜像技术将会同时在阵列中产生两个完全相同的数据副本，并分布在两个不同的磁盘中。

镜像提供了完全的数据冗余能力，当一个数据副本失效不可用时，外部系统仍可正常访问另一个副本，不会对应用系统的运行和性能产生影响。此外，镜像不需要额外的计算和校验，用于修复故障非常快，直接复制即可。镜像技术可以从多个副本并行读取数据，提供了更高的读取性能，但不能并行写数据，写多个副本时会导致一定的 I/O 性能降低。

（2）数据条带。

磁盘存储的性能瓶颈在于磁头寻道定位，它是一种慢速机械运动，无法与高速的 CPU 匹配。再者，单个磁盘驱动器性能存在物理极限，I/O 性能非常有限。RAID 由多块磁盘组成，数据条带技术将数据以块的方式分布存储在多个磁盘中，从而可以对数据进行并发处理。这样写入和读取数据即可在多个磁盘中同时进行，并发产生非常高的聚合 I/O，有效地提高整体 I/O 性能，且具有良好的线性扩展性。这在对大容量数据进行处理时效果尤其显著，如果不分块，则数据只能先按顺序存储在磁盘阵列的磁盘中，需要时再按顺序读取。而通过条带技术，可获得数倍于顺序访问的性能提升。

（3）数据校验。

镜像具有安全性高、读取性能高的特点，但冗余开销太大。数据条带通过并发性能大幅提高了性能，但未考虑数据安全性、可靠性。数据校验是一种冗余技术，它通过校验数据提供数据的安全性，可以检测数据错误，并在能力允许的前提下进行数据重构。相对于镜像，数据校验大幅缩减了冗余开销，能用较小的代价换取极佳的数据完整性和可靠性。数据条带技术提供性能，数据校验提供数据安全性，不同等级的 RAID 往往同时结合使用这两种技术。

采用数据校验时，RAID 要在写入数据的同时进行校验计算，并将得到的校验数据存储在 RAID 成员磁盘中。校验数据可以集中保存在某个磁盘或分散存储在多个磁盘中，校验数据也可以分块，不同 RAID 等级的实现各不相同。当其中一部分数据出错时，可以对剩余数据和校验数据进行反校验计算以重建丢失的数据。相对于镜像技术而言，校验技术节省了大量开销，但由于每次数据读写都要进行大量的校验运算，因此对计算机的运算速度要求很高，必须使用硬件 RAID 控制器。在数据重建恢复方面，校验技术比镜像技术复杂得多且速度慢得多。

2. 常见的 RAID 类型

（1）RAID0。

RAID0 会把连续的数据分散到多个磁盘中进行存取，系统有数据请求时可以被多个磁盘并行执行，每个磁盘执行属于自己的那一部分数据请求。如果要做 RAID0，则一台服务器至少需要两块硬盘，其读写速度是一块硬盘的两倍。如果有 *N* 块硬盘，则其读写速度是一块硬盘的 *N* 倍。虽然 RAID0 的读写速度可以提高，但是由于没有数据备份功能，因此安全性会低很多。RAID0 技术结构示意图如图 4.2 所示。

RAID0 技术的优缺点及应用场景如下。

优点：充分利用 I/O 总线性能，使其带宽翻倍，读写速度翻倍；充分利用磁盘空间，利用率为 100%。

缺点：不提供数据冗余；无数据校验，无法保证数据的正确性；存在单点故障。

应用场景：对数据完整性要求不高的场景，如日志存储、个人娱乐等；对读写效率要求高，而对安全性能要求不高的场景，如图像工作站等。

（2）RAID1。

RAID1 会通过磁盘数据镜像实现数据冗余，在成对的独立磁盘中产生互为备份的数据。当原始数据繁忙时，可直接从镜像副本中读取数据。同样的，要做 RAID1 至少需要两块硬盘，当读取数据时，其中一块硬盘会被读取，另一块硬盘会被用作备份。其数据安全性较高，但是磁盘空间利用率较低，只有 50%。RAID1 技术结构示意图如图 4.3 所示。

RAID1 技术的优缺点及应用场景如下。

优点：提供数据冗余，数据双倍存储；提供良好的读取性能。

缺点：无数据校验；磁盘利用率低，成本高。

应用场景：存放重要数据的场景，如数据存储领域等。

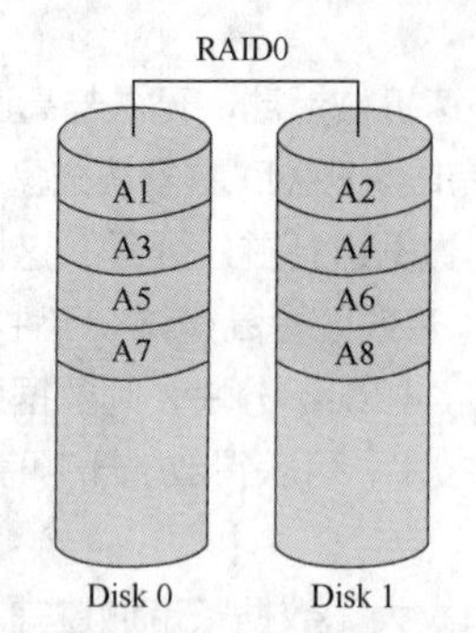

图 4.2　RAID0 技术结构示意图

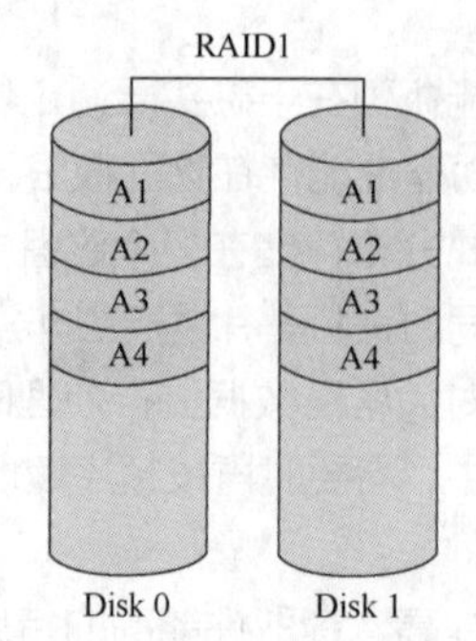

图 4.3　RAID1 技术结构示意图

（3）RAID5。

RAID5 应该是目前最常见的 RAID 等级之一，具备很好的扩展性。当阵列磁盘数量增加时，其并行操作的能力随之增加，可支持更多的磁盘，从而拥有更高的容量及更高的性能。RAID5 的磁盘可同时存储数据和校验数据，数据块和对应的校验信息保存在不同的磁盘中，当一个数据盘损坏时，系统可以根据同一条带的其他数据块和对应的校验数据来重建损坏的数据。与其他 RAID 等级一样，重建数据时，RAID5 的性能会受到较大的影响。

RAID5 兼顾了存储性能、数据安全和存储成本等各方面因素，基本上可以满足大部分的存储应用需求，数据中心大多采用它作为应用数据的保护方案。RAID0 大幅提升了设备的读写性能，但不具备容错能力；RAID1 虽然十分注重数据安全，但是磁盘利用率太低。RAID5 可以理解为 RAID0 和 RAID1 的折中方案，是目前综合性能最好的数据保护解决方案之一，一般而言，中小企业会采用 RAID5，大企业会采用 RAID10。RAID5 技术结构示意图如图 4.4 所示。

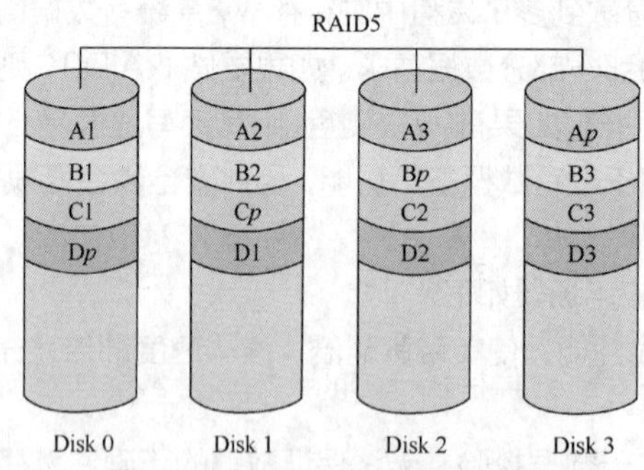

图 4.4　RAID5 技术结构示意图

RAID5 技术的优缺点及应用场景如下。

优点：读写性能高；有校验机制；磁盘空间利用率高。

缺点：磁盘越多，安全性能越差。

应用场景：对安全性能要求高的场景，如金融、数据库、存储等。

（4）RAID01。

RAID01 是先做条带化再做镜像，本质是对物理磁盘实现镜像；而 RAID10 是先做镜像再做条带化，本质是对虚拟磁盘实现镜像。相同的配置下，RAID01 比 RAID10 具有更好的容错能力。

RAID01 的数据将同时写入两个磁盘阵列，如果其中一个阵列损坏，则其仍可继续工作，在保证数据安全性的同时提高了性能。RAID01 和 RAID10 内部都含有 RAID1 模式，因此整体磁盘利用率仅为 50%。RAID01 技术结构示意图如图 4.5 所示。

RAID01 技术的优缺点及应用场景如下。

优点：提供较高的 I/O 性能；有数据冗余；无单点故障。

缺点：成本稍高；安全性能比 RAID10 差。

应用场景：特别适用于既有大量数据需要存取，又对数据安全性要求严格的领域，如银行、金融、商业超市、仓储库房、档案管理等。

（5）RAID10。

RAID10 技术结构示意图如图 4.6 所示。

RAID10 技术的优缺点及应用场景如下。

优点：RAID10 的读取性能优于 RAID01；提供较高的 I/O 性能；有数据冗余；无单点故障；安全性能高。

缺点：成本稍高。

应用场景：特别适用于既有大量数据需要存取，又对数据安全性要求严格的领域，如银行、金融、商业超市、仓储库房、档案管理等。

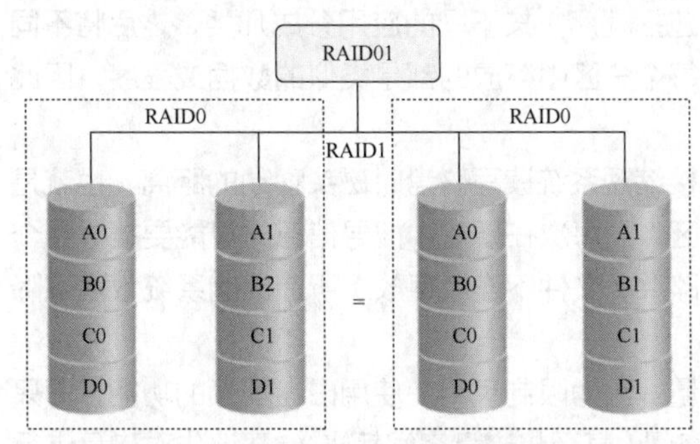

图 4.5　RAID01 技术结构示意图

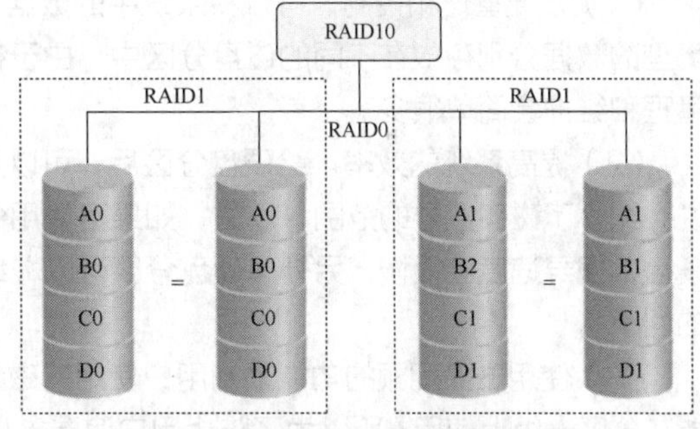

图 4.6　RAID10 技术结构示意图

（6）RAID50。

RAID50 具有 RAID5 和 RAID0 的共同特性。它至少由两组 RAID5 磁盘组成（其中，每组最少有 3 块磁盘），每一组都使用了分布式奇偶位；而两组 RAID5 磁盘再组建成 RAID0，实现跨磁盘数据读取。RAID50 提供可靠的数据存储和优秀的整体性能，并支持更大的卷尺寸。即使两个物理磁盘（每个阵列中的一个）发生故障，数据也可以顺利恢复。RAID50 最少需要 6 块磁盘，适用于高可靠性存储、高读取速度、高数据传输性能的应用场景，包括事务处理和有许多用户存取小文件的办公应用程序。RAID50 技术结构示意图如图 4.7 所示。

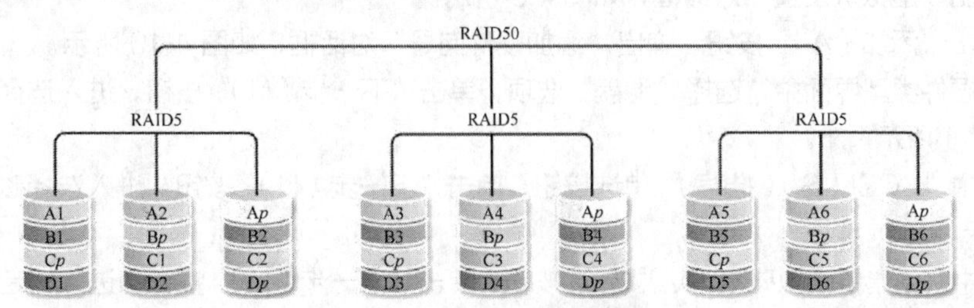

图 4.7　RAID50 技术结构示意图

4.3 项目实施

4.3.1 添加新磁盘

新购置的物理硬盘，不管是用于 Windows 操作系统还是用于 Linux 操作系统，都要进行磁盘管理工作。

V4-2 添加新磁盘

1. 建立磁盘和文件系统

在 Linux 安装过程中，会自动创建磁盘分区和文件系统，但在系统的使用和管理中，往往还需要在磁盘中建立和使用文件系统，主要包括以下 3 个步骤。

（1）对磁盘进行分区：可以是一个分区或多个分区。

（2）磁盘格式化：在磁盘分区上建立相应的文件系统，分区必须经过格式化才能创建文件系统。

（3）建立挂载点目录：被格式化的磁盘分区必须挂载到操作系统相应的文件目录下。

Windows 操作系统自动帮助用户完成挂载分区到目录的工作，即自动将磁盘分区挂载到盘符；Linux 操作系统除了会自动挂载根分区启动项外，其他分区都需要用户自己配置，所有的磁盘分区都必须挂载到文件系统相应的目录下。

为什么要将一个硬盘划分成多个分区，而不是直接使用整个硬盘呢？其主要有如下原因。

（1）方便管理和控制。可以将系统中的数据（包括程序）按不同的应用分成几类，之后将不同类型的数据分别存放在不同的磁盘分区中。由于在每个分区中存放的都是类似的数据或程序，因此管理和维护会简单很多。

（2）提高系统的效率。给硬盘分区后，可以直接缩短系统读写磁盘时磁头移动的距离，也就是说，缩小了磁头搜寻的范围；反之，如果不使用分区，则每次在硬盘中搜寻信息时可能要搜寻整个硬盘，搜寻速度会很慢。另外，硬盘分区可以减缓碎片（文件不连续存放）所造成的系统效率下降的问题。

（3）使用磁盘配额的功能限制用户使用的磁盘量。因为限制了用户使用磁盘配额的功能，即只能在分区一级上使用，所以为了防止用户浪费磁盘空间（甚至将磁盘空间耗光），建议先对磁盘进行分区，再分配给一般用户。

（4）便于备份和恢复。硬盘分区后，可以只对所需的分区进行备份和恢复操作，这样备份和恢复的数据量会大大下降，操作也更简单和方便。

2. 在虚拟机中添加硬盘

练习硬盘分区操作时，需要先在虚拟机中添加一块新的硬盘。由于 SCSI 接口的硬盘支持热插拔，因此可以在虚拟机开机的状态下直接添加硬盘。

（1）打开虚拟机软件，选择“虚拟机（M）”→“设置（S）”选项，如图 4.8 所示。

（2）弹出“虚拟机设置”对话框，如图 4.9 所示。

（3）单击“添加（A）”按钮，弹出“添加硬件向导”对话框，如图 4.10 所示。

（4）在硬件类型界面中，选择“硬盘”选项，单击“下一步（N）”按钮，进入选择磁盘类型界面，如图 4.11 所示。

（5）选中“SCSI（S）（推荐）”单选按钮，单击“下一步（N）”按钮，进入选择磁盘界面，如图 4.12 所示。

（6）选中“创建新虚拟磁盘（V）”单选按钮，单击“下一步（N）”按钮，进入指定磁盘容量界面，如图 4.13 所示。

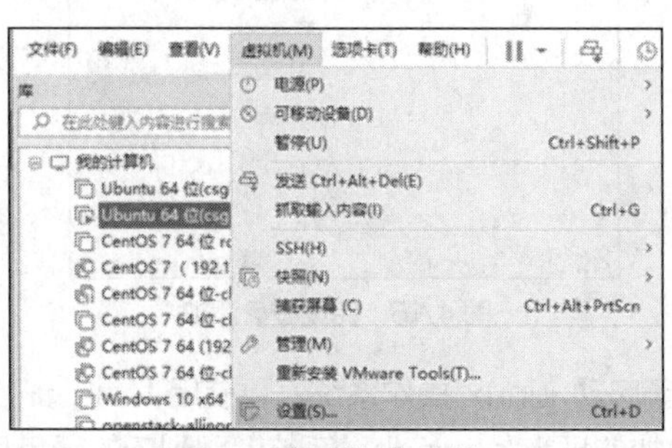

图 4.8 “虚拟机”菜单

图 4.9 “虚拟机设置”对话框

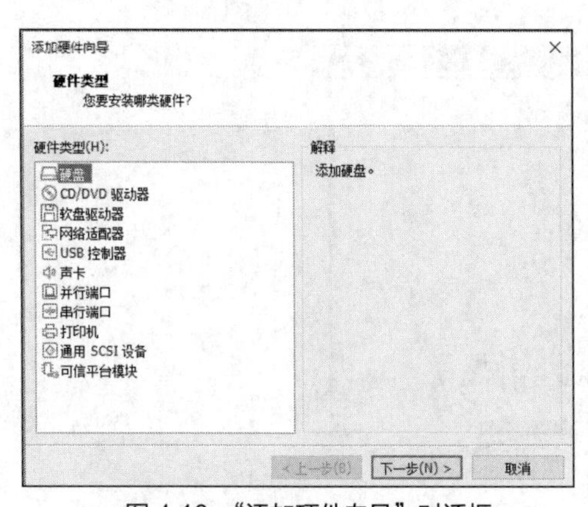

图 4.10 “添加硬件向导”对话框

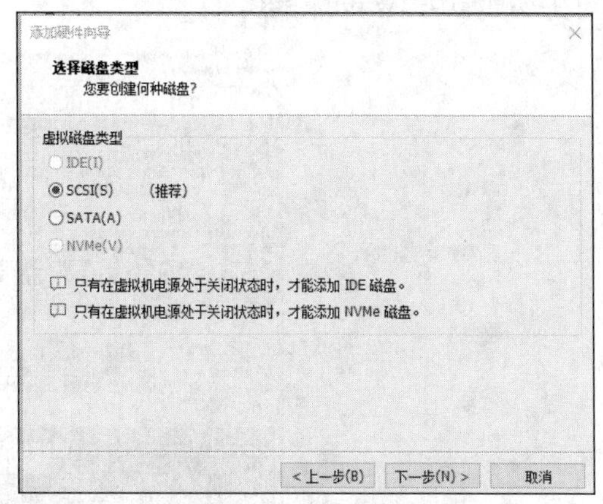

图 4.11 选择磁盘类型界面

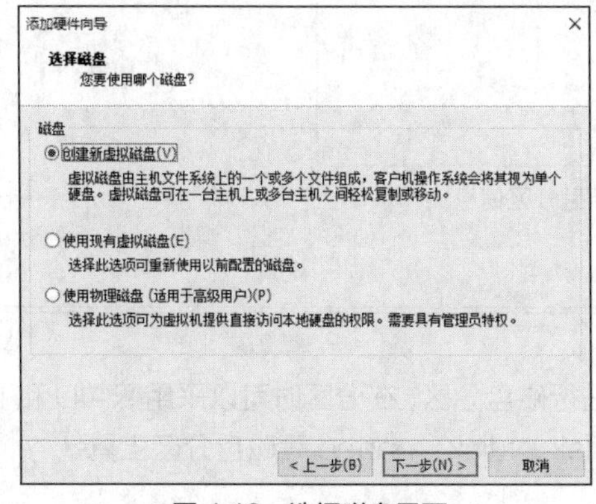

图 4.12 选择磁盘界面

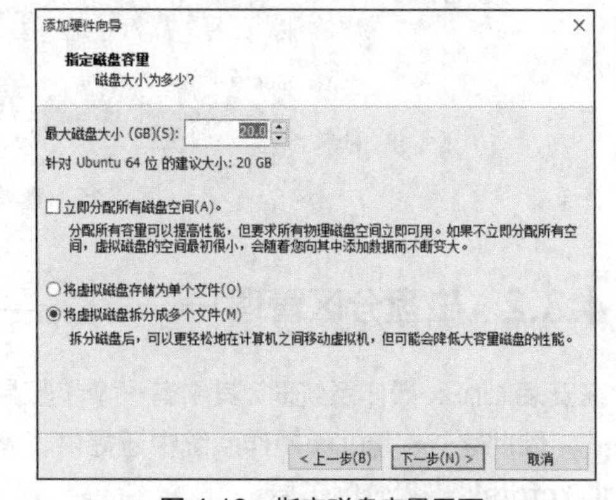

图 4.13 指定磁盘容量界面

（7）设置最大磁盘大小，单击“下一步（N）”按钮，进入指定磁盘文件界面，如图 4.14 所示。

（8）单击“完成”按钮，完成在虚拟机中添加硬盘的工作，返回“虚拟机设置”对话框，可以看到刚刚添加的 20GB 的 SCSI 硬盘，如图 4.15 所示。

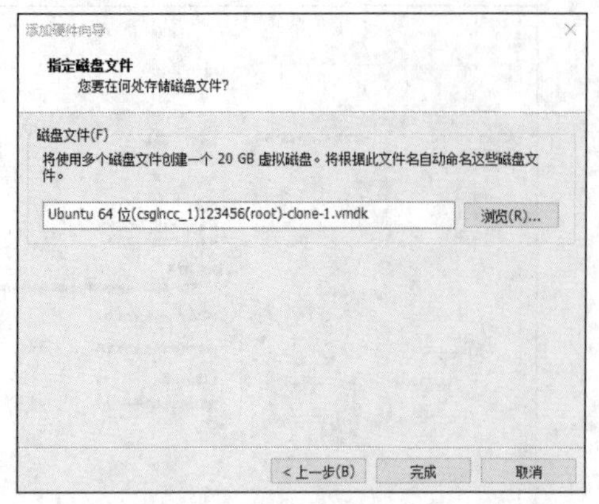

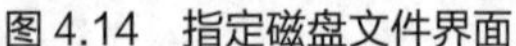
图 4.14　指定磁盘文件界面

图 4.15　完成磁盘添加

（9）单击“确定”按钮，返回虚拟机主界面，重新启动 Linux 操作系统，再使用 fdisk　-l 命令查看硬盘分区信息，如图 4.16 所示，可以看到新增加的硬盘/dev/sdb，系统识别到新的硬盘后，即可在该硬盘中建立新的分区。

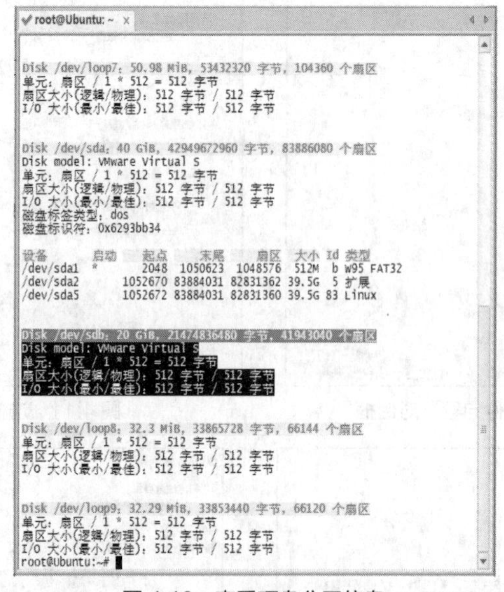

图 4.16　查看硬盘分区信息

4.3.2　磁盘分区管理

在安装 Linux 操作系统时，其中有一个步骤是进行磁盘分区，在分区时可以采用 RAID 和 LVM 等方式，除此之外，Linux 操作系统中还提供了 cfdisk、fdisk、parted 等磁盘分区工具。

1. cfdisk 磁盘分区工具

Ubuntu 提供一个基于文本窗口的分区工具 cfdisk，它比 fdisk 的操作界面更为直观，但与真正的图形用户界面相比还是要逊色一些。在命令行中使用 cfdisk 命令，执行命令如下。

```
root@Ubuntu:~# cfdisk
```

此时弹出其主界面，如图 4.17 所示，默认对第一个磁盘进行分区，查看设置磁盘的类型，选择相应的磁盘，可以选择“类型”选项，如图 4.18 所示。

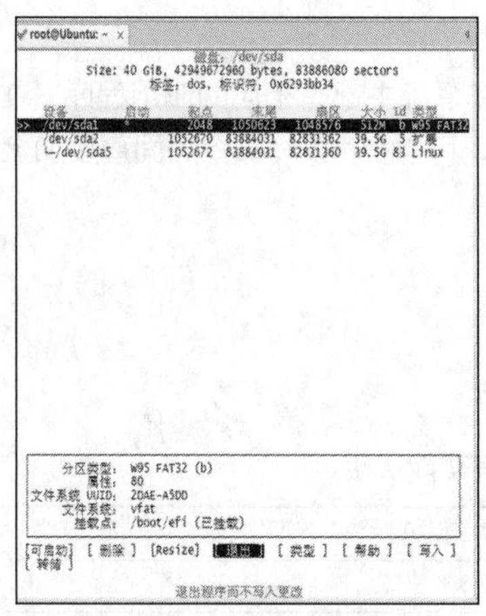

图 4.17　cfdisk 磁盘分区工具主界面

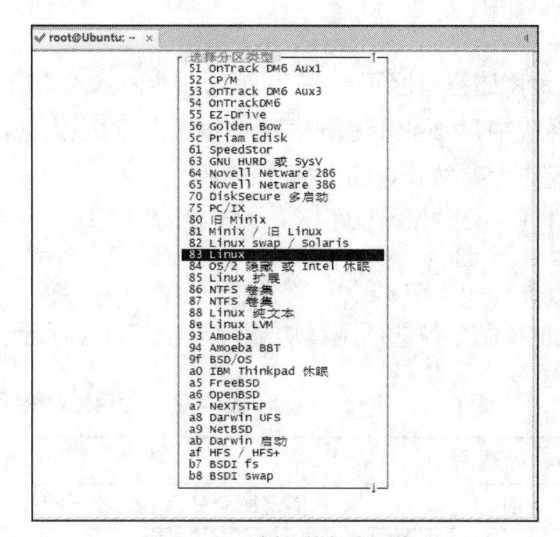

图 4.18　选择磁盘分区类型

2. fdisk 磁盘分区工具

在进行分区、格式化和挂载操作之前，要先进行查看分区信息和在虚拟机中添加磁盘操作。

V4-3　fdisk 磁盘分区工具

可以使用 fdisk -l 命令查看当前系统中的所有磁盘设备及其分区的信息，执行命令如下。

```
root@Ubuntu:~# fdisk   -l
```

命令执行结果如图 4.19 所示。

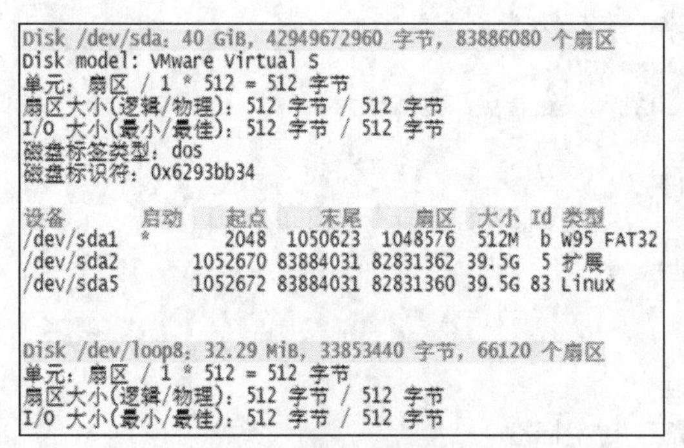

图 4.19　查看磁盘分区信息

从命令执行结果可以看出，安装系统时，磁盘分为/root 分区、/boot 分区和/swap 分区，其中分区信息各字段的含义如下。

（1）设备：分区的设备文件名称，如/dev/sda。

（2）启动（Boot）：是否为引导分区。若是，则带有“*”标识，如/dev/sda1 *。

（3）起点（Start）：该分区在磁盘中的起始位置（柱面数）。

（4）末尾（End）：该分区在磁盘中的结束位置（柱面数）。

（5）扇区：磁盘中的每个磁道被等分为若干个弧段，这些弧段便是磁盘的扇区，磁盘的读写以扇区为基本单位。

（6）大小（Blocks）：分区大小。

（7）Id：分区类型的 ID。ext4 分区的 ID 为 83，LVM 分区的 ID 为 8e。

（8）类型（System）：分区类型。其中，“Linux”代表 ext4 文件系统，“Linux LVM”代表逻

辑卷。

fdisk 磁盘分区工具在 DOS、Windows 和 Linux 操作系统中都有相应的应用程序。在 Linux 操作系统中，fdisk 是基于菜单的命令，对磁盘进行分区时，可以在 fdisk 命令后面直接加上要分区的磁盘作为参数。其命令格式如下。

```
fdisk  [选项]  <磁盘>     更改分区表
fdisk  [选项]  -l  <磁盘>  列出分区表
fdisk  -s <分区>         给出分区大小（块数）
```

fdisk 命令各选项及其功能说明如表 4.2 所示。

表 4.2　fdisk 命令各选项及其功能说明

选项	功能说明
-b<大小>	指定每个分区的大小（KB、MB、GB）
-c[=<模式>]	关闭 DOS 兼容模式
-h	输出此帮助文本
-u[=<单位>]	显示单位：cylinders（柱面）或 sectors（扇区，默认）
-v	输出程序版本
-C<数字>	指定柱面数
-H <数字>	指定磁头数
-S <数字>	指定每个磁道的扇区数

在对新增加的第 2 块 SCSI 硬盘进行分区时，执行命令如下。

```
root@Ubuntu:~# fdisk    /dev/sdb
欢迎使用 fdisk (util-linux 2.34)。
更改将停留在内存中，直到您决定将更改写入磁盘。
使用写入命令前请三思。
设备不包含可识别的分区表。
创建了一个磁盘标识符为 0xa43a473e 的新 DOS 磁盘标签。
命令(输入 m 获取帮助):  m
帮助:
  DOS (MBR)
   a    开关 可启动 标志
   b    编辑嵌套的 BSD 磁盘标签
   c    开关 DOS 兼容性标志
  常规
   d    删除分区
   F    列出未分区的空闲区
   l    列出已知分区类型
   n    添加新分区
   p    打印分区表
   t    更改分区类型
   v    检查分区表
   i    输出某个分区的相关信息
  杂项
   m    输出此菜单
   u    更改 显示/记录 单位
   x    更多功能(仅限专业人员)
  脚本
```

```
  I   从 sfdisk 脚本文件加载磁盘布局
  O   将磁盘布局转储为 sfdisk 脚本文件
 保存并退出
  w   将分区表写入磁盘并退出
  q   退出而不保存更改
 新建空磁盘标签
  g   新建一份 GPT 分区表
  G   新建一份空 GPT (IRIX) 分区表
  o   新建一份的空 DOS 分区表
  s   新建一份空 Sun 分区表
命令(输入 m 获取帮助):
```

在“命令(输入 m 获取帮助):”提示符后，若输入 m，则可以查看所有命令的帮助信息，输入相应的命令可选择需要的操作。fdisk 命令操作及其功能说明如表 4.3 所示。

表 4.3　fdisk 命令操作及其功能说明

命令操作	功能说明	命令操作	功能说明
a	设置可引导标签	o	建立空白 DOS 分区表
b	编辑 BSD 磁盘标签	p	显示分区列表
c	设置 DOS 兼容标记	q	不保存并退出
d	删除一个分区	s	新建空白 SUN 磁盘标签
g	新建一个空的 GPT 分区表	t	改变一个分区的系统 ID
G	新建一个 IRIX（SGI）分区表	u	改变显示记录单位
l	显示已知的文件系统类型，82 为 Linux Swap 分区，83 为 Linux 分区	v	验证分区表
m	显示帮助菜单	w	保存并退出
n	新建分区	x	附加功能（仅专家）

例如，使用 fdisk 命令对新增加的 SCSI 硬盘/dev/sdb 进行分区操作，在此硬盘中创建两个主分区和一个扩展分区，在扩展分区中再创建两个逻辑分区。

（1）执行 fdisk　/dev/sdb 命令，进入交互的分区管理界面，在“命令（输入 m 获取帮助）:”提示符后，用户可以输入特定的分区操作命令来完成各项分区管理任务。输入“n”可以进行创建分区的操作，包括创建主分区、扩展分区和逻辑分区，根据提示继续输入“p”选择创建主分区，输入“e”选择创建扩展分区，之后依次选择分区序号、起始位置、结束位置或分区大小即可创建新分区。

选择分区号时，主分区和扩展分区的序号只能为 1～4，分区的起始位置一般由 fdisk 命令默认识别，结束位置或分区大小可以使用类似于“+size{K，M，G}”的形式，如“+2G”表示将分区的容量设置为 2GB。

下面先创建一个容量为 5GB 的主分区，主分区创建结束之后，输入“p”查看已创建好的分区/dev/sdb1，执行命令如下。

```
命令(输入 m 获取帮助):  n
分区类型
   p   主分区 (0 个主分区，0 个扩展分区，4 空闲)
   e   扩展分区 (逻辑分区容器)
选择 (默认 p):  p
分区号 (1-4, 默认  1): 1
第一个扇区 (2048-41943039, 默认 2048):
Last sector, +/-sectors or +/-size{K,M,G,T,P} (2048-41943039, 默认 41943039): +5G
```

```
创建了一个新分区 1，类型为“Linux”，大小为 5 GiB。
命令(输入 m 获取帮助)： p
Disk /dev/sdb：20 GiB，21474836480 字节，41943040 个扇区
Disk model: VMware Virtual S
单元：扇区 / 1 * 512 = 512 字节
扇区大小(逻辑/物理)：512 字节 / 512 字节
I/O 大小(最小/最佳)：512 字节 / 512 字节
磁盘标签类型：dos
磁盘标识符：0xa43a473e
设备          启动  起点      末尾      扇区        大小  Id 类型
/dev/sdb1          2048 10487807 10485760    5G    83 Linux
命令(输入 m 获取帮助)：
```

（2）继续创建第 2 个容量为 3GB 的主分区，主分区创建结束之后，输入“p”查看已创建好的分区/dev/sdb1、/dev/sdb2，执行命令如下。

```
命令(输入 m 获取帮助)： n
分区类型
   p   主分区 (1 个主分区，0 个扩展分区，3 空闲)
   e   扩展分区 (逻辑分区容器)
选择 (默认 p)： p
分区号 (2-4, 默认  2): 2
第一个扇区 (10487808-41943039, 默认 10487808):
Last sector, +/-sectors or +/-size{K,M,G,T,P} (10487808-41943039, 默认 41943039): +3G
创建了一个新分区 2，类型为“Linux”，大小为 3 GiB。
命令(输入 m 获取帮助)： p
Disk /dev/sdb：20 GiB，21474836480 字节，41943040 个扇区
Disk model: VMware Virtual S
单元：扇区 / 1 * 512 = 512 字节
扇区大小(逻辑/物理)：512 字节 / 512 字节
I/O 大小(最小/最佳)：512 字节 / 512 字节
磁盘标签类型：dos
磁盘标识符：0xa43a473e
设备          启动      起点      末尾      扇区      大小    Id 类型
/dev/sdb1                2048 10487807 10485760     5G      83 Linux
/dev/sdb2            10487808 16779263  6291456     3G      83 Linux
命令(输入 m 获取帮助)：
```

（3）继续创建扩展分区，需要特别注意的是，必须将所有的剩余磁盘空间都分配给扩展分区，输入“e”创建扩展分区，扩展分区创建结束之后，输入“p”查看已经创建好的主分区和扩展分区相关信息，执行命令如下。

```
命令(输入 m 获取帮助)： n
分区类型
   p   主分区 (2 个主分区，0 个扩展分区，2 空闲)
   e   扩展分区 (逻辑分区容器)
选择 (默认 p)： e
分区号 (3,4, 默认  3):
第一个扇区 (16779264-41943039, 默认 16779264):
Last sector, +/-sectors or +/-size{K,M,G,T,P} (16779264-41943039, 默认 41943039):
创建了一个新分区 3，类型为“Extended”，大小为 12 GiB。
命令(输入 m 获取帮助)： p
Disk /dev/sdb：20 GiB，21474836480 字节，41943040 个扇区
Disk model: VMware Virtual S
单元：扇区 / 1 * 512 = 512 字节
```

```
扇区大小(逻辑/物理)：512 字节 / 512 字节
I/O 大小(最小/最佳)：512 字节 / 512 字节
磁盘标签类型：dos
磁盘标识符：0xa43a473e
设备       启动    起点     末尾     扇区      大小  Id 类型
/dev/sdb1           2048 10487807 10485760   5G   83 Linux
/dev/sdb2       10487808 16779263  6291456   3G   83 Linux
/dev/sdb3       16779264 41943039 25163776  12G   5 扩展
命令(输入 m 获取帮助)：
```

扩展分区的起始位置和结束位置使用默认值即可，可以把所有的剩余磁盘空间（共 12GB）全部分配给扩展分区。从以上操作可以看出，划分的两个主分区的容量分别为 5GB 和 3GB，扩展分区的容量为 12GB。

（4）扩展分区创建完成后即可创建逻辑分区，在扩展分区中再创建两个逻辑分区，磁盘容量分别为 8GB 和 4GB。在创建逻辑分区的时候不需要指定分区编号，系统会自动从 5 开始顺序编号，执行命令如下。

```
命令(输入 m 获取帮助)： n
所有主分区的空间都在使用中。
添加逻辑分区 5
第一个扇区 (16781312-41943039, 默认 16781312):
Last sector, +/-sectors or +/-size{K,M,G,T,P} (16781312-41943039, 默认 41943039): +8G
创建了一个新分区 5，类型为“Linux”，大小为 8 GiB。
命令(输入 m 获取帮助)： n
所有主分区的空间都在使用中。
添加逻辑分区 6
第一个扇区 (33560576-41943039, 默认 33560576):
Last sector, +/-sectors or +/-size{K,M,G,T,P} (33560576-41943039, 默认 41943039):
创建了一个新分区 6，类型为“Linux”，大小为 4 GiB。
命令(输入 m 获取帮助)：
```

（5）再次输入“p”，查看分区创建情况，执行命令如下。

```
命令(输入 m 获取帮助)： p
Disk /dev/sdb：20 GiB，21474836480 字节，41943040 个扇区
Disk model: VMware Virtual S
单元：扇区 / 1 * 512 = 512 字节
扇区大小(逻辑/物理)：512 字节 / 512 字节
I/O 大小(最小/最佳)：512 字节 / 512 字节
磁盘标签类型：dos
磁盘标识符：0xa43a473e
设备       启动  起点        末尾        扇区        大小   Id 类型
/dev/sdb1        2048        10487807    10485760    5G     83 Linux
/dev/sdb2        10487808    16779263    6291456     3G     83 Linux
/dev/sdb3        16779264    41943039    25163776    12G    5 扩展
/dev/sdb5        16781312    33558527    16777216    8G     83 Linux
/dev/sdb6        33560576    41943039    8382464     4G     83 Linux
命令(输入 m 获取帮助)：
```

（6）完成对硬盘的分区以后，输入“w”保存设置并退出，或输入“q”不保存设置并退出 fdisk。硬盘分区完成以后，一般需要重启系统以使设置生效；如果不想重启系统，则可以使用 partprobe 命令使系统获取新的分区表的情况。这里可以使用 fdisk-1 命令重新查看/dev/sdb 硬盘中分区表的变化情况，执行命令如下。

```
命令(输入 m 获取帮助)： w
分区表已调整。
将调用 ioctl() 来重新读分区表。
正在同步磁盘。
root@Ubuntu:~# partprobe   /dev/sdb
root@Ubuntu:~# fdisk   -l
……
Disk /dev/sdb：20 GiB，21474836480 字节，41943040 个扇区
Disk model: VMware Virtual S
单元：扇区 / 1 * 512 = 512 字节
扇区大小(逻辑/物理)：512 字节 / 512 字节
I/O 大小(最小/最佳)：512 字节 / 512 字节
磁盘标签类型：dos
磁盘标识符：0xa43a473e
设备        启动   起点        末尾        扇区        大小    Id 类型
/dev/sdb1          2048        10487807    10485760    5G      83 Linux
/dev/sdb2          10487808    16779263    6291456     3G      83 Linux
/dev/sdb3          16779264    41943039    25163776    12G     5 扩展
/dev/sdb5          16781312    33558527    16777216    8G      83 Linux
/dev/sdb6          33560576    41943039    8382464     4G      83 Linux
Disk /dev/loop8：32.3 MiB，33865728 字节，66144 个扇区
单元：扇区 / 1 * 512 = 512 字节
扇区大小(逻辑/物理)：512 字节 / 512 字节
I/O 大小(最小/最佳)：512 字节 / 512 字节
……
root@Ubuntu:~#
```

4.3.3 磁盘格式化管理

完成分区创建之后，还不能直接使用磁盘，必须对其进行格式化，这是因为操作系统必须按照一定的方式来管理磁盘，并使系统识别出来，所以磁盘格式化的作用就是在分区中创建文件系统。Linux 操作系统专用的文件系统是 ext，包含 ext3、ext4 等诸多版本，Ubuntu 中默认使用 ext4 文件系统。

V4-4 磁盘格式化管理

mkfs 命令的作用是在磁盘中创建 Linux 文件系统，mkfs 命令本身并不执行建立文件系统的工作，而是调用相关的程序来实现。其命令格式如下。

```
mkfs    [选项]    [-t <类型>]    [文件系统选项]    <设备>    [<大小>]
```

mkfs 命令各选项及其功能说明如表 4.4 所示。

表 4.4 mkfs 命令各选项及其功能说明

选项	功能说明
-t	文件系统类型；若不指定，则使用 ext2
-V	解释正在进行的操作
-v	显示版本信息并退出
-h	显示帮助信息并退出

例如，将新增加的 SCSI 硬盘分区/dev/sdb1 按 ext4 文件系统进行格式化，执行命令如下。

```
root@Ubuntu:~# mkfs                          #输入完命令后连续按两次“Tab”键
mkfs          mkfs.cramfs   mkfs.ext3    mkfs.fat    mkfs.msdos    mkfs.vfat
```

```
mkfs.bfs     mkfs.ext2     mkfs.ext4     mkfs.minix     mkfs.ntfs
root@Ubuntu:~# mkfs   -t   ext4   /dev/sdb1              #按 ext4 文件系统进行格式化
mke2fs 1.45.5 (07-Jan-2020)
创建含有 1310720 个块（每块 4k）和 327680 个 inode 的文件系统
文件系统 UUID：41d3232e-c709-4d56-a6fe-21099e7c5093
超级块的备份存储于下列块：
        32768, 98304, 163840, 229376, 294912, 819200, 884736
正在分配组表： 完成
正在写入 inode 表： 完成
创建日志（16384 个块） 完成
写入超级块和文件系统账户统计信息： 已完成
root@Ubuntu:~#
```

使用同样的方法对/dev/sdb2、/dev/sdb5 和/dev/sdb6 进行格式化。需要注意的是，格式化时会清除分区中的所有数据，为了保证系统安全，要备份重要数据。

4.3.4 磁盘挂载与卸载

挂载就是指定系统中的一个目录作为挂载点，用户通过访问这个目录来实现对硬盘分区数据的存取操作，作为挂载点的目录相当于一个访问硬盘分区的入口。例如，将/dev/sdb6 挂载到/mnt 目录下，当用户在/mnt 目录下执行相关数据的存储操作时，Linux 操作系统会在/dev/sdb6 上执行相关操作。图 4.20 所示为磁盘挂载示意图。

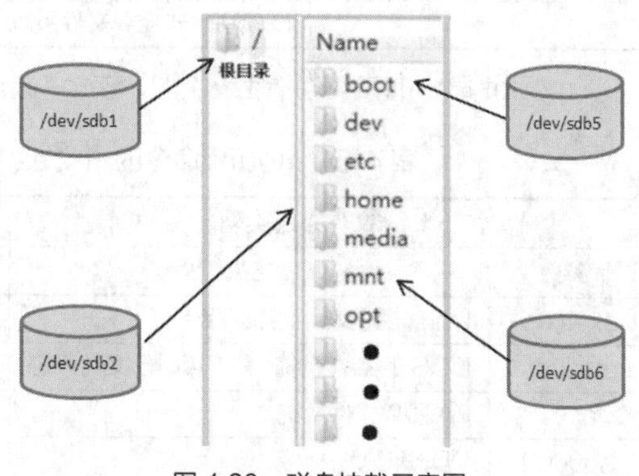

图 4.20　磁盘挂载示意图

在安装 Linux 操作系统的过程中，自动建立或识别的分区通常会由系统自动完成挂载工作，如/root 分区、/boot 分区等，新增加的硬盘分区、光盘、U 盘等设备，都必须由管理员手动挂载到系统目录下。

Linux 操作系统中提供了两个默认的挂载目录：/media 和/mnt。

（1）/media 用作系统自动挂载点。

（2）/mnt 用作手动挂载点。

从理论上讲，Linux 操作系统中的任何一个目录都可以作为挂载点，但从系统的角度出发，以下几个目录是不能作为挂载点使用的：/bin、/sbin、/etc、/lib、/lib64。

V4-5　磁盘挂载

1. 手动挂载

mount 命令的作用是将一个设备（通常是存储设备）挂载到一个已经存在的目录下，访问这个目录就是访问该存储设备。其命令格式如下。

```
mount  [选项]  [--source]  <源>  |  [--target]  <目录>
```

mount 命令各选项及其功能说明如表 4.5 所示。

表 4.5　mount 命令各选项及其功能说明

选项	功能说明
-a	挂载 fstab 中的所有文件系统

续表

选项	功能说明
-c	不对路径进行规范化
-f	空运行；跳过 mount(2)系统调用
-F	对每个设备禁用 fork（和-a 选项一起使用）
-T	/etc/fstab 的替代文件
-h	显示帮助信息并退出
-i	不调用 mount.<类型>助手程序
-l	列出所有带有指定标签的挂载
-n	不写/etc/mtab
-o	挂载选项列表，以英文逗号分隔
-r	以只读方式挂载文件系统（同-o ro）
-t	限制文件系统类型集合
-v	输出当前进行的操作
-V	显示版本信息并退出
-w	以读写方式挂载文件系统（默认）

mount 命令的-t<文件系统类型>与-o<选项>参数及其含义如表 4.6 所示。

表 4.6 mount 命令的-t<文件系统类型>与-o<选项>参数及其含义

-t <文件系统类型>		-o <选项>	
参数	**含义**	**参数**	**含义**
ext4/xfs	Linux 目前常用的文件系统	ro	以只读方式挂载
msdos	DOS 的文件系统，即 FAT16 文件系统	rw	以读写方式挂载
vfat	FAT32 文件系统	remount	重新挂载已经挂载的设备
iso9660	CD-ROM 文件系统	user	允许一般用户挂载设备
ntfs	NTFS	nouser	不允许一般用户挂载设备
auto	自动检测文件系统	codepage=xxx	代码页
swap	交换分区的系统类型	iocharset=xxx	字符集

设备文件名对应分区的设备文件名，如/dev/sdb1；挂载点为用户指定用于挂载点的目录，挂载点的目录需要满足以下几方面的要求。

（1）目录已存在，如果不存在，则可使用 mkdir 命令新建目录。

（2）挂载点目录不可被其他进程使用。

（3）挂载点的原有文件将被隐藏。

例如，将新增加的 SCSI 硬盘分区/dev/sdb1、/dev/sdb2、/dev/sdb5 和/dev/sdb6 分别挂载到/mnt/data01、/mnt/data02、/mnt/data05 和/mnt/data06 目录下，执行命令如下。

```
root@Ubuntu:~# cd    /mnt
root@Ubuntu:/mnt#   mkdir   data01   data02   data05   data06      #新建目录
root@Ubuntu:/mnt#   ls   -l   | grep   '^d'            #显示使用 grep 命令查找的以“d”开头的目录
drwxr-xr-x 2 root root 4096 7 月   31 15:58 data01
drwxr-xr-x 2 root root 4096 7 月   31 15:58 data02
drwxr-xr-x 2 root root 4096 7 月   31 15:58 data05
drwxr-xr-x 2 root root 4096 7 月   31 15:58 data06
root@Ubuntu:/mnt# mount   /dev/sdb1   /mnt/data01                #挂载目录
```

```
root@Ubuntu:/mnt# mount   /dev/sdb2   /mnt/data02
root@Ubuntu:/mnt# mount   /dev/sdb5   /mnt/data05
root@Ubuntu:/mnt# mount   /dev/sdb6   /mnt/data06
root@Ubuntu:/mnt#
```

完成挂载后，可以使用 df 命令查看挂载情况。df 命令主要用来查看系统中已经挂载的各个文件系统的磁盘使用情况，使用该命令可获取硬盘被占用的空间，以及目前剩余空间等信息。其命令格式如下。

```
df  [选项]  [文件]
```

df 命令各选项及其功能说明如表 4.7 所示。

表 4.7　df 命令各选项及其功能说明

选项	功能说明
-a	显示所有文件系统的磁盘使用情况
-h	以人类易读的格式输出
-H	等于-h，但计算时，1K 表示 1000，而不是 1024
-T	输出所有已挂载文件系统的类型
-i	输出文件系统的 inode 信息，如果 inode 满了，则即使有空间也无法存储信息
-k	按块大小输出文件系统磁盘使用情况
-l	只显示本机的文件系统

例如，使用 df 命令查看磁盘使用情况，执行命令如下。

```
root@Ubuntu:/mnt# df   -hT
文件系统        类型       容量    已用    可用    已用%挂载点
udev            devtmpfs   2.1G    0       2.1G    0% /dev
tmpfs           tmpfs      420M    1.8M    418M    1% /run
/dev/sda5       ext4       39G     9.0G    28G     25% /
……
/dev/sdb1       ext4       4.9G    20M     4.6G    1% /mnt/data01
/dev/sdb2       ext4       2.9G    9.0M    2.8G    1% /mnt/data02
/dev/sdb5       ext4       7.9G    36M     7.4G    1% /mnt/data05
/dev/sdb6       ext4       3.9G    16M     3.7G    1% /mnt/data06
root@Ubuntu:/mnt#
```

2. 光盘挂载

Linux 将一切设备视为文件，光盘也不例外，识别出来的设备会存放在/dev 目录下，需要将它挂载在一个目录下，才能以文件形式查看或者使用光盘。命令行方式的光盘挂载如下。

V4-6　光盘挂载

使用 mount 命令实现光盘挂载，执行命令如下。

```
root@Ubuntu:~# mount   /dev/cdrom   /media
mount: /media: WARNING: device write-protected, mounted read-only.
root@Ubuntu:~#
```

也可以使用以下命令进行光盘挂载。

```
root@Ubuntu:~# mount   /dev/sr0   /media
mount: /media: WARNING: device write-protected, mounted read-only.
root@Ubuntu:~#
```

显示磁盘使用情况，执行命令如下。

```
root@Ubuntu:~# df   -hT
```

```
文件系统          类型        容量    已用    可用    已用% 挂载点
udev              devtmpfs    2.1G    0       2.1G    0% /dev
......
/dev/sda1         vfat        511M    4.0K    511M    1% /boot/efi
tmpfs             tmpfs       420M    32K     420M    1% /run/user/1000
/dev/sr0          iso9660     2.7G    2.7G    0       100% /media
root@Ubuntu:~#
```

显示磁盘挂载目录文件内容，执行命令如下。

```
root@Ubuntu:~# ls  -l  /media
总用量 96
dr-xr-xr-x 1 csglncc_1 csglncc_1   2048 2月  10 03:06 boot
......
lr-xr-xr-x 1 csglncc_1 csglncc_1      1 2月  10 03:06 ubuntu -> .
root@Ubuntu:~#
```

3. U 盘挂载

Linux 将一切设备视为文件，U 盘也不例外，识别出来的设备会存放在/dev 目录下，需要将它挂载在一个目录下，才能以文件形式查看或者使用 U 盘。

Ubuntu 默认情况下是不允许挂载 U 盘的，挂载 U 盘时，Ubuntu 操作系统会提示无法挂载 U 盘设备，提示错误为 mount：未知文件系统类型“exfat”。因为 U 盘的文件格式为 NTFS，想在 Ubuntu 操作系统中挂载 U 盘，需要安装驱动程序，执行命令如下。

```
root@Ubuntu:~# apt  install  exfat-utils
```

使用 mount 命令实现 U 盘挂载时，首先需要确认 U 盘在系统中的磁盘位置名称，执行命令如下。

```
root@Ubuntu:~# fdisk  -l
......
Disk /dev/sdd：58.62 GiB，62930117632 字节，122910386 个扇区
Disk model: Mass Storage
单元：扇区 / 1 * 512 = 512 字节
扇区大小(逻辑/物理)：512 字节 / 512 字节
I/O 大小(最小/最佳)：512 字节 / 512 字节
磁盘标签类型：dos
磁盘标识符：0x270b8f9b
设备        启动    起点      末尾        扇区        大小    Id 类型
/dev/sdd1 *         1060864   122910385   121849522   58.1G   7 HPFS/NTFS/exFAT
```

从命令执行结果可以看出，U 盘的位置为/dev/sdd，创建 U 盘挂载点/mnt/u-disk，将 U 盘挂载到 u-disk 挂载点下，并查看 U 盘文件信息，执行命令如下。

```
root@Ubuntu:~# mkdir  /mnt/u-disk
root@Ubuntu:~# mount  /dev/sdd1  /mnt/u-disk/
The disk contains an unclean file system (0, 0).
The file system wasn't safely closed on Windows. Fixing.
root@Ubuntu:~# df  -hT
文件系统          类型        容量    已用    可用    已用%挂载点
udev              devtmpfs    2.1G    0       2.1G    0% /dev
......
/dev/sda1         vfat        511M    4.0K    511M    1% /boot/efi
tmpfs             tmpfs       420M    40K     420M    1% /run/user/1000
/dev/sr0          iso9660     2.7G    2.7G    0       100% /media
/dev/sdd1         fuseblk     59G     4.7G    54G     9% /mnt/u-disk
root@Ubuntu:~# ls  -l  /mnt/u-disk/
```

```
总用量 1
drwxrwxrwx 1 root root 0 7 月    8  2020  GHO
drwxrwxrwx 1 root root 0 7 月    8  2020  ISO
drwxrwxrwx 1 root root 0 7 月    8  2020 'System Volume Information'
-rwxrwxrwx 1 root root 8 8 月   25  2020  test.txt
drwxrwxrwx 1 root root 0 8 月   25  2020  user01
drwxrwxrwx 1 root root 0 8 月   25  2020  user02
root@Ubuntu:~#
```

4. 自动挂载

通过 mount 命令挂载的文件系统在 Linux 操作系统关机或重启时会被自动卸载，所以一般手动挂载磁盘之后要把挂载信息写入/etc/fstab 文件，系统在开机时会自动读取/etc/fstab 文件中的内容，根据文件中的配置挂载磁盘，这样就不需要每次开机启动之后都手动进行挂载了。/etc/fstab 文件称为系统数据表，其会显示系统中已经存在的挂载信息。

V4-7 自动挂载

使用 mount 命令实现 U 盘挂载时，执行命令如下。

（1）使用 cat /etc/fstab 命令查看文件内容。

```
root@Ubuntu:~# cat   /etc/fstab
# /etc/fstab: static file system information.
......
UUID=7d7931ba-8aba-4a5c-be87-85a3b4577c2a /    ext4    errors=remount-ro 0     1
# /boot/efi was on /dev/sda1 during installation
UUID=2DAE-A5DD   /boot/efi        vfat    umask=0077      0       1
/swapfile        none             swap    sw              0       0
root@Ubuntu:~#
```

/etc/fstab 文件中的每一行对应一个自动挂载设备，每一行包括 6 列。/etc/fstab 文件字段及其功能说明如表 4.8 所示。

表 4.8 /etc/fstab 文件字段及其功能说明

字段	功能说明
第 1 列	需要挂载的设备文件名
第 2 列	挂载点，必须是一个目录名且必须使用绝对路径
第 3 列	文件系统类型，可以设置为 auto，即由系统自动检测
第 4 列	挂载参数，一般采用 defaults，还可以设置 rw、suid、dev、exec、auto 等参数
第 5 列	能否被 dump 备份。dump 是一个用来备份的命令，这个字段的取值通常为 0 或者 1（0 表示忽略，1 表示需要）
第 6 列	是否检验扇区。在开机的过程中，系统默认以 fsck 命令检验系统是否完整

（2）编辑/etc/fstab 文件，在文件尾部添加一行命令，执行命令如下。

```
root@Ubuntu:~# vim   /etc/fstab
# /etc/fstab: static file system information.
......
UUID=7d7931ba-8aba-4a5c-be87-85a3b4577c2a /    ext4    errors=remount-ro 0   1
# /boot/efi was on /dev/sda1 during installation
UUID=2DAE-A5DD   /boot/efi        vfat    umask=0077      0       1
/swapfile        none             swap    sw              0       0
/dev/sr0         /media           auto    defaults        0       0
root@Ubuntu:~# mount    -a                        #自动挂载系统中的所有文件系统
```

```
mount: /media: WARNING: device write-protected, mounted read-only.
root@Ubuntu:~#
```

也可以使用以下命令修改文件的内容。

```
root@Ubuntu:~# echo "/dev/sr0   /media   iso9660   defaults   0   0"   >>   /etc/fstab
root@Ubuntu:~# mount   -a
```

（3）结果测试，重启系统，显示分区挂载情况，执行命令如下。

```
root@Ubuntu:~# reboot
root@Ubuntu:~# df   -hT
文件系统            类型       容量    已用    可用    已用%   挂载点
udev               devtmpfs   2.1G    0       2.1G    0%      /dev
……
/dev/sr0           iso9660    2.7G    2.7G    0       100%    /media
root@Ubuntu:~#
```

5. 卸载文件系统

umount 命令用于卸载一个已经挂载的文件系统（分区），相当于 Windows 操作系统中的“弹出设备”。其命令格式如下。

V4-8　卸载文件系统

```
umount   [选项]   <源>   |   <目录>
```

umount 命令各选项及其功能说明如表 4.9 所示。

表 4.9　umount 命令各选项及其功能说明

选项	功能说明
-a	卸载所有文件系统
-A	卸载当前名称空间中指定设备对应的所有挂载点
-c	不对路径进行规范化
-d	若挂载了回环设备，则释放该回环设备
-f	强制卸载（遇到不响应的 NFS 时）
-i	不调用 umount.<类型> 辅助程序
-n	不写 /etc/mtab
-l	立即断开文件系统
-o	限制文件系统集合（和-a 选项一起使用）
-R	递归卸载目录及其子对象
-r	若卸载失败，则尝试以只读方式重新挂载
-t	限制文件系统集合
-v	输出当前进行的操作

使用 umount 命令卸载文件系统，执行命令如下。

```
root@Ubuntu:~# umount   /mnt/u-disk
root@Ubuntu:~# umount   /media/cdrom
root@Ubuntu:~# df   -hT
文件系统    类型       容量    已用    可用    已用% 挂载点
udev       devtmpfs   2.1G    0       2.1G    0% /dev
……
/dev/sda1  vfat       511M    4.0K    511M    1% /boot/efi
tmpfs      tmpfs      420M    40K     420M    1% /run/user/1000
root@Ubuntu:~#
```

在使用 umount 命令卸载文件系统时，必须保证此时的文件系统未处于 busy 状态。使文件系统处于 busy 状态的情况有：文件系统中有打开的文件，某个进程的工作目录在此文件系统中，文件系统的缓存文件正在被使用等。

6. 磁盘管理其他相关命令

（1）fsck 命令检查文件的正确性。

fsck 命令主要用于检查文件的正确性，并对 Linux 操作系统中的磁盘进行修复。其命令格式如下。

```
fsck  [选项] 文件系统
```

fsck 命令各选项及其功能说明如表 4.10 所示。

表 4.10　fsck 命令各选项及其功能说明

选项	功能说明
-a	如果检查有错误，则自动修复
-A	对/etc/fstab 中所有列出的分区进行检查
-C	显示完整的检查进度
-d	列出 fsck 的检查结果
-P	在同时有-A 选项时，多个 fsck 的检查一起执行
-r	如果检查有错误，则询问是否修复
-s	输出当前进行的操作
-t	给定文件系统类型，若/etc/fstab 中已有定义或内核本身已支持，则不用添加此项

例如，使用 fsck 命令检查/dev/sdb1 是否有错误，如果有错误，则自动修复（必须在磁盘卸载后才能检查分区），执行命令如下。

```
root@Ubuntu:~# fsck  -aC  /dev/sdb1
fsck，来自 util-linux 2.34
/dev/sdb1：没有问题，11/327680 文件，42078/1310720 块
root@Ubuntu:~#
```

（2）dd 命令建立和交换文件。

dd 命令用于建立和交换文件，当系统的交换分区无法满足系统的要求，而磁盘又没有可用空间时，可以使用交换文件提供虚拟内存。其命令格式如下。

```
dd  [操作数]  ...
dd 参数
```

dd 命令各参数及其功能说明如表 4.11 所示。

表 4.11　dd 命令各参数及其功能说明

参数	功能说明
if=文件名	输入文件名，默认为标准输入，即指定源文件
of=文件名	输出文件名，默认为标准输出，即指定目标文件
ibs=bytes	一次读入 bytes 个字节，即指定一个块大小为 bytes 个字节
obs=bytes	一次写出 bytes 个字节，即指定一个块大小为 bytes 个字节
bs=bytes	同时设置读入/写出的块大小为 bytes 个字节
cbs=bytes	一次转换 bytes 个字节，即指定转换缓冲区的大小
skip=blocks	从输入文件开头跳过 blocks 个块后再开始复制
seek=blocks	从输出文件开头跳过 blocks 个块后再开始复制
count=blocks	仅复制 blocks 个块，块大小等于 ibs 指定的字节数
conv=conversion	以指定的参数转换文件

例如，使用dd命令建立和交换文件的操作如下。

① 将本地的/dev/sdb1分区备份到/dev/sdb2分区中，执行命令如下。

```
root@Ubuntu:~# mkdir   /mnt/data01   /mnt/data02   /mnt/data05   /mnt/data06
root@Ubuntu:~# mount   /dev/sdb1   /mnt/data01          #挂载文件系统
root@Ubuntu:~# mount   /dev/sdb2   /mnt/data02
root@Ubuntu:~# mount   /dev/sdb5   /mnt/data05
root@Ubuntu:~# mount   /dev/sdb6   /mnt/data06
root@Ubuntu:~# vim   /mnt/data01/test01.txt               #编辑文件内容
aaaaaaaaaaaaaaaaaa
bbbbbbbbbbbbbbbb
cccccccccccccccccccc
root@Ubuntu:~# ls   -l /mnt/data01/test01.txt
-rw-r--r--. 1 root root 57 8月   26 07:28 /mnt/data01/test01.txt
root@Ubuntu:~# dd   if=/dev/sdb1   of=/dev/sdb2               #备份分区数据
记录了 10485760+0 的读入
记录了 10485760+0 的写出
5368709120字节(5.4 GB)已复制，123.813 s，43.4 MB/s
root@Ubuntu:~# ls   -l   /mnt/data02                          #查看data02目录下的文件信息
总用量 20
drwx------. 2 root root 16384 8月   25 22:29 lost+found
-rw-r--r--. 1 root root       57 8月   26 07:28 test01.txt
```

② 将/dev/sdb2分区数据备份到指定目录下，执行命令如下。

```
root@Ubuntu:~# mkdir   /root/backup
root@Ubuntu:~# touch   /root/backup/aaa.txt
root@Ubuntu:~# dd   if=/dev/sdb2   of=/root/backup/aaa.txt
记录了 10485760+0 的读入
记录了 10485760+0 的写出
5368709120字节(5.4 GB)已复制，53.82 s，99.8 MB/s
```

③ 将备份文件恢复到指定盘中，执行命令如下。

```
root@Ubuntu:~# dd   if=/root/backup/aaa.txt   of=/dev/sdb2
记录了 10485760+0 的读入
记录了 10485760+0 的写出
5368709120字节(5.4 GB)已复制，134.606 s，13.1 MB/s
```

④ 备份/dev/sdb1分区数据，利用gzip工具对其进行压缩，并将其保存到指定目录下，执行命令如下。

```
root@Ubuntu:~# dd   if=/dev/sdb1   |   gzip   >   /root/backup/image.gz
记录了 10485760+0 的读入
记录了 10485760+0 的写出
5368709120字节(5.4 GB)已复制，64.6236 s，83.1 MB/s
```

⑤ 将压缩的备份文件恢复到指定盘中，执行命令如下。

```
root@Ubuntu:~# gzip   -dc   /root/backup/image.gz   | dd   of=/dev/sdb1
记录了 10485760+0 的读入
记录了 10485760+0 的写出
5368709120字节(5.4 GB)已复制，130.695 s，41.1 MB/s
root@Ubuntu:~# ls   -l   /mnt/data01/
总用量 a 20
drwx------. 2 root root 16384 8月   25 22:29 lost+found
-rw-r--r--. 1 root root       57 8月   26 07:28 test01.txt
root@Ubuntu:~# cat   /mnt/data01/test01.txt
```

```
aaaaaaaaaaaaaaaaa
bbbbbbbbbbbbbbb
cccccccccccccccccccc
```

⑥ 增加/swap 分区文件的大小，执行命令如下。

```
[root@localhost~]# dd  if=/dev/zero  of=/swapfile  bs=1024  count=10240
记录了 10240+0 的读入
记录了 10240+0 的写出
10485760 字节(10 MB)已复制，0.029569 s，355 MB/s
```

也可以使用以下命令。

```
root@Ubuntu:~# dd  if=/dev/zero  of=/swapfile  bs=10M  count=1
记录了 1+0 的读入
记录了 1+0 的写出
10485760 字节(10 MB)已复制，0.0228617 s，459 MB/s
```

上述命令的输出结果是在硬盘根目录下建立了一个块大小为 1024B、块数为 10240、名称为 swapfile 的交换文件，该文件的大小为 1024 × 10240=10MB。

查看硬盘根目录下新建的文件 swapfile 的详细信息。

```
root@Ubuntu:~# ls  -l  swapfile
-rw-r--r--. 1 root root 10485760 8 月  26 08:38 swapfile
```

新建 swapfile 文件后，使用 mkswap 命令说明该文件用于交换空间。

```
root@Ubuntu:~# mkswap  /swapfile
正在设置交换空间版本 1，大小 = 10236 KiB
无标签，UUID=29887615-f990-4214-b73b-d485537d6aaf
root@Ubuntu:~# swapon  /swapfile
swapon: /swapfile：不安全的权限 0644，建议使用 0600。
```

使用 swapon 命令可以激活交换空间，也可以使用 swapoff 命令卸载被激活的交换空间。

```
root@Ubuntu:~# swapon   /swapfile
root@Ubuntu:~# swapoff   /swapfile
```

编辑/etc/fstab 文件，使得每次开机时自动加载该文件。

```
/swapfile  swap  swap  default  0  0
```

（3）mkswap 命令将磁盘分区或文件设为 Linux 操作系统的交换分区。

mkswap 命令可以将磁盘分区或文件设为 Linux 操作系统的交换（/swap）分区。其命令格式如下。

```
mkswap  [选项]  设备 [大小]
```

mkswap 命令各选项及其功能说明如表 4.12 所示。

表 4.12 mkswap 命令各选项及其功能说明

选项	功能说明
-c	创建交换分区前检查坏块
-f	允许交换分区的大小大于设备的大小
-p	指定页大小为 SIZE 个字节
-L	指定标签为 LABEL
-v	指定交换空间版本号为 NUM
-U	指定要使用的 UUID
-h	显示帮助信息并退出

例如，使用 mkswap 命令将/dev/sdb6 变为交换分区时，执行命令如下。

```
root@Ubuntu:~# mkswap   /dev/sdb6                    #创建此分区为交换分区
mkswap: error: /dev/sdb6 is mounted; will not make swapspace    #此分区已经被挂载
root@Ubuntu:~# umount   /mnt/data06                  #卸载此分区
root@Ubuntu:~# mkswap   /dev/sdb6
mkswap: /dev/sdb6: warning: wiping old ext4 signature.
正在设置交换空间版本 1，大小 = 5239804 KiB
无标签，UUID=241b0c21-7398-4411-aee7-c3b54c6fc4ec
root@Ubuntu:~# swapon   /dev/sdb6                    #加载交换分区
root@Ubuntu:~# swapon   -s                           #显示加载的交换分区
文件名                      类型          大小      已用     权限
/dev/dm-1                   partition     4063228   13080    -2
/dev/sdb6                   partition     5239804   0        -3
root@Ubuntu:~# swapoff    /dev/sdb6                  #关闭交换分区
root@Ubuntu:~# swapon   -s
文件名                      类型          大小      已用     权限
/dev/dm-1                   partition     4063228   13068    -2
root@Ubuntu:~#
```

（4）du 命令显示磁盘空间的使用情况。

du 命令用于显示磁盘空间的使用情况，该命令可逐级显示指定目录的每一级子目录占用文件系统数据块的情况。其命令格式如下。

```
du  [选项]  [文件]
```

du 命令各选项及其功能说明如表 4.13 所示。

表 4.13　du 命令各选项及其功能说明

选项	功能说明
-a	递归显示指定目录下各文件及其子目录下各文件占用的数据块数
-b	以字节为单位列出磁盘空间使用情况，默认以 KB 为单位
-c	在统计后加上一个总计（系统默认设置）
-k	以 KB 为单位列出磁盘空间使用情况
-l	计算所有文件的大小，对硬链接文件进行重复计算
-s	对每个 name 参数只给出占用的数据块总数
-x	跳过不同文件系统中的目录，不予统计

例如，使用 du 命令查看磁盘空间的使用情况时，执行命令如下。

```
root@Ubuntu:~# du   -ab   /mnt/data01
57          /mnt/data01/test01.txt
16384       /mnt/data01/lost+found
20537       /mnt/data01
root@Ubuntu:~#
```

4.3.5　图形化工具管理磁盘分区和文件系统

在 Ubuntu Linux 操作系统中，各种外部存储设备（如光盘、U 盘、USB 移动硬盘等）都需要进行挂载才能使用，好在 Linux 内核对这些新设备都提供了很好的支持。在 Ubuntu 图形用户界面中，这些设备都可自动挂载，并可直接使用。

在 Ubuntu 图形用户界面中，选择 Dash 面板中的“文件”图标，选择 U 盘图标，如图 4.21 所示，可以查看 U 盘中的文件信息；选择光盘图标，如图 4.22 所示，可以查看光盘中的文件信息。

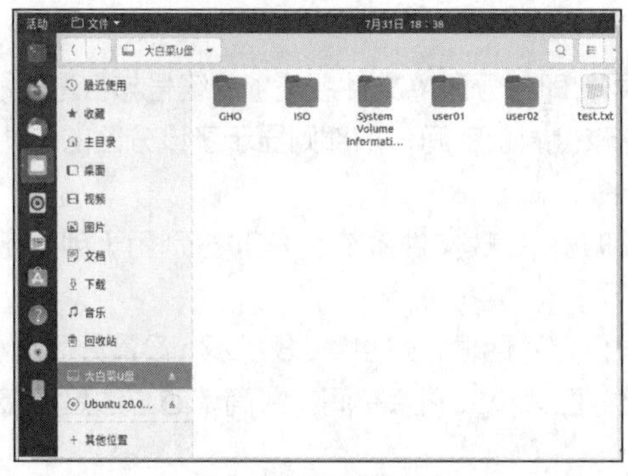

图 4.21　选择 U 盘

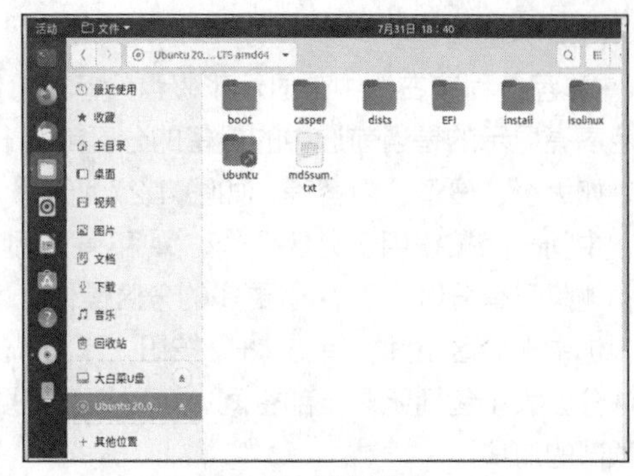

图 4.22　选择光盘

1. 磁盘管理器 GNOME Disks

GNOME Disks 是 Ubuntu 默认的磁盘管理器软件，用于对磁盘进行管理，如格式化、状态显示、磁盘分区等，其界面简洁友好，易于操作，与 Windows 操作系统内置的磁盘管理器类似。

从应用程序列表中找到“磁盘”程序，或者搜索“磁盘”或“gnome disks”，如图 4.23 所示。打开“磁盘”程序，进入磁盘管理器主界面，如图 4.24 所示。界面左侧列表中显示了已安装到系统中的磁盘驱动器，包括硬盘、光盘以及 U 盘等。从左侧列表中选择要查看的设备，右侧窗格中会显示该设备的详细信息，并提供相应的操作按钮，其中提供了磁盘操作菜单。

图 4.23　搜索磁盘程序

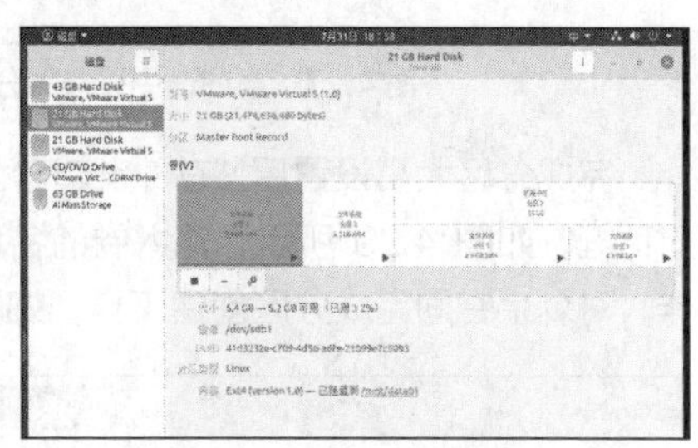

图 4.24　磁盘管理器主界面

（1）磁盘管理。

在磁盘管理器主界面右侧窗格上部选择相应的磁盘，单击⋮图标，选择“格式化磁盘（D）”选项，如图 4.25 所示，弹出“格式化磁盘”对话框，如图 4.26 所示。

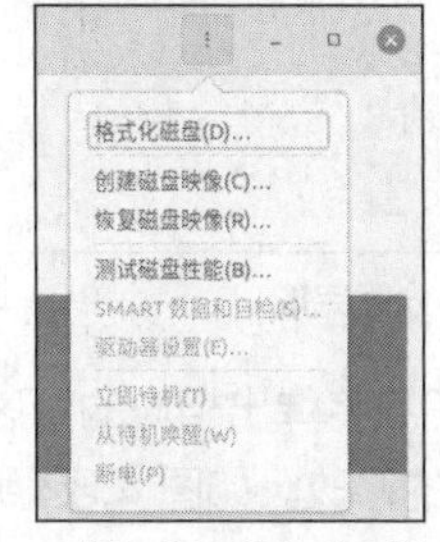

图 4.25　“格式化磁盘（D）”选项

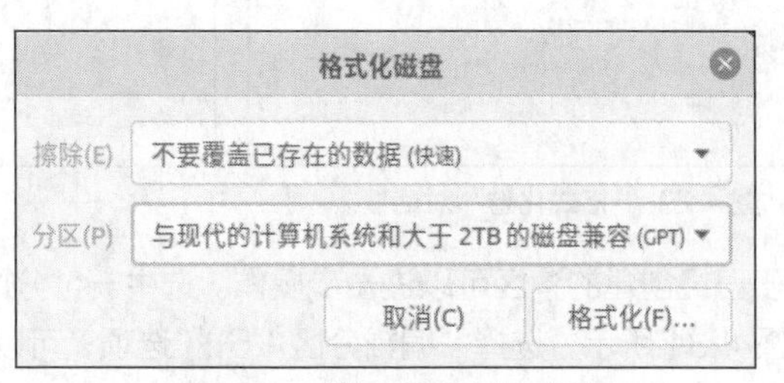

图 4.26　“格式化磁盘”对话框

在“格式化磁盘”对话框中，需要注意的是，这里的格式化不同于分区格式化（建立文件系统），而是类似于 Windows 操作系统的初始化磁盘，可用于设置和更改分区样式（MBR 还是 GPT），默认情况下是 GPT 格式，还可选择是否探索磁盘中已有的数据。

（2）分区管理。

“磁盘”程序右侧中部显示了磁盘设备的分区布局，即各分区（文件系统）的编号与容量大小；橙色高亮显示的是当前选中的设备的分区或待分区的磁盘剩余空间；下部则显示了该分区的总体信息，如大小、设备、内容等，如图4.27所示。

中间一组按钮用于分区操作。■和▶分别用于卸载和挂载文件系统；+和-分别用于创建新分区和删除已有分区；⚙用于更多的分区操作。

选中未分区空间，单击“+”按钮，弹出“创建分区”对话框，如图4.28所示，设置分区大小。默认分区大小包括所剩全部空间，可以根据需要调整分区大小或剩余空间，最简单的方法是直接拖动顶部的滑块。

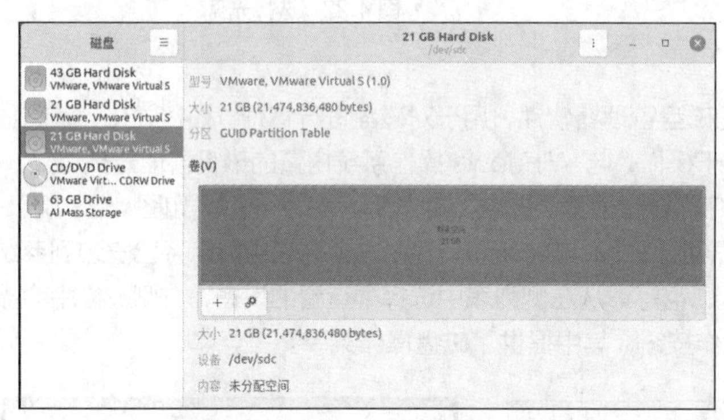

图4.27　当前选中设备的分区信息

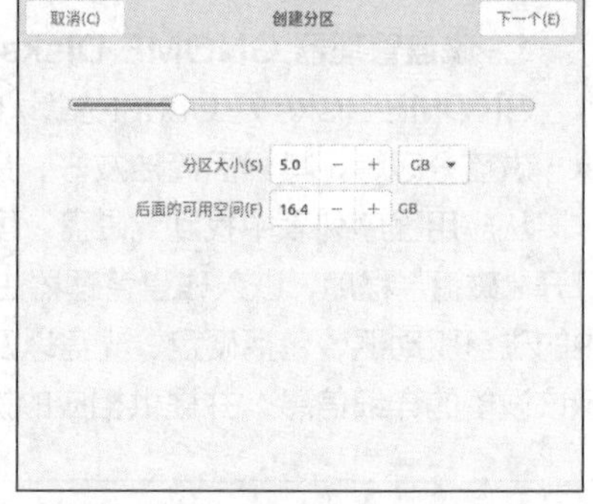

图4.28　“创建分区”对话框

完成分区大小设置后，在“创建分区”对话框中，单击“下一个（E）”按钮，弹出“格式化卷”对话框，如图4.29所示，输入卷的名称，单击“创建（A）”按钮，完成格式化卷操作。重复此操作，对剩余空间完成分区创建工作，如图4.30所示。

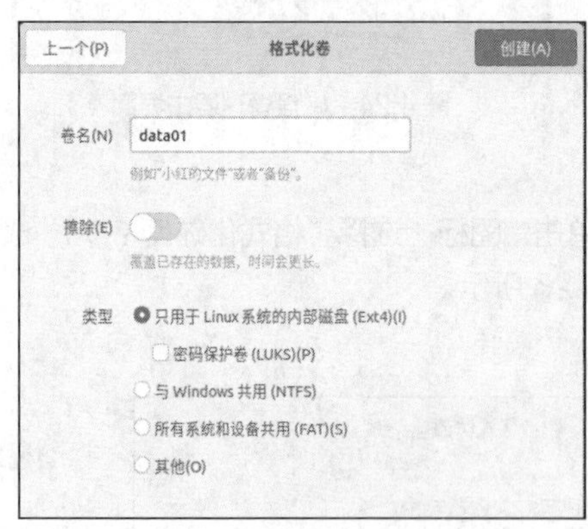

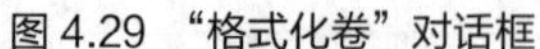

图4.29　“格式化卷”对话框

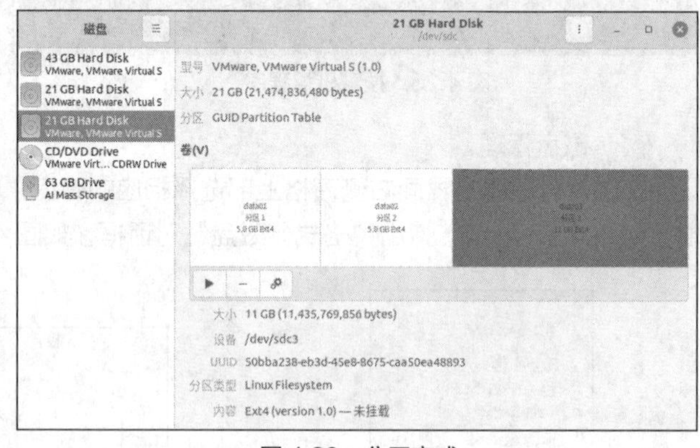

图4.30　分区完成

对于已经创建的分区可以进一步操作。选中一个分区，单击⚙按钮，将弹出相应的分区操作菜单，如图4.31所示，选择“编辑分区（E）”选项，可以进行分区类型的修改，如图4.32所示；单击“-”按钮，可以删除分区，如图4.33所示。

选择一个已经创建的分区，单击挂载▶按钮，进行分区挂载，如图4.34所示，可以看到“Ext4 (version 1.0) — 已挂载到 /media/csglncc_1/data01”，表明已经挂载；单击卸载按钮■，进行分区卸载，如图4.35所示，可以看到“Ext4 (version 1.0) — 未挂载”，表明已经卸载。

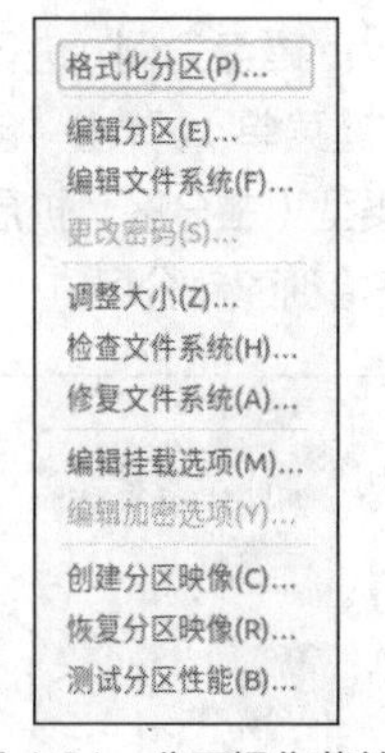

图 4.31　分区操作菜单

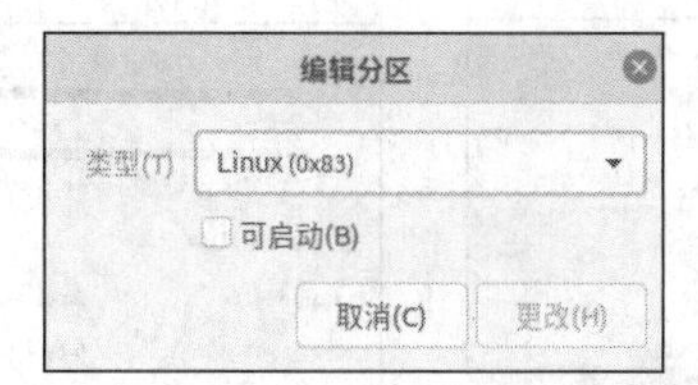

图 4.32　编辑分区

图 4.33　删除分区

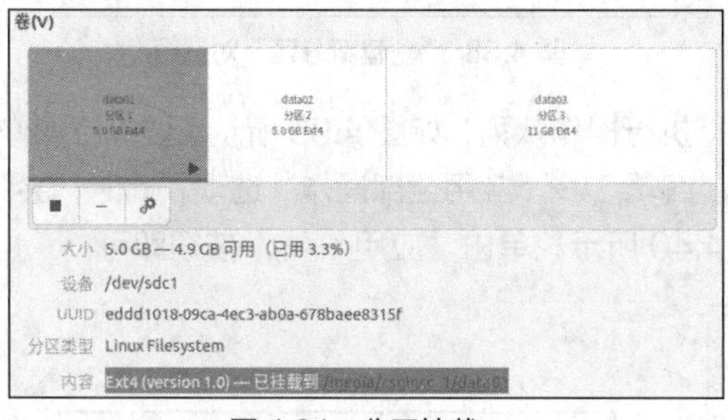
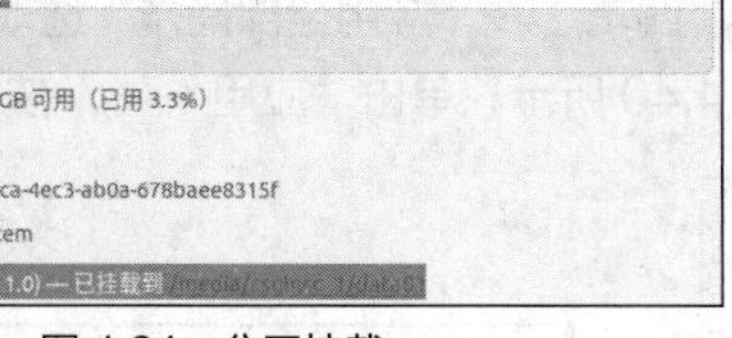

图 4.34　分区挂载

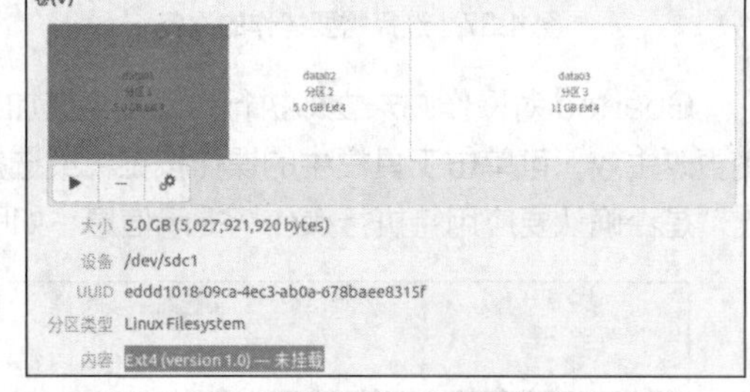

图 4.35　分区卸载

2. 分区工具 Gparted

Gparted 是创建、调整修改和删除磁盘分区的编辑器。无论是界面还是功能，Gparted 与 Windows 下的分区工具 Partition Magic 都非常类似，使用起来非常方便。它最具特色的是可以在保留原有分区数据的前提下调整磁盘分区大小及移动分区。使用 Gparted 可以执行以下磁盘分区管理任务。

① 在磁盘中创建磁盘分区表。

② 设置分区标识，如启动或隐藏。

③ 执行磁盘分区创建、删除、调整大小、移动、检查、设置卷标、复制与粘贴等操作。

④ 编辑有潜在问题的分区，以降低数据损失的风险。

默认情况下，Ubuntu 没有预装 Gparted，可以执行以下命令进行安装，执行命令如下。

```
root@Ubuntu:~# apt   install   gparted
```

安装好该工具后，切换到活动窗口，在应用程序窗口中，选择 Gparted 工具，或者搜索“Gparted”，并打开该工具。运行之前需要通过用户认证获得 root 权限，完成授权之后弹出其主界面，如图 4.36 所示。

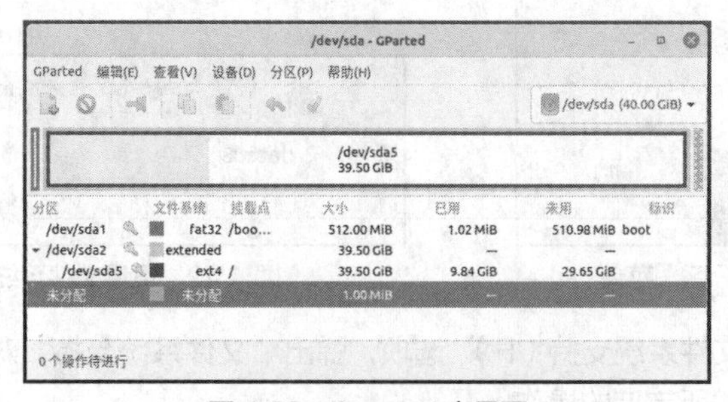

图 4.36　Gparted 主界面

在 Gparted 主界面中，选择需要操作的设备，如图 4.37 所示。以/dev/sdc 磁盘为例，进行相关操作。选中未分区空间，选择“分区”→“新建”选项（也可以使用相应的右键菜单），弹出“创建新分区”对话框，如图 4.38 所示。除了设置分区的大小外，还可以选择分区类型（主分区、扩展分区或逻辑分区）、文件系统格式，为分区设置卷标。单击“添加（A）”按钮，开始创建新分区。

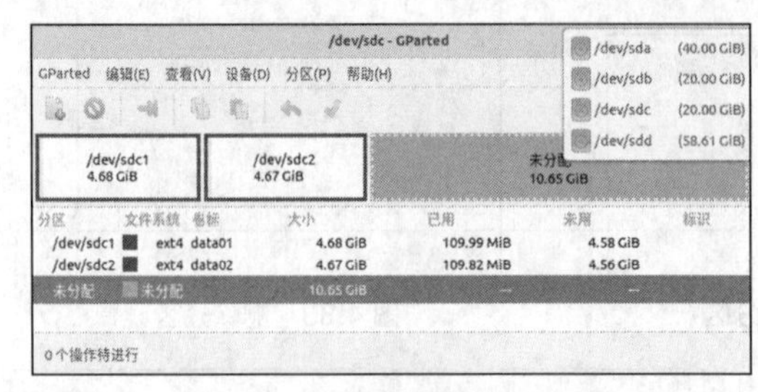

图 4.37　选择需要操作的设备

图 4.38　“创建新分区”对话框

Gparted 对操作并未立即执行，而是将其加入待执行操作队列，如图 4.39 所示。要执行操作，使更改生效，可单击工具栏中的操作按钮✓或选择“编辑”→“应用全部操作”选项，此时，会弹出“是否确认要应用待执行操作”提示信息，如图 4.40 所示，单击“应用（A）”按钮即可。

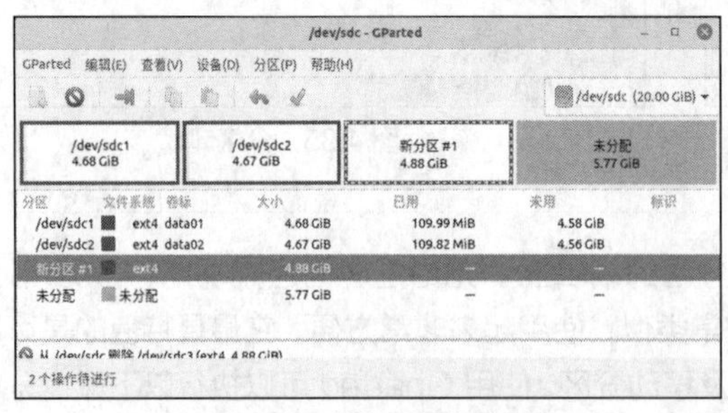

图 4.39　待执行操作队列

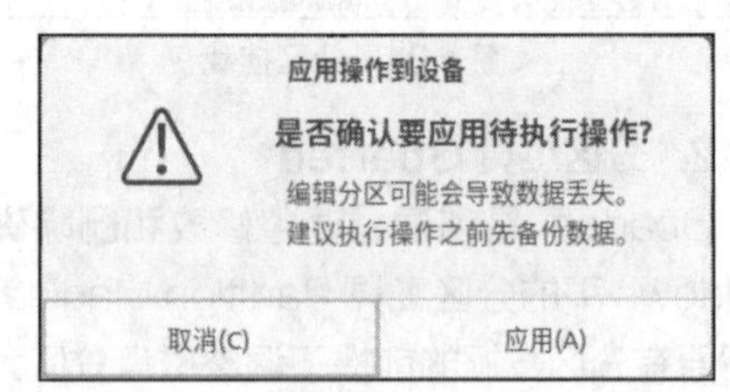

图 4.40　提示信息

对于已经创建的分区，可以查看其信息，执行管理操作。选中一个分区，选择“分区”菜单中相应的选项（也可以使用相应的右键菜单），如图 4.41 所示，可以执行删除、更改大小/移动、复制、格式化为、分区名称、管理标识、文件系统卷标、新 UUID 等分区操作，设置文件系统卷标，如图 4.42 所示。

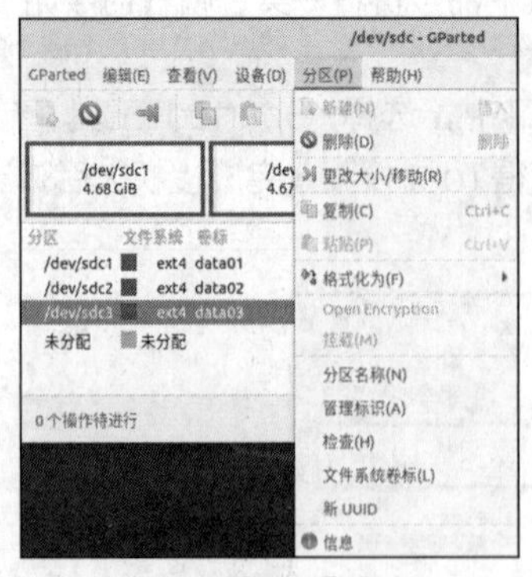

图 4.41　“分区”菜单

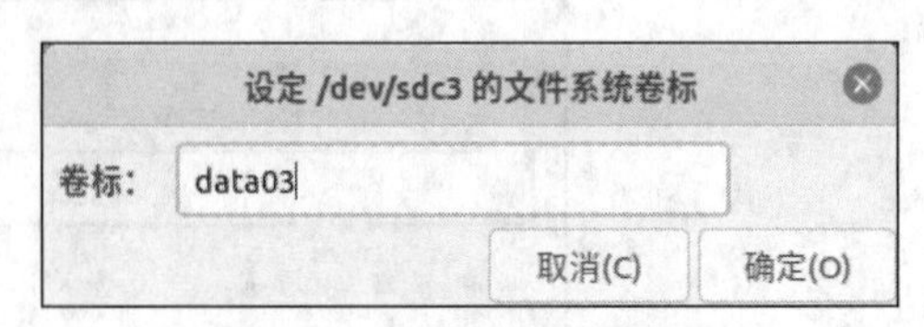

图 4.42　设置文件系统卷标

选择“查看”→“文件系统支持（F）”选项，弹出“文件系统支持”对话框，如图 4.43 所示，可查看不同文件系统格式所支持的操作。

选择“设备”→“创建分区表（C）”选项，弹出“建立新的分区表”对话框，如图 4.44 所示，选择所需的磁盘分区表类型，不到 2TB 的磁盘默认类型是 MSDOS（MBT），2TB 及更大容量的磁盘的默认类型为 GPT。

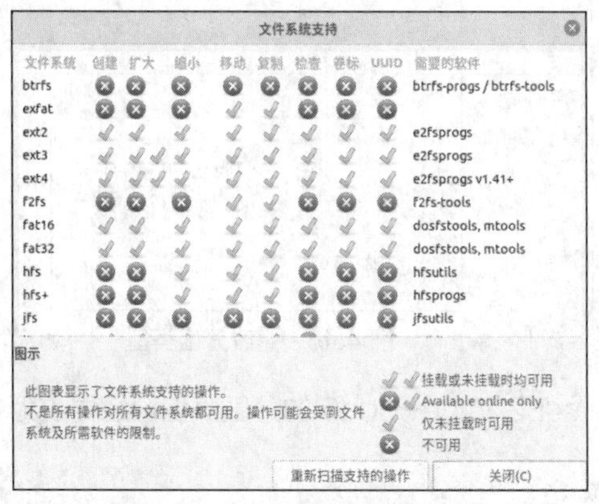

图 4.43 “文件系统支持”对话框

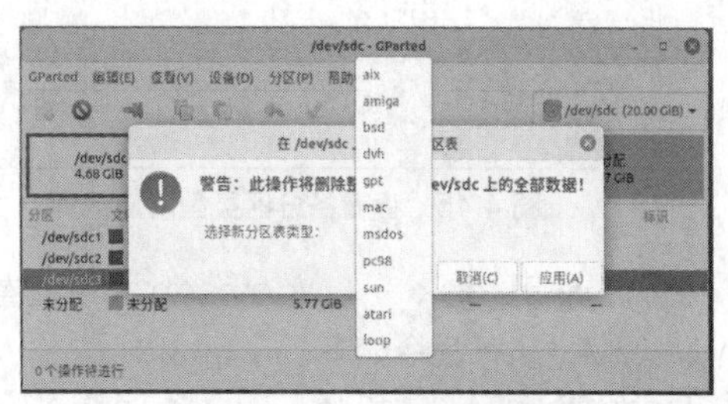

图 4.44 创建分区表

4.3.6 配置逻辑卷

磁盘分区是实现 LVM 的前提和基础，在使用 LVM 时，需要先划分磁盘分区，再将磁盘分区的类型设置为 8e，最后才能将分区初始化为物理卷。

1. 创建磁盘分区

这里使用前面安装的第二块硬盘的主分区/dev/sdb2 和逻辑分区/dev/sdb6 来进行演示。需要注意的是，要先将分区/dev/sdb2 和/dev/sdb6 卸载以便进行演示，并使用 fdisk 命令查看/dev/sdb 硬盘分区情况，执行命令如下。

```
root@Ubuntu:~# fdisk  -l  /dev/sdb
Disk /dev/sdb：20 GiB，21474836480 字节，41943040 个扇区
Disk model: VMware Virtual S
单元：扇区 / 1 * 512 = 512 字节
扇区大小(逻辑/物理)：512 字节 / 512 字节
I/O 大小(最小/最佳)：512 字节 / 512 字节
磁盘标签类型：dos
磁盘标识符：0xa43a473e
设备          启动 起点        末尾          扇区          大小     Id 类型
/dev/sdb1       2048        10487807      10485760      5G       83 Linux
/dev/sdb2       10487808    16779263      6291456       3G       83 Linux
/dev/sdb3       16779264    41943039      25163776      12G      5 扩展
/dev/sdb5       16781312    33558527      16777216      8G       83 Linux
/dev/sdb6       33560576    41943039      8382464       4G       83 Linux
root@Ubuntu:~#
```

在 fdisk 命令中，使用 t 选项可以更改分区的类型，如果不知道分区类型对应的 ID，则可以输入“L”来查看各分区类型对应的 ID，如图 4.45 所示。

下面将/dev/sdb2 和/dev/sdb6 的分区类型更改为 Linux LVM，即将分区的 ID 修改为 8e，如图 4.46 所示。分区创建成功后要保存分区表，重启系统或使用 partprobe /dev/sdb 命令均可。

```
root@Ubuntu:~# fdisk  /dev/sdb

欢迎使用 fdisk (util-linux 2.34)。
更改将停留在内存中，直到您决定将更改写入磁盘。
使用写入命令前请三思。


命令(输入 m 获取帮助)： t
分区号 (1-3,5,6, 默认  6):
Hex 代码(输入 L 列出所有代码)： L

 0  空               24  NEC DOS         81  Minix / 旧 Linu bf  Solaris
 1  FAT12            27  隐藏的 NTFS Win 82  Linux swap / So c1  DRDOS/sec (FAT-
 2  XENIX root       39  Plan 9          83  Linux           c4  DRDOS/sec (FAT-
 3  XENIX usr        3c  PartitionMagic  84  OS/2 隐藏 或 In c6  DRDOS/sec (FAT-
 4  FAT16 <32M       40  Venix 80286     85  Linux 扩展      c7  Syrinx
 5  扩展             41  PPC PReP Boot   86  NTFS 卷集       da  非文件系统数据
 6  FAT16            42  SFS             87  NTFS 卷集       db  CP/M / CTOS / .
 7  HPFS/NTFS/exFAT  4d  QNX4.x          88  Linux 纯文本    de  Dell 工具
 8  AIX              4e  QNX4.x 第2部分  8e  Linux LVM       df  BootIt
 9  AIX 可启动       4f  QNX4.x 第3部分  93  Amoeba          e1  DOS 访问
 a  OS/2 启动管理器  50  OnTrack DM      94  Amoeba BBT      e3  DOS R/O
 b  W95 FAT32        51  OnTrack DM6 Aux 9f  BSD/OS          e4  SpeedStor
 c  W95 FAT32 (LBA)  52  CP/M            a0  IBM Thinkpad 休 ea  Rufus 对齐
 e  W95 FAT16 (LBA)  53  OnTrack DM6 Aux a5  FreeBSD         eb  BeOS fs
 f  W95 扩展 (LBA)   54  OnTrackDM6      a6  OpenBSD         ee  GPT
10  OPUS             55  EZ-Drive        a7  NeXTSTEP        ef  EFI (FAT-12/16/
11  隐藏的 FAT12     56  Golden Bow      a8  Darwin UFS      f0  Linux/PA-RISC
12  Compaq 诊断      5c  Priam Edisk     a9  NetBSD          f1  SpeedStor
14  隐藏的 FAT16 <3  61  SpeedStor       ab  Darwin 启动     f4  SpeedStor
16  隐藏的 FAT16     63  GNU HURD 或 Sys af  HFS / HFS+      f2  DOS 次要
17  隐藏的 HPFS/NTF  64  Novell Netware  b7  BSDI fs         fb  VMware VMFS
18  AST 智能睡眠     65  Novell Netware  b8  BSDI swap       fc  VMware VMKCORE
1b  隐藏的 W95 FAT3  70  DiskSecure 多启 bb  Boot Wizard 隐  fd  Linux raid 自动
1c  隐藏的 W95 FAT3  75  PC/IX           bc  Acronis FAT32 L fe  LANstep
1e  隐藏的 W95 FAT1  80  旧 Minix        be  Solaris 启动    ff  BBT
Hex 代码(输入 L 列出所有代码)：
```

图 4.45　查看各分区类型对应的 ID

图 4.46　更改分区类型

此时，使用 fdisk　-l　/dev/sdb 命令查看/dev/sdb2 和/dev/sdb6 的分区类型已经更改为 8e Linux LVM，执行命令如下。

```
root@Ubuntu:~#   fdisk   -l   /dev/sdb
Disk /dev/sdb：20 GiB，21474836480 字节，41943040 个扇区
Disk model: VMware Virtual S
单元：扇区 / 1 * 512 = 512 字节
扇区大小(逻辑/物理)：512 字节 / 512 字节
I/O 大小(最小/最佳)：512 字节 / 512 字节
磁盘标签类型：dos
磁盘标识符：0xa43a473e
设备         启动  起点        末尾        扇区        大小   Id 类型
/dev/sdb1          2048        10487807    10485760    5G     83 Linux
/dev/sdb2          10487808    16779263    6291456     3G     8e Linux LVM
/dev/sdb3          16779264    41943039    25163776    12G    5 扩展
/dev/sdb5          16781312    33558527    16777216    8G     83 Linux
/dev/sdb6          33560576    41943039    8382464     4G     8e Linux LVM
root@Ubuntu:~#
```

2．创建物理卷

pvcreate 命令用于将物理硬盘分区初始化为物理卷，以便 LVM 使用。其命令格式如下。

```
pvcreate   [选项]   [参数]
```

pvcreate 命令各选项及其功能说明如表 4.14 所示。

表 4.14　pvcreate 命令各选项及其功能说明

选项	功能说明
-f	强制创建物理卷，不需要用户确认
-u	指定设备的 UUID
-y	所有问题都回答 yes
-Z	是否利用前 4 个扇区

例如，将/dev/sdb2 和/dev/sdb6 分区转化为物理卷时，执行命令如下。

```
root@Ubuntu:~# apt   install   lvm2
root@Ubuntu:~# pvcreate   /dev/sdb2   /dev/sdb6
```

命令执行结果如图 4.47 所示。

```
root@Ubuntu:~# apt  install  lvm2
root@Ubuntu:~# pvcreate  /dev/sdb2  /dev/sdb6
WARNING: ext4 signature detected on /dev/sdb2 at offset 1080. wipe it? [y/n]: y
  wiping ext4 signature on /dev/sdb2.
WARNING: ext4 signature detected on /dev/sdb6 at offset 1080. wipe it? [y/n]: y
  wiping ext4 signature on /dev/sdb6.
  Physical volume "/dev/sdb2" successfully created.
  Physical volume "/dev/sdb6" successfully created.
root@Ubuntu:~#
```

图 4.47　将分区转化为物理卷

pvscan 命令会扫描系统中连接的所有硬盘，并列出找到的物理卷列表。其命令格式如下。

```
pvscan  [选项]  [参数]
```

pvscan 命令各选项及其功能说明如表 4.15 所示。

表 4.15　pvscan 命令各选项及其功能说明

选项	功能说明
-d	调试模式
-n	仅显示不属于任何卷组的物理卷
-s	以短格式输出
-u	显示 UUID
-e	仅显示属于输出卷组的物理卷

例如，使用 pvscan 命令扫描系统中连接的所有硬盘，并列出找到的物理卷列表时，执行命令如下。

```
root@Ubuntu:~# pvscan  -s
  /dev/sdb2
  /dev/sdb6
  Total: 2 [<7.00 GiB] / in use: 0 [0    ] / in no VG: 2 [<7.00 GiB]
root@Ubuntu:~#
```

3. 创建卷组

卷组设备文件在创建卷组时自动生成，位于/dev 目录下，与卷组同名，卷组中的所有逻辑设备对应地保存在该目录下，卷组中可以包含一个或多个物理卷。vgcreate 命令用于创建 LVM 卷组。其命令格式如下。

```
vgcreate  [选项]  卷组名 物理卷名 [物理卷名...]
```

vgcreate 命令各选项及其功能说明如表 4.16 所示。

表 4.16　vgcreate 命令各选项及其功能说明

选项	功能说明
-l	卷组中允许创建的最大逻辑卷数
-p	卷组中允许添加的最大物理卷数
-s	卷组中的物理卷的大小，默认值为 4MB

vgdisplay 命令用于显示 LVM 卷组的信息，如果不指定卷组参数，则显示所有卷组的属性。其命令格式如下。

```
vgdisplay  [选项]  [卷组名]
```

vgdisplay 命令各选项及其功能说明如表 4.17 所示。

表 4.17　vgdisplay 命令各选项及其功能说明

选项	功能说明
-A	仅显示活动卷组的属性
-s	使用短格式输出信息

例如，为物理卷/dev/sdb2 和/dev/sdb6 创建名为 vg-group1 的卷组并查看相关信息时，执行命令如下。

```
root@Ubuntu:~# vgcreate   vg-group1   /dev/sdb2   /dev/sdb6
root@Ubuntu:~# vgdisplay   vg-group1
```

命令执行结果如图 4.48 所示。

```
root@Ubuntu:~# vgcreate  vg-group1  /dev/sdb2  /dev/sdb6
  Volume group "vg-group1" successfully created
root@Ubuntu:~# vgdisplay  vg-group1
  --- Volume group ---
  VG Name               vg-group1
  System ID
  Format                lvm2
  Metadata Areas        2
  Metadata Sequence No  1
  VG Access             read/write
  VG Status             resizable
  MAX LV                0
  Cur LV                0
  Open LV               0
  Max PV                0
  Cur PV                2
  Act PV                2
  VG Size               6.99 GiB
  PE Size               4.00 MiB
  Total PE              1790
  Alloc PE / Size       0 / 0
  Free  PE / Size       1790 / 6.99 GiB
  VG UUID               dwrfy3-QwJJ-ruo7-E2SS-ouGw-ggfS-jcFFDN

root@Ubuntu:~#
```

图 4.48　创建卷组并查看相关信息

4. 创建逻辑卷

lvcreate 命令用于创建 LVM 逻辑卷，逻辑卷是创建在卷组之上的，逻辑卷对应的文件保存在卷组目录下。其命令格式如下。

```
lvcreate  [选项]  逻辑卷名 卷组名
```

lvcreate 命令各选项及其功能说明如表 4.18 所示。

表 4.18　lvcreate 命令各选项及其功能说明

选项	功能说明
-L	指定逻辑卷的大小，单位为 KB、MB、GB、TB
-l	指定逻辑卷的大小（LE 数）
-n	后接逻辑卷名
-s	创建快照

lvdisplay 命令用于显示 LVM 逻辑卷空间大小、读写状态和快照信息等属性，如果省略逻辑卷参数，则 lvdisplay 命令将显示所有的逻辑卷属性，否则仅显示指定的逻辑卷属性。其命令格式如下。

```
lvdisplay  [选项]  逻辑卷名
```

lvdisplay 命令各选项及其功能说明如表 4.19 所示。

表 4.19　lvdisplay 命令各选项及其功能说明

选项	功能说明
-C	以列的形式显示
-h	显示帮助信息

例如，从 vg-group1 卷组中创建名为 databackup、容量为 5GB 的逻辑卷，并使用 lvdisplay 命令查看逻辑卷的详细信息，创建逻辑卷 databackup 后，查看 vg-group1 卷组的详细信息，可以看到 vg-group1 卷组还有 1.99GB 的空闲空间，执行命令如下。

```
root@Ubuntu:~# lvcreate   -L   5G   -n   databackup   vg-group1
```

命令执行结果如图 4.49 和图 4.50 所示。

```
root@Ubuntu:~# lvcreate  -L  5G  -n  databackup  vg-group1
  Logical volume "databackup" created.
root@Ubuntu:~# lvdisplay   /dev/vg-group1/databackup
  --- Logical volume ---
  LV Path                /dev/vg-group1/databackup
  LV Name                databackup
  VG Name                vg-group1
  LV UUID                f2FJPN-F0j1-884U-HI7P-zQdb-YV1e-2yb6JL
  LV Write Access        read/write
  LV Creation host, time Ubuntu, 2021-08-01 08:02:44 +0800
  LV Status              available
  # open                 0
  LV Size                5.00 GiB
  Current LE             1280
  Segments               2
  Allocation             inherit
  Read ahead sectors     auto
  - currently set to     256
  Block device           253:0

root@Ubuntu:~#
```

图 4.49　创建逻辑卷并查看逻辑卷的详细信息

```
root@Ubuntu:~# vgdisplay   vg-group1
  --- Volume group ---
  VG Name               vg-group1
  System ID
  Format                lvm2
  Metadata Areas        2
  Metadata Sequence No  2
  VG Access             read/write
  VG Status             resizable
  MAX LV                0
  Cur LV                1
  Open LV               0
  Max PV                0
  Cur PV                2
  Act PV                2
  VG Size               6.99 GiB
  PE Size               4.00 MiB
  Total PE              1790
  Alloc PE / Size       1280 / 5.00 GiB
  Free  PE / Size       510 / 1.99 GiB
  VG UUID               dwrfy3-QwJJ-ruo7-E2SS-ouGw-ggfS-jcFFDN

root@Ubuntu:~#
```

图 4.50　查看 vg-group1 卷组的详细信息

5. 创建并挂载文件系统

逻辑卷相当于一个磁盘分区，使用逻辑卷需要进行格式化和挂载。

例如，对逻辑卷/dev/vg-group1/databackup 进行格式化时，执行命令如下。

```
root@Ubuntu:~# mkfs.ext4    /dev/vg-group1/databackup
```

命令执行结果如图 4.51 所示。

```
root@Ubuntu:~# mkfs.ext4   /dev/vg-group1/databackup
mke2fs 1.45.5 (07-Jan-2020)
创建含有 1310720 个块（每块 4k）和 327680 个inode的文件系统
文件系统UUID：f6eb92b0-fc16-4037-817a-ae1445f9d334
超级块的备份存储于下列块：
        32768, 98304, 163840, 229376, 294912, 819200, 884736

正在分配组表： 完成
正在写入inode表： 完成
创建日志（16384 个块） 完成
写入超级块和文件系统账户统计信息： 已完成

root@Ubuntu:~#
```

图 4.51　对逻辑卷进行格式化

创建挂载点目录，对逻辑卷进行手动挂载或者修改/etc/fstab 文件进行自动挂载，挂载后即可使用，执行命令如下。

```
root@Ubuntu:~# mkdir   /mnt/backup-data
root@Ubuntu:~# mount   /dev/vg-group1/databackup    /mnt/backup-data
root@Ubuntu:~# df   -hT
```

命令执行结果如图 4.52 所示。

```
root@Ubuntu:~# mkdir   /mnt/backup-data
root@Ubuntu:~# mount   /dev/vg-group1/databackup    /mnt/backup-data
root@Ubuntu:~# df   -hT
文件系统                            类型       容量  已用  可用 已用% 挂载点
udev                                devtmpfs   2.1G     0  2.1G    0% /dev
tmpfs                               tmpfs      420M  1.9M  418M    1% /run
/dev/sda5                           ext4        39G  9.1G   28G   25% /
tmpfs                               tmpfs      2.1G     0  2.1G    0% /dev/shm
tmpfs                               tmpfs      5.0M  4.0K  5.0M    1% /run/lock
tmpfs                               tmpfs      2.1G     0  2.1G    0% /sys/fs/cgroup
/dev/loop0                          squashfs    56M   56M     0  100% /snap/core18/1988
/dev/loop1                          squashfs    56M   56M     0  100% /snap/core18/2074
/dev/loop2                          squashfs   219M  219M     0  100% /snap/gnome-3-34-1804/66
/dev/loop3                          squashfs   219M  219M     0  100% /snap/gnome-3-34-1804/72
/dev/loop4                          squashfs    65M   65M     0  100% /snap/gtk-common-themes/1514
/dev/loop5                          squashfs    66M   66M     0  100% /snap/gtk-common-themes/1515
/dev/loop6                          squashfs    52M   52M     0  100% /snap/snap-store/518
/dev/loop7                          squashfs    51M   51M     0  100% /snap/snap-store/547
/dev/loop8                          squashfs    33M   33M     0  100% /snap/snapd/12398
/dev/loop9                          squashfs    33M   33M     0  100% /snap/snapd/12704
/dev/sda1                           vfat       511M  4.0K  511M    1% /boot/efi
tmpfs                               tmpfs      420M   32K  420M    1% /run/user/1000
/dev/sr0                            iso9660    2.7G  2.7G     0  100% /media/csglncc_1/Ubuntu 20.04.2.0 LTS amd641
/dev/mapper/vg--group1-databackup ext4       4.9G   20M  4.6G    1% /mnt/backup-data
root@Ubuntu:~#
```

图 4.52　挂载并使用逻辑卷

4.3.7 管理逻辑卷

逻辑卷创建完成以后，可以根据需要对其进行各种管理操作，如扩展、缩减或删除等。

1. 增加新的物理卷到卷组中

vgextend 命令用于动态扩展 LVM 卷组，它通过向卷组添加物理卷来增加卷组的容量，LVM

卷组中的物理卷可以在使用 vgcreate 命令创建卷组时添加，也可以使用 vgextend 命令动态添加。其命令格式如下。

```
vgextend [选项] [卷组名] [物理卷路径]
```

vgextend 命令各选项及其功能说明如表 4.20 所示。

表 4.20 vgextend 命令各选项及其功能说明

选项	功能说明
-d	调试模式
-f	强制扩展卷组
-h	显示命令的帮助信息
-v	显示详细信息

2. 从卷组中删除物理卷

vgreduce 命令通过删除 LVM 卷组中的物理卷来减少卷组容量。其命令格式如下。

```
vgreduce [选项] [卷组名] [物理卷路径]
```

vgreduce 命令各选项及其功能说明如表 4.21 所示。

表 4.21 vgreduce 命令各选项及其功能说明

选项	功能说明
-a	如果没有指定要删除的物理卷，则删除所有空的物理卷
--removemissing	删除卷组中所有丢失的物理卷，使卷组恢复正常状态

3. 减少逻辑卷空间

lvreduce 命令用于减少 LVM 逻辑卷占用的空间。使用 lvreduce 命令收缩逻辑卷的空间时，有可能会删除逻辑卷中已有的数据，所以在操作前必须进行确认。其命令格式如下。

```
lvreduce [选项] [参数]
```

lvreduce 命令各选项及其功能说明如表 4.22 所示。

表 4.22 lvreduce 命令各选项及其功能说明

选项	功能说明
-L	指定逻辑卷的大小，单位为 KB、MB、GB、TB
-l	指定逻辑卷的大小（LE 数）

4. 增加逻辑卷空间

lvextend 命令用于动态地扩展逻辑卷的空间，而不中断应用程序对逻辑卷的访问。其命令格式如下。

```
lvextend [选项] [逻辑卷路径]
```

lvextend 命令各选项及其功能说明如表 4.23 所示。

表 4.23 lvextend 命令各选项及其功能说明

选项	功能说明
-f	强制扩展逻辑卷空间
-L	指定逻辑卷的大小，单位为“kKmMgGtT”字节
-l	指定逻辑卷的大小（LE 数）
-r	重置文件系统使用的空间，单位为“kKmMgGtT”字节

5. 更改卷组的属性

vgchange 命令用于更改卷组的属性，可以设置卷组处于活动状态或非活动状态。其命令格式如下。

```
vgchange  [选项]  [卷组名]
```

vgchange 命令各选项及其功能说明如表 4.24 所示。

表 4.24　vgchange 命令各选项及其功能说明

选项	功能说明
-a	设置卷组中的逻辑卷的可用性
-L	更改现有不活动卷组的最大物理卷数量
-l	更改现有不活动卷组的最大逻辑卷数量
-s	更改该卷组的物理卷大小
-x	启用或禁用在此卷组中扩展/减少物理卷

6. 删除逻辑卷

lvremove 命令用于删除指定的逻辑卷。其命令格式如下。

```
lvremove [选项]  [逻辑卷路径]
```

lvremove 命令各选项及其功能说明如表 4.25 所示。

表 4.25　lvremove 命令各选项及其功能说明

选项	功能说明
-f	强制删除
-noudevsync	禁用 Udev 同步

7. 删除卷组

vgremove 命令用于删除指定的卷组。其命令格式如下。

```
vgremove  [选项]  [卷组名]
```

vgremove 命令各选项及其功能说明如表 4.26 所示。

表 4.26　vgremove 命令各选项及其功能说明

选项	功能说明
-f	强制删除
-v	显示详细信息

8. 删除物理卷

pvremove 命令用于删除指定的物理卷。其命令格式如下。

```
pvremove  [选项]  [物理卷]
```

pvremove 命令各选项及其功能说明如表 4.27 所示。

表 4.27　pvremove 命令各选项及其功能说明

选项	功能说明
-f	强制删除
-y	所有问题都回答 yes

需要注意的是，当在现实生产环境中部署 LVM 时，要先创建物理卷、卷组、逻辑卷，再创建并挂载文件系统。当想重新部署 LVM 或不再需要使用 LVM 时，需要进行 LVM 的删除操作，其过程正好与创建 LVM 的过程相反，为此，需要提前备份好重要的数据信息，并依次卸载文件系统，删除逻辑卷、卷组、物理卷设备，这个顺序不可有误。

4.3.8 RAID 配置与管理

创建 4 块大小都为 2GB 的磁盘，并将其中 3 块创建为 RAID5 阵列磁盘，1 块创建为热备磁盘。

1. 添加磁盘

添加 4 块大小都为 2GB 的磁盘，如图 4.53 所示。

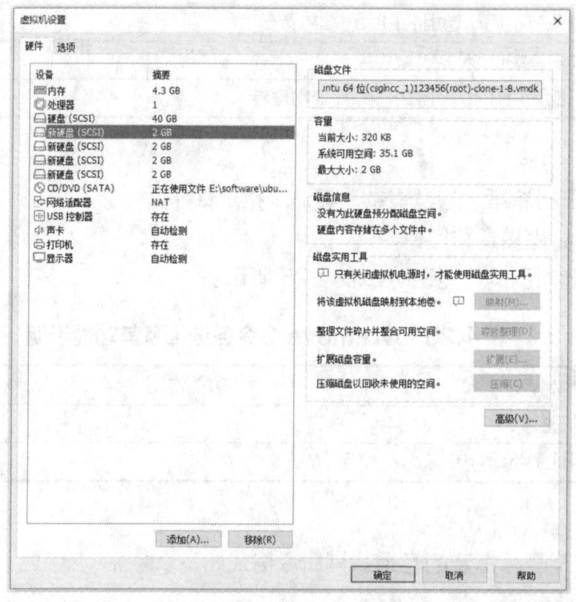

图 4.53　添加 4 块磁盘

添加完成后，重新启动系统，使用 fdisk -l | grep sd 命令进行查看，可以看到 4 个磁盘已经被系统检测到，说明磁盘安装成功，如图 4.54 所示。

```
root@Ubuntu:~# fdisk -l | grep sd
Disk /dev/sda: 40 GiB, 42949672960 字节, 83886080 个扇区
/dev/sda1  *       2048  1050623  1048576   512M  b W95 FAT32
/dev/sda2       1052670 83884031 82831362  39.5G  5 扩展
/dev/sda5       1052672 83884031 82831360  39.5G 83 Linux
Disk /dev/sdb: 2 GiB, 2147483648 字节, 4194304 个扇区
Disk /dev/sdc: 2 GiB, 2147483648 字节, 4194304 个扇区
Disk /dev/sde: 2 GiB, 2147483648 字节, 4194304 个扇区
Disk /dev/sdd: 2 GiB, 2147483648 字节, 4194304 个扇区
root@Ubuntu:~#
```

图 4.54　磁盘安装成功

2. 对磁盘进行初始化

由于 RAID5 要用到整块磁盘，因此使用 fdisk 命令创建分区，此时，需要将整块磁盘创建为一个主分区，将分区类型改为 fd（Linux raid autodetect），如图 4.55 所示，设置完成后保存并退出。

使用同样的方法设置另外 3 块磁盘，创建主分区并将分区类型改为 fd，使用 fdisk -l | grep sd[b-e]命令进行查看，磁盘初始化设置完成，如图 4.56 所示。

```
root@Ubuntu:~# fdisk  /dev/sdb

欢迎使用 fdisk (util-linux 2.34)。
更改将停留在内存中，直到您决定将更改写入磁盘。
使用写入命令前请三思。

设备不包含可识别的分区表。
创建了一个磁盘标识符为 0xf9e66fcb 的新 DOS 磁盘标签。

命令(输入 m 获取帮助)： n
分区类型
   p   主分区 (0个主分区，0个扩展分区，4空闲)
   e   扩展分区 (逻辑分区容器)
选择 (默认 p)：

将使用默认回应 p。
分区号 (1-4，默认  1):
第一个扇区 (2048-4194303，默认 2048):
Last sector, +/-sectors or +/-size{K,M,G,T,P} (2048-4194303，默认 4194303):

创建了一个新分区 1，类型为“Linux”，大小为 2 GiB。

命令(输入 m 获取帮助)： t
已选择分区 1
Hex 代码(输入 L 列出所有代码)： fd
已将分区“Linux”的类型更改为“Linux raid autodetect”。

命令(输入 m 获取帮助)： w
分区表已调整。
将调用 ioctl() 来重新读分区表。
正在同步磁盘。

root@Ubuntu:~# fdisk  -l | grep  sdb
Disk /dev/sdb：2 GiB，2147483648 字节，4194304 个扇区
/dev/sdb1        2048 4194303 4192256   2G fd Linux raid 自动检测
root@Ubuntu:~#
```

图 4.55　创建主分区并将分区类型改为 fd

```
root@Ubuntu:~# fdisk  -l  | grep  sd
Disk /dev/sda：40 GiB，42949672960 字节，83886080 个扇区
/dev/sda1  *        2048  1050623  1048576  512M  b W95 FAT32
/dev/sda2        1052670 83884031 82831362 39.5G  5 扩展
/dev/sda5        1052672 83884031 82831360 39.5G 83 Linux
Disk /dev/sdb：2 GiB，2147483648 字节，4194304 个扇区
/dev/sdb1         2048 4194303 4192256   2G fd Linux raid 自动检测
Disk /dev/sdc：2 GiB，2147483648 字节，4194304 个扇区
/dev/sdc1         2048 4194303 4192256   2G fd Linux raid 自动检测
Disk /dev/sde：2 GiB，2147483648 字节，4194304 个扇区
/dev/sde1         2048 4194303 4192256   2G fd Linux raid 自动检测
Disk /dev/sdd：2 GiB，2147483648 字节，4194304 个扇区
/dev/sdd1         2048 4194303 4192256   2G fd Linux raid 自动检测
root@Ubuntu:~#
```

图 4.56　磁盘初始化设置完成

3. 创建 RAID5 及其热备份

多设备管理（Multiple Devices Administration，mdadm）是 Linux 操作系统中的一种标准的软件 RAID 管理工具。在 Linux 操作系统中，目前以虚拟块设备方式实现软件 RAID，利用多个底层的块设备虚拟出一个新的虚拟设备，并利用条带技术将数据块均匀分布到多个磁盘中以提高虚拟设备的读写性能，利用不同的数据冗余算法来保护用户数据不会因为某个块设备发生故障而完全丢失，且能在设备被替换后将丢失的数据恢复到新的设备中。

目前，虚拟块设备支持 RAID0、RAID1、RAID4、RAID5、RAID6 和 RAID10 等不同的冗余级别和集成方式，也支持由多个 RAID 阵列的层叠构成的阵列。

mdadm 命令格式如下。

```
mdadm  [模式]  [选项]
```

mdadm 命令各模式及其功能说明、各选项及其功能说明分别如表 4.28 和表 4.29 所示。

表 4.28　mdadm 命令各模式及其功能说明

模式	功能说明
-A，--assemble	加入一个以前定义的阵列
-B，--build	创建一个逻辑阵列
-C，--create	创建一个新的阵列
-Q，--query	查看一个设备，判断它是一个虚拟块设备还是一个虚拟块设备阵列的一部分
-D，--detail	输出一个或多个虚拟块设备的详细信息
-E，--examine	输出设备中的虚拟块设备的超级块的内容
-F，--follow，--monitor	选择 Monitor 模式
-G，--grow	改变在用阵列的大小或形态

表 4.29　mdadm 命令各选项及其功能说明

选项	功能说明
-a，--auto{=no,yes, md,mdp,part,p}	自动创建对应的设备，yes 表示会自动在/dev 下创建 RAID 设备
-l，--level=	指定要创建的 RAID 的级别（例如，-l 5 或--level=5 表示创建 RAID5）
-n，--raid-devices=	指定阵列中可用 device 数目（例如，-n 3 或--raid-devices=3 表示使用 3 块磁盘来创建 RAID）
-x，--spare-devices=	指定初始阵列的热备磁盘数量（例如，-x 1 或--spare-devices=1 表示热备磁盘只有 1 块）
-f，--fail	使一个 RAID 磁盘发生故障
-r，--remove	移除一个指定的 RAID 磁盘
--add	添加一个 RAID 磁盘
-s，--scan	扫描配置文件或/proc/mdstat 以搜寻丢失的信息
-S（大写）	停止 RAID 磁盘阵列
R，--run	阵列中的某一部分出现在其他阵列或文件系统中时，mdadm 会确认该阵列，使用此选项后将不进行确认

例如，使用 mdadm 命令直接将 4 块磁盘中的 3 块创建为 RAID5 阵列，1 块创建为热备磁盘，执行命令如下。

```
root@Ubuntu:~# apt  install   mdadm
root@Ubuntu:~#  mdadm  --create   /dev/md0  --auto=yes  --level=5  --raid-devices=3 --spare-devices=1  /dev/sd[b-e]1
```

命令执行结果如图 4.57 所示。

```
root@Ubuntu:~# mdadm --create  /dev/md0 --auto=yes --level=5 --raid-devices=3  --spare-devices=1  /dev/sd[b-e]1
mdadm: Defaulting to version 1.2 metadata
mdadm: array /dev/md0 started.
root@Ubuntu:~#
```

图 4.57　创建 RAID5 阵列

对于初学者，建议使用如下完整命令创建 RAID5 阵列。

```
mdadm  --create   /dev/md0  --auto=yes  --level=5  --raid-devices=3  --spare-devices=1 /dev/sd[b-e]1
```

如果对命令比较熟悉，则可以使用如下简写命令创建 RAID5 阵列。

```
mdadm  -C  /dev/md0  -a  yes  -l  5  -n 3  -x 1  /dev/sd[b-e]1
```

这两条命令的功能完全一样，其中“/dev/sd[b-e]1”可以写成“/dev/sdb1 /dev/sdc1 /dev/sdd1 /dev/sde1”，也可以写成“/dev/sd[b,c,d,e]1”，这里通过“[b-e]”将重复的项目简化。

创建完成之后，使用 mdadm -D /dev/md0 命令查看 RAID5 阵列状态，如图 4.58 所示。从图中可以看出/dev/sdb1、/dev/sdc1 和/dev/sdd1 组成了 RAID5 阵列，而/dev/sde1 为热备磁盘，执行命令如下。

```
root@Ubuntu:~# mdadm  -D  /dev/md0
```

结果显示的主要字段的含义如下。

（1）Version：版本。

（2）Creation Time：创建时间。

（3）Raid Level：RAID 的级别。

（4）Array Size：阵列容量。

（5）Active Devices：活动的磁盘数目。

（6）Working Devices：所有的磁盘数目。
（7）Failed Devices：出现故障的磁盘数目。
（8）Spare Devices：热备份的磁盘数目。

```
root@Ubuntu:~# mdadm  -D  /dev/md0
/dev/md0:
           Version : 1.2
     Creation Time : Sun Aug  1 10:56:03 2021
        Raid Level : raid5
        Array Size : 4188160 (3.99 GiB 4.29 GB)
     Used Dev Size : 2094080 (2045.00 MiB 2144.34 MB)
      Raid Devices : 3
     Total Devices : 4
       Persistence : Superblock is persistent

       Update Time : Sun Aug  1 10:56:14 2021
             State : clean
    Active Devices : 3
   Working Devices : 4
    Failed Devices : 0
     Spare Devices : 1

            Layout : left-symmetric
        Chunk Size : 512K

Consistency Policy : resync

              Name : Ubuntu:0  (local to host Ubuntu)
              UUID : 3b773454:b0a92f7d:f556f177:ccedf7a6
            Events : 18

    Number   Major   Minor   RaidDevice State
       0       8       17        0      active sync   /dev/sdb1
       1       8       33        1      active sync   /dev/sdc1
       4       8       49        2      active sync   /dev/sdd1

       3       8       65        -      spare   /dev/sde1
root@Ubuntu:~#
```

图 4.58　查看 RAID5 阵列状态

4. 添加 RAID5 阵列信息到配置文件中

添加 RAID5 阵列信息到配置文件/etc/mdadm.conf 中，默认此文件是不存在的，执行命令如下。

```
root@Ubuntu:~# echo   'DEVICE   /dev/sd[b-e]1'   >>   /etc/mdadm.conf
root@Ubuntu:~# mdadm   -Ds   >>   /etc/mdadm.conf
root@Ubuntu:~# cat   /etc/mdadm.conf
```

命令执行结果如图 4.59 所示。

```
root@Ubuntu:~# echo  'DEVICE  /dev/sd[b-e]1'  >>  /etc/mdadm.conf
root@Ubuntu:~# mdadm  -Ds  >>  /etc/mdadm.conf
root@Ubuntu:~# cat  /etc/mdadm.conf
DEVICE  /dev/sd[b-e]1
ARRAY /dev/md0 metadata=1.2 spares=1 name=Ubuntu:0 UUID=3b773454:b0a92f7d:f556f177:ccedf7a6
root@Ubuntu:~#
```

图 4.59　添加 RAID5 阵列信息到配置文件中

5. 格式化磁盘阵列

使用 mkfs.ext4　/dev/md0 命令对磁盘阵列/dev/md0 进行格式化，执行命令如下。

```
root@Ubuntu:~# mkfs.ext4   /dev/md0
```

命令执行结果如图 4.60 所示。

```
root@Ubuntu:~# mkfs
mkfs        mkfs.cramfs  mkfs.ext3   mkfs.fat     mkfs.msdos   mkfs.vfat
mkfs.bfs    mkfs.ext2    mkfs.ext4   mkfs.minix   mkfs.ntfs
root@Ubuntu:~# mkfs.ext4  /dev/md0
mke2fs 1.45.5 (07-Jan-2020)
创建含有 1047040 个块（每块 4k）和 262144 个inode的文件系统
文件系统UUID：06c84586-b6c5-4ae0-a9ad-45bb5423487b
超级块的备份存储于下列块：
        32768, 98304, 163840, 229376, 294912, 819200, 884736

正在分配组表： 完成
正在写入inode表： 完成
创建日志（16384 个块） 完成
写入超级块和文件系统账户统计信息： 已完成

root@Ubuntu:~#
```

图 4.60　格式化磁盘阵列

6. 挂载磁盘阵列

将磁盘阵列挂载后即可使用，也可以将挂载项写入/etc/fstab 文件，此时可实现自动挂载，即使用 echo '/dev/md0　/mnt/raid5　ext4　defaults 0 0'　>>　/etc/fstab 命令，这样下次系统重新启动后即可使用。查看磁盘挂载使用情况，执行命令如下。

```
root@Ubuntu:~# mkdir  /mnt/raid5  -p
root@Ubuntu:~# mount  /dev/md0  /mnt/raid5
root@Ubuntu:~# ls  -l  /mnt/raid5
root@Ubuntu:~# echo  '/dev/md0  /mnt/raid5  ext4  defaults 0 0 '  >>  /etc/fstab
root@Ubuntu:~# tail  -3  /etc/fstab
root@Ubuntu:~# df  -hT
```

命令执行结果如图 4.61 所示。

```
root@Ubuntu:~# mkdir  /mnt/raid5  -p
root@Ubuntu:~# mount  /dev/md0  /mnt/raid5
root@Ubuntu:~# ls  -l  /mnt/raid5
总用量 16
drwx------ 2 root root 16384 8月   1 11:05 lost+found
root@Ubuntu:~# echo  '/dev/md0  /mnt/raid5  ext4  defaults 0 0 '  >>  /etc/fstab
root@Ubuntu:~# tail  -3  /etc/fstab
UUID=2DAE-A5DD  /boot/efi       vfat    umask=0077      0       1
/swapfile                                 none            swap    sw              0       0
/dev/md0  /mnt/raid5  ext4  defaults 0 0
root@Ubuntu:~# df  -hT
文件系统        类型      容量  已用  可用 已用% 挂载点
udev           devtmpfs  2.1G     0  2.1G    0% /dev
tmpfs          tmpfs     420M  1.9M  418M    1% /run
/dev/sda5      ext4       39G  9.0G   28G   25% /
tmpfs          tmpfs     2.1G     0  2.1G    0% /dev/shm
tmpfs          tmpfs     5.0M  4.0K  5.0M    1% /run/lock
tmpfs          tmpfs     2.1G     0  2.1G    0% /sys/fs/cgroup
/dev/loop0     squashfs   56M   56M     0  100% /snap/core18/1988
/dev/loop1     squashfs  219M  219M     0  100% /snap/gnome-3-34-1804/66
/dev/loop2     squashfs   56M   56M     0  100% /snap/core18/2074
/dev/loop3     squashfs  219M  219M     0  100% /snap/gnome-3-34-1804/72
/dev/loop4     squashfs   65M   65M     0  100% /snap/gtk-common-themes/1514
/dev/loop5     squashfs   66M   66M     0  100% /snap/gtk-common-themes/1515
/dev/loop6     squashfs   52M   52M     0  100% /snap/snap-store/518
/dev/loop7     squashfs   51M   51M     0  100% /snap/snap-store/547
/dev/loop8     squashfs   33M   33M     0  100% /snap/snapd/12398
/dev/loop9     squashfs   33M   33M     0  100% /snap/snapd/12704
/dev/sda1      vfat      511M  4.0K  511M    1% /boot/efi
tmpfs          tmpfs     420M   24K  420M    1% /run/user/125
tmpfs          tmpfs     420M  8.0K  420M    1% /run/user/1000
/dev/md0       ext4      3.9G   16M  3.7G    1% /mnt/raid5
root@Ubuntu:~#
```

图 4.61　查看磁盘挂载使用情况

4.3.9　RAID5 阵列实例配置

测试以热备磁盘替换阵列中的磁盘并同步数据，移除损坏的磁盘，添加一个新磁盘作为热备磁盘，并删除 RAID 阵列。

1. 写入测试文件

在 RAID5 阵列上写入一个大小为 10MB 的文件，将其命名为 10M_file，以供数据恢复时测试使用，并显示该设备中的内容，执行命令如下。

```
root@Ubuntu:~# cd  /mnt/raid5
root@Ubuntu:/mnt/raid5# dd  if=/dev/zero  of=10M_file  count=1  bs=10M
root@Ubuntu:/mnt/raid5# ls  -l
```

命令执行结果如图 4.62 所示。

```
root@Ubuntu:~# cd  /mnt/raid5
root@Ubuntu:/mnt/raid5# dd  if=/dev/zero  of=10M_file  count=1  bs=10M
记录了1+0 的读入
记录了1+0 的写出
10485760字节（10 MB, 10 MiB）已复制, 0.0190749 s, 550 MB/s
root@Ubuntu:/mnt/raid5# ls -l
总用量 10240
-rw-r--r-- 1 root root 10485760 1月  25 15:22 10M_file
root@Ubuntu:/mnt/raid5#
```

图 4.62　写入测试文件

2. RAID 设备的数据恢复

如果 RAID 设备中的某个磁盘损坏了，则系统会自动停止该磁盘的工作，使热备磁盘代替损坏的磁盘继续工作。假设/dev/sdc1 损坏，更换损坏的 RAID 设备中成员的方法是先使用 mdadm/dev/md0 --fail /dev/sdc1 或 mdadm /dev/md0 -f /dev/sdc1 命令将损坏的 RAID 成员标记为失效，再使用 mdadm -D /dev/md0 命令查看 RAID 阵列信息，发现热备磁盘/dev/sde1 已经自动替换了损坏的/dev/sdc1，且文件没有损坏，查看磁盘文件列表信息，执行命令如下。

```
root@Ubuntu:/mnt/raid5# mdadm   /dev/md0   --fail   /dev/sdc1
root@Ubuntu:/mnt/raid5# mdadm   -D   /dev/md0
root@Ubuntu:/mnt/raid5# ls   -l
```

命令执行结果如图 4.63 所示。

3. 移除损坏的磁盘

使用 mdadm /dev/md0 -r /dev/sdc1 或 mdadm /dev/md0 --remove /dev/sdc1 命令，移除损坏的磁盘/dev/sdc1，再次查看 RAID 阵列信息，可看到 Failed Devices 字段的数值变为 0，执行命令如下。

```
root@Ubuntu:/mnt/raid5# mdadm   /dev/md0   -r   /dev/sdc1
root@Ubuntu:/mnt/raid5# mdadm   -D   /dev/md0
```

命令执行结果如图 4.64 所示。

```
root@Ubuntu:/mnt/raid5# mdadm  /dev/md0  --fail  /dev/sdc1
mdadm: set /dev/sdc1 faulty in /dev/md0
root@Ubuntu:/mnt/raid5# mdadm  -D  /dev/md0
/dev/md0:
           Version : 1.2
     Creation Time : Sun Aug  1 10:56:03 2021
        Raid Level : raid5
        Array Size : 4188160 (3.99 GiB 4.29 GB)
     Used Dev Size : 2094080 (2045.00 MiB 2144.34 MB)
      Raid Devices : 3
     Total Devices : 4
       Persistence : Superblock is persistent

       Update Time : Sun Aug  1 11:12:50 2021
             State : clean, degraded, recovering
    Active Devices : 2
   Working Devices : 3
    Failed Devices : 1
     Spare Devices : 1

            Layout : left-symmetric
        Chunk Size : 512K

Consistency Policy : resync

    Rebuild Status : 74% complete

              Name : Ubuntu:0  (local to host Ubuntu)
              UUID : 3b773454:b0a92f7d:f556f177:ccedf7a6
            Events : 31

    Number   Major   Minor   RaidDevice State
       0       8       17        0      active sync   /dev/sdb1
       3       8       65        1      spare rebuilding   /dev/sde1
       4       8       49        2      active sync   /dev/sdd1

       1       8       33        -      faulty   /dev/sdc1
root@Ubuntu:/mnt/raid5# ls  -l
总用量 1040
-rw-r--r-- 1 root root 1048576 8月   1 11:10 10M_file
drwx------ 2 root root   16384 8月   1 11:05 lost+found
root@Ubuntu:/mnt/raid5#
```

图 4.63　RAID5 设备的数据恢复

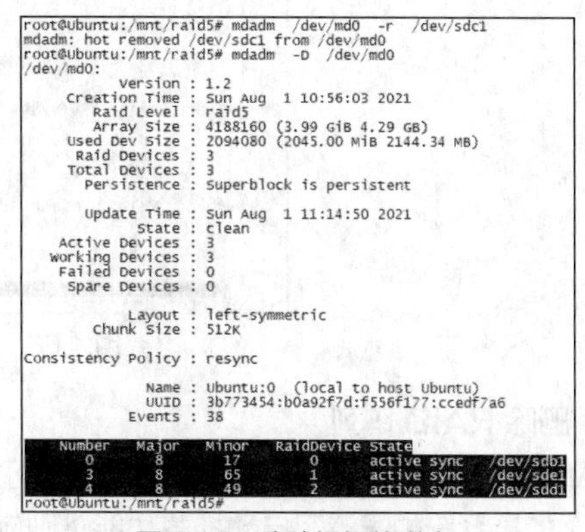

图 4.64　移除损坏的磁盘

4. 添加新的磁盘作为热备磁盘

添加新的磁盘后，可以看到新增的磁盘/dev/sdf，使用 fdisk -l | grep sd 命令进行查看，如图 4.65 所示，使用 fdisk /dev/sdf 命令进行分区。

```
root@Ubuntu:/mnt/raid5# fdisk  -l |  grep  sd
Disk /dev/sdb: 2 GiB, 2147483648 字节, 4194304 个扇区
/dev/sdb1         2048 4194303 4192256   2G fd Linux raid 自动检测
Disk /dev/sda: 40 GiB, 42949672960 字节, 83886080 个扇区
/dev/sda1  *       2048  1050623  1048576  512M  b W95 FAT32
/dev/sda2        1052670 83884031 82831362 39.5G  5 扩展
/dev/sda5        1052672 83884031 82831360 39.5G 83 Linux
Disk /dev/sdc: 2 GiB, 2147483648 字节, 4194304 个扇区
/dev/sdc1         2048 4194303 4192256   2G fd Linux raid 自动检测
Disk /dev/sde: 2 GiB, 2147483648 字节, 4194304 个扇区
/dev/sde1         2048 4194303 4192256   2G fd Linux raid 自动检测
Disk /dev/sdd: 2 GiB, 2147483648 字节, 4194304 个扇区
/dev/sdd1         2048 4194303 4192256   2G fd Linux raid 自动检测
Disk /dev/sdf: 2 GiB, 2147483648 字节, 4194304 个扇区
root@Ubuntu:/mnt/raid5# fdisk  /dev/sdf

欢迎使用 fdisk (util-linux 2.34)。
更改将停留在内存中，直到您决定将更改写入磁盘。
使用写入命令前请三思。

设备不包含可识别的分区表。
创建了一个磁盘标识符为 0x59fdccdd 的新 DOS 磁盘标签。

命令(输入 m 获取帮助)：  n
分区类型
   p   主分区 (0个主分区, 0个扩展分区, 4空闲)
   e   扩展分区 (逻辑分区容器)
选择 (默认 p):

将使用默认回应 p.
分区号 (1-4, 默认  1):
第一个扇区 (2048-4194303, 默认 2048):
Last sector, +/-sectors or +/-size{K,M,G,T,P} (2048-4194303, 默认 4194303):

创建了一个新分区 1, 类型为"Linux", 大小为 2 GiB.

命令(输入 m 获取帮助)：  t
已选择分区 1
Hex 代码(输入 L 列出所有代码)：  fd
已将分区"Linux"的类型更改为"Linux raid autodetect"。

命令(输入 m 获取帮助)：  w
分区表已调整。
将调用 ioctl() 来重新读分区表。
正在同步磁盘。

root@Ubuntu:/mnt/raid5# mkfs.ext4  /dev/sdf1
mke2fs 1.45.5 (07-Jan-2020)
创建含有 524032 个块 (每块 4k) 和 131072 个inode的文件系统
文件系统UUID: f54e964d-901e-40df-af40-8e26c07576a1
超级块的备份存储于下列块:
        32768, 98304, 163840, 229376, 294912

正在分配组表:  完成
正在写入inode表:  完成
创建日志 (8192 个块)  完成
写入超级块和文件系统账户统计信息:  已完成

root@Ubuntu:/mnt/raid5#
```

图 4.65　新增的磁盘/dev/sdf

使用 mdadm /dev/md0 --add /dev/sdf1 或 mdadm /dev/md0 --a /dev/sdf1 命令，在阵列中添加一块新的磁盘/dev/sdf1，添加之后其会自动变为热备磁盘，查看相关信息，执行命令如下。

```
root@Ubuntu:/mnt/raid5# mdadm   /dev/md0   --add   /dev/sdf1
root@Ubuntu:/mnt/raid5# mdadm   -D   /dev/md0
```

命令执行结果如图 4.66 所示。

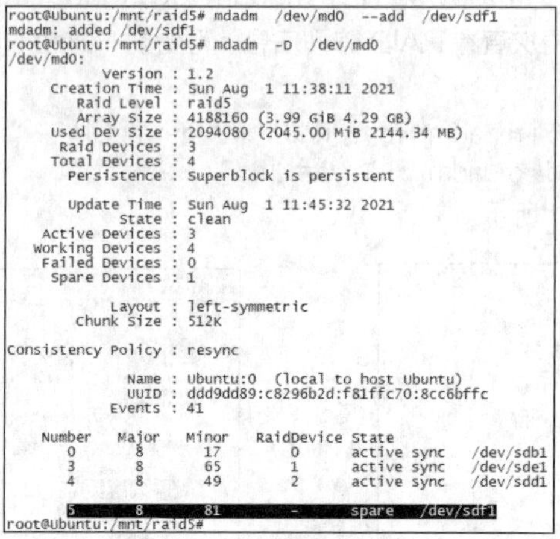

```
root@Ubuntu:/mnt/raid5# mdadm  /dev/md0  --add  /dev/sdf1
mdadm: added /dev/sdf1
root@Ubuntu:/mnt/raid5# mdadm  -D  /dev/md0
/dev/md0:
           Version : 1.2
     Creation Time : Sun Aug  1 11:38:11 2021
        Raid Level : raid5
        Array Size : 4188160 (3.99 GiB 4.29 GB)
     Used Dev Size : 2094080 (2045.00 MiB 2144.34 MB)
      Raid Devices : 3
     Total Devices : 4
       Persistence : Superblock is persistent

       Update Time : Sun Aug  1 11:45:32 2021
             State : clean
    Active Devices : 3
   Working Devices : 4
    Failed Devices : 0
     Spare Devices : 1

            Layout : left-symmetric
        Chunk Size : 512K

Consistency Policy : resync

              Name : Ubuntu:0  (local to host Ubuntu)
              UUID : ddd9dd89:c8296b2d:f81ffc70:8cc6bffc
            Events : 41

    Number   Major   Minor   RaidDevice State
       0       8       17        0      active sync   /dev/sdb1
       3       8       65        1      active sync   /dev/sde1
       4       8       49        2      active sync   /dev/sdd1

       5       8       81        -      spare   /dev/sdf1
root@Ubuntu:/mnt/raid5#
```

图 4.66　查看相关信息

5. 删除 RAID 阵列

RAID 阵列的删除一定要慎重，操作不当可能会导致系统无法启动，其操作步骤如下。

（1）如果系统中配置了自动挂载功能，则应该使用 Vim 编辑器删除/etc/fstab 文件中的 RAID 的相关启动信息，即删除信息“/dev/md0 /mnt/raid5 ext4 defaults 0 0”。

（2）卸载 RAID 磁盘挂载（使用 umount /mnt/raid5 命令）。

（3）停止 RAID 磁盘工作（使用 mdadm -S /dev/md0 命令）。

（4）删除 RAID 中的相关磁盘（使用 mdadm --misc --zero-superblock /dev/sd[b,d-f]1 命令）。

（5）删除 RAID 相关配置文件（使用 rm -f /etc/mdadm.conf 命令）。

（6）使用 mdadm -D /dev/md0 命令查看 RAID5 阵列相关情况，可以看出已经删除了 RAID5 阵列。

删除 RAID 阵列相关操作，执行命令如下。

```
root@Ubuntu:/mnt/raid5# cd ~
root@Ubuntu:~# tail   -3   /etc/fstab
root@Ubuntu:~# umount /mnt/raid5
root@Ubuntu:~# mdadm   -S   /dev/md0
root@Ubuntu:~# mdadm   --misc   --zero-superblock   /dev/sd[b,d-f]1
root@Ubuntu:~# rm   -f   /etc/mdadm.conf
```

命令执行结果如图 4.67 所示。

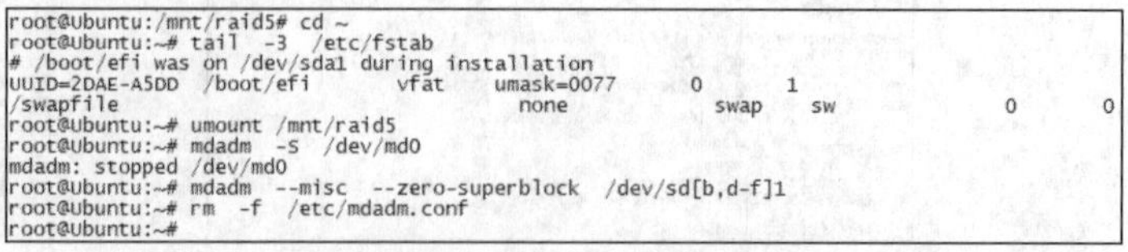

```
root@Ubuntu:/mnt/raid5# cd ~
root@Ubuntu:~# tail  -3  /etc/fstab
# /boot/efi was on /dev/sda1 during installation
UUID=2DAE-A5DD  /boot/efi       vfat    umask=0077      0       1
/swapfile                                 none            swap    sw              0       0
root@Ubuntu:~# umount /mnt/raid5
root@Ubuntu:~# mdadm  -S  /dev/md0
mdadm: stopped /dev/md0
root@Ubuntu:~# mdadm  --misc  --zero-superblock  /dev/sd[b,d-f]1
root@Ubuntu:~# rm  -f  /etc/mdadm.conf
root@Ubuntu:~#
```

图 4.67　删除 RAID5 阵列

4.3.10 文件系统备份管理

备份就是保留一套后备系统，做到有备无患，是系统管理员最重要的日常管理工作之一，恢复就是将数据恢复到事故之前的状态。为保证数据的完整性，需要对系统进行备份，Ubuntu 可以使用多种工具和存储介质进行备份。

1. 备份内容

在 Linux 操作系统中，按照要备份的内容，备份分为系统备份和用户备份。系统备份就是对操作系统和应用程序的备份，便于在系统崩溃以后快速、简单、完全地恢复系统的运行。最有效的方法之一是仅备份那些系统崩溃后恢复所需的数据。用户备份不同于系统备份，原因是用户的数据变动更加频繁一些。当备份用户数据时，只是为用户提供一个虚拟的安全的网络空间，合理地放置最近用户数据文件的备份，当出现问题时，如误删除某些文件或者硬盘发生故障时，用户可以恢复自己的数据。用户备份应该比系统备份更加频繁，可采用自动定期运行某个程序的方法来备份数据。

2. 备份策略

在进行备份之前，首先要选择合适的备份策略，决定何时需要备份，以及出现故障时进行恢复的方式，通常使用的备份方式有以下 3 种。

（1）完全备份。对系统进行一次全面的备份，在备份间隔期间一旦出现数据丢失等问题，可以使用上一次的备份数据恢复备份之前的数据状况。这种方式所需备份时间最长，但恢复时间最短，操作最方便，当系统中数据量不大时，采用完全备份十分可靠。

（2）增量备份。只对上一次备份后增加的和修改过的数据进行备份。这种方式可缩短备份时间，快速完成备份，但是可靠性较差，备份数据的份数太多，因此这种方式很少采用。

（3）差异备份。对上次完全备份（而不是上次备份）之后增加和修改过的数据进行备份。这种方式兼具完全备份和增量备份的优点，所需时间短，节省空间，恢复方便，系统管理员只需要两份数据，就可以将系统完全恢复，这种方式适用于各种备份场合。

3. 备份规划

专业的备份工作需要规划，兼顾安全与效率，而不是简单执行备份程序。实际备份工作中主要采用以下 2 种方案。

（1）单纯的完全备份。定时为系统进行完全备份，需要恢复时以最近一次的完全备份数据来还原。这是比较简单的备份方案，但由于每次备份时，都会将全部的文件备份下来，因此所需时间较长，适合数据量不大或者数据变动不多的情况。

（2）完全备份结合差异备份。以较长周期定时进行完全备份，期间则进行较短的差异备份。例如，每周日晚上做一次完全备份，每天晚上做一次差异备份。需要恢复时，先还原最近一次完全备份的数据，再还原该完全备份后最近一次的差异备份。

4. dump 和 restore 命令实现备份与恢复

dump 是一个较为专业的备份工具，能备份任何类型的文件，甚至是设备，支持完全备份、增量备份和差异备份，支持跨多卷磁盘备份，保留备份文件的所有权属性和权限设置，能够正确处理从未包含任何数据的文件块（空洞文件）。restore 是其对应的恢复工具。Ubuntu 默认情况下没有安装 dump 和 restore 这两个工具，可分别使用 apt install dump 和 apt install restore 命令进行安装，执行命令如下。

```
root@Ubuntu:~# apt   install   dump
root@Ubuntu:~# apt   install   restore
```

（1）dump 命令实现备份。

使用 dump 命令做备份时，需要指定一个备份级别，它是 0～9 中的一个整数。级别为 *N* 的转储会对从上次进行的级别小于 *N* 的转储操作以来修改过的所有文件进行备份，级别 0 就是完全备份。通过这种方式，可以很轻松地实现增量备份、差异备份，甚至每日备份。

dump 命令格式如下。

```
dump [选项] [备份之后的文件名] [原文件或目录]
```

dump 命令各选项及其功能说明如表 4.30 所示。

表 4.30　dump 命令各选项及其功能说明

选项	功能说明
-level	0～9 共 10 个备份级别
-f	指定备份之后的文件名
-u	备份成功之后，把备份时间、备份级别以及实施备份的文件系统等信息都记录在/etc/dumpdates 文件中
-v	显示备份过程中更多的输出信息
-j	调用 bzlib 库压缩备份文件，其实就是把备份文件压缩为 .bz2 格式，默认压缩等级是 2
-W	显示允许被 dump 的分区的备份等级及备份时间

例如，实现完全备份，首先使用 0 级别，之后都使用 1 级别来进行备份，执行命令如下。

```
root@Ubuntu:~# dump   -0   -f   /tmp/boot0.dump   /boot
  DUMP: Date of this level 0 dump: Sun Aug   1 14:18:49 2021
  DUMP: Dumping /dev/sda5 (/ (dir boot)) to /tmp/boot0.dump
  DUMP: Label: none
  DUMP: Writing 10 Kilobyte records
  DUMP: mapping (Pass I) [regular files]
 ......
  DUMP: Average transfer rate: 143720 kB/s
  DUMP: DUMP IS DONE
root@Ubuntu:~# dump   -1   -f   /tmp/boot0.dump   /boot
root@Ubuntu:~# ls   -l   /tmp/boot*
-rw-r--r-- 1 root root 147169280 8 月    1 14:38 /tmp/boot0.dump
-rw-r--r-- 1 root root 124204497 8 月    1 14:40 /tmp/boot1.dump
-rw-r--r-- 1 root root       665600 8 月    1 14:15 /tmp/boot.dump
root@Ubuntu:~#
```

（2）restore 命令实现恢复。

使用 restore 命令从 dump 备份中恢复数据，管理员可以决定是恢复整个备份，还是恢复需要的文件。

restore 命令格式如下。

```
restore [选项] [备份文件  ]
```

restore 命令各选项及其功能说明如表 4.31 所示。

表 4.31　restore 命令各选项及其功能说明

选项	功能说明
-b	设置区块大小，单位是 B
-c	不检查倾倒操作的备份格式，仅准许读取使用旧格式的备份文件

续表

选项	功能说明
-C	使用对比模式，将备份的文件与现行的文件进行对比
-D	允许用户指定文件系统的名称
-f	进行还原操作
-R	全面还原文件系统时，检查应从何处开始进行
-s	当备份数据超过一卷磁带时，可以指定备份文件的编号
-t	指定文件名称，若该文件已存在于备份文件中，则列出它们的名称
-v	显示指令执行过程
-x	设置文件名称，且从指定的存储介质中读入它们，若该文件已存在于备份文件中，则将其还原到文件系统中
-y	不询问任何问题，一律同意回答并继续执行指令

恢复数据时，要浏览备份文件中的数据，执行命令如下。

```
root@Ubuntu:~# ls   -l   /tmp/boot*
-rw-r--r-- 1 root root 147169280 8 月    1 14:38 /tmp/boot0.dump
-rw-r--r-- 1 root root 124204497 8 月    1 14:40 /tmp/boot1.dump
-rw-r--r-- 1 root root      665600 8 月    1 14:15 /tmp/boot.dump
root@Ubuntu:~# restore   -tf   /tmp/boot0.dump
Dump    date: Sun Aug   1 14:38:05 2021
Dumped from: the epoch
Level 0 dump of / (dir boot) on Ubuntu:/dev/sda5
Label: none
        2         .
   1310721        ./boot
   1310722        ./boot/efi
……
     1312570        ./boot/initrd.img-5.8.0-63-generic
root@Ubuntu:~#
```

项目小结

本项目包含 16 个部分。

（1）Linux 磁盘概述，主要讲解了磁盘分区、磁盘低级格式化、磁盘高级格式化。

（2）Linux 磁盘设备命名规则。

（3）Linux 磁盘分区规则，主要讲解了磁盘分区类型、磁盘分区命名、MBR 与 GPT 分区样式。

（4）Linux 文件系统格式。

（5）逻辑卷概述。

（6）RAID 概述，主要讲解了 RAID 中的关键概念和技术、常见的 RAID 类型。

（7）添加新磁盘，主要讲解了建立磁盘和文件系统、在虚拟机中添加硬盘。

（8）磁盘分区管理，主要讲解了 cfdisk 磁盘分区工具、fdisk 磁盘分区工具。

（9）磁盘格式化管理。

（10）磁盘挂载与卸载，主要讲解了手动挂载、光盘挂载、U 盘挂载、自动挂载、卸载文件系统、磁盘管理其他相关命令。

（11）图形化工具管理磁盘分区和文件系统，主要讲解了磁盘管理器 GNOME Disks、分区工具 Gparted。

（12）配置逻辑卷，主要讲解了创建磁盘分区、创建物理卷、创建卷组、创建逻辑卷、创建并挂载文件系统。

（13）管理逻辑卷，主要讲解了增加新的物理卷到卷组中、从卷组中删除物理卷、减少逻辑卷空间、增加逻辑卷空间、更改卷组的属性、删除逻辑卷、删除卷组、删除物理卷。

（14）RAID 配置与管理，主要讲解了添加磁盘、对磁盘进行初始化、创建 RAID5 及其热备份、添加 RAID5 阵列信息到文件中、格式化磁盘阵列、挂载磁盘阵列。

（15）RAID5 阵列实例配置，主要讲解了写入测试文件、RAID 设备的数据恢复、移除损坏的磁盘、添加新的磁盘作为热备磁盘、删除 RAID 阵列。

（16）文件系统备份管理，主要讲解了备份内容、备份策略、备份规划、dump 和 restore 命令实现备份与恢复。

课后习题

1. 选择题

（1）Linux 操作系统中，最多可以划分（　　）个主分区。

A. 1　　B. 2　　C. 4　　D. 8

（2）Linux 操作系统中，按照设备命名分区的规则，IDE1 的第 1 个硬盘的第 3 个主分区为（　　）。

A. /dev/hda0　　B. /dev/hda1　　C. /dev/hda2　　D. /dev/hda3

（3）Linux 操作系统中，SCSI 硬盘设备节点起始为（　　）。

A. hd　　B. md　　C. sd　　D. sr

（4）Linux 操作系统中，磁盘阵列设备节点起始为（　　）。

A. hd　　B. md　　C. sd　　D. sr

（5）Linux 操作系统中，SCSI 数据光驱设备节点起始为（　　）。

A. hd　　B. md　　C. sd　　D. sr

（6）Linux 操作系统中，IDE 硬盘设备节点起始为（　　）。

A. hd　　B. md　　C. sd　　D. sr

（7）Linux 操作系统中，使用 fdisk 命令进行磁盘分区时，输入“n”可以创建分区，输入（　　）可以创建主分区。

A. p　　B. l　　C. e　　D. w

（8）Linux 操作系统中，mkfs 命令的作用是在硬盘中创建 Linux 文件系统，用于设置文件系统类型的是（　　）。

A. -t　　B. -h　　C. -v　　D. -l

（9）Linux 操作系统中，mkfs 命令的作用是在硬盘中创建 Linux 文件系统，若不指定文件系统类型，则默认使用（　　）。

A. XFS　　B. ext2　　C. ext3　　D. ext4

（10）mount 命令的作用是将一个设备（通常是存储设备）挂载到一个已经存在的目录下，mount 命令使用（　　）选项时，表示设置文件系统类型。

A. -o　　B. -l　　C. -n　　D. -t

（11）在 fdisk 命令中，使用 t 选项可以更改分区的类型，如果不知道分区类型对应的 ID，则可以输入“L”来查看各分区类型对应的 ID，若将分区类型改为“Linux LVM”，则表示将分区的 ID 修改为（　　）。

A．86　　B．87　　C．88　　D．8e

（12）在 fdisk 命令中，若将分区类型改为“Linux raid autodetect”，则表示将分区的 ID 修改为（　　）。

A．fb　　B．fc　　C．fd　　D．fe

（13）mdadm 是 Linux 操作系统中的一个标准的 RAID 管理工具，可以使用（　　）选项查看 RAID5 的状态。

A．-A　　B．-B　　C．-C　　D．-D

（14）若想在一个新分区中建立文件系统，则应该使用（　　）命令。

A．fdisk　　B．mkfs　　C．format　　D．makefs

2. 简答题

（1）简述 Linux 操作系统中的设备命名规则。

（2）简述 Linux 磁盘分区规则。

（3）简述 MBR 与 GPT 分区样式。

（4）简述 Linux 文件系统格式。

（5）简述常见的 RAID 类型。

（6）简述如何进行分区管理。

（7）如何进行磁盘挂载与卸载？

（8）如何创建逻辑卷？如何创建、删除 RAID5 阵列？

（9）如何使用图形化工具管理磁盘分区和文件系统？

（10）如何进行文件系统备份管理？

项目5
系统高级配置与管理

【学习目标】

- 掌握Linux进程管理方法。
- 理解systemd管理系统和服务。
- 掌握systmed管理Linux服务的方法。
- 掌握网络常用管理命令的使用方法。
- 掌握系统监控的方法。
- 掌握配置和使用系统日志的方法。

5.1 项目描述

作为 Linux 操作系统的网络管理员，应随时掌握 Linux 操作系统的运行状态，监控管理 Linux 操作系统，这些是后续实际进行服务器配置的基础。本章主要讲解 Linux 进程管理、系统和服务管理、任务调度管理、网络常用管理命令、日志管理以及进行系统监控的方法。

5.2 必备知识

5.2.1 Linux 进程概述

Linux 操作系统中所有运行的任务都可以称为一个进程，每个应用程序或服务也可以称为进程，Ubuntu 也不例外。对于管理员来说，没有必要关心进程的内部机制，而是要关心进程的控制管理。管理员应经常查看系统运行的进程服务，对于异常和不需要的进程，应及时将其结束，让系统更加稳定地运行。

V5-1 Linux 进程概述

1. Linux 进程类型

从操作系统管理角度来看，进程是操作系统对调度管理的描述信息，这个描述信息不是单独存放的，而是存放在一个叫作进程控制块的数据结构中，这个数据结构是一种结构体，由操作系统创建和管理。操作系统对进程的控制就是通过对这个结构体内成员的控制来达到控制操作系统的目的。进程由程序产生，是动态的，是一个运行着的、要占用系统运行资源的程序，程序本身是一种包含可执行代码的静态文件。多个进程可以并发调用同一个程序，一个程序可以启动多个进程。每一个进程还可以有许多子进程。为了区分不同的进程，系统给每一个进程都分配了一个唯一的进程标识符。进程状态反映了进程执行过程的变化，这些状态随着进程的执行和外界条件的变化而转换。Linux 是一个多进程的操作系统，每一个进程都是独立的，都有自己的权限及任务。

Linux 操作系统刚启动时运行于内核，此时只有一个初始化进程在运行，该进程首先完成系统初始化，然后执行初始化程序。初始化进程是系统的第一个进程，以后的所有进程都是初始化进程的子进程。初始化进程在系统运行期间始终存续，系统调用 fork()函数来创建一个新的进程，并且将其视为初始化进程的子进程，从而最终形成系统中运行的所有其他进程。子进程是由另外一个进程所产生的进程，产生这个子进程的进程就是父进程；子进程继承父进程的某些环境，但同时拥有自己的独立运行环境；用 fork()函数创建一个新进程时会复制父进程的上下文环境。

Linux 的进程大体上可分为以下 3 种类型。

（1）交互进程。在 Shell 下通过执行程序产生的进程，可在前台或后台运行。

（2）批处理进程。这是一个进程序列。

（3）守护进程。其英文名称为 Daemon，又称监控进程，是指那些在后台运行，等待用户或其他应用程序调用，并且没有控制终端的进程，通常可以随着操作系统的启动而运行，也可以将其称为服务（Service）。守护进程是服务的具体实现，例如，httpd 是 Apache 服务器的守护进程。

Linux 守护进程按照功能可以分为系统守护进程和网络守护进程。前者又称系统服务，是指那些为系统本身或者系统用户提供的一类服务，主要用于当前系统，如提供作业调度服务的 Cron 服务；后者又称网络服务，是指提供给客户端调用的一类服务，主要用于实现远程网络服务，如 Web 服务、文件服务等。

Ubuntu 操作系统启动时会自动启动很多守护进程（系统服务），向本地用户或网络用户提供系统功能接口，直接面向应用程序和用户。但是不必要的，或者本身有漏洞的服务，会给操作系统本身带来安全隐患。

2. 查看进程

Ubuntu 使用进程控制块（Process Control Block，PCB）来标识和管理进程，一个进程主要有以下参数。

① PID。进程号（Process ID），是用于唯一标识的进程号。

② PPID。父进程号（Parent PID），创建某进程的上一个进程的进程号。

③ USER。启动某个进程的用户 ID 和该用户所属的 ID。

④ STAT。进程状态，进程可能处于不同状态，如运行、等待、停止、睡眠、僵死等。

⑤ PRIORITY。进程的优先级。

⑥ 资源占用。其包括 CPU、内存等资源的占用信息。

每个正在运行的程序都是系统中的一个进程，要对进程进行调配和管理，就需要知道进程当前的运行情况，可以通过查看进程来实现。

（1）ps 命令。

ps 命令是基本的进程查看命令，可确定有哪些进程正在运行、进程的状态、进程是否结束、进程是否僵死、哪些进程占用了过多的资源等。ps 命令常用于监控后台进程的工作情况，因为后台进程是不与屏幕键盘这些标准输入输出设备进行通信的。

ps 命令格式如下。

```
ps  [选项]  <进程名>  <pid>
```

ps 命令各选项及其功能说明如表 5.1 所示。

表 5.1 ps 命令各选项及其功能说明

选项	功能说明
a	显示现行终端机下的所有程序，包括其他用户的程序
-A	显示所有程序
c	列出程序时，显示每个程序真正的指令名称，而不包含路径、参数或常驻服务的标示
-e	此参数的效果和指定“A”参数相同
e	列出程序时，显示每个程序所使用的环境变量
f	用 ASCII 字符显示树状结构，表示程序间的相互关系
-H	显示树状结构，表示程序间的相互关系
-N	显示所有的程序，除了执行 ps 指令终端机下的程序之外
s	采用程序信号的格式显示程序状况
S	列出程序时，包括已中断的子程序资料
-t	<终端机编号> 指定终端机编号，并列出属于该终端机的程序的状况
u	以用户为主的格式来显示程序状况
x	显示所有程序，不以终端机来区分
-l	长格式显示详细 PID 的信息

经常使用 aux 选项的组合，执行命令如下。

```
root@Ubuntu:~# ps   aux
USER        PID %CPU %MEM    VSZ   RSS TTY      STAT START   TIME COMMAND
root          1  0.0  0.3 169036 13184 ?        Ss   13:25   0:07 /sbin/init splash
root          2  0.0  0.0      0     0 ?        S    13:25   0:00 [kthreadd]
......
root      12815  0.0  0.0  20140  3472 pts/0    R+   20:05   0:00 ps aux
root@Ubuntu:~#
```

通常情况下，系统中运行的进程有很多，可使用管理操作符和 more 或 less 命令进行查看，执行命令如下。

```
root@Ubuntu:~# ps   aux   |   more
```

（2）top 命令。

top 命令常用来监控 Linux 的系统状况，是常用的性能分析工具，能够实时显示系统中各个进程的资源占用情况。ps 命令仅能静态显示进程信息，而 top 命令能动态显示进程信息，可以每隔一段时间刷新当前状态，还提供一组交互命令用于进程的监控。

top 命令格式如下。

```
top   [选项]
```

top 命令各选项及其功能说明如表 5.2 所示。

表 5.2 top 命令各选项及其功能说明

选项	功能说明
-d<number>	number 代表秒数，表示 top 命令显示的页面更新一次的间隔，默认是 5s
-b	以批次的方式执行 top 命令
-c	表示显示整个命令行而不只是显示命令名
-n	与-b 配合使用，表示需要进行几次 top 命令的输出结果
-p	指定特定的进程号进行观察
-s	表示在安全模式中运行，不能使用交互命令

在 top 命令执行过程中，可以使用一些交互命令。按“Space”键将立即刷新显示；按“Ctrl+L”组合键表示擦除并重写；按“Ctrl+C”组合键则表示退出显示。

例如，使用 top 命令动态显示进程信息，每 3s 显示一次，执行命令如下。

```
root@Ubuntu:~# top  -d  3
top - 20:28:04 up  7:02,  1 user,  load average: 0.00, 0.00, 0.00
任务: 271 total,   1 running, 270 sleeping,   0 stopped,   0 zombie
%Cpu(s):  0.3 us,  0.3 sy,  0.0 ni, 99.3 id,  0.0 wa,  0.0 hi,  0.0 si,  0.0 st
MiB Mem :   4190.9 total,   1630.4 free,    632.7 used,   1927.8 buff/cache
MiB Swap:   1873.4 total,   1873.4 free,      0.0 used.   3293.6 avail Mem
 进程号 USER   PR  NI   VIRT    RES    SHR    %CPU  %MEM   TIME+ COMMAND
  12838 root   20   0  20788   4248   3320 R   0.7   0.1   0:00.03 top
    802 root   20   0 175692   8368   7084 S   0.3   0.2   0:25.83 vmtoolsd
      1 root   20   0 169036  13184   8472 S   0.0   0.3   0:07.95 systemd
      2 root   20   0      0      0      0 S   0.0   0.0   0:00.01 kthreadd
......
    112 root  -51   0      0      0      0 S   0.0   0.0   0:00.00 irq/48-pciehp
root@Ubuntu:~#
```

5.2.2 Linux 进程管理

当程序运行的时候，每个进程都会被动态地分配系统资源、内存、安全属性和与之相关的状态。可以有多个进程关联到同一个程序，能同时执行且不会互相干扰，操作系统会有效地管理和追踪所有运行着的进程。

1. 启动进程

启动进程需要运行程序。启动进程有两种途径，即手动启动和调度启动。由用户在 Shell 命令行下输入要执行的程序来启动一个程序，即手动启动进程。其启动方式又分为前台启动和后台启动，默认为前台启动。若在要执行的命令后面跟随一个符号“&”，则为后台启动，此时进程在后台运行，Shell 可继续运行和处理其他程序。在 Shell 下启动的进程就是 Shell 进程的子进程，一般情况下，只有子进程结束后，才能继续运行父进程，如果是从后台启动的进程，则不用等待子进程结束。调度启动是事先设置好程序要运行的时间，当到了预设的时间，系统会自动启动程序。

2. 进程挂起及恢复

通常将正在执行的一个或多个相关进程称为一个作业。一个作业可以包含一个或多个进程。作业控制指的是控制正在运行的进程的行为。可以将进程挂起并在需要时恢复进程的运行，被挂起的进程恢复后将从中止处开始继续运行。

在运行进程的过程中按“Ctrl+Z”组合键可挂起当前的前台作业，将进程转到后台，此时进程默认是停止运行的。如果要恢复进程执行，则有两种选择：一种是使用 fg 命令将挂起的作业放到前台执行；另一种是使用 bg 命令将挂起的作业放到后台执行。

3. 进程结束

当需要中断一个前台进程的时候，通常按“Ctrl+C”组合键；但是对于一个后台进程，就必须求助于 kill 命令。该命令可以结束后台进程。遇到进程占用的 CPU 时间过多，或者进程已经挂起的情况时，就需要结束进程的运行。当发现一些不安全的异常进程时，也需要强行终止该进程的运行。

从字面来看，kill 就是用来杀死进程的命令，但事实上，这或多或少带有一定的误导性。从本质上讲，kill 命令只是用来向进程发送一个信号，至于这个信号是什么，则是用户指定的。

也就是说，kill 命令的执行原理是这样的：kill 命令会向操作系统内核发送一个信号（多是终止信号）和目标进程的 ID，然后系统内核根据收到的信号类型，对指定进程进行相应的操作。

其命令格式如下。

```
kill  [选项]  进程号
```

或者

```
kill  [信号]  进程号
```

kill 命令各选项及其功能说明如表 5.3 所示。

表 5.3　kill 命令各选项及其功能说明

选项	功能说明
-s	指定发送的信号
-a	当处理当前进程时，不限制命令名和进程号的对应关系
-p	模拟发送信号
-l	指定信号的名称列表
-u	指定用户

kill 命令各信号及其功能说明如表 5.4 所示。

表 5.4　kill 命令各信号及其功能说明

信号编号	信号名	功能说明
0	EXIT	程序退出时收到该信息
1	HUP	启动被终止的程序，可以让该进程重新读取自己的配置文件，类似于重新启动
2	INT	表示结束进程，但并不是强制性的，常用的“Ctrl+C”组合键发出的就是一个 kill-2 的信号
3	QUIT	退出
9	KILL	杀死进程，即强制结束进程
11	SEGV	段错误
15	TERM	正常结束进程，是 kill 命令的默认信号

可以使用 ps 命令获得进程的进程号。为了查看指定的进程号，可使用管道符号和 grep 命令相结合的方式来实现，例如，若要查看 snapd 进程对应的进程号，则执行命令如下。

```
root@Ubuntu:~# ps  -e  | grep snapd
  12942 ?        00:00:01 snapd
root@Ubuntu:~#
```

发送指定的信号到相应进程时，如果不指定信号，则将发送 SIGTERM(15)终止指定进程。如果仍然无法终止该进程，则可使用“-KILL”参数，其发送的信号为 SIGKILL(9)，将强制结束进程。

例如，安装 nginx 服务器，并启动 nginx 服务进程，同时查看进程号，将其强制结束，执行命令如下。

```
root@Ubuntu:~# apt  install  nginx
root@Ubuntu:~# service  nginx  start
root@Ubuntu:~# ps  -e  |  grep  nginx
  12160 ?        00:00:00 nginx
  12161 ?        00:00:00 nginx
root@Ubuntu:~# kill  12160
root@Ubuntu:~# ps  -e  |  grep  nginx
```

```
root@Ubuntu:~#
root@Ubuntu:~# service   nginx   start
root@Ubuntu:~# ps   -e   |   grep   nginx
  13392 ?          00:00:00 nginx
  13393 ?          00:00:00 nginx
root@Ubuntu:~# kill    -9    13392
root@Ubuntu:~# ps   -e   |   grep   nginx
root@Ubuntu:~#
root@Ubuntu:~# service   nginx   start
root@Ubuntu:~# ps   -e   |   grep   nginx
  13970 ?          00:00:00 nginx
  13971 ?          00:00:00 nginx
root@Ubuntu:~# kill   -KILL    13970
root@Ubuntu:~# ps   -e   |   grep   nginx
root@Ubuntu:~#
```

4. 进程优先级管理

每个进程都有一个优先级参数用于表示 CPU 占用的等级，优先级高的进程更容易获取 CPU 的控制权，进而更早地执行。进程优先级可以用 nice 命令表示，以指定的优先级运行命令，会影响相应进程的调度。如果不指定命令，则程序会显示当前的优先级。优先级值的范围是从-20（最大优先级）到 19（最小优先级），系统进程默认的优先级值为 0。

nice 命令格式如下。

```
nice   [选项]   [命令  [参数] ...]
```

其中，“命令”表示进程名，“参数”是该命令所带的参数。

nice 命令各选项及其功能说明如表 5.5 所示。

表 5.5　nice 命令各选项及其功能说明

选项	功能说明
-n, --adjustment=*N*	在优先级数值上加上数字 *N*（默认为 10）
--help	显示此帮助信息并退出
--version	显示版本信息并退出

5.2.3　systemd 管理 Linux 操作系统

systemd 是为改进传统系统启动方式而推出的 Linux 操作系统管理工具，现已成为大多数 Linux 发行版的标准配置。它的功能非常强大，除了系统启动管理和服务管理之外，还可以用于其他的系统管理任务。

1. systemd 与系统初始化

在 Linux 操作系统启动过程中，当内核启动完成并装载根文件系统后，就开始用户空间的系统初始化工作。Linux 有 3 种系统初始化方式，分别是 sysVinit、UpStart 和 systemd 方式。systemd 旨在克服 sysVinit 固有的缺点，提高系统的启动速度，并逐步取代 UpStart。根据 Linux 的惯例，字母 d 是守护进程，systemd 是一个用户管理系统的守护进程，因而不能写作 systemD、SystemD 或 Systemd。

前两种系统初始化方式都需要由初始化进程（一个由内核启动的用户级进程）来启动其他用户级进程或服务，最终完成系统启动的过程。初始化进程始终是第一个进程，其 PID 始终为 1，它是系统所有进程的父进程。systemd 系统初始化使用 systemd 取代初始化进程，作为系统第一个进程。systemd 不是通过初始化进程脚本来启动服务的，而是采用了一种并行启动服务的机制。

systemd 使用单元文件替换之前的初始化脚本。Linux 以前的服务管理是分布式的由 sysVinit 或 UpStart 通过/etc/rc.d/init.d 目录下的脚本进行管理，允许管理员控制服务的状态。在 systemd 中，这些脚本被单元文件所替代。单元有多种类型，不限于服务，还包括挂载点、文件路径等。在 Ubuntu 操作系统中，systemd 的单元文件主要存放在/lib/system/system 和/etc/systemd/system 目录下。systemd 使用启动目标（Target）替代运行级别。前两种系统初始化方式使用运行级别代表特定的操作模式，每个级别可以启动特定的服务。启动目标类似于运行级别，又比运行级别更为灵活，它本身也是一个目标类型的单元，可以更为灵活地为特定的启动目标组织要启动的单元，如启动服务、装载挂载点等。

systemd 是 Linux 操作系统中最新的系统初始化方式，主要的设计目标是克服 sysVinit 固有的缺点，尽可能地快速启动服务，减少系统资源占用，为此实现了并行启动的模式。并行启动最大的难点是要解决服务之间的依赖性，systemd 使用类似缓冲池的办法加以解决。

与 UpStart 相比，systemd 进一步提高了并行启动能力，极大地缩短了系统启动时间。UpStart 采用事件驱动机制，服务可以暂不启动，当需要的时候才通过事件触发其启动，以尽可能启动更少的进程；另外，不相干的服务也可以并行启动，但是有依赖关系的服务还是必须按顺序先后启动，这仍是一种串行模式。systemd 能够进一步提高并发性，即便对于那些 UpStart 认为存在相互依赖而必须串行的服务，也可以并发启动。

systemd 与 sysVinit 兼容，支持并行化任务，按需启动守护进程，基于事务性依赖关系精密控制各种服务，非常有助于标准化 Linux 的管理。systemd 提供超时机制，所有的服务有 5min 的超时限制，以防系统被卡，Ubuntu 从 15.04 版本开始支持 systemd。

2. systemd 单元

系统初始化需要启动后台服务，完成一系列配置工作，其中每一个步骤或每一项任务都被 systemd 抽象为一个单元，一个服务、一个挂载点、一个文件路径都可以被视为单元。也就是说，systemd 将各种系统启动和运行相关的对象标识为各种不同类型的单元。大部分单元由相应的配置文件进行识别和配置，一个单元需要一个对应的单元文件。单元的名称由单元文件的名称决定，某些特定的单元名称具有特殊的含义。systemd 单元类型及其功能说明如表 5.6 所示。

表 5.6　systemd 单元类型及其功能说明

单元类型	配置文件扩展名	功能说明
service（服务）	.service	定义系统服务，这是最常用的一类，与早期 Linux 版本/etc/init.d 目录下的服务脚本的作用相同
device（设备）	.device	定义内核识别的设备，每一个使用 udev 规则标记的设备都会在 systemd 中作为一个设备单元出现
mount（挂载）	.mount	定义文件系统挂载点
automount（自动挂载）	.automount	用于文件系统自动挂载设备
socket（套接字）	.socket	定义系统和互联网中的一个套接字，标识进程间通信用到的 socket 文件
swap（交换空间）	.swap	标识用于交换空间的设备
path（路径）	.path	定义文件系统中的文件或目录
timer（定时器）	.timer	用来定时触发用户定义的操作，以取代 atd、crond 等传统的定时器服务
target（目标）	.target	用于对其他单元进行逻辑分组，主要用于模拟实现运行级别概念
snapshot（快照）	.snapshot	快照是一组配置单元，用于保存系统当前的运行状态

3. systemd 单元文件

systemd 对服务、设备、套接字和挂载点等进行控制管理，都是由单元文件实现的。例如，一个新的服务程序要在系统中使用，就需要为其编写一个单元文件以便 systemd 能够管理它，在配置文件中定义该服务启动的命令行语法，以及与其他服务的依赖关系等。

这些配置文件主要保存在以下目录下。（按优先级由低到高顺序列出）

（1）/lib/systemd/system：每个服务最主要的启动脚本，类似于之前的/etc/init.d。

（2）/run/systemd/system：系统执行过程中所产生的服务脚本。

（3）/etc/ systemd/system：由管理员建立的脚本，类似于之前/etc/rc.d/rcN.d 类的功能。

4. 依赖关系

systemd 提供了处理不同单元之间依赖关系的能力。虽然 systemd 能够最大限度地并发执行很多有依赖关系的工作，但是如果一些任务存在先后依赖关系，则仍无法并发执行。为解决这类依赖问题，systemd 的单元之间可以彼此定义依赖关系。在单元文件中使用关键字来描述单元之间的依赖关系。如单元 A 依赖 B，可以在单元 B 的定义中用 require A 来表示。这样 systemd 就会保证先启动 A 再启动 B。

5. systemd 事务

systemd 能够保证事务完整性。此事务概念与数据库中的有所不同，旨在保证多个依赖的单元之间没有循环引用。如单元 A、B、C 之间存在循环依赖，则 systemd 将无法启动任意一个服务。为此，systemd 将单元之间的依赖关系分为两种：强依赖（required）和弱依赖（wants）。systemd 将去除 wants 关键字指定的弱依赖以打破循环。若无法修复，则 systemd 会报错。systemd 能够自动检测和修复这类配置错误，极大地减轻了管理员的排错负担。

6. systemctl 命令

systemd 最重要的命令行工具是 systemctl，主要负责控制 systemd 系统和服务管理器。其命令格式如下。

```
systemctl  [选项...]  命令  [单元文件...]
```

不带任何选项和参数运行 systemctl 命令，将列出系统已启动（装载）的所有单元，包括服务、设备、套接字、目标等。

使用不带参数的 systemctl status 命令，将显示系统当前状态，执行命令如下。

```
root@Ubuntu:~# systemctl  status
```

显示完成后按“Q”键退出。systemctl 命令的部分选项提供长格式和短格式，如--all 和-a，表示列出所有装载的单元（包括未运行的）。显示单元属性时，该选项会显示所有的属性。

5.2.4 systemd 管理单元

单元管理是 systemd 最基本、最通用的功能之一。单元管理的对象可以是所有单元、某种类型的单元、符合条件的部分单元或某一具体单元。单元文件管理是单元管理的一部分，要注意区分两者之间的不同。

1. 单元的活动状态

在执行单元管理操作之前，有必要了解单元的活动状态。活动状态用于指明单元是否正在运行。systemd 对此有两类表示形式，一类是高级表示形式，共有以下 3 个状态。

（1）active（活动状态）：表示正在运行。

（2）inactive（不活动状态）：表示没有运行。

（3）failed（失败状态）：表示运行不成功。

另一类是低级表示形式，其值依赖于单元类型，常用的状态列举如下。

（1）running：表示一次或多次持续地运行。

（2）exited：表示成功完成一次性配置，仅运行一次就正常结束，目前该进程已经没有在运行。

（3）waiting：表示正运行中，不过还需要等待其他事件才能继续进行处理。

（4）dead：表示没有运行。

（5）failed：表示运行不成功。

（6）mounted：表示成功挂载文件系统。

（7）plugged：表示已接入设备。

高级表示形式是对低级表示形式的归纳，前者是主活动状态，后者是子活动状态。

2. 查看单元

可以使用 systemctl 命令进行单元相关信息查看。

（1）使用 systemctl list-units 命令列出所有已装载的单元，执行命令如下。

```
root@Ubuntu:~# systemctl   list-units
UNIT
              >
  proc-sys-fs-binfmt_misc.automount
sys-subsystem-net-devices-ens33.device
              >
-.mount
......
  apt-daily-upgrade.timer
LOAD    = Reflects whether the unit definition was properly loaded.
ACTIVE = The high-level unit activation state, i.e. generalization of SUB.
SUB     = The low-level unit activation state, values depend on unit type.
214 loaded units listed. Pass --all to see loaded but inactive units, too.
To show all installed unit files use 'systemctl list-unit-files'.
root@Ubuntu:~#
```

这个命令的功能与不带任何选项参数的 systemctl 相同，只显示已装载的单元。

（2）列出所有单元，包括没有找到配置文件或运行失败的单元，执行命令如下。

```
root@Ubuntu:~# systemctl   list-units   --all
```

（3）加上选项—failed，列出所有运行失败的单元，执行命令如下。

```
root@Ubuntu:~# systemctl   list-units   --failed
```

（4）加上选项--state，列出特定状态的单元，执行命令如下。

```
root@Ubuntu:~# systemctl   list-units   --all   --state=not-found
root@Ubuntu:~# systemctl   list-units   --all   --state=active
root@Ubuntu:~# systemctl   list-units   --all   --state=dead
```

（5）加上选项--type，列出特定类型的单元，执行命令如下。

```
root@Ubuntu:~# systemctl   list-units   --all   --type=device
```

使用短格式-t，空格之后加参数，不用等号，如列出服务类型，执行命令如下。

```
root@Ubuntu:~# systemctl   list-units   --all   -t   service
```

（6）显示某单元的所有底层参数，执行命令如下。

```
root@Ubuntu:~# systemctl   show   dev-rfkill.device
```

3. 查看单元的状态

systemctl 提供 status 命令用于查看特定单元的状态，执行命令如下。

```
root@Ubuntu:~# systemctl   status   dev-rfkill.device
● dev-rfkill.device - /dev/rfkill
   Follow: unit currently follows state of sys-devices-virtual-misc-rfkill.device
     Loaded: loaded
     Active: active (plugged) since Sun 2021-08-01 11:32:13 CST; 22h ago
     Device: /sys/devices/virtual/misc/rfkill
root@Ubuntu:~#
```

查看单元是否正在运行，处于活动状态，执行命令如下。

```
root@Ubuntu:~# systemctl   is-active   dev-rfkill.device
active
root@Ubuntu:~# systemctl   is-failed   dev-rfkill.device
active
root@Ubuntu:~#
```

4．管理单元依赖关系

单元之间存在依赖关系，如 A 依赖于 B，这就意味着启动 A 的时候，也需要启动 B，使用 systemctl list-dependencies 命令列出指定单元的所有依赖关系，执行命令如下。

```
root@Ubuntu:~# systemctl   list-units   --all
root@Ubuntu:~# systemctl   list-dependencies    systemd-tmpfiles-clean.timer
```

5．列出单元文件

列出系统所有已安装的单元文件，也就是列出所有可用的单元，执行命令如下。

```
root@Ubuntu:~# systemctl   list-unit-files
```

5.2.5 systemd 管理 Linux 服务

现在的 Ubuntu 版本使用 systemctl 命令管理和控制服务，Linux 服务作为一种特定类型的单元，配置管理操作被大大简化了。传统的 service 命令依然可以使用，这主要是出于兼容的目的，因此应尽量避免使用。

1．服务管理

systemctl 主要依靠 service 类型的单元文件实现服务管理。用户在任何路径下均可通过该命令实现服务状态的转换，如启动、重启、停止服务等。

systemctl 命令格式如下。

```
systemctl  [选项...]  命令  [服务.service ...]
```

使用 systemctl 命令时服务名的扩展名可以写全，也可以忽略不写。systemctl 和传统的服务管理命令的对应关系及功能说明如表 5.7 所示。

表 5.7　systemctl 和传统的服务管理命令的对应关系及功能说明

传统 service 命令	systemctl 命令	功能说明
service 服务名 start	systemctl start 服务名.service	启动服务
service 服务名 stop	systemctl stop 服务名.service	停止服务
service 服务名 restart	systemctl restart 服务名.service	重启服务
service 服务名 status	systemctl status 服务名.service	查看服务运行状态
service 服务名 reload	systemctl reload 服务名.service	重载服务的配置文件而不是重启服务
service 服务名 condrestart	systemctl tryrestart 服务名.service	条件式重启服务
	systemctl reload-or-restart 服务名.service	重载或重启服务

续表

传统 service 命令	systemctl 命令	功能说明
	systemctl reload-or-try-restart 服务名.service	重载或条件式重启
	systemctl is-active 服务名.service	查看服务是否激活
	systemctl is-failed 服务名.service	查看服务启动是否失败
	systemctl kill 服务名.service	杀死服务

2. 配置服务启动状态

Ubuntu 经常需要设置或调整某些服务在特定运行时是否启动，可以通过配置服务的启动状态来实现。

（1）查看所有可用的服务，执行命令如下。

```
systemctl  list-unit-files  --type=service
```

（2）查看某服务是否能够开机自启动，执行命令如下。

```
systemctl  is-enable  服务名.service
```

（3）设置某服务开机自动启动，执行命令如下。

```
systemctl  enable  服务名.service
```

（4）禁止某服务开机自动启动，执行命令如下。

```
systemctl  disable  服务名.service
```

（5）注销某服务，执行命令如下。

```
systemctl  mask  服务名.service
```

（6）取消注销某服务，执行命令如下。

```
systemctl  unmask  服务名.service
```

（7）开启某服务，执行命令如下。

```
systemctl  start  服务名.service
```

（8）停止某服务，执行命令如下。

```
systemctl  stop  服务名.service
```

5.3 项目实施

5.3.1 网络配置命令管理

Linux 主机要想与网络中的其他主机进行通信，必须进行正确的网络配置，网络配置通常包括主机名、IP 地址、子网掩码、默认网关、DNS 服务器等的配置。

V5-2 网络配置命令管理

1. 查看主机 IP 地址相关信息

网络主机必须正确配置 IP 地址、网关、DNS 等，网卡 IP 地址等相关信息配置是否正确决定了主机之间能否相互通信。前面已经介绍过图形用户界面查看、配置 IP 地址等相关操作，这里不再赘述，下面主要讲解在命令行方式下配置管理 IP 地址等相关信息。

使用 ifconfig 命令或 ip addr 命令查看网络接口地址信息，执行命令如下。

```
root@Ubuntu:~# ifconfig
```

或者

```
root@Ubuntu:~# ip  addr
```

命令执行结果如图 5.1 所示。

```
root@Ubuntu:~# ifconfig
ens33: flags=4163<UP,BROADCAST,RUNNING,MULTICAST>  mtu 1500
        inet 192.168.100.100  netmask 255.255.255.0  broadcast 192.168.100.255
        inet6 fe80::6905:2215:fd0f:189a  prefixlen 64  scopeid 0x20<link>
        ether 00:0c:29:ab:16:e7  txqueuelen 1000  (以太网)
        RX packets 26573  bytes 30313523 (30.3 MB)
        RX errors 0  dropped 0  overruns 0  frame 0
        TX packets 12463  bytes 1640266 (1.6 MB)
        TX errors 0  dropped 0 overruns 0  carrier 0  collisions 0

lo: flags=73<UP,LOOPBACK,RUNNING>  mtu 65536
        inet 127.0.0.1  netmask 255.0.0.0
        inet6 ::1  prefixlen 128  scopeid 0x10<host>
        loop  txqueuelen 1000  (本地环回)
        RX packets 429  bytes 36819 (36.8 KB)
        RX errors 0  dropped 0  overruns 0  frame 0
        TX packets 429  bytes 36819 (36.8 KB)
        TX errors 0  dropped 0 overruns 0  carrier 0  collisions 0

root@Ubuntu:~# ip addr
1: lo: <LOOPBACK,UP,LOWER_UP> mtu 65536 qdisc noqueue state UNKNOWN group default qlen 1000
    link/loopback 00:00:00:00:00:00 brd 00:00:00:00:00:00
    inet 127.0.0.1/8 scope host lo
       valid_lft forever preferred_lft forever
    inet6 ::1/128 scope host
       valid_lft forever preferred_lft forever
2: ens33: <BROADCAST,MULTICAST,UP,LOWER_UP> mtu 1500 qdisc fq_codel state UP group default qlen 1000
    link/ether 00:0c:29:ab:16:e7 brd ff:ff:ff:ff:ff:ff
    altname enp2s1
    inet 192.168.100.100/24 brd 192.168.100.255 scope global noprefixroute ens33
       valid_lft forever preferred_lft forever
    inet6 fe80::6905:2215:fd0f:189a/64 scope link noprefixroute
       valid_lft forever preferred_lft forever
root@Ubuntu:~#
```

图 5.1　查看网络接口地址信息

2. 配置主机 IP 地址相关信息

（1）ifconfig 命令配置主机 IP 地址。

ifconfig 命令是一个可以用来查看、配置、启用或禁用网络接口的命令。ifconfig 命令可以临时性地配置网卡的 IP 地址、子网掩码、网关等，使用 ifconfig 命令配置的网络相关信息，在主机重启后就不再存在。

ifconfig 命令格式如下。

```
ifconfig  [网络设备]  [选项]
```

ifconfig 命令各选项及其功能说明如表 5.8 所示。

表 5.8　ifconfig 命令各选项及其功能说明

选项	功能说明
up	启动指定网络设备/网卡
down	关闭指定网络设备/网卡
-arp	设置指定网卡是否支持 ARP
-promisc	设置是否支持网卡的 promiscuous 模式，如果选择此参数，则网卡将接收网络中发送给它的所有数据包
-allmulti	设置是否支持多播模式，如果选择此参数，则网卡将接收网络中所有的多播数据包
-a	显示全部接口信息
-s	显示摘要信息
add	给指定网卡配置 IPv6 地址
del	删除给指定网卡配置的 IPv6 地址
network<子网掩码>	设置网卡的子网掩码
tunnel<地址>	建立 IPv4 与 IPv6 之间的隧道通信地址
-broadcast<地址>	为指定网卡设置广播协议
-pointtopoint<地址>	为网卡设置点对点通信协议

① 使用 ifconfig 命令显示 ens33 的网卡信息，执行命令如下。

```
root@Ubuntu:~# ifconfig  ens33
```

命令执行结果如图 5.2 所示。

```
root@Ubuntu:~# ifconfig  ens33
ens33: flags=4163<UP,BROADCAST,RUNNING,MULTICAST>  mtu 1500
        inet 192.168.100.100  netmask 255.255.255.0  broadcast 192.168.100.255
        inet6 fe80::6905:2215:fd0f:189a  prefixlen 64  scopeid 0x20<link>
        ether 00:0c:29:ab:16:e7  txqueuelen 1000  （以太网）
        RX packets 26963  bytes 30346352 (30.3 MB)
        RX errors 0  dropped 0  overruns 0  frame 0
        TX packets 12692  bytes 1666171 (1.6 MB)
        TX errors 0  dropped 0 overruns 0  carrier 0  collisions 0

root@Ubuntu:~#
```

图 5.2 显示 ens33 的网卡信息

② 关闭和启动网卡，执行命令如下。

```
root@Ubuntu:~# ifconfig   ens33   down
root@Ubuntu:~# ifconfig   ens33   up
```

③ 配置网络接口相关信息，添加 IPv6 地址，进行相关测试，执行命令如下。

```
root@Ubuntu:~# ifconfig   ens33   add   2000::1/64        #添加 IPv6 地址
root@Ubuntu:~# ping   -6   2000::1                        #测试网络连通性
PING 2000::1(2000::1) 56 data bytes
64 比特，来自 2000::1: icmp_seq=1 ttl=64 时间=0.055 毫秒
64 比特，来自 2000::1: icmp_seq=2 ttl=64 时间=0.044 毫秒
64 比特，来自 2000::1: icmp_seq=3 ttl=64 时间=0.044 毫秒
^C
--- 2000::1 ping 统计 ---
已发送 3 个包， 已接收 3 个包, 0% 包丢失, 耗时 2055 毫秒
rtt min/avg/max/mdev = 0.044/0.047/0.055/0.005 ms
root@Ubuntu:~#
root@Ubuntu:~# reboot                                   #重启操作系统
root@Ubuntu:~# ping   -6   2000::1                      #测试网络连通性
PING 2000::1(2000::1) 56 data bytes
来自 2000::1 icmp_seq=1 目标不可达： 地址不可达
来自 2000::1 icmp_seq=2 目标不可达： 地址不可达
来自 2000::1 icmp_seq=3 目标不可达： 地址不可达
^C
--- 2000::2 ping 统计 ---
已发送 5 个包， 已接收 0 个包, +3 错误, 100% 包丢失, 耗时 4101 毫秒
root@Ubuntu:~#
```

④ 配置网络接口相关信息，添加 IPv4 地址，启动与关闭 ARP 功能，进行相关测试，执行命令如下。

```
root@Ubuntu:~#  ifconfig   ens33   192.168.100.100   netmask  255.255.255.0   broadcast
192.168.100.255          #添加 IPv4 地址，加上子网掩码和一个广播地址
root@Ubuntu:~# ifconfig   ens33 arp                     #启动 ARP 功能
root@Ubuntu:~# ifconfig   ens33 -arp                    #关闭 ARP 功能
```

（2）直接修改 Ubuntu 的 IP 地址配置文件。

Ubuntu 的 IP 地址配置文件在目录/etc/network/interfaces 下，相关操作如下。

① 以 DHCP 方式配置网卡。

编辑文件/etc/network/interfaces，执行命令如下。

```
root@Ubuntu:~# vim    /etc/network/interfaces
root@Ubuntu:~# cat    /etc/network/interfaces
#The primary network interface - use DHCP to find our address
auto eth0
iface eth0 inet dhcp
root@Ubuntu:~#
```

② 为网卡配置静态 IP 地址。

```
root@Ubuntu:~# vim    /etc/network/interfaces
root@Ubuntu:~# cat    /etc/network/interfaces
# The primary network interface
auto   eth0
iface   eth0   inet   static
address 192.168.100.100
gateway 192.168.100.2
netmask 255.255.255.0
root@Ubuntu:~#
```

修改完 interfaces 文件中的内容后，还需要修改 NetworkManager.conf 文件的内容，将 managed 参数的值由 false 改为 true，执行如下命令。

```
root@Ubuntu:~# vim    /etc/NetworkManager/NetworkManager.conf
root@Ubuntu:~# cat    /etc/NetworkManager/NetworkManager.conf
[main]
plugins=ifupdown,keyfile
[ifupdown]
managed=true
[device]
wifi.scan-rand-mac-address=no
root@Ubuntu:~#
```

配置完成后重启主机，使配置生效。

3. hostnamectl 命令配置并查看主机名

使用 hostnamectl 命令可以配置并查看主机名。其命令格式如下。

```
hostnamectl   [选项]   [主机名]
```

hostnamectl 命令各选项及其功能说明如表 5.9 所示。

表 5.9 hostnamectl 命令各选项及其功能说明

选项	功能说明
-h、--help	显示帮助信息
-version	显示安装包的版本信息
--static	修改静态主机名，也称为内核主机名，是系统在启动时从/etc/hostname 中自动初始化的主机名
--transient	修改瞬态主机名，瞬态主机名是在系统运行时临时分配的主机名，由内核管理，例如，通过 DHCP 或 DNS 服务器分配的 localhost 就是这种形式的主机名
--pretty	修改灵活主机名，灵活主机名是允许使用特殊字符的主机名，即使用 UTF-8 格式的主机名，以展示给终端用户
-P、--privileged	在执行之前获得的特权
--no-ask-password	输入密码不提示
-H、--host=[USER@]HOST	操作远程主机
status	显示当前主机名状态
set-hostname NAME	设置系统主机名
set-icon-name NAME	为主机设置 icon 名
set-chassis NAME	设置主机平台类型名

使用 hostnamectl 命令设置并查看主机名，执行命令如下。

```
root@Ubuntu:~# hostnamectl   set-hostname   lncc.csg.com
root@Ubuntu:~# cat   /etc/hostname
root@Ubuntu:~# bash
root@lncc:~# hostnamectl   status
```

设置主机名并查看相关信息，如图 5.3 所示。

```
root@Ubuntu:~# hostnamectl  set-hostname  lncc.csg.com
root@Ubuntu:~# cat  /etc/hostname
lncc.csg.com
root@Ubuntu:~# bash
root@lncc:~# hostnamectl  status
   Static hostname: lncc.csg.com
         Icon name: computer-vm
           Chassis: vm
        Machine ID: eb4e2af3a70f445ba2800cd4c3c22b06
           Boot ID: c1cce9e18fcf4877951a59537da4c931
    Virtualization: vmware
  Operating System: Ubuntu 20.04.2 LTS
            Kernel: Linux 5.8.0-63-generic
      Architecture: x86-64
root@lncc:~#
```

图 5.3　设置主机名并查看相关信息

4. route 命令管理路由

route 命令用来显示并设置 Linux 内核中的网络路由表，route 命令设置的主要是静态路由，要实现两个不同子网的通信，需要一台连接两个网络的路由器或者同时位于两个网络的网关。需要注意的是，直接在命令模式下使用 route 命令添加的路由信息不会永久有效，主机重启之后该路由就会失效，若需要使其永久有效，则可以在/etc/rc.local 中添加 route 命令来保存设置。

route 命令格式如下。

```
route   [选项]
```

route 命令各选项及其功能说明如表 5.10 所示。

表 5.10　route 命令各选项及其功能说明

选项	功能说明
-v	详细信息模式
-A	采用指定的地址类型
-n	以数字形式代替主机名形式来显示地址
-net	路由目标为网络
-host	路由目标为主机
-F	显示内核的 FIB 选路表
-C	显示内核的路由缓存
add	添加一条路由
del	删除一条路由
target	指定目标网络或主机，可以是点分十进制的 IP 地址或主机/网络名
netmask	为添加的路由指定网络掩码
gw	为发往目标网络或主机的任何分组指定网关

使用 route 命令管理路由，执行操作如下。

（1）显示当前路由信息，执行命令如下。

```
root@Ubuntu:~# route
```

命令执行结果如图 5.4 所示。

```
root@Ubuntu:~# route
内核 IP 路由表
目标            网关            子网掩码        标志  跃点   引用  使用 接口
default         _gateway        0.0.0.0         UG    100    0        0 ens33
link-local      0.0.0.0         255.255.0.0     U     1000   0        0 ens33
192.168.100.0   0.0.0.0         255.255.255.0   U     100    0        0 ens33
root@Ubuntu:~#
```

图5.4　显示当前路由信息

（2）配置网关信息，执行命令如下。

```
root@Ubuntu:~# route   add   default   gw   192.168.100.2
```

命令执行结果如图5.5所示。

```
root@Ubuntu:~# route add default gw 192.168.100.2
root@Ubuntu:~# route
内核 IP 路由表
目标            网关            子网掩码        标志  跃点   引用  使用 接口
default         _gateway        0.0.0.0         UG    0      0        0 ens33
default         _gateway        0.0.0.0         UG    100    0        0 ens33
link-local      0.0.0.0         255.255.0.0     U     1000   0        0 ens33
192.168.100.0   0.0.0.0         255.255.255.0   U     100    0        0 ens33
root@Ubuntu:~#
```

图5.5　配置网关信息

（3）增加一条路由，执行命令如下。

```
root@Ubuntu:~# route   add   -net   192.168.200.0   netmask   255.255.255.0   dev   ens33
```

命令执行结果如图5.6所示。

```
root@Ubuntu:~# route  add  -net  192.168.200.0  netmask  255.255.255.0  dev  ens33
root@Ubuntu:~# route
内核 IP 路由表
目标            网关            子网掩码        标志  跃点   引用  使用 接口
default         _gateway        0.0.0.0         UG    0      0        0 ens33
default         _gateway        0.0.0.0         UG    100    0        0 ens33
link-local      0.0.0.0         255.255.0.0     U     1000   0        0 ens33
192.168.100.0   0.0.0.0         255.255.255.0   U     100    0        0 ens33
192.168.200.0   0.0.0.0         255.255.255.0   U     0      0        0 ens33
root@Ubuntu:~#
```

图5.6　增加一条路由

（4）屏蔽一条路由，执行命令如下。

```
root@Ubuntu:~# route   add   -net   192.168.200.0   netmask   255.255.255.0   reject
```

命令执行结果如图5.7所示。

```
root@Ubuntu:~# route  add  -net  192.168.200.0  netmask  255.255.255.0  reject
root@Ubuntu:~# route
内核 IP 路由表
目标            网关            子网掩码        标志  跃点   引用  使用 接口
default         _gateway        0.0.0.0         UG    0      0        0 ens33
default         _gateway        0.0.0.0         UG    100    0        0 ens33
link-local      0.0.0.0         255.255.0.0     U     1000   0        0 ens33
192.168.100.0   0.0.0.0         255.255.255.0   U     100    0        0 ens33
192.168.200.0   -               255.255.255.0   !     0      -        0 -
192.168.200.0   0.0.0.0         255.255.255.0   U     0      0        0 ens33
root@Ubuntu:~#
```

图5.7　屏蔽一条路由

（5）删除一条屏蔽路由，执行命令如下。

```
root@Ubuntu:~# route   del   -net   192.168.200.0   netmask   255.255.255.0   reject
```

命令执行结果如图5.8所示。

```
root@Ubuntu:~# route  del  -net  192.168.200.0  netmask  255.255.255.0  reject
root@Ubuntu:~# route
内核 IP 路由表
目标            网关            子网掩码        标志  跃点   引用  使用 接口
default         _gateway        0.0.0.0         UG    0      0        0 ens33
default         _gateway        0.0.0.0         UG    100    0        0 ens33
link-local      0.0.0.0         255.255.0.0     U     1000   0        0 ens33
192.168.100.0   0.0.0.0         255.255.255.0   U     100    0        0 ens33
192.168.200.0   0.0.0.0         255.255.255.0   U     0      0        0 ens33
root@Ubuntu:~#
```

图5.8　删除一条屏蔽路由

5. ping 命令检测网络连通性

ping 命令是 Linux 操作系统中使用非常频繁的命令，用来测试主机之间网络的连通性。ping 命令使用的是互联网控制报文协议（Internet Control Message Protocol，ICMP），它发送 ICMP 回送请求消息给目标主机，ICMP 规定，目标主机必须返回 ICMP 回送应答消息给源主机，如果源主机在一定时间内收到应答消息，则认为主机可达，否则不可达。其命令格式如下。

```
ping [选项] [目标网络]
```

ping 命令各选项及其功能说明如表 5.11 所示。

表 5.11　ping 命令各选项及其功能说明

选项	功能说明
-c<完成次数>	设置要求回应的次数
-f	极限检测
-i<时间间隔秒数>	指定收发信息的时间间隔
-I<网络界面>	使用指定的网络界面发送数据包
-n	只输出数值
-p<范本样式>	设置填满数据包的范本样式
-q	不显示指令执行过程，但开头和结尾的相关信息除外
-r	忽略普通的路由表，直接将数据包发送到远端主机上
-R	记录路由过程
-s<数据包大小>	设置数据包的大小
-t<存活数值>	设置存活数值的大小
-v	显示指令的详细执行过程

使用 ping 命令检测网络连通性，执行操作如下。

（1）在 Linux 操作系统中使用不带选项的 ping 命令后，系统会一直不断地发送检测包，直到按“Ctrl+C”组合键终止，执行命令如下。

```
root@Ubuntu:~# ping   www.163.com
```

命令执行结果如图 5.9 所示。

```
root@Ubuntu:~# ping  www.163.com
PING z163ipv6.v.lnyd.bscloudcdn.com (117.161.111.188) 56(84) bytes of data.
64 比特，来自 117.161.111.188: icmp_seq=1 ttl=128 时间=38.9 毫秒
64 比特，来自 117.161.111.188: icmp_seq=2 ttl=128 时间=38.6 毫秒
64 比特，来自 117.161.111.188: icmp_seq=3 ttl=128 时间=38.4 毫秒
64 比特，来自 117.161.111.188: icmp_seq=4 ttl=128 时间=38.6 毫秒
^C
--- z163ipv6.v.lnyd.bscloudcdn.com ping 统计 ---
已发送 4 个包， 已接收 4 个包，0% 包丢失，耗时 12056 毫秒
rtt min/avg/max/mdev = 38.400/38.612/38.878/0.171 ms
root@Ubuntu:~#
```

图 5.9　使用不带选项的 ping 命令

（2）指定回应次数和时间间隔，设置回应次数为 4 次，时间间隔为 1s，执行命令如下。

```
root@Ubuntu:~# ping   -c   4   -i   1   www.163.com
```

命令执行结果如图 5.10 所示。

```
root@Ubuntu:~# ping  -c  4  -i  1  www.163.com
PING z163ipv6.v.lnyd.bscloudcdn.com (117.161.111.188) 56(84) bytes of data.
64 比特，来自 117.161.111.188: icmp_seq=1 ttl=128 时间=38.7 毫秒
64 比特，来自 117.161.111.188: icmp_seq=2 ttl=128 时间=38.6 毫秒
64 比特，来自 117.161.111.188: icmp_seq=3 ttl=128 时间=38.5 毫秒
64 比特，来自 117.161.111.188: icmp_seq=4 ttl=128 时间=38.3 毫秒

--- z163ipv6.v.lnyd.bscloudcdn.com ping 统计 ---
已发送 4 个包， 已接收 4 个包，0% 包丢失，耗时 12055 毫秒
rtt min/avg/max/mdev = 38.345/38.542/38.720/0.133 ms
root@Ubuntu:~#
```

图 5.10　指定回应次数和时间间隔

6. netstat 命令查看网络信息

netstat 命令是一个综合的网络状态查看命令，可以从显示的 Linux 操作系统的网络状态信息中得知整个 Linux 操作系统的网络情况，包括网络连接、路由表、接口状态、网络链路和组播成员等。其命令格式如下。

```
netstat [选项]
```

netstat 命令各选项及其功能说明如表 5.12 所示。

表 5.12　netstat 命令各选项及其功能说明

选项	功能说明
-a、--all	显示所有连接中的端口 Socket
-A<网络类型>、--<网络类型>	列出该网络类型连接中的相关地址
-c、--continuous	持续列出网络状态
-C、--cache	显示路由器配置的缓存信息
-e、--extend	显示网络其他相关信息
-F、--fib	显示 FIB
-g、--groups	显示组播成员名单
-h、--help	在线帮助
-i、--interfaces	显示网络界面信息表单
-l、--listening	显示监控中的服务器的 Socket
-M、--masquerade	显示伪装的网络连接
-n、--numeric	直接使用 IP 地址，而不通过域名服务器
-N、--netlink、--sysmbolic	显示网络硬件外围设备的符号连接名称
-o、--times	显示计时器
-p、--programs	显示正在使用的 Socket 的程序识别码和程序名称
-r、--route	显示路由表
-s、--statistics	显示网络工作信息统计表
-t、--tcp	显示 TCP 的连接状况
-u、--udp	显示 UDP 的连接状况
-v、--verbose	显示指令执行过程
-V、--version	显示版本信息

使用 netstat 命令查看网络状态相关信息，执行操作如下。

（1）查看网络接口列表信息，执行命令如下。

```
root@Ubuntu:~# netstat  -i
```

命令执行结果如图 5.11 所示。

```
root@Ubuntu:~# netstat  -i
Kernel Interface table
Iface       MTU    RX-OK RX-ERR RX-DRP RX-OVR    TX-OK TX-ERR TX-DRP TX-OVR Flg
ens33      1500    29355      0      0 0         14372      0      0      0 BMRU
lo        65536      564      0      0 0           564      0      0      0 LRU
root@Ubuntu:~#
```

图 5.11　查看网络接口列表信息

（2）查看网络所有连接端口的信息，执行命令如下。

```
root@Ubuntu:~# netstat  -an  |  more
```

命令执行结果如图 5.12 所示。

```
root@Ubuntu:~# netstat  -an  | more
激活Internet连接 (服务器和已建立连接的)
Proto Recv-Q Send-Q Local Address           Foreign Address         State
tcp        0      0 127.0.0.53:53           0.0.0.0:*               LISTEN
tcp        0      0 0.0.0.0:22              0.0.0.0:*               LISTEN
tcp        0      0 127.0.0.1:631           0.0.0.0:*               LISTEN
tcp        0     52 192.168.100.100:22      192.168.100.1:50636     ESTABLISHE
D
tcp6       0      0 :::22                   :::*                    LISTEN
tcp6       0      0 ::1:631                 :::*                    LISTEN
udp        0      0 0.0.0.0:38026           0.0.0.0:*
udp        0      0 0.0.0.0:5353            0.0.0.0:*
udp        0      0 127.0.0.53:53           0.0.0.0:*
udp        0      0 0.0.0.0:631             0.0.0.0:*
udp6       0      0 :::5353                 :::*
udp6       0      0 :::41490                :::*
raw6       0      0 :::58                   :::*                    7
活跃的UNIX域套接字 (服务器和已建立连接的)
Proto RefCnt Flags       Type       State         I-Node   路径
unix  3      [ ]         数据报                    30946    /run/systemd/notify
unix  2      [ ACC ]     流         LISTENING     47258    @/tmp/.ICE-unix/1035
unix  2      [ ACC ]     SEQPACKET  LISTENING     30976    /run/udev/control
unix  2      [ ]         数据报                    53684    /run/user/1000/systemd
/notify
unix  2      [ ]         数据报                    46226    /run/user/125/systemd/
notify
unix  2      [ ACC ]     流         LISTENING     53687    /run/user/1000/syste
```

图 5.12　查看网络所有连接端口的信息

（3）查看网络所有 TCP 端口连接的信息，执行命令如下。

```
root@Ubuntu:~# netstat  -at
```

命令执行结果如图 5.13 所示。

（4）查看网络组播成员名单信息，执行命令如下。

```
root@Ubuntu:~# netstat  -g
```

命令执行结果如图 5.14 所示。

```
root@Ubuntu:~# netstat  -at
激活Internet连接 (服务器和已建立连接的)
Proto Recv-Q Send-Q Local Address           Foreign Address         State
tcp        0      0 localhost:domain        0.0.0.0:*               LISTEN
tcp        0      0 0.0.0.0:ssh             0.0.0.0:*               LISTEN
tcp        0      0 localhost:ipp           0.0.0.0:*               LISTEN
tcp        0      0 Ubuntu:ssh              192.168.100.1:50636     ESTABLISHE
D
tcp6       0      0 [::]:ssh                [::]:*                  LISTEN
tcp6       0      0 ip6-localhost:ipp       [::]:*                  LISTEN
root@Ubuntu:~#
```

图 5.13　查看网络所有 TCP 端口连接的信息

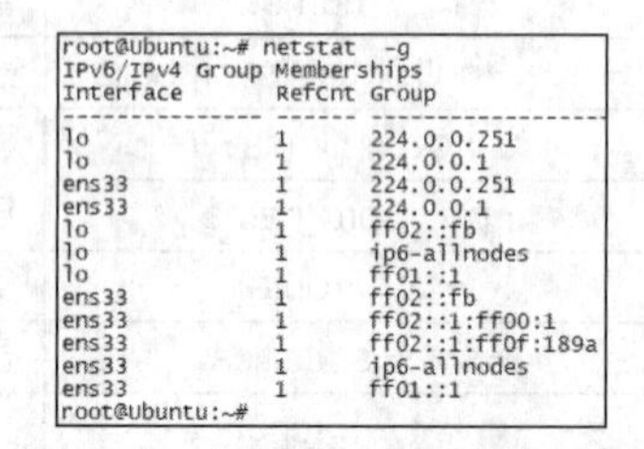

```
root@Ubuntu:~# netstat  -g
IPv6/IPv4 Group Memberships
Interface       RefCnt Group
--------------- ------ ---------------------
lo              1      224.0.0.251
lo              1      224.0.0.1
ens33           1      224.0.0.251
ens33           1      224.0.0.1
lo              1      ff02::fb
lo              1      ip6-allnodes
lo              1      ff01::1
ens33           1      ff02::fb
ens33           1      ff02::1:ff00:1
ens33           1      ff02::1:ff0f:189a
ens33           1      ip6-allnodes
ens33           1      ff01::1
root@Ubuntu:~#
```

图 5.14　查看网络组播成员名单信息

7. nslookup 命令查询 DNS 信息

nslookup 命令是常用的域名查询命令，用于查询 DNS 信息，其有两种工作模式，即交互模式和非交互模式。在交互模式下，用户可以向 DNS 服务器查询各类主机、域名信息，或者输出域名中的主机列表；在非交互模式下，用户可以针对一个主机或域名获取特定的名称或所需信息。其命令格式如下。

```
nslookup  域名
```

使用 nslookup 命令进行域名查询，执行操作如下。

（1）在交互模式下，使用 nslookup 命令查询域名相关信息，直到按“Ctrl+C”组合键退出查询模式，执行命令如下。

```
root@Ubuntu:~# nslookup
```

命令执行结果如图 5.15 所示。

（2）在非交互模式下，使用 nslookup 命令查询域名相关信息，执行命令如下。

```
root@Ubuntu:~# nslookup   www.163.com
```

命令执行结果如图 5.16 所示。

```
root@Ubuntu:~# nslookup
> www.lncc.edu.cn
Server:         127.0.0.53
Address:        127.0.0.53#53

Non-authoritative answer:
Name:   www.lncc.edu.cn
Address: 202.199.187.105
Name:   www.lncc.edu.cn
Address: 2001:da8:9016:1:1721::66
> www.163.com
Server:         127.0.0.53
Address:        127.0.0.53#53

Non-authoritative answer:
www.163.com     canonical name = www.163.com.163jiasu.com.
www.163.com.163jiasu.com        canonical name = www.163.com.bsgslb.cn.
www.163.com.bsgslb.cn   canonical name = z163ipv6.v.bsgslb.cn.
z163ipv6.v.bsgslb.cn    canonical name = z163ipv6.v.lnyd.bscloudcdn.com.
Name:   z163ipv6.v.lnyd.bscloudcdn.com
Address: 117.161.111.188
Name:   z163ipv6.v.lnyd.bscloudcdn.com
Address: 111.43.166.185
Name:   z163ipv6.v.lnyd.bscloudcdn.com
Address: 111.43.166.186
Name:   z163ipv6.v.lnyd.bscloudcdn.com
Address: 2409:8c14:f13:8e01:0:1:0:6
Name:   z163ipv6.v.lnyd.bscloudcdn.com
Address: 2409:8c14:f13:8e01:0:1:0:c
Name:   z163ipv6.v.lnyd.bscloudcdn.com
Address: 2409:8c14:f13:8e01:0:1:0:a
> 
```

图 5.15　在交互模式下查询域名相关信息

```
root@Ubuntu:~# nslookup  www.163.com
Server:         127.0.0.53
Address:        127.0.0.53#53

Non-authoritative answer:
www.163.com     canonical name = www.163.com.163jiasu.com.
www.163.com.163jiasu.com        canonical name = www.163.com.bsgslb.cn.
www.163.com.bsgslb.cn   canonical name = z163ipv6.v.bsgslb.cn.
z163ipv6.v.bsgslb.cn    canonical name = z163ipv6.v.lnyd.bscloudcdn.com.
Name:   z163ipv6.v.lnyd.bscloudcdn.com
Address: 111.43.166.186
Name:   z163ipv6.v.lnyd.bscloudcdn.com
Address: 117.161.111.188
Name:   z163ipv6.v.lnyd.bscloudcdn.com
Address: 111.43.166.185
Name:   z163ipv6.v.lnyd.bscloudcdn.com
Address: 2409:8c14:f13:8e01:0:1:0:c
Name:   z163ipv6.v.lnyd.bscloudcdn.com
Address: 2409:8c14:f13:8e01:0:1:0:6
Name:   z163ipv6.v.lnyd.bscloudcdn.com
Address: 2409:8c14:f13:8e01:0:1:0:a

root@Ubuntu:~#
```

图 5.16　在非交互模式下查询域名相关信息

8. traceroute 命令追踪路由

traceroute 命令用于追踪网络数据包的路由途径，通过 traceroute 命令可以知道源计算机到达互联网另一端的主机的路径。其命令格式如下。

```
traceroute  [选项]  [目标主机或 IP 地址]
```

traceroute 命令各选项及其功能说明如表 5.13 所示。

表 5.13　traceroute 命令各选项及其功能说明

选项	功能说明
-d	使用 Socket 层级的排错功能
-f<存活数值>	设置第一个检测数据包的存活数值的大小
-g<网关>	设置来源路由网关，最多可设置 8 个
-i<网络界面>	使用指定的网络界面发送数据包
-I	使用 ICMP 回应取代 UDP 资料信息
-m<存活数值>	设置检测数据包的最大存活数值的大小
-n	直接使用 IP 地址而非主机名称
-p<通信端口>	设置 UDP 的通信端口
-q	发送数据包检测次数
-r	忽略普通的路由表，直接将数据包送到远端主机上
-s<来源地址>	设置本地主机发送数据包的 IP 地址
-t<服务类型>	设置检测数据包的 TOS 数值
-v	显示指令的详细执行过程

使用 traceroute 命令追踪网络数据包的路由途径，执行操作如下。

（1）查看本地到网易（www.163.com）的路由访问情况，直到按“Ctrl+C”组合键终止，执行命令如下。

```
root@Ubuntu:~# apt  install  traceroute
root@Ubuntu:~# traceroute  -q  4  www.163.com
```

命令执行结果如图 5.17 所示。

说明　**记录按序号从 1 开始，每个记录就是一跳，一跳表示一个网关，可以看到每行有 4 个时间，单位都是 ms，这其实就是探测数据包向每个网关发送 4 个数据包，网关响应后返回的时间。有时会看到一些行是以“*”符号表示的，之所以出现这样的情况，可能是因为防火墙拦截了 ICMP 的返回信息，所以得不到相关的返回数据。**

（2）将跳数设置为 5 后，查看本地到网易（www.163.com）的路由访问情况，执行命令如下。

```
root@Ubuntu:~# traceroute  -m  5  www.163.com
```

命令执行结果如图 5.18 示。

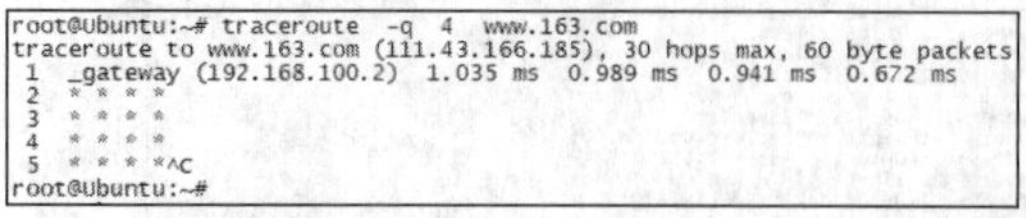

```
root@Ubuntu:~# traceroute  -q  4  www.163.com
traceroute to www.163.com (111.43.166.185), 30 hops max, 60 byte packets
 1  _gateway (192.168.100.2)  1.035 ms  0.989 ms  0.941 ms  0.672 ms
 2  * * * *
 3  * * * *
 4  * * * *
 5  * * * *^C
root@Ubuntu:~#
```

图 5.17 查看本地到网易（www.163.com）的路由访问情况

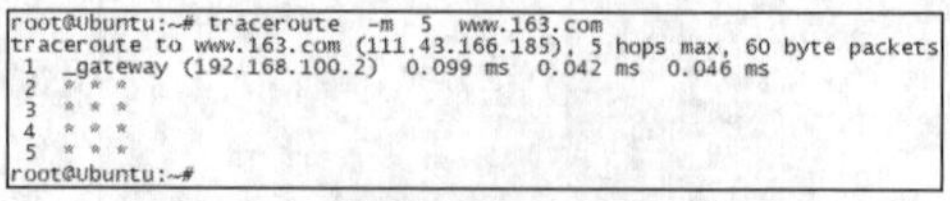

```
root@Ubuntu:~# traceroute  -m  5  www.163.com
traceroute to www.163.com (111.43.166.185), 5 hops max, 60 byte packets
 1  _gateway (192.168.100.2)  0.099 ms  0.042 ms  0.046 ms
 2  * * *
 3  * * *
 4  * * *
 5  * * *
root@Ubuntu:~#
```

图 5.18 设置跳数后的路由访问情况

（3）查看路由访问情况，显示 IP 地址，不查看主机名，执行命令如下。

```
root@Ubuntu:~# traceroute  -n  www.163.com
```

命令执行结果如图 5.19 所示。

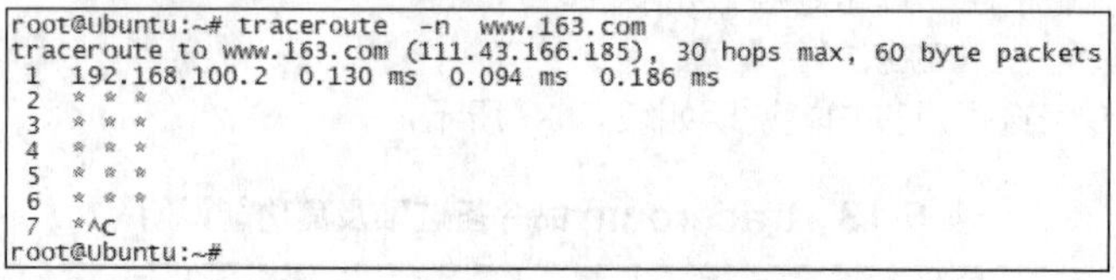

```
root@Ubuntu:~# traceroute  -n  www.163.com
traceroute to www.163.com (111.43.166.185), 30 hops max, 60 byte packets
 1  192.168.100.2  0.130 ms  0.094 ms  0.186 ms
 2  * * *
 3  * * *
 4  * * *
 5  * * *
 6  * * *
 7  *^C
root@Ubuntu:~#
```

图 5.19 显示 IP 地址，不查看主机名

9. ip 命令查看网络配置

ip 命令是 iproute2 软件包中的一个强大的网络配置命令，用来显示或操作路由、网络设备、策略路由和隧道等，它能够替代一些传统的网络管理命令，如 ifconfig、route 等。其命令格式如下。

```
ip  [选项]  [操作对象]  [命令]  [参数]
```

ip 命令各选项及其功能说明如表 5.14 所示。

表 5.14 ip 命令各选项及其功能说明

选项	功能说明
-V、-Version	输出 IP 的版本信息并退出
-s、-stats、-statistics	输出更为详尽的信息，如果这个选项出现两次或者多次，则输出的信息会更加详尽
-f、-family	后面接协议种类，包括 inet、inet6 或 link，用于强调使用的协议种类
-4	-family inet 的简写
-6	-family inet6 的简写
-o、oneline	对每行记录都使用单行输出，换行用字符代替，如果需要使用 wc、grep 等命令处理 IP 地址的输出，则会用到这个选项
-r、-resolve	查询域名解析系统，以获得的主机名代替主机 IP 地址

ip 命令各操作对象及其功能说明如表 5.15 所示。

表 5.15 ip 命令各操作对象及其功能说明

操作对象	功能说明
link	网络设备
address	一个设备的协议地址（IPv4 或者 IPv6）
neighbor	ARP 或者 NDISC 缓冲区条目
route	路由表条目
rule	路由策略数据库中的规则
maddress	多播地址

续表

操作对象	功能说明
mroute	多播路由缓冲区条目
tunnel	IP 中的通道

iproute2 是 Linux 操作系统中管理控制 TCP/IP 网络和流量的新一代工具包，旨在替代工具链（net-tools），即大家比较熟悉的 ifconfig、arp、route、netstat 等命令。net-tools 和 iproute2 命令的对比如表 5.16 所示。

表 5.16　net-tools 和 iproute2 命令的对比

net-tools 命令	iproute2 命令	功能说明
arp -na	ip neigh	用于将一个 IP 地址转换成其对应的物理地址
ifconfig	ip link	查看链路层的状态
ifconfig -a	ip addr show	查看所有网卡 IP 地址
ifconfig -help	ip help	查看网卡的帮助信息
ifconfig -s	ip -s link	查看链路层的状态，并对输出的内容进行简单的注解
ifconfig eth0 up	ip link set eth0 up	启用指定接口
ipmaddr	ip maddr	用于添加、删除、显示多播地址
netstat	ss	显示网络连接、路由表和网络接口信息，可以让用户得知有哪些网络连接正在运作
netstat -i	ip -s link	查看链路层的状态，并对输出的内容进行简单的注解
netstat -g	ip addr	查看指定网卡 IP 地址
netstat -r	ip route	显示路由信息
route add	ip route add	添加路由
route del	ip route del	删除路由
route -n	ip route show	列出路由表条目
vconfig	ip link	查看链路层的状态

使用 ip 命令配置网络信息，执行操作如下。

（1）使用 ip 命令查看网络地址配置情况，执行命令如下。

```
root@Ubuntu:~# ip   addr   show
```

命令执行结果如图 5.20 所示。

```
root@Ubuntu:~# ip   addr   show
1: lo: <LOOPBACK,UP,LOWER_UP> mtu 65536 qdisc noqueue state UNKNOWN group default qlen 1000
    link/loopback 00:00:00:00:00:00 brd 00:00:00:00:00:00
    inet 127.0.0.1/8 scope host lo
       valid_lft forever preferred_lft forever
    inet6 ::1/128 scope host
       valid_lft forever preferred_lft forever
2: ens33: <BROADCAST,MULTICAST,UP,LOWER_UP> mtu 1500 qdisc fq_codel state UP group default qlen 1000
    link/ether 00:0c:29:ab:16:e7 brd ff:ff:ff:ff:ff:ff
    altname enp2s1
    inet 192.168.100.100/24 brd 192.168.100.255 scope global noprefixroute ens33
       valid_lft forever preferred_lft forever
    inet6 fe80::6905:2215:fd0f:189a/64 scope link noprefixroute
       valid_lft forever preferred_lft forever
root@Ubuntu:~#
```

图 5.20　使用 ip 命令查看网络地址配置情况

（2）使用 ip 命令查看链路配置情况，执行命令如下。

```
root@Ubuntu:~# ip   link
```

命令执行结果如图 5.21 所示。

```
root@Ubuntu:~# ip  link
1: lo: <LOOPBACK,UP,LOWER_UP> mtu 65536 qdisc noqueue state UNKNOWN mode DEFAULT group default qlen 1000
    link/loopback 00:00:00:00:00:00 brd 00:00:00:00:00:00
2: ens33: <BROADCAST,MULTICAST,UP,LOWER_UP> mtu 1500 qdisc fq_codel state UP mode DEFAULT group default qlen 1000
    link/ether 00:0c:29:ab:16:e7 brd ff:ff:ff:ff:ff:ff
    altname enp2s1
root@Ubuntu:~#
```

图 5.21　使用 ip 命令查看链路配置情况

（3）使用 ip 命令查看路由表信息，执行命令如下。

```
root@Ubuntu:~# ip   route
```

命令执行结果如图 5.22 所示。

```
root@Ubuntu:~# ip  route
default via 192.168.100.2 dev ens33 proto static metric 100
169.254.0.0/16 dev ens33 scope link metric 1000
192.168.100.0/24 dev ens33 proto kernel scope link src 192.168.100.100 metric 100
root@Ubuntu:~#
```

图 5.22　使用 ip 命令查看路由表信息

（4）使用 ip 命令查看链路信息，执行命令如下。

```
root@Ubuntu:~# ip   link   show   ens33
```

命令执行结果如图 5.23 所示。

```
root@Ubuntu:~# ip  link  show  ens33
2: ens33: <BROADCAST,MULTICAST,UP,LOWER_UP> mtu 1500 qdisc fq_codel state UP mode DEFAULT group default qlen 1000
    link/ether 00:0c:29:ab:16:e7 brd ff:ff:ff:ff:ff:ff
    altname enp2s1
root@Ubuntu:~#
```

图 5.23　使用 ip 命令查看链路信息

（5）使用 ip 命令查看接口统计信息，执行命令如下。

```
root@Ubuntu:~# ip   -s   link   ls   ens33
```

命令执行结果如图 5.24 所示。

```
root@Ubuntu:~# ip  -s  link  ls  ens33
2: ens33: <BROADCAST,MULTICAST,UP,LOWER_UP> mtu 1500 qdisc fq_codel state UP mode DEFAULT group default qlen 1000
    link/ether 00:0c:29:ab:16:e7 brd ff:ff:ff:ff:ff:ff
    RX: bytes  packets  errors  dropped overrun mcast
    191528     1256     0       0       0       0
    TX: bytes  packets  errors  dropped carrier collsns
    129952     1179     0       0       0       0
    altname enp2s1
root@Ubuntu:~#
```

图 5.24　使用 ip 命令查看接口统计信息

（6）使用 ip 命令查看 ARP 表信息，执行命令如下。

```
root@Ubuntu:~# ip   neigh   show
```

命令执行结果如图 5.25 所示。

```
root@Ubuntu:~# ip  neigh  show
192.168.100.2 dev ens33 lladdr 00:50:56:ec:50:ce STALE
192.168.100.1 dev ens33 lladdr 00:50:56:c0:00:08 REACHABLE
root@Ubuntu:~#
```

图 5.25　使用 ip 命令查看 ARP 表信息

5.3.2　系统监控管理

系统监控是系统管理员的主要工作之一。Linux 操作系统提供了各种监控工具以帮助用户完成系统监控工作，本节将对这些工具进行简单介绍。

1．磁盘监控

iostat 命令用于查看 CPU 利用率和磁盘性能等相关数据。有时候系统响应慢，传送数据也慢，这可能是由多方面原因导致的，如 CPU 利用率过高、网络环境差、系统平均负载过高，甚至是磁盘已经损坏，因此，在系统性能出现问题时，磁盘性能是一个值得分析的重要指标。

iostat 命令格式如下。

```
iostat  [选项]
```

iostat 命令各选项及其功能说明如表 5.17 所示。

表 5.17　iostat 命令各选项及其功能说明

选项	功能说明
-c	只显示 CPU 利用率
-d	只显示磁盘利用率
-p	可以报告每个磁盘的每个分区的使用情况
-k	以 B/s 为单位显示磁盘利用率报告
-x	显示扩张统计
-n	显示 NTFS 报告

使用 iostat 命令查看 CPU 和磁盘性能等相关数据，执行操作如下。

（1）使用 iostat 命令查看 CPU 和磁盘的利用率，执行命令如下。

```
root@Ubuntu:~# apt  install  sysstat
root@Ubuntu:~# iostat  -c
root@Ubuntu:~# iostat  -d
```

命令执行结果如图 5.26 所示。

```
root@Ubuntu:~# iostat  -c
Linux 5.8.0-63-generic (Ubuntu)        2021年08月02日  _x86_64_        (1 CPU)

avg-cpu:  %user   %nice %system %iowait  %steal   %idle
           0.70    0.50    1.00    0.70    0.00   97.10


root@Ubuntu:~# iostat  -d
Linux 5.8.0-63-generic (Ubuntu)        2021年08月02日  _x86_64_        (1 CPU)

Device             tps    kB_read/s    kB_wrtn/s    kB_dscd/s    kB_read    kB_wrtn    kB_dscd
loop0             0.01         0.12         0.00         0.00        344          0          0
loop1             0.02         0.39         0.00         0.00       1079          0          0
loop10            0.00         0.01         0.00         0.00         18          0          0
loop2             0.02         0.38         0.00         0.00       1061          0          0
loop3             0.02         0.39         0.00         0.00       1069          0          0
loop4             0.02         0.13         0.00         0.00        360          0          0
loop5             0.02         0.39         0.00         0.00       1081          0          0
loop6             0.01         0.12         0.00         0.00        345          0          0
loop7             0.02         0.13         0.00         0.00        359          0          0
loop8             0.23         7.32         0.00         0.00      20208          0          0
loop9             0.01         0.12         0.00         0.00        344          0          0
sda               6.49       209.79        52.86         0.00     579082     145913          0
sdb               0.06         1.51         0.00         0.00       4180          0          0
sdc               0.06         1.51         0.00         0.00       4180          0          0
sdd               0.06         1.51         0.00         0.00       4180          0          0
sde               0.06         1.51         0.00         0.00       4180          0          0
sdf               0.04         0.76         0.00         0.00       2100          0          0
scd0              0.02         0.38         0.00         0.00       1050          0          0

root@Ubuntu:~#
```

图 5.26　查看 CPU 和磁盘的利用率

（2）使用 iostat 命令显示磁盘整体状态信息，执行命令如下。

```
root@Ubuntu:~# iostat  -x
```

命令执行结果如图 5.27 所示。

```
root@Ubuntu:~# iostat  -x
Linux 5.8.0-63-generic (Ubuntu)        2021年08月02日  _x86_64_        (1 CPU)

avg-cpu:  %user   %nice %system %iowait  %steal   %idle
           0.68    0.48    0.96    0.67    0.00   97.21

Device            r/s     rkB/s   rrqm/s  %rrqm r_await rareq-sz     w/s     wkB/s   wrqm/s  %wrqm w_await wareq-sz     d/s     dkB/s   drqm/s  %drqm d_await dareq-sz  aqu-sz  %util
loop0            0.01      0.12     0.00   0.00   27.71     8.39    0.00      0.00     0.00   0.00    0.00     0.00    0.00      0.00     0.00   0.00    0.00     0.00    0.00   0.04
loop1            0.02      0.38     0.00   0.00   17.49    21.16    0.00      0.00     0.00   0.00    0.00     0.00    0.00      0.00     0.00   0.00    0.00     0.00    0.00   0.03
loop10           0.00      0.01     0.00   0.00    0.08     1.50    0.00      0.00     0.00   0.00    0.00     0.00    0.00      0.00     0.00   0.00    0.00     0.00    0.00   0.00
loop2            0.02      0.37     0.00   0.00   23.60    19.29    0.00      0.00     0.00   0.00    0.00     0.00    0.00      0.00     0.00   0.00    0.00     0.00    0.00   0.04
loop3            0.02      0.37     0.00   0.00   10.06    17.24    0.00      0.00     0.00   0.00    0.00     0.00    0.00      0.00     0.00   0.00    0.00     0.00    0.00   0.01
loop4            0.02      0.13     0.00   0.00   17.31     7.50    0.00      0.00     0.00   0.00    0.00     0.00    0.00      0.00     0.00   0.00    0.00     0.00    0.00   0.03
loop5            0.02      0.38     0.00   0.00   12.62    18.02    0.00      0.00     0.00   0.00    0.00     0.00    0.00      0.00     0.00   0.00    0.00     0.00    0.00   0.02
loop6            0.01      0.12     0.00   0.00   22.83     8.41    0.00      0.00     0.00   0.00    0.00     0.00    0.00      0.00     0.00   0.00    0.00     0.00    0.00   0.03
loop7            0.02      0.13     0.00   0.00   12.25     7.48    0.00      0.00     0.00   0.00    0.00     0.00    0.00      0.00     0.00   0.00    0.00     0.00    0.00   0.02
loop8            0.22      7.05     0.00   0.00    5.26    32.13    0.00      0.00     0.00   0.00    0.00     0.00    0.00      0.00     0.00   0.00    0.00     0.00    0.00   0.19
loop9            0.01      0.12     0.00   0.00   14.24     8.39    0.00      0.00     0.00   0.00    0.00     0.00    0.00      0.00     0.00   0.00    0.00     0.00    0.00   0.02
sda              4.98    202.06     2.64  34.61    8.50    40.57    1.29     50.91     1.69  56.69    1.04    39.47    0.00      0.00     0.00   0.00    0.00     0.00    0.04   1.37
sdb              0.06      1.46     0.00   0.00    0.51    26.29    0.00      0.00     0.00   0.00    0.00     0.00    0.00      0.00     0.00   0.00    0.00     0.00    0.00   0.00
sdc              0.06      1.46     0.00   0.00    0.86    26.29    0.00      0.00     0.00   0.00    0.00     0.00    0.00      0.00     0.00   0.00    0.00     0.00    0.00   0.01
sdd              0.06      1.46     0.00   0.00    0.64    26.29    0.00      0.00     0.00   0.00    0.00     0.00    0.00      0.00     0.00   0.00    0.00     0.00    0.00   0.00
sde              0.06      1.46     0.00   0.00    0.84    26.29    0.00      0.00     0.00   0.00    0.00     0.00    0.00      0.00     0.00   0.00    0.00     0.00    0.00   0.01
sdf              0.04      0.73     0.00   0.00    0.06    20.39    0.00      0.00     0.00   0.00    0.00     0.00    0.00      0.00     0.00   0.00    0.00     0.00    0.00   0.00
scd0             0.01      0.37     0.00   0.00    1.71    25.01    0.00      0.00     0.00   0.00    0.00     0.00    0.00      0.00     0.00   0.00    0.00     0.00    0.00   0.00

root@Ubuntu:~#
```

图 5.27　显示磁盘整体状态信息

iostat 命令各字段输出参数及其功能说明如表 5.18 所示。

表 5.18　iostat 命令各字段输出参数及其功能说明

字段输出参数	功能说明
tps	每秒 I/O 数（磁盘连续读和连续写之和）
Blk_read/s	每秒从设备读取的数据大小，单位为 block/s（块每秒）
Blk_wrtn/s	每秒写入设备的数据大小，单位为 block/s
Blk_read	从磁盘读出的块的总和
Blk_wrtn	写入磁盘的块的总和
kb_read/s	每秒从磁盘读取的数据大小，单位为 KB/s
kb_wrtn/s	每秒写入磁盘的数据大小，单位为 KB/s
kb_read	从磁盘读出的数据总和，单位为 KB
kb_wrtn	写入磁盘的数据总和，单位为 KB
rrqm/s	每秒合并到设备的读请求数
wrqm/s	每秒合并到设备的写请求数
r/s	每秒向磁盘发起的读操作数
w/s	每秒向磁盘发起的写操作数
rsec/s	每秒向磁盘发起读取的扇区数量
wsec/s	每秒向磁盘发起写入的扇区数量
avgrq-sz	I/O 请求的平均大小，以扇区为单位
avgqu-sz	向设备发起 I/O 请求队列的平均长度
await	I/O 请求的平均等待时间，单位为 ms，包括请求队列消耗的时间和为每个请求服务的时间
svctm	I/O 请求的平均服务时间，单位为 ms
%util	处理 I/O 请求所占用的百分比，即设备利用率，当这个值接近 100%时，表示磁盘 I/O 已经饱和

2．内存监控

vmstat 命令可用于实时动态地监控操作系统的虚拟内存、进程、磁盘、CPU 的活动等。其命令格式如下。

```
vmstat  [选项]
```

vmstat 命令各选项及其功能说明如表 5.19 所示。

表 5.19　vmstat 命令各选项及其功能说明

选项	功能说明
-a	显示活跃和非活跃内存
-f	显示从系统启动至今的 fork 数量
-m	显示 slabinfo 信息
-n	只在开始时显示一次各字段的名称
-s	显示内存相关统计信息及各种系统活动数量
-d	显示磁盘相关统计信息
-p	显示指定磁盘分区统计信息
-S	使用指定单位显示，参数有 k、K、m、M，分别代表 1000 字节、1024 字节、1000000 字节、1048576 字节，默认单位为 K（1024 字节）
-V	显示版本信息

使用 vmstat 命令实时动态地监控操作系统的虚拟内存、进程、磁盘、CPU 的活动等情况，执行操作如下。

（1）使用 vmstat 命令查看内存、磁盘使用情况，执行命令如下。

```
root@Ubuntu:~# vmstat  -a
```

命令执行结果如图 5.28 所示。

```
root@Ubuntu:~# vmstat  -a
procs -----------memory---------- ---swap-- -----io---- -system-- ------cpu-----
 r  b 交换 空闲 不活动 活动   si   so    bi    bo   in   cs us sy id wa st
 0  0      0 2999444 355664 592624    0    0   208    49   48 121  1  1 97  1  0
root@Ubuntu:~#
```

图 5.28　查看内存、磁盘使用情况

（2）使用 vmstat 命令，每 3s 显示一次系统内存统计信息，总共显示 5 次，执行命令如下。

```
root@Ubuntu:~# vmstat  3  5
```

命令执行结果如图 5.29 所示。

```
root@Ubuntu:~# vmstat  3  5
procs -----------memory---------- ---swap-- -----io---- -system-- ------cpu-----
 r  b 交换 空闲 缓冲 缓存   si   so    bi    bo   in   cs us sy id wa st
 0  0      0 2998152  43640 668652    0    0   203    48   48  120  1  1 97  1  0
 0  0      0 2998144  43640 668652    0    0     0     5   39   63  0  0 100  0  0
 0  0      0 2998144  43640 668652    0    0     0     0   37   64  0  0 100  0  0
 0  0      0 2998144  43640 668652    0    0     0     0   34   55  0  0 100  0  0
 0  0      0 2998144  43640 668652    0    0     0     0   34   57  0  0 100  0  0
root@Ubuntu:~#
```

图 5.29　显示系统内存统计信息

vmstat 命令各字段输出参数及其功能说明如表 5.20 所示。

表 5.20　vmstat 命令各字段输出参数及其功能说明

字段输出参数（进程）	功能说明
r	运行队列中的进程数
b	等待 I/O 的进程数
字段输出参数（内存）	**功能说明**
swpd	使用虚拟内存大小
free	可用内存大小
buff	用作缓存的内存大小
cache	用作高速缓存的内存大小
字段输出参数（交换分区）	**功能说明**
si	每秒从交换分区写入内存的大小
so	每秒写入交换分区的内存大小
字段输出参数（I/O）	**功能说明**
bi	每秒读取的块数
bo	每秒写入的块数
字段输出参数（系统）	**功能说明**
in	每秒中断数，包括时钟中断
cs	每秒上下文切换数
字段输出参数（CPU）	**功能说明**
us	用户进程执行时间
sy	系统进程执行时间

续表

字段输出参数（CPU）	功能说明
id	空闲时间（包括 I/O 等待时间）
wa	I/O 等待时间
st	显示虚拟机监控程序在为另一个虚拟处理器提供服务时，虚拟 CPU 或 CPU 非自愿等待的时间比例

3. CPU 监控

在 Linux 操作系统中监控 CPU 的性能时，主要关注 3 个指标：运行队列、CPU 使用率、上下文切换。

（1）运行队列

每个 CPU 都维护着一个进程的运行队列，理论上调试器应该不断地运行和执行进程，进程未处于睡眠状态（阻塞和等待 I/O）时就表示处于可运行状态。如果 CPU 子系统处于高负荷下，则意味着内核调试器将无法及时响应系统请求，导致的结果就是可运行状态进程阻塞在运行队列中，当运行队列越来越大的时候，进程将花费更多的时间来获取被执行的机会。

（2）CPU 使用率

CPU 使用率即 CPU 使用的百分比，是评估系统性能的一个非常重要的度量指标。多数系统性能监控工具关于 CPU 使用率的分类大概有以下几种。

① User Time（用户进程的时间）：用户空间中被执行进程占 CPU 时间的百分比。

② System Time（内核线程及中断时间）：内核空间中进程和中断占 CPU 时间的百分比。

③ Wait I/O Time（I/O 请求等待时间）：所有进程被阻塞时，等待完成一次 I/O 请求所占 CPU 时间的百分比。

④ Idle Time（空闲时间）：一个空闲状态的进程占 CPU 时间的百分比。

（3）上下文切换

现代的处理器大都能够运行一个进程（单一线程）或者线程，多路超线程处理器则有能力运行多个线程，若 Linux 内核在一个双核处理器上，则其将显示为两个独立的处理器。

一个标准的 Linux 操作系统内核可以运行 50～50000 个处理线程，在只有一个 CPU 时，内核将调试并均衡每个进程和线程，一个线程要么获得时间额度，要么抢先获得较高优先级（如硬件中断），其中较高优先级的线程将重新回到处理器的队列中，这种线程的转换关系就是线程上下文切换。

mpstat 命令用于查看具有多个 CPU 的计算机的性能情况；而 vmstat 命令只能显示 CPU 的总的性能情况；mpstat 命令可以实时进行系统监控，报告与 CPU 相关的一些统计信息，这些信息存放在/proc/stat 文件中。其命令格式如下。

```
mpstat  [选项]
```

mpstat 命令各选项及其功能说明如表 5.21 所示。

表 5.21　mpstat 命令各选项及其功能说明

选项	功能说明
-P{|ALL}	表示监控哪个 CPU，CPU 编号在[0,CPU 个数-1]中取值
interval	相邻两次采样的时间间隔
count	采样的次数，count 只能和 delay 一起使用

使用 mpstat 命令实时进行系统监控，查看多核 CPU 的当前运行状态信息，每 3s 更新一次，

执行相关操作，执行命令如下。

```
root@Ubuntu:~# mpstat   -P   ALL   3
```

命令执行结果如图 5.30 所示。

```
root@Ubuntu:~# mpstat  -P  ALL  3
Linux 5.8.0-63-generic (Ubuntu)        2021年08月02日  _x86_64_       (1 CPU)

16时04分17秒  CPU    %usr   %nice    %sys %iowait    %irq   %soft  %steal  %guest  %gnice   %idle
16时04分20秒  all    0.00    0.00    0.00    0.00    0.00    0.00    0.00    0.00    0.00  100.00
16时04分20秒    0    0.00    0.00    0.00    0.00    0.00    0.00    0.00    0.00    0.00  100.00

16时04分20秒  CPU    %usr   %nice    %sys %iowait    %irq   %soft  %steal  %guest  %gnice   %idle
16时04分23秒  all    0.00    0.00    0.00    0.00    0.00    0.00    0.00    0.00    0.00  100.00
16时04分23秒    0    0.00    0.00    0.00    0.00    0.00    0.00    0.00    0.00    0.00  100.00
^C
平均时间:  CPU    %usr   %nice    %sys %iowait    %irq   %soft  %steal  %guest  %gnice   %idle
平均时间:  all    0.00    0.00    0.00    0.00    0.00    0.00    0.00    0.00    0.00  100.00
平均时间:    0    0.00    0.00    0.00    0.00    0.00    0.00    0.00    0.00    0.00  100.00
root@Ubuntu:~#
```

图 5.30 查看多核 CPU 的当前运行状态信息

mpstat 命令各字段输出参数及其功能说明如表 5.22 所示。

表 5.22 mpstat 命令各字段输出参数及其功能说明

字段输出参数	功能说明
%user	表示处理用户进程所使用 CPU 的百分比。用户进程是用于应用程序的非内核进程
%nice	表示使用 nice 命令对进程进行降级时使用 CPU 的百分比
%sys	表示内核进程使用的 CPU 的百分比
%iowait	表示等待进行 I/O 时所使用的 CPU 的百分比
%irq	表示用于处理系统中断的 CPU 的百分比
%soft	表示用于软件中断的 CPU 的百分比
%steal	显示虚拟机管理器在服务另一个虚拟处理器时，虚拟 CPU 处于非自愿等待状态下花费时间的百分比
%guest	显示运行虚拟处理器时 CPU 花费时间的百分比
%idle	显示 CPU 的空闲时间
%intr/s	显示每秒 CPU 接收的中断总数

5.3.3 系统日志管理

日志是一个必不可少的安全手段和维护系统的有效工具。日志文件可以用于实现系统审计、监测追踪、事件分析，有助于故障排除。新版本的 Ubuntu 操作系统既支持传统的系统日志服务，又支持新型的 systemd 日志，这是一种改进的日志管理服务。

Linux 常用的日志记录工具是 syslog，其日志不仅可以保存在本地，还可以通过网络发送到另一台计算机中。rsyslog 是 syslog 的多线程增强版，也是 Ubuntu 默认的日志系统。rsyslog 负责备份和删除旧日志，以及更新日志文件。

1. 配置系统日志

Ubuntu 的系统日志配置文件为/etc/rsyslog.conf。可以打开配置文件进行查看，执行命令如下。

```
root@Ubuntu:~# cat   /etc/rsyslog.conf
# /etc/rsyslog.conf configuration file for rsyslog
module(load="imuxsock") # provides support for local system logging
......
module(load="imklog" permitnonkernelfacility="on")
###############################
```

```
#### GLOBAL DIRECTIVES ####
###########################
$ActionFileDefaultTemplate RSYSLOG_TraditionalFileFormat
$RepeatedMsgReduction on
……
$IncludeConfig /etc/rsyslog.d/*.conf
root@Ubuntu:~#
```

Ubuntu 将主要配置文件放置在/etc/rsyslog.d 目录下，其中默认的配置文件/etc/rsyslog.d/50-default.conf 可以用来进行系统日志的主要配置，如记录日志的信息来源、信息类型以及保存位置，执行命令如下。

```
root@Ubuntu:~# cat  /etc/rsyslog.d/50-default.conf
#  Default rules for rsyslog.
#                          For more information see rsyslog.conf(5) and /etc/rsyslog.conf
# First some standard log files.  Log by facility.
auth,authpriv.*                    /var/log/auth.log
*.*;auth,authpriv.none             -/var/log/syslog
#cron.*                            /var/log/cron.log
#daemon.*                          -/var/log/daemon.log
kern.*                             -/var/log/kern.log
#lpr.*                             -/var/log/lpr.log
mail.*                             -/var/log/mail.log
#user.*                            -/var/log/user.log
# Logging for the mail system.  Split it up so that
# it is easy to write scripts to parse these files.
#mail.info                         -/var/log/mail.info
#mail.warn                         -/var/log/mail.warn
mail.err                           /var/log/mail.err
……
*.emerg                            :omusrmsg:*
# I like to have messages displayed on the console, but only on a virtual
# console I usually leave idle.
#daemon,mail.*;\
#       news.=crit;news.=err;news.=notice;\
#       *.=debug;*.=info;\
#       *.=notice;*.=warn          /dev/tty8
root@Ubuntu:~#
```

2. 配置和使用 systemd 日志

systemd 日志由 systemd-journald 守护进程实现。该守护进程可以收集来自内核、启动过程早期阶段的日志，系统守护进程将启动和运行中的标准输出与错误信息，以及 syslog 的日志等消息写到一个结构化的事件日志中，以便于集中查看和管理。有些 rsyslog 无法收集的日志，systemd-journald 能够记录下来。

（1）配置 systemd 日志服务

systemd 日志的配置文件是/etc/system/journald.conf，可以通过更改其中的选项来控制 systemd-journald 的行为，以满足用户的需求，要使更改生效，可执行命令如下。

```
root@Ubuntu:~# systemctl  restart  systemd-journald
```

（2）查看 systemd 日志

systemd 将日志数据存储在带有索引的结构化二进制文件中。此数据包含与日志事件相关的额外信息，如原始消息的设备和优先级。日志是经过压缩和格式化的二进制数据，所以查看和定位的速度很快。可以使用 journalctl 命令查看所有日志（内核日志和应用日志）。

journalctl 命令格式如下。

```
journalctl  [选项]
```

journalctl 命令各选项及其功能说明如表 5.23 所示。

表 5.23　journalctl 命令各选项及其功能说明

选项	功能说明
-k	查看内核日志
-b	查看系统本次启动的日志
-u	查看指定服务的日志
-n	指定日志条数
-f	追踪日志
-p	指定日志过滤级别
--since	自某时间节点开始，可以使用 today、yesterday、tomorrow 作为有效日期的参数
--until	到某时间节点为止
--disk-usage	查看当前日志占用磁盘的空间的总大小

journalctl 命令按照从旧到新的时间顺序显示完整的系统日志条目。它以加粗文本突出显示级别为 notice 或 warning 的信息，以红色文本突出显示级别为 err 或更高级的消息。

要利用日志进行故障排除和审核，就要加上特定的选项和参数，按特定条件和要求来搜索并显示 systemd 日志条目。下面分类介绍常用的日志查看操作。

① 按条目查看日志。

显示最近的 5 个日志条目，执行命令如下。

```
root@Ubuntu:~# journalctl  -n  5
```

② 按类型查看日志。

使用选项-p 指定过滤级别，执行命令如下。

```
root@Ubuntu:~# journalctl  -p  err
```

③ 按内核查看日志。

使用选项-k 查看内核日志，执行命令如下。

```
root@Ubuntu:~# journalctl  -k
```

④ 按时间范围查看日志。

使用选项--since 查看日志，执行命令如下。

```
root@Ubuntu:~# journalctl  --since  today
```

⑤ 查看当前日志在磁盘中的大小。

使用选项--disk-usage 查看日志，执行命令如下。

```
root@Ubuntu:~# journalctl  --disk-usage
Archived and active journals take up 104.0M in the file system.
root@Ubuntu:~#
```

项目小结

本项目包含 8 个部分。

（1）Linux 进程概述，主要讲解了 Linux 进程类型、查看进程。

（2）Linux 进程管理，主要讲解了启动进程、进程挂起及恢复、进程结束、进程优先级管理。

（3）systemd 管理 Linux 操作系统，主要讲解了 systemd 与系统初始化、systemd 单元、systemd 单元文件、依赖关系、systemd 事务、systemctl 命令。

（4）systemd 管理单元，主要讲解了单元的活动状态、查看单元、查看单元的状态、管理单元依赖关系、列出单元文件。

（5）systemd 管理 Linux 服务，主要讲解了服务管理、配置服务启动状态。

（6）网络配置命令管理，主要讲解了查看主机 IP 地址相关信息、配置主机 IP 地址相关信息、hostnamectl 命令配置并查看主机名、route 命令管理路由、ping 命令检测网络连通性、netstat 命令查看网络信息、nslookup 命令查询 DNS 信息、traceroute 命令追踪路由、ip 命令查看网络配置。

（7）系统监控管理，主要讲解了磁盘监控、内存监控、CPU 监控。

（8）系统日志管理，主要讲解了配置系统日志、配置和使用 systemd 日志。

课后习题

1．选择题

（1）Linux 操作系统中，查看自己主机的 IP 地址时使用的命令是（　　）。

A．hostname　　B．ifconfig　　C．host　　D．ping

（2）查看当前进程使用的命令是（　　）。

A．ps　　B．top　　C．ping　　D．kill

（3）使用 ping 命令检测网络连通性时，用于设置回应返回次数的参数是（　　）。

A．-c　　B．-f　　C．-i　　D．-r

（4）可以使用（　　）命令来追踪网络数据包的路由途径。

A．nslookup　　B．ip　　C．netstat　　D．traceroute

（5）测试自己的主机和其他主机能否正常通信时，可以使用（　　）命令。

A．host　　B．ping　　C．ifconfig　　D．nslookup

（6）systemctl 命令中用于查看服务运行状态的命令是（　　）。

A．start　　B．stop　　C．restart　　D．status

2．简答题

（1）简述 Linux 进程类型。

（2）如何配置本地的 IP 地址，如何修改本地的主机名？

（3）如何使用 ip 命令来查看本地的 IP 地址、路由等信息？

（4）监控本机的磁盘、内存、CPU 的使用情况，并找出最耗资源的程序。

（5）简述如何进行日志管理。

项目6 软件包安装配置与管理

06

【学习目标】

- 了解Linux软件包管理的发展过程。
- 掌握Deb软件包的安装方法。
- 掌握高级软件包管理工具的使用。
- 掌握Snap包的安装方法。

6.1 项目描述

在系统的使用和维护过程中，安装和卸载软件是必须掌握的技能。Linux 软件的安装需要考虑软件的依赖性问题，目前在 Linux 操作系统中安装软件已经变得与 Windows 一样便捷。可供 Linux 安装的开源软件非常丰富，Linux 提供了多种软件安装方式，从最原始的源代码编译到高级的在线自动安装和更新。本章在简单介绍 Linux 软件包管理知识的基础上，重点讲解 Ubuntu 操作系统的软件安装方式和方法，除了传统的 Deb 软件包安装外，还讲解了高级软件包工具以及 Snap 包的安装方法，这种方式提供了更好的隔离性和安全性，是未来软件包安装的发展方向。因此，作为 Linux 操作系统的管理员，必须学会软件的安装、升级、卸载和查询的方法，以便维护系统的管理与使用。

6.2 必备知识

6.2.1 Linux 软件包管理

Linux 软件开发完成之后，如果仅限于小范围使用，可以直接使用二进制文件发布；如果要对外发布并兼顾到用户不同的软硬件环境，则需要制作成软件包发布给用户。使用软件包管理器可以方便地安装、卸载和升级软件包。Linux 软件安装从最初的源代码编译安装发展到了现在的高级软件包管理。

V6-1 Linux 软件包管理

1. 源代码安装软件

早期的 Linux 操作系统中主要使用源代码包发布软件，用户往往要将源代码编译成二进制文件，并对系统进行相关配置，有时甚至需要修改源代码。这种方式有较大的自由度，用户可以自行设置编译选项，选择所需要的功能或组件，或者针对硬件平台进行优化。但是源代码编译安装比较耗时，对大部分用户来说难度太大，为此推出了软件包管理的概念。

2. 软件包安装软件

软件包将应用程序的二进制文件、配置文档和帮助文档等合并打包在一个文件中，用户只需要使用相应的软件包管理器执行软件的安装、卸载、升级和查询等操作即可。软件包中的可执行文件是软件发布者编译的，这种软件包重在考虑适用性，通常不会针对某种硬件平台进行优化，它所包含的功能和组件也是通用的。目前主流的软件包格式有两种：RPM 和 Deb。一般 Linux 发行版支持特定格式的软件包，Ubuntu 使用的软件包的格式是 Deb。

（1）RPM 软件包。

红帽包管理器（Red Hat Package Manager，RPM）是由 Red Hat 公司开发的软件包安装和管理程序，使用 RPM 的用户可以自行安装和管理 Linux 中的应用程序和系统工具。其文件扩展名为.rpm。这种文件格式名称虽然有 Red Hat 的标志，但是其设计理念是开放式的，加之功能十分强大，已成为目前 Linux 各发行版本中应用最广泛的软件包格式之一，可以使用 rpm 工具来管理 RPM 软件包。

RPM 是以数据库记录的方式来将需要的软件安装到 Linux 操作系统中的一套管理机制。RPM 最大的特点是将要安装的软件编译好，并打包成 RPM 机制的安装包，通过软件默认的数据库记录这个软件安装时必须具备的依赖属性软件。在安装时，RPM 会先检查是否满足安装所需的依赖属性软件，满足则安装，反之则拒绝安装。

RPM 软件包中包含什么呢？其中包含可执行的二进制程序，这个程序和 Windows 的软件包中的 EXE 文件类似，是可执行的；RPM 软件包中还包含程序运行时所需要的文件，这也和 Windows 的软件包类似，Windows 程序的运行，除了需要 EXE 文件外，还需要其他的文件。对于一个 RPM 软件包中的应用程序而言，除了自身所带的附加文件保证其正常运行外，有时还需要其他特定版本的文件，这就是软件包的依赖关系。依赖关系并不是 Linux 软件特有的，Windows 软件之间也存在依赖关系。例如，若要在 Windows 操作系统中运行 3D 游戏，则在安装的时候，系统可能会提示要安装 Direct X9。Linux 和 Windows 的原理是差不多的。所以，被打包的二进制应用程序除了包括二进制文件外，还包括库文件、配置文件（可以实现软件的一些设置）、帮助文件。RPM 保留了一个数据库，这个数据库包含了所有软件包的资料。通过这个数据库，用户可以进行软件包的查询，卸载时也可以将软件安装在多处目录下的文件删除，因此初学者应尽可能使用 RPM 形式的软件包。

RPM 可以让用户直接以二进制方式安装软件包，并可帮助用户查询是否已经安装了有关的库文件；在使用 RPM 删除程序时，它会询问用户是否要删除有关程序；如果使用 RPM 来升级软件，则 RPM 会保留原先的配置文件，这样用户无须重新配置新的软件。RPM 虽然是为 Linux 而设计的，但是它已经移植到 Solaris、AIX 和 IRIX 等其他 UNIX 操作系统中，RPM 遵循通用公共许可证（General Public License，GPL）协议，用户可以在符合 GPL 协议的条件下自由使用及传播 RPM。

（2）Deb 软件包。

Deb 是 Debin Package 的缩写。Deb 软件包采用.deb 作为文件扩展名。Deb 格式是 Debian 和 Ubuntu 的专属安装包格式，配合高级软件包工具（Advanced Packaging Tools，APT）软件管理系统，成为当前在 Linux 中非常流行的一种安装包。获得 Deb 安装包后，可以直接使用 dpkg 工具进行离线安装，无须联网，这是 Ubuntu 传统的软件安装方式，也是安装软件的一种简易方式，其不足之处是要自行处理软件依赖性问题。Deb 软件包需要使用 dpkg 工具进行管理，该工具功能非常丰富，可以用于安装、更新、卸载 Deb 软件包，以及提供与 Deb 软件相关的信息。

当然，使用 RPM 或 Deb 软件包安装也需要考虑依赖性问题，只有应用程序所依赖的库和支持文件都正确安装之后，才能完成软件的安装。现在的软件依赖性越来越强，使用这种软件包进行安装，不但安装效率很低，而且难度不小，为此推出了高级软件包管理工具。

注意，Ubuntu 的软件包格式是 Deb，不能直接安装 RPM 软件包。如果要安装 RPM 软件包，则要先用 alien 工具将 RPM 格式转换成 Deb 格式。

Deb 软件包的命名格式如下。

```
软件包名称_软件版本-修订版本_体系架构.deb
```

6.2.2 高级软件包管理工具

V6-2 高级软件包管理工具

高级软件包管理工具能够通过 Internet 主动获取软件包，自动检查和修复软件包之间的依赖关系，实现软件的自动安装和更新升级，大大简化了在 Linux 操作系统中安装、管理软件的过程。这种工具需要通过 Internet 从后端的软件库下载软件，适合在线使用。目前主要的高级软件包管理工具有 YUM 和 APT 两种，还有一些商业版工具由 Linux 发行商提供。

1. YUM 软件包管理器

YUM（Yellowdog Updater Modified）是 Red Hat、CentOS、Fedora 和 SUSE 中的 Shell 前端软件包管理器。它基于 RPM 包管理，能够从指定的服务器中自动下载并安装 RPM 软件包，可以处理依赖关系，并可以一次安装所有依赖的软件包，而无须一次次下载、安装软件包。rpm 命令只能安装下载到本地的 RPM 格式的安装包，但是不能处理软件包之间的依赖关系，尤其是软件由多个 RPM 软件包组成时，此时可以使用 yum 命令。

YUM 能够更加方便地添加、删除、更新 RPM 软件包，自动解决软件包之间的依赖问题，方便系统更新及软件管理。YUM 通过资源库进行软件的下载、安装等，资源库可以是一个 HTTP 或 FTP 站点，也可以是一个本地软件池。资源库可以有多个，在/etc/yum.conf 文件中进行相关配置即可。YUM 的资源库包含 RPM 的头文件，头文件中包含软件的功能描述、依赖关系等。通过分析这些信息，YUM 可获取依赖关系并进行相关的升级、安装、删除等操作。

2. APT

Debian Linux 首先提出软件包的管理机制——Deb 软件包，它将应用程序的二进制文件、配置文档、man/info 帮助页面等合并打包在一个文件中，用户使用软件包管理器可以直接操作软件包，完成获取、安装、卸载、查询等操作。Red Hat Linux 基于这个理念推出了自己的软件包管理机制——RPM 软件包。随着 Linux 操作系统规模的不断扩大，系统中软件包间复杂的依赖关系导致 Linux 用户麻烦不断。因此 Debian Linux 开发了 APT，用于检查和修复软件包的依赖关系，利用 Internet 帮助用户主动获取软件包。APT 再次促进了 Deb 软件包的广泛使用，成为 Debian Linux 的一个无法替代的亮点。

APT 可以自动下载、配置、安装二进制或源代码格式的软件包，甚至只需要一条命令就能更新整个系统的所有软件。APT 最早被设计成 dpkg 工具的前端，用来处理 Deb 软件包。现在经过 APT-RPM 组织修改，RPM 版本的 APT 已经可以安装在使用 RPM 的 Linux 发行版上。

Ubuntu 软件安装首选 APT。dpkg 本身是一个底层的工具，而 APT 则是位于其上层的工具，用于从远程获取软件包以及处理复杂的软件包关系。使用 APT 安装、卸载、更新升级软件，实际上是通过调用底层的 dpkg 来完成的。

（1）基本功能。

APT 主要具有以下 3 项基本功能。

① 从 Internet 上的软件源下载最新的软件包元数据、二进制包或源代码包。软件包元数据就

是软件包的索引和摘要信息文件。

② 利用下载到本地的软件包元数据，完成软件包的搜索和系统的更新。

③ 安装和卸载软件包时自动寻找最新版本，并自动解决软件的依赖问题。

（2）软件源。

APT 软件源在 Ubuntu 安装时已经进行过初始设置，提供了 Ubuntu 官方的网络安装来源。

Ubuntu 的/var/lib/apt/lists 目录存放的是已经下载的各软件包元数据。这些数据是系统更新和软件包查找工具的基础。Ubuntu 软件中心、APT 和软件更新等工具就是利用这些信息来更新和安装软件的。Ubuntu 软件中心与 APT 安装和卸载的信息来源是/var/lib/dpkg/states，查询软件的来源是/var/lib/apt/lists。软件更新器将系统已经安装的软件版本信息存放在/var/lib/dpkg/states 目录下并与/var/lib/apt/lists 目录下同名的软件版本进行比较，以判断是否更新，然后将所有需要更新的软件在窗口中列出。

（3）解决依赖问题。

APT 会从每一个软件源下载一个软件包的列表到本地，列表中提供软件源所包含的可用软件包的信息。多数情况下，APT 会安装最新的软件包，被安装的软件包所依赖的其他软件包也会安装，建议安装的软件包则会给出提示信息但不会安装。

也有 APT 因依赖关系不能安装软件包的情况。例如，某软件包和系统中的其他软件包冲突，或者该软件包依赖的软件包在任何源中均不存在或没有符合要求的版本。遇到这种情况，APT 会返回错误信息并且终止，用户需要自行解决软件包依赖问题。

（4）软件包更新。

APT 可以智能地从软件源下载最新版本的软件包并安装，无须在安装后重新启动系统，除非更新了 Linux 内核。所有的配置可以得到保留，升级软件非常便捷。

APT 还支持 Ubuntu（或 Debian）从一个旧的发布版本升级到新的发布版本，可以升级绝大部分满足依赖关系的软件包，但是也可能要卸载或添加新的软件包以满足依赖关系，这都可以自动完成。

（5）APT 目录源。

Ubuntu 使用文本文件/etc/apt/sources.list 来保存软件包和软件源的地址。另外，与该文件功能相同的是/etc/apt/sources.list.d 目录下的.list 文件，其为在单独文件中写入软件源的地址提供了一种方式，通常用来安装第三方软件。使用 apt update 命令就是同步（更新）/etc/apt/sources.list 和/etc/apt/sources.list.d 目录下的.list 文件的软件源的索引，以获得最新的软件包。/etc/apt/sources.list 是一个可编辑的普通文本文件。

执行如下命令，查看相关信息。

```
root@Ubuntu:~# cat   /etc/apt/sources.list
#deb cdrom:[Ubuntu 20.04.2.0 LTS _Focal Fossa_ - Release amd64 (20210209.1)]/ focal main restricted
# See http://help.ubuntu.com/community/UpgradeNotes for how to upgrade to
# newer versions of the distribution.
deb http://cn.archive.ubuntu.com/ubuntu/ focal main restricted
# deb-src http://cn.archive.ubuntu.com/ubuntu/ focal main restricted
......
root@Ubuntu:~#
```

6.2.3 Snap 包概述

Snap 是用于 Linux 发行版的软件包，Snap 包被设计为用来隔离并封装整个应用程序。这个概念使得 Snapcraft 提高软件安全性、稳定性和可移植性的目标得以实现，其中可移植性允许单个 Snap 包不但可以在 Ubuntu 的多个版本中安装，而且可以在 Debian、Fedora 和 Arch 等发行版中安装。Snapcraft 网站对其的描述如下：为每个 Linux 桌面、服务器、云端或设备打包任何应用程序，并且直接交付更新。

Snap 是 Ubuntu 母公司 Canonical 于 2016 年 4 月发布 Ubuntu16.04 的时候引入的一种安全的、易于管理的、沙盒化的软件包格式，与传统的 dpkg、APT 有着很大的区别。

Snap 是一种全新的软件包管理方式，它类似于一个容器，拥有一个应用程序需要用到的所有文件和库，各个应用程序完全独立。所以使用 Snap 包的好处就是它解决了应用程序之间的依赖问题，使应用程序之间更容易管理，但是由此带来的问题就是它占用了更多的磁盘空间。

Snap 可以让开发者将软件更新包随时发布给用户，而不必等待发行版的更新；Snap 可以同时安装多个版本的软件，例如，安装 Python 2.7 和 Python 3.3。

6.3 项目实施

6.3.1 Deb 软件包管理

可以使用 dpkg 命令对 Deb 软件包进行安装、创建和管理。

dpkg 命令格式如下。

```
dpkg  [选项]  <软件包名>
```

dpkg 命令各选项及其功能说明如表 6.1 所示。

表 6.1 dpkg 命令各选项及其功能说明

选项	功能说明
-i	安装软件包
-r	删除软件包，但保留软件包的配置信息
-P	删除软件包，同时删除软件包的配置信息
-l	显示已安装软件包列表
-L	显示与软件包关联的文件
-c	显示软件包内文件列表
-s	显示软件包的详细信息
-S	显示软件包拥有哪些文件

1. 查看 Deb 软件包

使用选项-l 可以显示已安装软件包列表，执行命令如下。

```
root@Ubuntu:~# dpkg  -l
```

命令执行结果如图 6.1 所示。

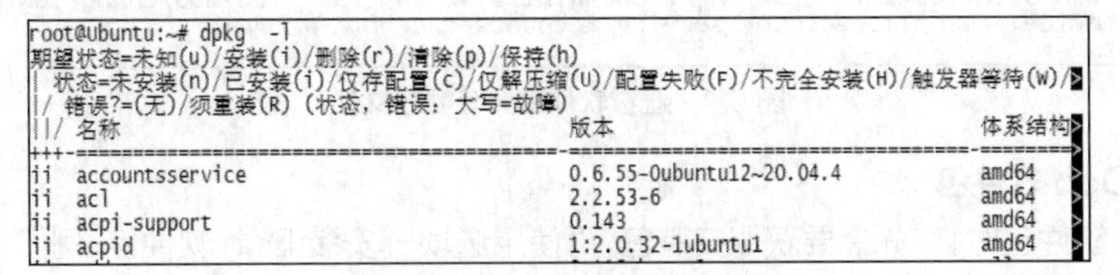

图 6.1 显示已安装软件包列表

使用选项-l 可以查看具体软件包的简要信息，包括状态、名称、版本、架构和简要描述，执行命令如下。

```
root@Ubuntu:~# dpkg  -l  accountsservice
```

命令执行结果如图 6.2 所示。

```
root@Ubuntu:~# dpkg  -l  accountsservice
期望状态=未知(u)/安装(i)/删除(r)/清除(p)/保持(h)
| 状态=未安装(n)/已安装(i)/仅存配置(c)/仅解压缩(U)/配置失败(F)/不完全安装(H)/触发器等待(W)/>
|/ 错误?=(无)/须重装(R) (状态, 错误: 大写=故障)
||/ 名称          版本                       体系结构     描述
+++-==============-==========================-============-================================>
ii  accountsservice 0.6.55-0ubuntu12~20.04.4 amd64        query and manipulate user account>
lines 1-6/6 (END)
期望状态=未知(u)/安装(i)/删除(r)/清除(p)/保持(h)
| 状态=未安装(n)/已安装(i)/仅存配置(c)/仅解压缩(U)/配置失败(F)/不完全安装(H)/触发器等待(W)/触发器未决(T)
|/ 错误?=(无)/须重装(R) (状态, 错误: 大写=故障)
||/ 名称          版本                       体系结构     描述
+++-==============-==========================-============-=====================================
ii  accountsservice 0.6.55-0ubuntu12~20.04.4 amd64        query and manipulate user account information
```

图 6.2　查看具体软件包的简要信息

使用选项-s 可以查看具体软件包的详细信息，执行命令如下。

```
root@Ubuntu:~# dpkg  -s  accountsservice
```

命令执行结果如图 6.3 所示。

```
root@Ubuntu:~# dpkg  -s  accountsservice
Package: accountsservice
Status: install ok installed
Priority: optional
Section: admin
Installed-Size: 452
Maintainer: Ubuntu Developers <ubuntu-devel-discuss@lists.ubuntu.com>
Architecture: amd64
Version: 0.6.55-0ubuntu12~20.04.4
Depends: dbus, libaccountsservice0 (= 0.6.55-0ubuntu12~20.04.4), libc6 (>= 2.4), libglib2.0-0 (>= 2.44), libpol
kit-gobject-1-0 (>= 0.99)
Suggests: gnome-control-center
Conffiles:
 /etc/dbus-1/system.d/org.freedesktop.Accounts.conf 06247d62052029ead7d9ec1ef9457f42
Description: query and manipulate user account information
 The AccountService project provides a set of D-Bus
 interfaces for querying and manipulating user account
 information and an implementation of these interfaces,
 based on the useradd, usermod and userdel commands.
Homepage: https://www.freedesktop.org/wiki/Software/AccountsService/
Original-Maintainer: Debian freedesktop.org maintainers <pkg-freedesktop-maintainers@lists.alioth.debian.org>
root@Ubuntu:~#
```

图 6.3　查看具体软件包的详细信息

使用选项-S 可以查看软件包拥有哪些文件，执行命令如下。

```
root@Ubuntu:~# dpkg  -S  accountsservice
```

命令执行结果如图 6.4 所示。

```
root@Ubuntu:~# dpkg  -S  accountsservice
gir1.2-accountsservice-1.0: /usr/share/doc/gir1.2-accountsservice-1.0
gir1.2-accountsservice-1.0: /usr/share/doc/gir1.2-accountsservice-1.0/copyright
libaccountsservice0:amd64: /usr/lib/x86_64-linux-gnu/libaccountsservice.so.0
accountsservice: /usr/share/doc/accountsservice/TODO
accountsservice: /usr/share/doc/accountsservice/copyright
libaccountsservice0:amd64: /usr/share/doc/libaccountsservice0/copyright
libaccountsservice0:amd64: /usr/share/doc/libaccountsservice0/changelog.Debian.gz
accountsservice: /usr/lib/accountsservice
libaccountsservice0:amd64: /usr/lib/x86_64-linux-gnu/libaccountsservice.so.0.0.0
accountsservice: /usr/share/doc/accountsservice/changelog.Debian.gz
accountsservice: /usr/share/doc/accountsservice
accountsservice: /usr/share/doc/accountsservice/README.md
libaccountsservice0:amd64: /usr/share/doc/libaccountsservice0
gir1.2-accountsservice-1.0: /usr/share/doc/gir1.2-accountsservice-1.0/changelog.Debian.gz
accountsservice: /usr/lib/accountsservice/accounts-daemon
root@Ubuntu:~#
```

图 6.4　查看软件包拥有哪些文件

2. 安装 Deb 软件包

安装 Deb 软件包时，首先需要获取安装包，再使用选项-i 安装 Deb 软件包。例如，查找一个.deb 软件包，并进行软件包安装，执行命令如下。

```
root@Ubuntu:~# find / -name *.deb
……
/var/cache/apt/archives/mythes-en-au_2.1-5.4_all.deb
/var/cache/apt/archives/hyphen-en-ca_0.10_all.deb
/var/cache/apt/archives/ncurses-term_6.2-0ubuntu2_all.deb
root@Ubuntu:~# pwd
/root
root@Ubuntu:~# cp /var/cache/apt/archives/mythes-en-au_2.1-5.4_all.deb /root
root@Ubuntu:~# ls -l
总用量 5048
-rw-r--r-- 1 root root 5136826 8 月  3 07:28  mythes-en-au_2.1-5.4_all.deb
drwxr-xr-x 3 root root    4096 7 月  26 01:55  snap
-rw-r--r-- 1 root root   22240 8 月  2 10:22 'ystemctl list-units --all --type=device'
root@Ubuntu:~# dpkg -i mythes-en-au_2.1-5.4_all.deb
(正在读取数据库 ... 系统当前共安装有 195568 个文件和目录。)
准备解压 mythes-en-au_2.1-5.4_all.deb ...
正在解压 mythes-en-au (2.1-5.4) 并覆盖 (2.1-5.4) ...
正在设置 mythes-en-au (2.1-5.4) ...
root@Ubuntu:~#
```

安装 Deb 包文件需要提前将其下载到本地，安装时需要保证安装的 Deb 包文件在当前执行目录下，否则无法找到安装包文件。

3. 卸载 Deb 软件包

卸载 Deb 软件包可以使用选项-r，其命令格式如下。

```
dpkg -r 软件包名
```

选项-r 删除软件包的同时会保留该软件包的配置信息，如果想要将配置信息一并删除，则应使用选项-P，其命令格式如下。

```
dpkg -P 软件包名
```

使用 dpkg 工具卸载软件包不会自动解决依赖问题，所卸载的软件包可能含有其他软件包所依赖的库和数据文件，这种依赖问题需要妥善解决。

6.3.2 APT 管理

常用的APT命令行工具被分散在apt-get、apt-cache和apt-config这3个命令当中。apt-get用于执行与软件包安装有关的所有操作，apt-cache 用于查询软件包的相关信息，apt-config 用于配置 APT。Ubuntu 从 16.04 版本开始引入 apt 命令，该命令相当于上述 3 个命令常用子命令和选项的集合，以解决命令过于分散的问题。这 3 个命令虽然没有被弃用，但是作为普通用户，还是应该首先使用 apt 命令。

1. apt 命令

apt 命令同样支持子命令、选项和参数。但是它并不是完全向下兼容 apt-get、apt-cache 等命令，可以用 apt 替换它们的部分子命令，但不是全部。apt 还有一些自己的命令。apt 常用命令及其功能说明如表 6.2 所示。

表 6.2 apt 常用命令及其功能说明

apt 命令	被替代的命令	功能说明
apt update	apt-get update	获取最新的软件包列表，同步/etc/apt/sources.list 和/etc/apt/sources.list.d 中列出的源索引，以确保用户能够获取最新的软件包

续表

apt 命令	被替代的命令	功能说明
apt upgrade	apt-get upgrade	升级当前系统中所有已安装的软件包，同时升级与软件包相关的依赖的软件包
apt install	apt-get install	下载、安装软件包并自动解决依赖问题
apt remove	apt-get remove	卸载指定的软件包
apt autoremove	apt-get autoremove	自动卸载所有未使用的软件包
apt purge	apt-get purge	卸载指定的软件包及其配置文件
apt full-upgrade	apt-get dist-upgrade	在升级软件包时自动解决依赖问题
apt source	apt-get source	下载软件包的源代码
apt clean	apt-get clean	清理已下载的软件，实际上是清除/var/cache/apt/archives 目录下的软件包，不会影响软件的正常使用
apt autoclean	apt-get autoclean	删除已卸载的软件的软件包备份
apt list	无	列出包含条件的软件包（已安装、可升级等）
apt search	apt-cache search	搜索应用程序
apt show	apt-cache show	显示软件包详细信息
apt edit-sources	无	编辑软件源列表

2. 查询软件包

使用 APT 安装和卸载软件包时必须准确地提供软件包的名称。可以使用 apt 命令在 APT 的软件包缓存中搜索软件，收集软件包的信息，获知哪些软件可以在 Ubuntu 上安装。由于 APT 支持模糊查询，因此查询非常方便，下面介绍一下其基本用法。

（1）使用子命令 list 可以列出软件包。其命令格式如下。

```
apt list 软件包名
```

如果不指定软件包名，则将列出所有可用的软件包名。

（2）使用子命令 search 可以查找软件包的相关信息。

参数可以使用正则表达式，最简单的方法是直接使用软件的部分名称，将列出包含该名称的所有软件。其命令格式如下。

```
apt search 软件包名
```

（3）使用子命令 show 可以查看指定名称的软件包的详细信息。其命令格式如下。

```
apt show 软件包名
```

（4）使用子命令 depends 可以查看软件包所依赖的软件包。其命令格式如下。

```
apt depends 软件包名
```

（5）使用子命令 policy 可以显示软件包的安装状态和版本信息。其命令格式如下。

```
apt policy 软件包名
```

3. 安装软件包

建议用户在每次安装和更新软件包之前，先使用 apt update 命令更新系统中 apt 缓存中的软件包信息，执行命令如下。

```
root@Ubuntu:~# apt update
命中:1 http://cn.archive.ubuntu.com/ubuntu focal InRelease
获取:2 http://security.ubuntu.com/ubuntu focal-security InRelease [114 kB]
```

```
......
root@Ubuntu:~#
```

只有执行该命令，才能保证获取到最新的软件包。接下来示范如何安装软件包，这里以安装经典的 Vim 编辑器为例，执行命令如下。

```
root@Ubuntu:~# apt   install   vim
正在读取软件包列表 ... 完成
正在分析软件包的依赖关系树
正在读取状态信息... 完成
vim 已经是最新版 (2:8.1.2269-1ubuntu5)。
升级了 0 个软件包，新安装了 0 个软件包，要卸载 0 个软件包，有 173 个软件包未被升级。
root@Ubuntu:~#
```

4. 卸载软件包

使用 apt remove 命令可以卸载一个已安装的软件包，但会保留该软件包的配置文档。其命令格式如下。

```
apt   remove    软件包名
```

如果要彻底地删除软件包（包含其配置文档），则命令格式如下。

```
apt   autoremove    软件包名
```

这将删除与该软件包及其所依赖的、不再使用的软件包。

APT 会将下载的 Deb 软件包缓存在/var/cache/apt/archives 目录下，已安装或已卸载的软件包的 Deb 文件都备份在该目录下。为释放被占用的空间，可以使用 apt clean 命令来删除已安装的软件包的备份，这样并不会影响软件的使用。如果要删除已经卸载的软件包的备份，则可以使用 apt autoclean 命令。

6.3.3 Snap 包管理

Snap 是跨多种 Linux 发行版的应用程序及其依赖项的一个捆绑包，可以通过官方的 Snap Store 获取和安装。要安装和使用 Snap 包，本地系统中需要相应的 Snap 环境，包括用于管理 Snap 包的后台服务（守护进程）snapd 和安装管理 Snap 包的命令行工具。Ubuntu 16.04 以后的版本预装有 snapd。

查看系统环境中 Snap 的版本，执行命令如下。

```
root@Ubuntu:~# snap   version
snap      2.51.3
snapd     2.51.3
series    16
ubuntu    20.04
kernel    5.8.0-63-generic
root@Ubuntu:~#
```

如果没有安装 snapd，则可以通过执行如下命令进行安装。

```
apt   install    snapd
```

1. 搜索要安装的 Snap 包

可以使用 snap find 命令搜索要查找的包文件。例如，查找“vlc”播放器，执行命令如下。

```
root@Ubuntu:~# snap   find   "vlc"
```

命令执行结果如图 6.5 所示。

```
root@Ubuntu:~# snap  find  "vlc"
Name             Version                 Publisher   Notes  Summary
vlc              3.0.16                  videolan✓   -      The ultimate media player
mjpg-streamer    2.0                     ogra        -      UVC webcam streaming tool
audio-recorder   3.0.5+rev1432+pkg-7b07  brlin       -      A free audio-recorder for Linux (EXTREMELY BUGGY)
red-app          7.0                     keshavnrj   -      Best Youtube Experience you will be ever served on Desktop
qtubedl          0.0.3                   keshavnrj   -      GUI for Downloading and watching Youtube on Linux Desktop
orange-app       5.0                     keshavnrj   -      SoundCloud Player / Downloader for Linux Desktop
utube            2                       keshavnrj   -      Download/Play Media from Youtube
kycli            0+git.9591d6e           dvlc        -      The command line interface to the unofficialKYC platform.
dav1d            0.8.1                   videolan✓   -      AV1 decoder from VideoLAN
peerflix         v0.39.0+git1.df28e20    pmagill     -      Streaming torrent client for Node.js
test-streamlink  1.4.1-64-g599f362e      addq1eax    -      test-Streamlink
root@Ubuntu:~#
```

图 6.5　查找“vlc”播放器

2. 查看 Snap 包的详细信息

可以使用 snap info 命令查看 Snap 包的详细信息。例如，查看 vlc 包的详细信息，执行命令如下。

```
root@Ubuntu:~# snap  info  vlc
```

命令执行结果如图 6.6 所示。

```
root@Ubuntu:~#  snap  info  vlc
name:      vlc
summary:   The ultimate media player
publisher: VideoLAN✓
store-url: https://snapcraft.io/vlc
contact:   https://www.videolan.org/support/
license:   GPL-2.0+
description: |
  VLC is the VideoLAN project's media player.

  Completely open source and privacy-friendly, it plays every multimedia file and streams.

  It notably plays MKV, MP4, MPEG, MPEG-2, MPEG-4, DivX, MOV, WMV, QuickTime, WebM, FLAC, MP3,
  Ogg/Vorbis files, BluRays, DVDs, VCDs, podcasts, and multimedia streams from various network
  sources. It supports subtitles, closed captions and is translated in numerous languages.
snap-id: RT9mcUhVsRYrDLG8qnvGiy26NKvv6Qkd
channels:
  latest/stable:    3.0.16                     2021-06-28 (2344) 310MB -
  latest/candidate: 3.0.16                     2021-06-28 (2344) 310MB -
  latest/beta:      3.0.16-61-g17a2ed2164      2021-08-02 (2432) 330MB -
  latest/edge:      4.0.0-dev-16195-gf7c98371d8 2021-08-03 (2435) 605MB -
root@Ubuntu:~#
```

图 6.6　查看 vlc 包的详细信息

3. 安装 Snap 包

可以使用 snap install 命令安装 Snap 包。例如，安装“vlc”播放器，执行命令如下。

```
root@Ubuntu:~# snap  install  vlc
```

命令执行结果如图 6.7 所示。

```
root@Ubuntu:~# snap  install  vlc
Download snap "vlc" (2344) from channel "stable"
Download snap "vlc" (2344) from channel "stable"
Download snap "vlc" (2344) from channel "stable"
Download snap "vlc" (2344) from channel "stable"
Download snap "vlc" (2344) from channel "stable"
Download snap "vlc" (2344) from channel "stable"
Download snap "vlc" (2344) from channel "stable"
Download snap "vlc" (2344) from channel "stable"
Download snap "vlc" (2344) from channel "stable"
Download snap "Setup snap "vlc" (2344) security profiles for Setup snap "vl
c" (2344) security profiles for Setup snap "vlc" (2344) security profiles f
or Setup snap "vlc" (2344) security provlc 3.0.16 from VideoLAN✓ installed
root@Ubuntu:~#
```

图 6.7　安装“vlc”播放器

4. 列出已经安装的 Snap 包

可以使用 snap list 命令列出当前系统已经安装的 Snap 包，执行命令如下。

```
root@Ubuntu:~# snap  list
```

命令执行结果如图 6.8 所示。

```
root@Ubuntu:~# snap  list
Name                Version              Rev    Tracking         Publisher   Notes
core18              20210611             2074   latest/stable    canonical✓  base
gnome-3-34-1804     0+git.3556cb3        72     latest/stable/…  canonical✓  -
gtk-common-themes   0.1-52-gb92ac40      1515   latest/stable/…  canonical✓  -
snap-store          3.38.0-64-g23c4c77   547    latest/stable/…  canonical✓  -
snapd               2.51.3               12704  latest/stable    canonical✓  snapd
vlc                 3.0.16               2344   latest/stable    videolan✓   -
root@Ubuntu:~#
```

图 6.8 列出当前系统已经安装的 Snap 包

5. 更新已经安装的 Snap 包

可以使用 snap refresh 命令更新已经安装的 Snap 包。其命令格式如下。

```
snap  refresh  Snap 包名
```

6. 还原已经安装的 Snap 包

可以使用 snap revert 命令还原以前安装的 Snap 包。其命令格式如下。

```
snap  revert  Snap 包名
```

7. 列出安装包所有可用的版本

可以使用 snap list --all 命令列出每个已安装包的版本。其命令格式如下。

```
snap  list  --all
```

8. 启用或禁用 Snap 包

若一个 Snap 包暂时不用了，则可以先禁用它，需要时再启用，以避免卸载和重装。可以使用 snap enable 和 snap disabled 命令启用或禁用 Snap 包。其命令格式如下。

```
snap  enable  Snap 包名
snap  disabled  Snap 包名
```

9. 卸载 Snap 包

可以使用 snap remove 命令卸载一个 Snap 包。其命令格式如下。

```
snap  remove  Snap 包名
```

默认情况下，该 Snap 包的所有修订版本也会被删除。要删除特定的修订版本，加以下参数即可：--revision=<revision-number>。

项目小结

本项目包含 6 个部分。

（1）Linux 软件包管理，主要讲解了源代码安装软件、软件包安装软件。

（2）高级软件包管理工具，主要讲解了 YUM 软件包管理器、高级软件包工具（APT）。

（3）Snap 包概述。

（4）Deb 软件包管理，主要讲解了查看 Deb 软件包、安装 Deb 软件包、卸载 Deb 软件包。

（5）APT 管理，主要讲解了 apt 命令、查询软件包、安装软件包、卸载软件包。

（6）Snap 包管理，主要讲解了搜索要安装的 Snap 包、查看 Snap 包的详细信息、安装 Snap 包、列出已经安装的 Snap 包、更新已经安装的 Snap 包、还原已经安装的 Snap 包、列出安装包所有可用的版本、启用或禁用 Snap 包、卸载 Snap 包。

课后习题

1. 选择题

（1）Ubuntu 使用的软件包的格式是（　　）。

A. Deb　　B. RPM　　C. RAR　　D. APT

（2）dpkg 命令各选项中用于显示软件包内文件列表的是（　　）。

A. -l　　B. -c　　C. -s　　D. -r

（3）apt 子命令中用于下载、安装软件包并自动解决依赖问题的是（　　）。

A. apt update　　B. apt upgrade　　C. apt install　　D. apt remove

（4）snap 子命令中用于更新已经安装的 Snap 包的是（　　）。

A. snap install　　B. snap list　　C. snap revert　　D. snap refresh

2. 简答题

（1）简述 Linux 软件包管理的发展过程。

（2）简述高级软件包管理工具 APT 的主要功能。

（3）简述什么是 Snap 包。

项目7 Shell编程基础

07

【学习目标】

- 理解Shell Script的编写与运行。
- 理解Shell变量的种类和作用。
- 理解Shell运算符关系。
- 掌握Shell Script的运行方式以及程序设计的流程控制。

7.1 项目描述

在 Linux 操作系统中，Shell 不仅是常用的命令解释程序，还是高级编程语言。用户可以通过编写 Shell 程序来完成大量自动化的任务。Shell 可以互动地解释和执行用户输入的命令，也可以用来进行程序设计。它提供了定义变量和参数的手段以及丰富的程序控制结构。使用 Shell 编写的程序被称为 Shell Script，即 Shell 程序或 Shell 脚本文件。要想管理好主机，就需要学好 Shell Script。Shell Script 有些像早期的批处理，即将一些命令汇总起来一次性运行，但是 Shell Script 拥有更强大的功能，即它可以进行类似程序编写的操作，且不需要经过编译就能够运行，使用非常方便。同时，用户可以通过 Shell Script 来简化日常的管理工作，在整个 Linux 操作系统的环境中，一些服务的启动是通过 Shell Script 来运行的，将与其相关的 Linux 命令有机组合在一起时，可大大提高编程的效率。充分利用 Linux 操作系统的开放性，用户就能够设计出适合自己需求的环境。本章主要讲解 Shell Script 及 Shell Script 的编写。

7.2 必备知识

7.2.1 Shell Script 简介

什么是 Shell Script 呢？ Shell Script 就是针对 Shell 所写的“脚本”。其实，Shell Script 是利用 Shell 的功能所写的一个程序。这个程序使用了纯文本文件，将一些 Shell 的语法与命令和正则表达式、管道命令与数据流重定向等功能搭配起来，以达到所想要的处理目的。

V7-1 Shell Script 简介

简单地说，Shell Script 就像早期的 DOS 中的批处理命令，其比较简单的功能就是将许多命令汇总起来，让用户能够轻松地处理复杂的操作。用户只要运行 Shell Script，就能够一次运行多个命令。Shell Script 能提供数组循环、条件与逻辑判断等重要功能，使得用户可以直接以 Shell 来编写程序，而不必使用类似 C 语言等传统程序语言的语法。

Shell Script 可以被简单地看作批处理文件，也可以被看作一种程序语言，且这种程序语言是利用 Shell 与相关工具命令组成的，所以不需要编译就可以运行。另外，Shell Script 具有排错功能，可以帮助系统管理员快速地管理主机系统。

7.2.2 Shell Script 的编写和运行

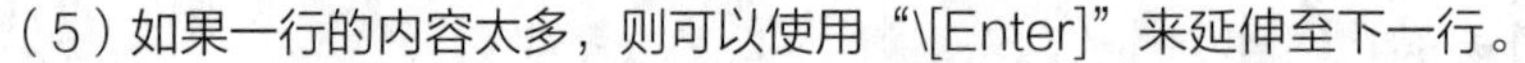

下面将介绍 Shell Script 编写注意事项以及如何运行 Shell Script。

V7-2 Shell Script 的编写和运行

1. Shell Script 编写注意事项

（1）命令的运行是从上而下、从左至右进行的。

（2）命令、参数与选项间的多个空格都会被忽略。

（3）空白行会被忽略，按“Tab”键所生成的空白行被视为空格键。

（4）如果读取到一个换行（Carriage Return，CR）符号，则尝试开始运行该行（或该串）命令。

（5）如果一行的内容太多，则可以使用“\[Enter]”来延伸至下一行。

（6）“#”可作为注释，任何加在“#”后面的数据都将全部被视为注释文字而被忽略。

2. 运行 Shell Script

现在假设程序文件是/home/script/shell01.sh，那么如何运行这个文件呢？执行 Shell Script 时可以采用以下 3 种方式。

（1）输入脚本的绝对路径或相对路径。

```
root@Ubuntu:~# mkdir  /home/script  -p
root@Ubuntu:~# cd  /home/script/
root@Ubuntu:/home/script# vim  shell01.sh                    #编写 shell01.sh 文件
#!/bin/bash
echo  hello everyone welcome to here !
root@Ubuntu:/home/script# chmod  a+x  shell01.sh             #修改用户执行权限
root@Ubuntu:/home/script#  /home/script/shell01.sh           #以绝对路径方式执行
hello everyone welcome to here !
root@Ubuntu:/home/script# .  /home/script/shell01.sh         # "." 后面需要有空格
hello everyone welcome to here !
root@Ubuntu:/home/script#
```

（2）执行 bash 或 SH 脚本。

```
root@Ubuntu:/home/script# bash   /home/script/shell01.sh
hello everyone welcome to here !
root@Ubuntu:/home/script# sh   /home/script/shell01.sh
hello everyone welcome to here !
root@Ubuntu:/home/script#
```

（3）在脚本路径前加“.”或 source。

```
root@Ubuntu:/home/script# .  shell01.sh
hello everyone welcome to here !
root@Ubuntu:/home/script# source  shell01.sh
hello everyone welcome to here !
root@Ubuntu:/home/script# source   /home/script/shell01.sh
hello everyone welcome to here !
root@Ubuntu:/home/script#
```

3. 编写 Shell Script

一个 Shell Script 通常包括如下部分。

（1）首行。首行表示脚本将要调用的 Shell 解释器。例如：

```
#! /bin/bash
```

其中，“#!” 符号能够被内核识别为一个脚本的开始，其必须位于脚本的首行；“/bin/bash” 是 bash 程序的绝对路径，表示后续的内容通过 bash 程序解释执行。

（2）注释。注释符号 “#” 放在需要注释的内容的前面，用于备注 Shell Script 的功能以防日后忘记。

（3）可执行内容。可执行内容是经常使用的 Linux 命令或程序语言。

例如，编写 Shell Script，实现 Firefox 软件包的自动安装，脚本名称为 firefox.sh，自行运行结果。

```
root@Ubuntu:~# vim   firefox.sh
#! /bin/bash
#Firefox 软件包安装
#version 1.1
#制作人：csg
#版权声明：free
apt   update
apt   install   firefox
echo   " firefox  已安装成功"
echo   "welcome   to   Ubuntu"
root@Ubuntu:~# .   firefox.sh
```

命令执行结果如图 7.1 所示。

```
root@Ubuntu:~# vim  firefox.sh
root@Ubuntu:~# .  firefox.sh
获取:1 http://security.ubuntu.com/ubuntu focal-security InRelease [114 kB]
命中:2 http://cn.archive.ubuntu.com/ubuntu focal InRelease
获取:3 http://cn.archive.ubuntu.com/ubuntu focal-updates InRelease [114 kB]
获取:4 http://security.ubuntu.com/ubuntu focal-security/main amd64 DEP-11 Metadata [27.6 kB]
获取:5 http://cn.archive.ubuntu.com/ubuntu focal-backports InRelease [101 kB]
获取:6 http://security.ubuntu.com/ubuntu focal-security/universe amd64 DEP-11 Metadata [60.7 kB]
获取:7 http://security.ubuntu.com/ubuntu focal-security/multiverse amd64 DEP-11 Metadata [2,468 B]
获取:8 http://cn.archive.ubuntu.com/ubuntu focal-updates/main amd64 Packages [1,131 kB]
获取:9 http://cn.archive.ubuntu.com/ubuntu focal-updates/main i386 Packages [514 kB]
获取:10 http://cn.archive.ubuntu.com/ubuntu focal-updates/main amd64 DEP-11 Metadata [283 kB]
获取:11 http://cn.archive.ubuntu.com/ubuntu focal-updates/main amd64 c-n-f Metadata [13.9 kB]
获取:12 http://cn.archive.ubuntu.com/ubuntu focal-updates/universe i386 Packages [626 kB]
获取:13 http://cn.archive.ubuntu.com/ubuntu focal-updates/universe amd64 Packages [843 kB]
获取:14 http://cn.archive.ubuntu.com/ubuntu focal-updates/universe Translation-en [177 kB]
获取:15 http://cn.archive.ubuntu.com/ubuntu focal-updates/universe amd64 DEP-11 Metadata [339 kB]
获取:16 http://cn.archive.ubuntu.com/ubuntu focal-updates/universe amd64 c-n-f Metadata [18.4 kB]
获取:17 http://cn.archive.ubuntu.com/ubuntu focal-updates/multiverse i386 Packages [8,428 B]
获取:18 http://cn.archive.ubuntu.com/ubuntu focal-updates/multiverse amd64 Packages [28.8 kB]
获取:19 http://cn.archive.ubuntu.com/ubuntu focal-updates/multiverse amd64 DEP-11 Metadata [944 B]
获取:20 http://cn.archive.ubuntu.com/ubuntu focal-backports/universe amd64 DEP-11 Metadata [10.3 kB]
已下载 4,412 kB，耗时 20秒 (226 kB/s)
正在读取软件包列表... 完成
正在分析软件包的依赖关系树
正在读取状态信息... 完成
有 190 个软件包可以升级。请执行 'apt list --upgradable' 来查看它们。
正在读取软件包列表... 完成
正在分析软件包的依赖关系树
正在读取状态信息... 完成
firefox 已经是最新版 (90.0.2+build1-0ubuntu0.20.04.1)。
firefox 已设置为手动安装。
升级了 0 个软件包，新安装了 0 个软件包，要卸载 0 个软件包，有 190 个软件包未被升级。
 firefox 已安装成功
welcome  to  Ubuntu
root@Ubuntu:~#
```

图 7.1　实现 Firefox 软件包的自动安装

4. 养成编写 Shell Script 的良好习惯

养成编写 Shell Script 的良好习惯是很重要的，但大家在刚开始编写程序的时候，最容易忽略良好习惯的培养，认为写出的程序能够运行即可。其实，程序的说明越清楚，日后维护越方便，对系统管理员的成长是有很大帮助的。

V7-3　养成编写 Shell Script 的良好习惯

建议养成编写 Shell Script 的良好习惯，在每个 Shell Script 的文件头包含如下内容。

（1）Script 的功能。

（2）Script 的版本信息。

（3）Script 的作者与联系方式。

（4）Script 的版权声明方式。

（5）Script 的历史记录。

（6）Script 内较特殊的命令，使用绝对路径的方式来进行操作。

（7）预先声明与设置 Script 运行时需要的环境变量。

除了记录这些信息之外，建议在较为特殊的程序部分加上注释进行说明。此外，程序的编写建议使用嵌套方式，能以“Tab”键进行缩排，这样程序会显得非常整齐、有条理，便于阅读与调试。建议使用 Vim 编写 Shell Script。因为 Vim 有额外的语法检测机制，能够在编写时发现语法方面的问题。

7.2.3 Shell 变量

在 Linux 操作系统中，使用 Shell Script 来编写程序时，要掌握 Shell 变量、Shell 运算符、Shell 流程控制语句等相关变量、运算符、语法、语句。

Shell 变量是 Shell 传递数据的一种方式，用来代表每个取值的符号名，当 Shell Script 需要保存一些信息，如一个文件名或一个数字时，会将其存放在一个变量中。

Shell 变量的设置规则如下。

（1）变量名称可以由字母、数字和下画线组成，但是不能以数字开头，环境变量名称建议采用大写字母，以便于区分。

（2）在 bash 中，变量的默认类型都是字符串型，如果要进行数值运算，则必须指定变量类型为数值型。

（3）变量用等号连接值，等号两侧不能有空格。

（4）如果变量的值有空格，则需要使用单引号或者双引号将其括起来。

Shell 中的变量分为环境变量、位置参数变量、预定义变量和用户自定义变量，可以通过 set 命令查看系统中的所有变量。

（1）环境变量用于保存与系统操作环境相关的数据，如 HOME、PWD、SHELL、USER 等。

（2）位置参数变量主要用于向脚本中传递参数或数据，变量名不能自定义，变量的作用固定。

（3）预定义变量是 Shell 中已经定义好的变量，变量名不能自定义，变量的作用也是固定的。

（4）用户自定义变量以字母或下画线开头，由字母、数字或下画线组成，大小写字母的含义不同，变量名长度没有限制。

1. 变量使用

习惯上使用大写字母来命名变量，变量名以字母或下画线开头，不能以数字开头。在使用变量时，要在变量名前面加上“$”。

（1）变量赋值。

```
root@Ubuntu:~# A=5 ; B=10                    #等号两侧不能有空格
root@Ubuntu:~# echo $A   $B
5 10
root@Ubuntu:~# STR="hello everyone"          #赋值字符串
root@Ubuntu:~# echo $STR
hello everyone
root@Ubuntu:~#
```

（2）使用单引号和双引号的区别。

```
root@Ubuntu:~# NUM=8
```

```
root@Ubuntu:~# SUM="$NUM hello"
root@Ubuntu:~# echo   $SUM
8 hello
root@Ubuntu:~# SUM2='$NUM hello '
root@Ubuntu:~# echo   $SUM2
$NUM hello
root@Ubuntu:~#
```

单引号中的内容会全部输出，而双引号中的内容会有所变化，因为双引号会对所有特殊字符进行转义。

（3）列出所有变量。

```
root@Ubuntu:~# set
```

（4）删除变量。

```
root@Ubuntu:~# unset   A              #撤销变量 A
root@Ubuntu:~# echo   $A

root@Ubuntu:~#
```

若声明的是静态变量，则不能使用 unset 命令进行撤销操作。

```
root@Ubuntu:~# readonly   B
root@Ubuntu:~# echo   $B
10
root@Ubuntu:~#
```

2. 环境变量

用户自定义变量只在当前的 Shell 中生效，而环境变量会在当前 Shell 及其所有子 Shell 中生效。如果将环境变量写入相应的配置文件，则这个环境变量将会在所有的 Shell 中生效。

3. 位置参数变量

$n：$0 代表命令本身，$1～9 代表接收的第 1～9 个参数，10 及以上需要用{}括起来。例如，${10}代表接收的第 10 个参数。

$*：代表接收所有参数，将所有参数看作一个整体。

$@：代表接收所有参数，将每个参数区别对待。

$#：代表接收的参数个数。

4. 预定义变量

预定义变量是在 Shell 中已经定义的变量，和默认环境变量有一些类似。不同的是，预定义变量不能重新定义，用户只能根据 Shell 的定义来使用这些变量。预定义变量及其功能说明如表 7.1 所示。

表 7.1　预定义变量及其功能说明

预定义变量	功能说明
$?	最后一次执行的命令的返回状态。如果这个变量的值为 0，则证明上一条命令执行正确；如果这个变量的值为非 0（具体是什么数字由命令自己来决定），则证明上一条命令执行错误
$$	当前进程的进程号
$!	后台运行的最后一个进程的进程号

严格来说，位置参数变量是预定义变量的一种，只是位置参数变量的作用比较统一，所以这里将位置参数变量单独划分为一类变量。

5. read 命令

read 命令的格式如下。

```
read [-ers] [-a 数组] [-d 分隔符] [-i 缓冲区文字] [-n 读取字符数] [-N 读取字符数] [-p 提示符] [-t 超时] [-u 文件描述符] [名称 ...]
```

使用 read 命令执行如下操作。

```
root@Ubuntu:~# read  -p  "请输入你的名字：" NAME
请输入你的名字：csg
root@Ubuntu:~# echo  $NAME
csg
root@Ubuntu:~# read  -n  1  -p "请输入你的性别（m/f:）" SEX
请输入你的性别（m/f:）froot@Ubuntu:~#
root@Ubuntu:~# echo $SEX
f
root@Ubuntu:~# read  -n  1  -p "按任意键退出："
按任意键退出：
root@Ubuntu:~#
```

7.2.4 Shell 运算符

Shell 支持很多运算符，包括算术运算符、关系运算符、布尔运算符、字符串运算符、逻辑运算符和文件测试运算符等。

1. 算术运算符

原生的 bash 并不支持简单的数学运算，但可以通过其他命令来完成，如 awk 和 expr，expr 更为常用。expr 是一个表达式计算命令，使用它能完成表达式的求值操作。

例如，求两个数相加之和，编写 add.sh 文件，相关操作如下。

```
root@Ubuntu:~# vim add.sh
root@Ubuntu:~# cat add.sh
#!/bin/bash
#文件名：add.sh
#版本：v1.1
#功能：求和
VAR=`expr 3 + 6`
echo "两个数相加为" $VAR
root@Ubuntu:~# chmod  a+x  add.sh
root@Ubuntu:~# .  add.sh
两个数相加为 9
root@Ubuntu:~#
```

表达式和运算符之间要有空格，例如，“3+6”是不对的，必须写成“3 + 6”，这与大多数编程语言不一样，且完整的表达式要加反引号（` `）。

注意

反引号在键盘左上角“Esc”键的下方、“Tab”键的上方、数字键“1”的左侧，输入反引号时要使用英文半角模式。

算术运算符有以下几个。

（1）+（加法），如 `expr  $X  +  $Y`。

（2）-（减法），如 `expr  $X  -  $Y`。

（3）*（乘法），如 `expr  $X  \*  $Y`。

（4）/（除法），如 `expr  $X  /  $Y`。

（5）%（取余），如 `expr　$X　%　$Y`。
（6）=（赋值），如 X=$Y 表示将变量 Y 的值赋给 X。
（7）= =（相等），用于比较两个数字，相等则返回 true。
（8）!=（不相等），用于比较两个数字，不相等则返回 true。
例如，运用算术运算符进行综合运算，相关命令如下。

```
root@Ubuntu:~# vim   zhys.sh
root@Ubuntu:~# cat   zhys.sh
#!/bin/bash
#文件名：zhys.sh
#版本：v1.1
#功能：运用算术运算符进行综合运算
X=100
Y=5
VAR=`expr $X   +   $Y`
echo "X+Y=$VAR"
VAR=`expr $X   -   $Y`
echo "X-Y=$VAR"
VAR=`expr $X   \*    $Y`
echo "X*Y=$VAR"
VAR=`expr $X   /   $Y`
echo "X/Y=$VAR"
VAR=`expr $X   +   $Y`
if [ $X == $Y ]; then
        echo "X 等于 Y"
fi
if [ $X != $Y ]; then
        echo "X 不等于 Y"
fi
root@Ubuntu:~# chmod   a+x   zhys.sh
root@Ubuntu:~#   .   zhys.sh
X+Y=105
X-Y=95
X*Y=500
X/Y=20
X 不等于 Y
root@Ubuntu:~#
```

注意　**乘号（*）前必须加反斜杠（\）才能实现乘法运算，条件表达式必须放在方括号之间，且必须要有空格。**

2. 关系运算符

关系运算符只支持数字，不支持字符串，除非字符串的值是数字。
常用的关系运算符如表 7.2 所示，假定变量 X 为 10，变量 Y 为 20。

表 7.2　常用的关系运算符

运算符	功能说明	举例
-eq	检测两个数是否相等，相等则返回 true	[$X -eq $Y] 返回 false

续表

运算符	功能说明	举例
-ne	检测两个数是否不相等，不相等则返回 true	[$X -ne $Y] 返回 true
-gt	检测运算符左边的数是否大于运算符右边的数，如果是，则返回 true	[$X -gt $Y] 返回 false
-lt	检测运算符左边的数是否小于运算符右边的数，如果是，则返回 true	[$X -lt $Y] 返回 true
-ge	检测运算符左边的数是否大于等于运算符右边的数，如果是，则返回 true	[$X -ge $Y] 返回 false
-le	检测运算符左边的数是否小于等于运算符右边的数，如果是，则返回 true	[$X -le $Y] 返回 true

例如，运用关系运算符进行综合运算，相关命令如下。

```
root@Ubuntu:~# vim   gxys.sh
root@Ubuntu:~# cat   gxys.sh
#!/bin/bash
#文件名：gxys.sh
#版本：v1.1
#功能：运用关系运算符进行综合运算
X=10
Y=20
if [ $X -eq $Y ]
then
   echo "$X -eq $Y : X 等于 Y"
else
   echo "$X -eq $Y: X 不等于 Y"
fi
if [ $X -ne $Y ]
then
   echo "$X -ne $Y: X 不等于 Y"
else
   echo "$X -ne $Y : X 等于 Y"
fi
if [ $X -gt $Y ]
then
   echo "$X -gt $Y: X 大于 Y"
else
   echo "$X -gt $Y: X 不大于 Y"
fi
if [ $X -lt $Y ]
then
   echo "$X -lt $Y: X 小于 Y"
else
   echo "$X -lt $Y: X 不小于 Y"
fi
if [ $X -ge $Y ]
then
   echo "$X -ge $Y: X 大于或等于 Y"
else
```

```
    echo "$X -ge $Y: X 小于 Y"
fi
if [ $X -le $Y ]
then
    echo "$X -le $Y: X 小于或等于 Y"
else
    echo "$X -le $Y: X 大于 Y"
fi
root@Ubuntu:~# . gxys.sh                #执行脚本
10 -eq 20: X 不等于 Y
10 -ne 20: X 不等于 Y
10 -gt 20: X 不大于 Y
10 -lt 20: X 小于 Y
10 -ge 20: X 小于 Y
10 -le 20: X 小于或等于 Y
root@Ubuntu:~#
```

3. 布尔运算符

常用的布尔运算符如表 7.3 所示。

表 7.3 常用的布尔运算符

运算符	功能说明	举例
-a	与运算，两个表达式都为 true 时才返回 true	[$X -lt 20 -a $Y -gt 10] 返回 true
-o	或运算，有一个表达式为 true 时，返回 true	[$X -lt 20 -o $Y -gt 10] 返回 true
!	非运算，表达式为 true 时返回 false，否则返回 true	[! false] 返回 true

4. 字符串运算符

常用的字符串运算符如表 7.4 所示。

表 7.4 常用的字符串运算符

运算符	功能说明	举例
=	检测两个字符串是否相等，相等则返回 true	[$X = $Y] 返回 false
!=	检测两个字符串是否不相等，不相等则返回 true	[$X != $Y] 返回 true
-z	检测字符串长度是否为 0，为 0 则返回 true	[-z $X] 返回 false
-n	检测字符串长度是否不为 0，不为 0 则返回 true	[-n "$X"] 返回 true
$	检测字符串是否为空，不为空则返回 true	[$X] 返回 true

5. 逻辑运算符

常用的逻辑运算符如表 7.5 所示。

表 7.5 常用的逻辑运算符

运算符	功能说明	举例
&&	逻辑与	[$X -lt 100 && $Y -gt 100] 返回 false
||	逻辑或	[$X -lt 100 || $Y -gt 100] 返回 true

6. 文件测试运算符

常用的文件测试运算符如表 7.6 所示。

表 7.6 常用的文件测试运算符

运算符	功能说明	举例
-b file	检测文件是否为块设备文件，如果是，则返回 true	[-b $file] 返回 false
-c file	检测文件是否为字符设备文件，如果是，则返回 true	[-c $file] 返回 false
-d file	检测文件是否为目录文件，如果是，则返回 true	[-d $file] 返回 false
-f file	检测文件是否为普通文件（既不是目录文件，又不是设备文件），如果是，则返回 true	[-f $file] 返回 true
-g file	检测文件是否设置了 SGID 位，如果是，则返回 true	[-g $file] 返回 false
-k file	检测文件是否设置了粘滞位，如果是，则返回 true	[-k $file] 返回 false
-p file	检测文件是否为有名管道，如果是，则返回 true	[-p $file] 返回 false
-u file	检测文件是否设置了 SUID 位，如果是，则返回 true	[-u $file] 返回 false
-r file	检测文件是否可读，如果是，则返回 true	[-r $file] 返回 true
-w file	检测文件是否可写，如果是，则返回 true	[-w $file] 返回 true
-x file	检测文件是否可执行，如果是，则返回 true	[-x $file] 返回 true
-s file	检测文件是否为空（文件大小是否大于 0），如果不为空，则返回 true	[-s $file] 返回 true
-e file	检测文件（包括目录）是否存在，如果是，则返回 true	[-e $file] 返回 true

7. $( )和``

在 Shell 中，$( )和``都可用于命令替换。例如：

```
root@Ubuntu:~# version=$(uname  -r)
root@Ubuntu:~# echo  $version
5.8.0-63-generic
root@Ubuntu:~# version=`uname -r`
root@Ubuntu:~# echo  $version
5.8.0-63-generic
root@Ubuntu:~#
```

采用这两种方式都可以得到内核的版本号。

其各自的优缺点分别如下。

（1）$( )的优缺点。

优点：输入直观，不容易输入错误或看错。

缺点：并不是所有的 Shell 都支持$( )。

（2）``的优缺点。

优点：``基本上可在全部的 Linux Shell 中使用，若写成 Shell Script，则其移植性比较高。

缺点：``很容易输入错误或看错。

8. ${}

${}用于变量替换，一般情况下，$VAR 与${VAR}并没有什么不同，但是${}能比较精确地界定变量名称的范围。例如：

```
root@Ubuntu:~# X=Y
root@Ubuntu:~# echo  $XY
root@Ubuntu:~#
```

这里原本是打算先将$X 的结果替换出来，再补字母 Y 于其后，但在命令行中真正的结果是替换了变量名为 XY 的值。

使用${}后就不会出现这个问题了。

```
root@Ubuntu:~# echo   ${X}Y
YY
root@Ubuntu:~#
```

9. $[ ]和$(( ))

$[ ]和$(( ))的作用是类似的，都用于数学运算，支持+、-、*、/、%（加、减、乘、除、取余）运算。但是需要注意的是，bash 只能进行整数运算，浮点数是被当作字符串进行处理的。例如：

```
root@Ubuntu:~# X=10;Y=20;Z=30
root@Ubuntu:~# echo   $(( X+Y*Z ))
610
root@Ubuntu:~# echo   $(( ( X+Y )/Z ))
1
root@Ubuntu:~# echo   $(( ( X+Y )%Z ))
0
root@Ubuntu:~#
```

10. [ ]

[ ]为 test 命令的另一种形式，但使用时要注意以下几点。

（1）必须在其左括号的右侧和右括号的左侧各加一个空格，否则会报错。

（2）test 命令使用标准的数学比较符号来表示字符串的比较，而[]使用文体符号来表示数值的比较。

（3）大于符号或小于符号必须要进行转义，否则会被理解成重定向操作。

11. (( ))和[[ ]]

(( ))和[[ ]]分别是[ ]针对数学比较表达式和字符串表达式的加强版。

[[ ]]增加了模式匹配特效。(( ))不需要再将表达式中的大于或小于符号转义，其除了可以使用标准的算术运算符外，还增加了以下运算符：a++（后增）、a--（后减）、++a（先增）、--a（先减）、!（逻辑求反）、~（位求反）、**（幂运算）、<<（左位移）、>>（右位移）、&（位布尔与）、|（位布尔或）、&&（逻辑与）、||（逻辑或）。

7.3 项目实施

Shell 流程控制语句是指改变 Shell 程序运行顺序的指令，可以是不同位置的指令，或者在两段或多段程序中选择一个。Shell 流程控制语句一般可以分为以下几种。

（1）无条件语句：继续运行位于不同位置的一段指令。

（2）条件语句：当特定条件成立时运行一段指令，如单分支 if 条件语句、多分支 if 条件语句、case 语句。

（3）循环语句：运行一段指令若干次，直到特定条件成立为止，如 for 循环语句、while 循环语句、until 循环语句。

（4）跳转语句：运行位于不同位置的一段指令，但完成后仍会继续运行原来要运行的指令。

（5）停止程序语句：不运行任何指令（无条件终止）。

7.3.1 Shell 流程分支控制语句

Shell 流程分支控制语句可以使用单分支 if 条件语句、多分支 if 条件语句和 case 语句。下面分别举例介绍。

1. 单分支 if 条件语句

其语法格式如下。

```
if  [ 条件判断 ]; then
    程序
fi
```

或者

```
if  [ 条件判断 ]
 then
    程序
fi
```

注意

（1）if 语句使用 fi 结尾，和一般程序设计语言使用花括号结尾不同。

（2）[条件判断]就是使用 test 命令进行判断，所以方括号和条件判断之间必须有空格，否则会报错。

（3）then 后接符合条件之后执行的程序，then 可以放在[条件判断]之后，用“;”分隔，也可以换行写，此时不再需要“;”。

2. 多分支 if 条件语句

其语法格式如下。

```
if  [ 条件判断 1 ]
     then
         当条件判断 1 成立时，执行程序 1
elif  [ 条件判断 2 ]
     then
         当条件判断 2 成立时，执行程序 2
     省略更多条件
else
         当所有条件都不成立时，最后执行的程序
fi
```

例如，运用多分支 if 条件语句，编写一段脚本，输入一个测验成绩，根据下面的标准，输出成绩的评分（A~E）。

A（优秀）：90~100。

B（良好）：80~89。

C（中等）：70~79。

D（合格）：60~69。

E（不合格）：0~59。

```
root@Ubuntu:~# vim  if-select.sh
root@Ubuntu:~# cat  if-select.sh
#!/bin/bash
#文件名：if-select.sh
#版本：v1.1
#功能：多分支 if 条件语句测试
read -p "请输入您的成绩:" x
if [ "$x" == "" ];then
    echo "您没有输入成绩......"
    exit 5
```

```
fi
if [[ "$x" -ge "90" && "$x" -le "100" ]];then
      echo "您的成绩为 A（优秀）"
elif [[ "$x" -ge "80" && "$x" -le "89" ]];then
      echo "您的成绩为 B（良好）"
elif [[ "$x" -ge "70" && "$x" -le "79" ]];then
      echo "您的成绩为 C（中等）"
elif [[ "$x" -ge "60" && "$x" -le "69" ]];then
      echo "您的成绩为 D（合格）"
elif [[ "$x" -lt "60" ]];then
      echo "您的成绩为 E（不合格）"
else
      echo "输入错误"
fi
root@Ubuntu:~# chmod   a+x   if-select.sh
root@Ubuntu:~#   .   if-select.sh
请输入您的成绩:88
您的成绩为 B（良好）
root@Ubuntu:~#
```

3. case 语句

case 语句相当于一个多分支的 if 条件语句，case 变量的值用来匹配 value1、value2、value3、value4 等，匹配之后执行其后的命令，直到遇到双分号（;;）为止，case 语句以 esac 作为终止符。

其语法格式如下。

```
case 值 in
      value1)
      command1
      command2
command3
……
commandN
;;
……
      valueN)
      command1
      command2
command3
……
commandN
;;
esac
```

例如，运用 case 语句，编写一段脚本，输入数值 1~5，根据提示信息，输出成绩的评分（A~E）。

```
root@Ubuntu:~# vim   case.sh
root@Ubuntu:~# cat   case.sh
#!/bin/bash
#文件名：case.sh
#版本：v1.1
#功能：case 语句测试
read -p "【1：优秀，2：良好，3：中等，4：合格，5：不合格】请输入数字(1~5):" x
```

```
case $x  in
        1)  echo "您的成绩为 A（优秀）"
            ;;
        2)   echo "您的成绩为 B（良好）"
            ;;
        3)    echo "您的成绩为 C（中等）"
            ;;
        4)    echo "您的成绩为 D（合格）"
            ;;
        5)     echo "您的成绩为 E（不合格）"
            ;;
esac
root@Ubuntu:~# chmod  a+x  case.sh
root@Ubuntu:~#  .  case.sh
【1：优秀，2：良好，3：中等，4：合格，5：不合格】请输入数字(1~5):3
您的成绩为 C（中等）
root@Ubuntu:~#
```

7.3.2 Shell 流程循环控制语句

Shell 流程循环控制语句可以使用 for 循环语句、while 循环语句和 until 循环语句，下面分别举例介绍。

1. for 循环语句

for 循环语句用于在一个列表中执行有限次的命令。for 命令后跟一个自定义变量、一个关键字 in 和一个字符串列表（可以是变量）。第一次执行 for 循环语句时，字符串列表中的第一个字符会赋值给自定义变量，并执行循环体，直到遇到 done 语句；第二次执行 for 循环语句时，会将字符串列表中的第二个字符赋值给自定义变量，以此类推，直到字符串列表遍历完毕。

其语法格式如下。

```
for  NAME [in WORD...] ; do COMMANDS; done
for((exp1;exp2;exp3 ));do COMMANDS; done
NAME 变量
[in WORDS ...        执行列表
do COMMANDS      执行操作
done 结束符
```

例如，运用 for 循环语句，编写一段脚本，从键盘上输入一个数字 *N*，计算 1+2+…+*N*的和，并得出结果。

```
root@Ubuntu:~# vim for.sh
root@Ubuntu:~# cat for.sh
#!/bin/bash
#文件名：for.sh
#版本：v1.1
#功能：运用 for 循环语句计算 1+2+…+N 之和
read -p "请输入数字，将要计算 1+2+…+N 之和:" N
sum=0
for ((  i=1; i<=$N; i=i+1 ))
do
    sum=$(( $sum + $i ))
done
```

```
echo  "结果为‘1+2+…+$N’==>$sum"
root@Ubuntu:~# chmod  a+x  for.sh
root@Ubuntu:~#  .  for.sh                          #执行脚本
请输入数字，将要计算 1+2+…+N 之和:100              #计算 1~100 的整数之和
结果为‘1+2+…+100’==>5050
root@Ubuntu:~#
```

2. while 循环语句

while 循环语句用于重复执行同一组命令。其语法格式如下。

```
while EXPRESSION; do COMMANDS; done
while ((exp1;exp2;exp3 ));do COMMANDS; done
```

例如，运用 while 循环语句，编写一段脚本，从键盘上输入一个数字 *N*，计算 1+2+…+*N*的和，并得出结果。

```
root@Ubuntu:~# vim  while.sh
root@Ubuntu:~# cat  while.sh
#!/bin/bash
#文件名：while.sh
#版本：v1.1
#功能：运用 while 循环语句计算 1+2+…+N 之和
read -p "请输入数字，将要计算 1+2+…+N 之和:" N
sum=0
i=0
while ((  $i  !=$N  ))
 do
      i=$(( $i + 1))                               #或执行 let  i++命令
      sum=$(( $sum + $i ))
done
echo  "结果为‘1+2+…+$N’==>$sum"
root@Ubuntu:~# chmod  a+x  while.sh
root@Ubuntu:~#  .  while.sh                        #执行脚本
请输入数字，将要计算 1+2+…+N 之和:100              #计算 1~100 中的整数之和
结果为‘1+2+…+100’==>5050
root@Ubuntu:~#
```

3. until 循环语句

until 循环语句和 while 循环语句类似，区别是 until 循环语句在条件为真时退出循环，在条件为假时继续执行循环；而 while 循环语句在条件为假时退出循环，在条件为真时继续执行循环。其语法格式如下。

```
until EXPRESSION; do COMMANDS; done
until  ((exp1;exp2;exp3 ));do COMMANDS; done
```

例如，运用 until 循环语句，编写一段脚本，从键盘上输入一个数字 *N*，计算 1+2+…+*N*的和，并得出结果。

```
root@Ubuntu:~# vim  until.sh
root@Ubuntu:~# cat  until.sh
#!/bin/bash
#文件名：until.sh
#版本：v1.1
#功能：运用 until 循环语句计算 1+2+…+N 之和
read -p "请输入数字，将要计算 1+2+…+N 之和:" N
sum=0
```

```
i=0
until (( $i ==$N   ))
do
        i=$(( $i + 1))                          #或执行 let   i++命令
        sum=$(( $sum + $i ))
done
 echo   "结果为‘1+2+…+$N’==>$sum"
root@Ubuntu:~# chmod   a+x   until.sh           #添加执行权限
root@Ubuntu:~#   .   until.sh                   #执行脚本
请输入数字，将要计算 1+2+…+N 之和:100          #计算 1~100 中的整数之和
结果为‘1+2+…+100’==>5050
```

项目小结

本项目包含 6 个部分。

（1）Shell Script 简介。

（2）Shell Script 的建立和运行，主要讲解了 Shell Script 编写注意事项、运行 Shell Script、编写 Shell Script、养成编写 Shell Script 的良好习惯。

（3）Shell 变量，主要讲解了变量使用、环境变量、位置参数变量、预定义变量、read 命令。

（4）Shell 运算符，主要讲解了算术运算符、关系运算符、布尔运算符、字符串运算符、逻辑运算符、文件测试运算符、$( )和``、${}、$[ ]和$(( ))、[ ]、(( ))和[[ ]]。

（5）Shell 流程分支控制语句，主要讲解了单分支 if 条件语句、多分支 if 条件语句、case 语句。

（6）Shell 流程循环控制语句，主要讲解了 for 循环语句、while 循环语句、until 循环语句。

课后习题

1. 选择题

（1）Shell 在定义变量时，习惯上用大写字母来命名变量，变量名以字母或下画线开头，不能使用数字，在使用变量时，要在变量名前面加上（　　）。

A. !　　B. #　　C. $　　D. @

（2）可以使用（　　）命令对 Shell 变量进行算术运算。

A. read　　B. expr　　C. export　　D. echo

（3）在 read 命令中，可以给出提示符的参数命令是（　　）。

A. -n　　B. -a　　C. -t　　D. -p

（4）Shell Script 通常使用（　　）符号作为注释。

A. #　　B. $　　C. @　　D. #!

（5）Shell Script 通常使用（　　）符号作为脚本的开始。

A. #　　B. $　　C. @　　D. #!

（6）在关系运算符中，（　　）运算符表示检测运算符左边的数是否大于等于运算符右边的数。

A. -gt　　B. -eq　　C. -ge　　D. -le

（7）在关系运算符中，（　　）运算符表示检测运算符左边的数是否小于等于运算符右边的数。

A. -gt　　B. - eq　　C. -ge　　D. -le

（8）在关系运算符中，(　　) 运算符表示检测两个数是否相等。

A. -gt　　B. - eq　　C. -ge　　D. -le

（9）在 Shell 中，用来读取用户在命令行模式下的输入命令的是（　　）。

A. tar　　B. join　　C. fold　　D. read

（10）(　　) 不是 Shell 的循环控制结构。

A. for　　B. while　　C. switch　　D. until

（11）对于 Linux 的 Shell，说法错误的是（　　）。

A. 其为编译型的程序设计语言　　B. 其能执行外部命令

C. 其能执行内部命令　　D. 其为一个命令语言解释器

（12）Shell 变量的赋值有 4 种方法，其中采用 X=10 的方法称为（　　）。

A. 使用 read 命令　　B. 直接赋值

C. 使用命令的输出　　D. 使用命令行参数

2. 简答题

（1）简述 Shell Script 在编写中的注意事项。

（2）简述运行 Shell Script 的方法。

（3）一个 Shell Script 通常包括几部分?

（4）简述 Shell 变量的设置规则。

项目8
常用服务器配置与管理

【学习目标】

- 掌握Samba服务器的安装、配置与管理。
- 掌握FTP服务器的安装、配置与管理。
- 掌握DHCP服务器的安装、配置与管理。
- 掌握DNS服务器的安装、配置与管理。
- 掌握Apache服务器的安装、配置与管理。

8.1 项目描述

Linux 操作系统中的 Samba、FTP、DHCP、DNS 和 Apache 服务器的安装、管理、配置及使用是网络管理员必须掌握的。网络文件共享、网络文件传输、IP 地址自动分配、域名解析及 Web 站点配置发布是网络中常用的服务器配置与管理操作，只有熟练掌握其工作原理才能更好地管理其服务配置。本章主要讲解 Samba 服务器、FTP 服务器、DHCP 服务器、DNS 服务器和 Apache 服务器的安装、配置与管理。

8.2 必备知识

8.2.1 Samba 服务器管理

对于刚刚接触Linux操作系统的用户来说，使用最多的就是Samba服务器。为什么是Samba呢？原因是Samba最先在Linux和Windows两个平台之间架起了一座“桥梁”。Samba 服务器实现了不同类型的计算机之间的文件和打印机的共享，使得用户可以在 Linux 操作系统和 Windows 操作系统之间进行相互通信，甚至可以使用 Samba 服务器完全取代 Windows Server 2016、Windows Server 2019 等域控制器，使域管理工作变得非常方便。

V8-1 Samba 简介

服务器信息块（Server Messages Block，SMB）协议是一种在局域网中共享文件和打印机的通信协议，它为局域网内的不同操作系统的计算机之间提供了文件及打印机等资源的共享服务。SMB 协议是客户机/服务器协议，客户机通过该协议可以访问服务器中的共享文件系统、打印机及其他资源。

Samba 是一组使 Linux 支持 SMB 协议的软件包，基于 GPL 原则发行，源代码完全公开，可以将其安装到 Linux 操作系统中，以实现 Linux 操作系统和 Windows 操作系统之间的相互通信，如图 8.1 所示。Linux 操作系统为 Samba 服务器的网络环境。

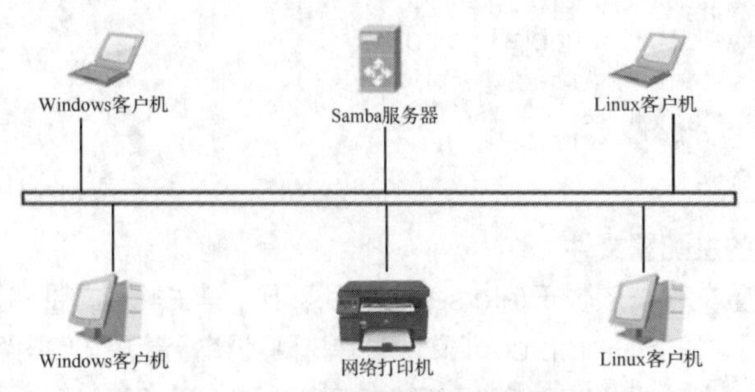

图 8.1　Samba 服务器的网络环境

随着 Internet 的流行，Microsoft 希望将 SMB 协议扩展到 Internet 中，使之成为 Internet 中计算机之间相互共享数据的一种标准。因此，它对原有的几乎没有多少技术文档的 SMB 协议进行了整理，将其重新命名为通用互联网文件系统（Common Internet File System，CIFS），CIFS 使程序可以访问远程 Internet 计算机上的文件并要求此计算机提供服务。其客户程序可请求服务器程序为它提供服务，服务器获得请求并返回响应。CIFS 是公共的、开放的 SMB 协议版本，并由 Microsoft 使用。

Samba 的功能强大，这与其通信基于 SMB 协议有关，SMB 协议不仅提供目录和打印机共享功能，还支持认证、权限设置功能。早期的 SMB 协议运行于集成在 TCP/IP 中的 NetBIOS（NetBIOS over TCP/IP，NBT）协议上，使用 UDP 的 137、138 及 TCP 的 139 端口；后期的 SMB 协议经过开发后，可以直接运行于 TCP/IP 上，没有额外的 NBT 层，使用 TCP 的 445 端口。

1. Samba 的功能

Samba 服务器作为网络中的一个服务器，主要功能体现在资源共享上。文件共享和打印机共享是 Samba 服务器最主要的功能，Samba 服务器为了方便文件共享和打印机共享，还实现了相关控制和管理功能。具体来说，Samba 服务器完成的功能有以下几种。

（1）共享目录：在局域网中共享某些文件和目录，使同一个网络中的 Windows 用户可以在“网上邻居”窗口中访问该目录。

（2）目录权限：决定一个目录可以由哪些用户访问，具有哪些访问权限，其可以设置一个目录由一个用户、某些用户、组或所有用户访问。

（3）共享打印机：在局域网中共享打印机，使局域网中其他用户可以使用 Linux 操作系统的打印机。

（4）设置打印机使用权限：决定哪些用户可以使用打印机。

（5）提供 SMB 客户功能：在 Linux 中使用类似 FTP 的方式访问 Windows 计算机资源（包括使用 Windows 中的文件及打印机）。

2. Samba 的特点及作用

特点：可以实现跨平台文件传输，并支持在线修改。

作用：共享文件与打印机服务，可以提供用户登录 Samba 主机时的身份认证功能，可以进行 Windows 网络中的主机名解析操作。

3. Samba 服务器的安装与运行管理

安装 Samba 包，执行命令如下。

```
root@Ubuntu:~# apt   update
root@Ubuntu:~# apt   install   samba
```

启动 smbd 服务，并查看 smbd 服务是否激活，执行命令如下。

```
root@Ubuntu:~# systemctl   start      smbd
root@Ubuntu:~# systemctl   enable   smbd
root@Ubuntu:~# systemctl   reload     smbd
root@Ubuntu:~# systemctl   is-active     smbd
active
root@Ubuntu:~#
```

4. Samba 服务的主配置文件

Samba 服务的配置文件一般位于/etc/samba 目录下，其主配置文件名为 smb.conf。

（1）以防操作不当，先备份 smb.conf 文件，并排除注释行查看文件内容，执行命令如下。

```
root@Ubuntu:~# cp   /etc/samba/smb.conf   /etc/samba/smb.conf.bak   #备份 smb.conf 文件
root@Ubuntu:~# ls   -l   /etc/samba/smb*
-rw-r--r-- 1 root root 8942 8 月     3 21:38 /etc/samba/smb.conf
-rw-r--r-- 1 root root 8942 8 月     4 09:50 /etc/samba/smb.conf.bak
root@Ubuntu:~# grep   -v   "^#"    /etc/samba/smb.conf          #排除注释行查看文件内容
[global]
    workgroup = WORKGROUP
    server string = %h server (Samba, Ubuntu)
    log file = /var/log/samba/log.%m
......
;[homes]
;    comment = Home Directories
;    browseable = no
;    read only = yes
;    create mask = 0700
;    directory mask = 0700
;    valid users = %S
;[netlogon]
;    comment = Network Logon Service
;    path = /home/samba/netlogon
;    guest ok = yes
;    read only = yes
;[profiles]
;    comment = Users profiles
;    path = /home/samba/profiles
;    guest ok = no
;    browseable = no
;    create mask = 0600
;    directory mask = 0700
[printers]
    comment = All Printers
    browseable = no
    path = /var/spool/samba
    printable = yes
    guest ok = no
    read only = yes
    create mask = 0700
```

```
[print$]
    comment = Printer Drivers
    path = /var/lib/samba/printers
    browseable = yes
    read only = yes
    guest ok = no
;    write list = root, @lpadmin
root@Ubuntu:~#
```

（2）共享定义（Share Definitions）设置对象为共享目录和打印机。如果想发布共享资源，则需要对共享定义部分进行配置，共享定义字段非常丰富，设置灵活。

① 设置共享名。共享资源发布后，必须为每个共享目录或打印机设置不同的共享名，供网络用户访问时使用，且共享名可以与原目录名不同。

共享名的设置格式如下。

```
目录或设备=[共享名]
```

② 共享资源描述。网络中存在各种共享资源，为了方便用户识别，可以为其添加备注信息，以便用户查看共享资源是哪种类型。共享资源描述的设置格式如下。

```
comment=备注信息
```

③ 共享路径。共享资源的原始完整路径可以使用 path 字段进行发布，一定要正确指定。共享路径的设置格式如下。

```
path=绝对路径
```

④ 设置匿名访问。设置能否对共享资源进行匿名访问时，可以更改 public 字段。匿名访问的设置格式如下。

```
public=yes    #允许匿名访问
public=no     #禁止匿名访问
```

例如，Samba 服务器中有一个目录为/share，需要发布该目录为共享目录，定义共享名为 public，要求允许浏览、允许只读、允许匿名访问，具体设置如下。

```
[public]
        comment=public
        path = /share
        browseable = yes
        read only = yes
        public = yes
```

⑤ 设置访问用户。如果共享资源存在重要数据，则需要对访问用户进行审核，可以使用 valid users 字段进行设置。访问用户的设置格式如下。

```
valid users = 用户名
valid users = @组名
```

例如，Samba 服务器的/share/devel 目录下存放了公司研发部的数据，只允许研发部的员工和经理访问，研发部组为 devel，经理账号为 manager，具体设置如下。

```
[devel]
      comment=devel
      path = /share/devel
      valid users =manager,@ devel
```

⑥ 设置目录只读。如果共享目录需要限制用户的读写操作，则可以通过 read only 字段来实现。目录读写的设置格式如下。

```
read only = yes      #只读
read only = no       #读写
```

⑦ 设置过滤主机。注意网络地址的写法，相关示例如下。

```
hosts   allow = 192.168.1.   server.xyz.com
```

上述命令表示允许来自 192.168.1.0 网络的主机或 server.xyz.com 的访问者访问 Samba 服务器的资源。

```
hosts deny=192.168.2.
```

上述命令表示不允许来自 192.168.2.0 网络的主机的访问者访问当前 Samba 服务器的资源。

例如，Samba 服务器公共目录/share 下存放了大量的共享数据，为保证目录安全，仅允许来自 192.168.1.0 网络的主机访问，且只允许读取、禁止写入。

```
[share]
        comment=share
        path = /share
        read only = yes
        public = yes
        hosts   allow = 192.168.1.
```

⑧ 设置目录可写权限。

```
writable= yes          #读写
writable = no          #只读
```

设置用户和组列表时使用 write list 命令，其格式如下。

```
write list = 用户名
write list = @组名
```

注意 **[homes]为特殊共享目录，表示用户主目录，[printers]表示共享打印机。**

5. Samba 服务器的日志文件和密码文件

（1）Samba 服务器的日志文件。

日志文件对于 Samba 服务器而言非常重要。它存储着客户机访问 Samba 服务器的信息，以及 Samba 服务器的错误提示信息等，可以通过分析日志来解决客户机访问和服务器维护等问题。

在/etc/samba/smb.conf 文件中，log file 为设置 Samba 日志的字段。Samba 服务器的日志文件默认存放在/var/log/samba 下，其会为每个连接到 Samba 服务器的计算机建立日志文件。

（2）Samba 服务器的密码文件。

Samba 服务器发布共享资源后，客户机访问 Samba 服务器时，需要提交用户名和密码进行身份认证，认证合格后才可以登录。Samba 服务器为了实现客户身份认证功能，将用户名和密码信息存放在/etc/samba/smbpasswd 中，在客户机访问时，将用户提交资料与 smbpasswd 存放的信息进行比对，如果相同，且 Samba 服务器其他安全设置允许，则客户机与 Samba 服务器的连接才能建立成功。

（3）建立 Samba 账号。

如何建立 Samba 账号呢? Samba 账号并不能直接建立，而需要先建立同名的 Linux 操作系统账号。例如，如果要建立一个名为 user01 的 Samba 账号，则 Linux 操作系统中必须存在一个同名的 user01 系统账号。

Samba 中添加账号的命令为 smbpasswd。其命令格式如下。

```
smbpasswd   -a 用户名
```

例如，在 Samba 服务器中添加 Samba 账号 sam-user01。

① 建立 Linux 操作系统账号 sam-user01。

```
root@Ubuntu:~# useradd  -p  123456  -m  sam-user01  #创建账号、密码
root@Ubuntu:~# ls   /home
admin  csglncc_1  sam-user01  script  user01
```

② 添加 sam-user01 用户的 Samba 账号。

```
root@Ubuntu:~# smbpasswd  -a  sam-user01
New SMB password:
Retype new SMB password:
Added user sam-user01
```

提示 **在建立 Samba 账号之前，一定要先建立一个与 Samba 账号同名的系统账号。**

经过上面的设置，再次访问 Samba 共享文件时即可使用 sam-user01 账号。

6. Samba 服务器的搭建流程和工作流程

当 Samba 服务安装完毕后，并不能直接使用 Windows 或 Linux 的客户机访问 Samba 服务器，而需要对 Samba 服务器进行设置，告诉 Samba 服务器哪些目录可以共享出来给客户机访问，并根据需要设置相关选项，例如，添加对共享目录内容的简单描述和访问权限等。

基本的 Samba 服务器的搭建流程主要分为以下 5 个步骤。

（1）编辑主配置文件 smb.conf，指定需要共享的目录，并为共享目录设置共享权限。

（2）在 smb.conf 文件中指定日志文件名称和存放目录。

（3）设置共享目录的本地系统权限。

（4）重新加载配置文件或重新启动 SMB 服务，使配置生效。

（5）关闭防火墙，同时设置 SELinux 为允许。

Samba 服务器的工作流程如图 8.2 所示。

（1）客户机请求访问 Samba 服务器中的 Share 目录。

（2）Samba 服务器接收到请求后，查询主配置文件 smb.conf，查看其是否共享了 Share 目录，如果共享了此目录，则查看客户机是否有访问权限。

（3）Samba 服务器会将本次访问的信息记录在日志文件中，日志文件的名称和目录需要用户设置。

（4）如果客户机满足访问权限的设置，则允许客户机进行访问。

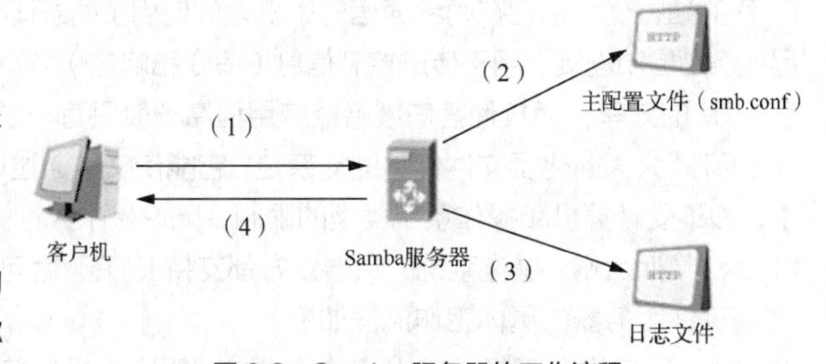

图 8.2　Samba 服务器的工作流程

8.2.2 FTP 服务器管理

一般来讲，人们认为计算机联网的首要目的是获取资料，而文件传输是一种非常重要的获取资料的方式。今天的互联网是由海量个人计算机、工作站、服务器、小型机、大型机、巨型机等不同型号、具有不同架构的物理设备共同组成的，即便是个人计算机，也可能会装有 Windows、Linux、UNIX、macOS 等不同的操作系统。为了能够在如此复杂多样的系统之间解决文件传输

问题，FTP 应运而生。

1. FTP 简介

V8-2 FTP 简介

FTP 是一种在互联网中进行文件传输的协议，基于客户机/服务器模式，默认使用端口 20 和端口 21，其中，端口 20（数据端口）用于数据传输，端口 21（命令端口）用于接收客户机发出的 FTP 相关命令与参数。FTP 服务器普遍部署于内网中，具有容易搭建、方便管理的特点。有些 FTP 客户机工具可以支持文件的多点下载以及断点续传技术，因此 FTP 服务得到了广大用户的青睐。vsftpd 是非常安全的 FTP 服务进程，是各种 Linux 发行版本中主流的、完全免费的、开放源代码的 FTP 服务器程序，其优点是小巧轻便，安全易用，稳定高效，可伸缩性好，可限制带宽，可创建虚拟用户，支持 IPv6，传输速率高，可满足企业跨部门、多用户的使用需求等。vsftpd 基于 GPL 开源协议发布，在中小企业中得到了广泛应用。vsftpd 基于虚拟用户方式，访问验证更加安全，可以快速上手；vsftpd 还可以基于 MySQL 数据库进行安全验证，实现多重安全防护。Ubuntu 默认未开启 FTP 服务，必须手动开启。

FTP 服务器是遵循 FTP 在互联网中提供文件存储和访问服务的主机；FTP 客户机则是向服务器发送连接请求，以建立数据传输链路的主机。FTP 有以下两种工作模式。

主动模式：FTP 服务器主动向客户机发起连接请求。

被动模式：FTP 服务器等待客户机发起连接请求（FTP 的默认工作模式）。

2. FTP 工作原理

V8-3 FTP 工作原理

FTP 的目标是提高文件的共享性，提供非直接使用远程计算机，使存储介质对用户透明、可靠、高效地传送数据，它能操作任何类型的文件而不需要进一步处理。但是，FTP 有着极长的时延，从开始请求到第一次接收需求数据之间的时间非常长，且必须完成一些冗长的登录过程。

FTP 是基于客户机/服务器模型而设计的，其在客户机与 FTP 服务器之间建立了两个连接。开发任何基于FTP的客户机软件都必须遵循FTP的工作原理。FTP 的独特优势是它在两台通信的主机之间使用了两条 TCP 连接，一条是数据连接，用于传送数据；另一条是控制连接，用于传送控制信息（命令和响应）。这种将命令和数据分开传送的方法大大提高了 FTP 的效率，而其他客户服务器应用程序一般只有一条 TCP 连接。

FTP 大大简化了文件传输的复杂性，它能使文件通过网络从一台计算机传送到另外一台计算机中，却不受计算机和操作系统类型的限制，无论是个人计算机、服务器、大型机，还是 macOS、Linux、Windows 操作系统，只要双方都支持 FTP，就可以方便、可靠地进行文件的传输。

FTP 服务器的具体工作流程如下。

（1）客户机向服务器发出连接请求，同时客户机系统动态地打开一个大于 1024 的端口（如 3012 端口）以等待服务器连接。

（2）若 FTP 服务器在其端口 21 监听到该请求，则会在客户机的端口 3012 和服务器的端口 21 之间建立一个 FTP 连接。

（3）当需要传输数据时，FTP 客户机动态地打开一个大于端口 1024 的（如 3013 端口）连接到服务器的端口 20，并在这两个端口之间进行数据的传输，当数据传输完毕后，这两个端口会自动关闭。

（4）当 FTP 客户机断开与 FTP 服务器的连接时，客户机会自动释放分配的端口。

3. vsftpd 服务的安装与运行管理

安装 vsftpd 包，执行命令如下。

```
root@Ubuntu:~# apt   update
```

```
root@Ubuntu:~# apt   install   vsftpd
```

启动 vsftpd 服务，并查看 vsftpd 服务是否激活，执行命令如下。

```
root@Ubuntu:~# systemctl   start     vsftpd
root@Ubuntu:~# systemctl   enable   vsftpd
root@Ubuntu:~# systemctl   reload    vsftpd
root@Ubuntu:~# systemctl   is-active   vsftpd
active
root@Ubuntu:~# vsftpd     -v
vsftpd: version 3.0.3
```

4. vsftpd 服务的配置文件

vsftpd 服务的配置主要通过以下文件来完成。

（1）主配置文件。

在 vsftpd 服务程序的主配置文件（/etc/vsftpd.conf）中，大多数参数行在开头添加了“#”，从而成为注释信息，目前没有必要在注释信息上花费太多的时间，可以使用 grep –v 命令过滤并反选出不包含“#”的参数行（过滤掉所有的注释信息），并使过滤后的参数行通过输出重定向符写回到原始的主配置文件中。为安全起见，请先备份主配置文件，执行命令如下。

```
root@Ubuntu:~# cp    /etc/vsftpd.conf   /etc/vsftpd.conf.bak
root@Ubuntu:~# grep   -v   "^#"   /etc/vsftpd.conf.bak   >   /etc/vsftpd.conf
root@Ubuntu:~#   cat   /etc/vsftpd.conf   -n
     1  listen=NO
     2  listen_ipv6=YES
     3  anonymous_enable= NO
     4  local_enable=YES
     5  dirmessage_enable=YES
     6  use_localtime=YES
     7  xferlog_enable=YES
     8  connect_from_port_20=YES
     9  secure_chroot_dir=/var/run/vsftpd/empty
    10  pam_service_name=vsftpd
    11  rsa_cert_file=/etc/ssl/certs/ssl-cert-snakeoil.pem
    12  rsa_private_key_file=/etc/ssl/private/ssl-cert-snakeoil.key
    13  ssl_enable=NO
```

vsftpd 服务程序的主配置文件中常用的参数及其功能说明如表 8.1 所示。

表 8.1　vsftpd 服务程序的主配置文件中常用的参数及其功能说明

参数	功能说明
listen=[YES|NO]	是否以独立运行的方式监听服务
listen_address=IP 地址	设置要监听的 IP 地址
listen_port=21	设置 FTP 服务的监听端口
download_enable = [YES|NO]	是否允许下载文件
userlist_enable=[YES|NO] userlist_deny=[YES|NO]	设置允许操作和禁止操作的用户列表
max_clients=0	最大客户机连接数，为 0 时表示不限制
max_per_ip=0	同一 IP 地址的最大连接数，为 0 时表示不限制
anonymous_enable=[YES|NO]	是否允许匿名用户访问

续表

参数	功能说明
anon_upload_enable=[YES|NO]	是否允许匿名用户上传文件
anon_umask=022	匿名用户上传文件的 umask 值
anon_root=/var/ftp	匿名用户的 FTP 根目录
anon_mkdir_write_enable=[YES|NO]	是否允许匿名用户创建目录
anon_other_write_enable=[YES|NO]	是否开放匿名用户的其他写入权限（包括重命名、删除等操作权限）
anon_max_rate=0	匿名用户的最大传输速率（B/s），为 0 时表示不限制
local_enable=[YES|NO]	是否允许本地用户登录 FTP
local_umask=022	本地用户上传文件的 umask 值
local_root=/var/ftp	本地用户的 FTP 根目录
chroot_local_user=[YES|NO]	是否将用户权限锁定在 FTP 目录下，以确保安全
local_max_rate=0	本地用户最大传输速率（B/s），为 0 时表示不限制

（2）/etc/ftpusers 文件。

所有位于该文件内的用户都不能访问 vsftpd 服务，安全起见，这个文件中默认包括 root、daemon 和 bin 等系统账号。查看该文件的内容，执行命令如下。

```
root@Ubuntu:~# ls   -l   /etc/ftpusers
-rw-r--r-- 1 root root 132 5月     8   2014 /etc/ftpusers
root@Ubuntu:~# cat   /etc/ftpusers
# /etc/ftpusers: list of users disallowed FTP access. See ftpusers(5).
root
daemon
bin
sys
……
root@Ubuntu:~#
```

5. vsftpd 的认证模式

vsftpd 作为更加安全的文件传输的服务程序，允许用户使用以下 3 种认证模式登录 FTP 服务器。

（1）匿名开放模式。

这是 3 种模式中最不安全的认证模式，任何人都可以不经过密码认证而直接登录 FTP 服务器。

（2）本地用户模式。

这是通过 Linux 操作系统本地的账户及密码信息进行认证的模式，相较于匿名开放模式更安全，配置起来也很简单。但是如果黑客破解了账户的信息，则其可以畅通无阻地登录 FTP 服务器，从而完全控制整台服务器。

（3）虚拟用户模式。

这是 3 种模式中最安全的认证模式，它需要为 FTP 服务器单独建立用户数据库文件，虚拟出用来进行口令认证的账户信息，而实际上这些账户信息在服务器系统中是不存在的，仅供 FTP 服务程序认证使用。这样，即使黑客破解了账户信息也无法登录服务器，从而有效减小了黑客的破坏范围，降低了影响。

6. 匿名用户登录的权限参数

匿名用户开放的权限参数及其功能说明如表 8.2 所示。

表 8.2 匿名用户开放的权限参数及其功能说明

权限参数	功能说明
anonymous_enable=YES	允许使用匿名开放模式
anon_umask=022	匿名用户上传文件的 umask 值
anon_upload_enable=YES	允许匿名用户上传文件
anon_mkdir_write_enable=YES	允许匿名用户创建目录
anon_other_write_enable=YES	允许匿名用户修改目录名称或删除目录

8.2.3 DHCP 服务器管理

动态主机配置协议（Dynamic Host Configuration Protocol，DHCP）是一个应用层协议。当客户机 IP 地址设置为动态获取时，DHCP 服务器就会根据 DHCP 为客户机分配 IP 地址，使得客户机能够利用此 IP 地址上网。

V8-4 DHCP 简介

1. DHCP 简介

DHCP 采用了客户机/服务器模式，使用 UDP 进行传输，默认端口为 67 与端口 68，从 DHCP 客户机到达 DHCP 服务器的报文使用目的端口 67，从 DHCP 服务器到达 DHCP 客户机使用源端口 68。其工作过程如下：首先，客户机以广播的形式发送一个 DHCP 的 Discover 报文，用来发现 DHCP 服务器；其次，DHCP 服务器接收到客户机发送来的 Discover 报文之后，单播一个 DHCP Offer 报文来回复客户机，Offer 报文包含 IP 地址和租约信息；再次，客户机收到服务器发送的 Offer 报文之后，以广播的形式向 DHCP 服务器发送 Request 报文，用来请求服务器将该 IP 地址分配给它，之所以要广播发送是因为要通知其他 DHCP 服务器，客户机已经接收到一台 DHCP 服务器的信息了，不会再接收其他 DHCP 服务器的信息；最后，服务器接收到 Request 报文后，以单播的形式发送 ACK 报文给客户机，如图 8.3 所示。

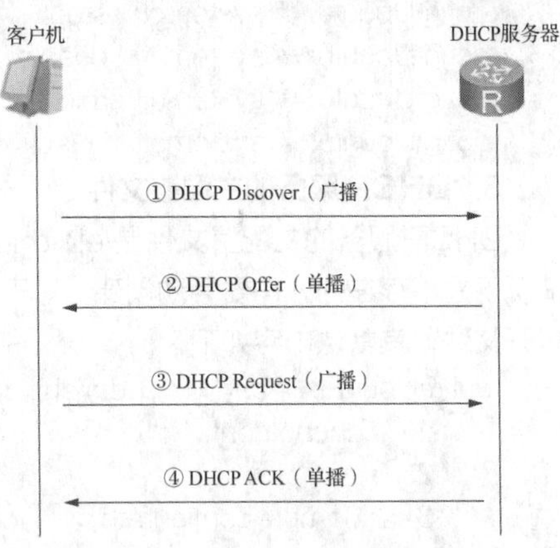

图 8.3 DHCP 工作过程

DHCP 租约期更新：当客户机的租约期剩余 50%时，客户机会向 DHCP 服务器单播一个 Request 报文，请求续约，服务器接收到 Request 报文后，会单播 ACK 报文表示延长租约期。

DHCP 重绑定：在客户机的租约期超过 50%且原先的 DHCP 服务器没有同意客户机续约 IP 地址的情况下，当客户机的租约期只剩下 12.5%时，客户机会向网络中的其他 DHCP 服务器发送 Request 报文请求续约。如果其他服务器有关于客户机当前 IP 地址的信息，则单播一个 ACK 报文回复客户机以续约；如果没有，则回复一个 NAK 报文。此时，客户机会申请重新绑定 IP 地址。

DHCP IP 地址的释放：当客户机直到租约期满还未收到服务器的回复时，会停止使用该 IP 地址。当客户机租约期未满但不想再使用服务器提供的 IP 地址时，会发送一个 Release 报文，告知服务器清除相关的租约信息，并释放该 IP 地址。

DHCP 有以下 3 种分配 IP 地址的机制。

（1）手动分配。在这种机制下，客户机的 IP 地址是由网络管理员指定的，DHCP 服务器只是将指定的 IP 地址告知客户机。

（2）自动分配。在这种机制下，DHCP 服务器为客户机指定一个永久性的 IP 地址，一旦客户机成功从 DHCP 服务器租用到该 IP 地址，就可以永久地使用该地址。

（3）动态分配。在这种机制下，DHCP 服务器给客户机指定一个具有时间限制的 IP 地址，在时间到期或客户机明确表示放弃后，该地址可以被其他客户机使用。

在这 3 种 IP 地址分配机制中，只有动态分配可以重复使用客户机不再需要的 IP 地址。

DHCP 服务器具有以下功能。

（1）可以给客户机分配永久固定的 IP 地址。

（2）保证任何 IP 地址在同一时刻只能由一台客户机使用。

（3）可以与使用其他方法获得 IP 地址的客户机共存。

（4）可以向现有的无盘客户机分配动态 IP 地址。

2. DHCP 服务的安装与运行管理

安装 isc-dhcp-server 包，执行命令如下。

```
root@Ubuntu:~# apt   update
root@Ubuntu:~# apt   install   isc-dhcp-server   -y
```

启动 isc-dhcp-server 服务，并查看 isc-dhcp-server 服务是否激活，执行命令如下。

```
root@Ubuntu:~# systemctl   start      isc-dhcp-server
root@Ubuntu:~# systemctl   stop       isc-dhcp-server
root@Ubuntu:~# systemctl   enable     isc-dhcp-server
root@Ubuntu:~# systemctl   reload     isc-dhcp-server
root@Ubuntu:~# systemctl   is-active  isc-dhcp-server          #安装后服务并没有启动
```

3. DHCP 服务的主配置文件

DHCP 服务的主配置文件是/etc/dhcp/dhcpd.conf，但在一些 Linux 发行版中，此文件在默认情况下是不存在的，需要手动创建。对于 Ubuntu 而言，在安装好 DHCP 软件之后会生成此文件，打开文件，其默认内容如下。

```
root@Ubuntu:~# cat   -n   /etc/dhcp/dhcpd.conf
     1  # dhcpd.conf
     2  #
     3  # Sample configuration file for ISC dhcpd
     4  #
     5  # Attention: If /etc/ltsp/dhcpd.conf exists, that will be used as
     6  # configuration file instead of this file.
   ......
   111  #}
root@Ubuntu:~#
```

下面重点介绍 DHCP 主配置文件（/etc/dhcp/dhcpd.conf），其结构如下。

```
#全局配置
参数或选项;

#局部配置
声明{
    参数或选项;
    }
```

dhcpd.conf 配置文件通常包括 3 部分：参数、声明、选项。

（1）参数：表明如何执行任务，是否要执行任务，或将哪些网络配置选项发送给客户机。dhcpd 服务程序配置文件中使用的参数及其功能说明如表 8.3 所示。

表 8.3 dhcpd 服务程序配置文件中使用的参数及其功能说明

参数	功能说明
ddns-update-style	配置 DHCP-DNS 互动更新模式
default-lease-time	指定默认租赁时间的长度，单位是 s
max-lease-time	指定最大租赁时间长度，单位是 s
hardware	指定网卡接口类型和 MAC 地址
server-name	通知 DHCP 服务器名称
get-lease-hostnames flag	检查客户机使用的 IP 地址
fixed-address ip	分配给客户机一个固定的 IP 地址
authoritative	拒绝不正确的 IP 地址的要求

（2）声明：用来描述网络布局、提供客户机的 IP 地址等。dhcpd 服务程序配置文件中使用的声明及其功能说明如表 8.4 所示。

表 8.4 dhcpd 服务程序配置文件中使用的声明及其功能说明

声明	功能说明
shared-network	是否存在子网络分享相同网络
subnet	描述一个 IP 地址是否属于该子网络
range	提供动态分配 IP 地址的范围
host	主机名称，配置相应的主机
group	为一组参数提供声明
allow unknown-clients；deny unknown-client	是否动态分配 IP 地址给未知的使用者
allow bootp；deny bootp	是否响应激活查询
allow booting；deny booting	是否响应使用者查询
filename	开始启动文件的名称，应用于无盘工作站
next-server	设置服务器从引导文件中装入主机名，应用于无盘工作站

（3）选项：用来配置 DHCP 可选参数，全部以 option 关键字作为开始。dhcpd 服务程序配置文件中使用的选项及其功能说明如表 8.5 所示。

表 8.5 dhcpd 服务程序配置文件中使用的选项及其功能说明

选项	功能说明
subnet-mask	为客户机设定子网掩码
domain-name	为客户机设定 DNS 名称
domain-name-servers	为客户机设定 DNS 服务器的 IP 地址
host-name	为客户机设定主机名称
routers	为客户机设定默认网关
broadcast-address	为客户机设定广播地址
ntp-server	为客户机设定网络时间服务器的 IP 地址
time-offset	客户机设定和格林尼治时间的偏移时间，单位是 s

8.2.4 DNS 服务器管理

域名系统（Domain Name System，DNS）服务器是对域名和与之相对应的 IP 地址进行转换的服务器。DNS 中保存了一张域名和与之相对应的 IP 地址的表，以解析消息的域名。域名是 Internet 中某一台计算机或计算机组的名称，用于在数据传输时标识计算机的电子方位（有时也指地理位置）。域名是由一串用点分隔的名称组成的，通常包含组织名，且始终包括两三个字母的后缀，以指明组织的类型或该域名所在的国家或地区。

V8-5 DNS 简介

1. 主机名和域名

IP 地址是主机的身份标识，但是对于人类来说，记住大量的诸如 192.168.1.89 的 IP 地址太难了，相对而言，主机名一般具有一定的含义，比较容易记忆。因此，如果计算机能够提供某种工具，使人们可以方便地根据主机名获得 IP 地址，那么这个工具会备受青睐。在网络发展的早期，一种简单的实现方法就是把域名和 IP 地址的对应关系保存在一个文件中，计算机利用这个文件进行域名解析，在 Linux 操作系统中，这个文件就是/etc/hosts，其内容如下。

```
[root@localhost ~]# cat /etc/hosts
127.0.0.1     localhost localhost.localdomain localhost4 localhost4.localdomain4
::1           localhost localhost.localdomain localhost6 localhost6.localdomain6
[root@localhost ~]#
```

这种方式实现起来很简单，但是它有一个非常大的缺点，即内容更新不灵活，每台主机都要配置这样的文件，并及时更新内容，否则就得不到最新的域名信息。因此，它只适用于一些规模较小的网络。随着网络规模的不断扩大，用单一文件实现域名解析的方法显然不再适用，取而代之的是基于分布式数据库的 DNS。DNS 将域名解析的功能分散到不同层级的 DNS 服务器中，这些 DNS 服务器协同工作，提供可靠、灵活的域名解析服务。

这里以日常生活中的常见例子进行介绍：公路上的汽车都有唯一的车牌号码，如果有人说自己的车牌号码是“80H80”，那么我们无法知道这个车牌号码属于哪个城市，因为不同的城市都可以分配这个车牌号码。现在假设这个号码来自辽宁省沈阳市，而沈阳市在辽宁省的城市代码是“A”，现在把城市代码和车牌号码组合在一起，即“A80H80”，是不是就可以确定这个车牌号码的属地了呢？答案还是否定的，因为其他的省份也有代码是“A”的城市，需要把辽宁省的简称“辽”加入进去，即“辽 A80H80”，这样才能确定车牌号码的属地。

在这个例子中，辽宁省代表一个地址区域，定义了一个命名空间，这个命名空间的名称是“辽”。辽宁省的各个城市也有自己的命名空间，如“辽 A”表示沈阳市，“辽 B”表示大连市，在各个城市的命名空间中才能给汽车分配车牌号码。在 DNS 中，域名空间就是“辽”或“辽 A”这样的命名空间，而主机名就是实际的车牌号码。

与车牌号码的命名空间一样，DNS 的域名空间也是分级的，在 DNS 域名空间中，最上面一层被称为“根域”，用“.”表示。从根域开始向下依次划分为顶级域、二级域等各级子域，最下面一级是主机。子域和主机的名称分别称为域名和主机名。域名又有相对域名和绝对域名之分，就像 Linux 文件系统中的相对路径和绝对路径一样，如果从下向上将主机名及各级子域的所有绝对域名组合在一起，用“.”分隔，则构成了主机的完全限定域名（Fully Qualified Domain Name，FQDN）。例如，辽宁省交通高等专科学校的 Web 服务器的主机名为“www”，域名为“lncc.edu.cn”，那么其 FQDN 就是“www.lncc.edu.cn”，通过 FQDN 可以唯一地确定互联网中的一台主机。

2. DNS 的工作原理

DNS 服务器提供了域名解析服务，那么是不是所有的域名都可以交给一台 DNS 服务器来解析呢？这显然是不现实的，因为互联网中有不计其数的域名，且域名的数量还在不断增长。一种可行的方法是把域名空间划分成若干区域进行独立管理，区域是连续的域名空间，每个区域都由特定的 DNS 服务器管理，一台 DNS 服务器可以管理多个区域，每个区域都在单独的区域文件中保存域名解析数据。

在 DNS 域名空间结构中，根域位于最顶层，管理根域的 DNS 服务器称为根域名服务器。顶级域位于根域的下一层，常见的顶级域有“.com”“.edu”“.org”“.gov”“.net”“.pro”，以及代表国家或地区的“.cn”“.jp”等。顶级域名服务器负责管理顶级域名的解析。在顶级域名服务器下面还有二级域名服务器等。假如现在把解析“www.lncc.edu.cn”的任务交给根域名服务器，根域名服务器并不会直接返回这个主机名的 IP 地址，因为根域名服务器只知道各个顶级域名服务器的地址，并把解析“.cn”顶级域名的权限“授权”给其中一台顶级域名服务器（假设是服务器 A）。如果根域名服务器收到的请求中包括“.cn”顶级域名服务器的地址，则这个过程会一直继续下去，直到最后有一台负责处理“.lncc.edu.cn”的服务器直接返回“www.lncc.edu.cn”的 IP 地址。在这个过程中，DNS 把域名的解析权限层层向下授权给下一级 DNS 服务器，这种基于授权的域名解析就是 DNS 的分级管理机制，又称区域委派。

全球共有 13 台根域名服务器，这 13 台根域名服务器的名称分别为 A～M，10 台放置在美国，另外 3 台分别放置在英国、瑞典和日本。13 台根域名服务器中，1 台为主根服务器，放置在美国；其余 12 台均为辅根服务器，9 台放置在美国，1 台放置在英国，1 台放置在瑞典，1 台放置在日本。所有根域名服务器均由互联网域名与号码分配机构统一管理，负责全球互联网域名服务器、域名体系和 IP 地址等的管理。这 13 台根域名服务器可以指挥类似 Firefox 或 Internet Explorer 等的 Web 浏览器和电子邮件程序控制互联网通信。

下面介绍 DNS 的查询过程。

（1）当用户在浏览器地址栏中输入 www.163.com 域名访问该网站时，操作系统会先检查自己本地的 hosts 文件中是否有这个网址映射关系，如果有，则先调用这个 IP 地址映射，完成域名解析。

（2）如果 hosts 文件中没有这个域名的映射，则查找本地 DNS 解析器缓存，查看其中是否有其网址映射关系，如果有，则直接返回，完成域名解析。

（3）如果 hosts 文件与本地 DNS 解析器缓存中都没有相应的网址映射关系，则查找 TCP/IP 参数中设置的首选 DNS 服务器（称为本地 DNS 服务器），此服务器收到查询请求时，如果要查询的域名包含在本地区域文件中，则返回解析结果给客户机，完成域名解析，此解析具有权威性。

（4）如果要查询的域名未由本地 DNS 服务器区域解析，但该服务器已缓存了此网址映射关系，则调用这个 IP 地址映射，完成域名解析，此解析不具有权威性。

（5）如果本地 DNS 服务器的本地区域文件和缓存解析都失效，则根据本地 DNS 服务器的设置（是否设置转发器）进行查询。

① 如果未使用转发模式，则本地 DNS 服务器会把请求发至 13 台根域名 DNS 服务器，根域名 DNS 服务器收到请求后会判断这个域名（.com）是谁来授权管理的，并会返回一个负责该顶级域名服务器的 IP 地址。本地 DNS 服务器收到 IP 信息后，会联系负责.com 域的服务器。负责.com 域的服务器收到请求后，如果自己无法解析，则会发送一个管理.com 域的下一级 DNS 服务器的 IP 地址（163.com）给本地 DNS 服务器。当本地 DNS 服务器收到这个地址后，就会查找 163.com 域服务器，重复上面的动作进行查询，直至找到 www.163.com 主机。

② 如果使用的是转发模式，则本地 DNS 服务器会把请求转发至上一级 DNS 服务器，由上一

级 DNS 服务器进行解析，如果上一级 DNS 服务器无法解析，则查找根域名 DNS 服务器或把请求转至上上级 DNS 服务器，直到完成解析。不管本地 DNS 服务器使用的是转发还是根解析，最后都要将结果返回给本地 DNS 服务器，由此 DNS 服务器再返回给客户机。

3. DNS 服务器的类型

按照配置和功能的不同，DNS 服务器可分为不同的类型。常见的 DNS 服务器类型有以下 4 种。

（1）主 DNS 服务器。

它对所管理区域的域名解析提供权威和精确的响应，是所管理区域域名信息的初始来源。搭建主 DNS 服务器需要准备全套的配置文件，包括主配置文件、正向解析区域文件、反向解析区域文件、高速缓存初始化文件和回送文件等。正向解析是指从域名到 IP 地址的解析，反向解析正好相反。

（2）从 DNS 服务器。

它从主 DNS 服务器中获得完整的域名备份信息，可以对外提供权威和精确的域名解析服务，以减轻主 DNS 服务器的查询负载。从 DNS 服务器的域名信息和主 DNS 服务器完全相同，它是主 DNS 服务器的备份，提供的是冗余的域名解析服务。

（3）高速缓存 DNS 服务器。

它将从其他 DNS 服务器中获得的域名信息保存在自己的高速缓存中，并利用这些信息为用户提供域名解析服务。高速缓存 DNS 服务器的信息都具有时效性，过期之后便不再可用，高速缓存 DNS 服务器不是权威服务器。

（4）转发 DNS 服务器。

它在对外提供域名解析服务时，优先从本地缓存中进行查找，如果本地缓存没有匹配的数据，则会向其他 DNS 服务器转发域名解析请求，并将从其他 DNS 服务器中获得的结果保存在自己的缓存中。转发 DNS 服务器的特点是可以向其他 DNS 服务器转发自己无法完成的解析请求任务。

4. DNS 服务的安装与运行管理

在 Linux 操作系统中架设 DNS 服务器通常使用伯克利互联网名称域（Berkeley Internet Name Domain，BIND）程序来实现，其守护进程是 named。

BIND 是一款实现 DNS 服务器的开放源代码软件，BIND 原本是美国国防部高级研究计划局（Defense Advanced Research Projects Agency，DARPA）资助的加利福尼亚大学伯克利分校开设的一个研究生课题，经过多年的发展已经成为世界上使用非常广泛的 DNS 服务器软件，目前互联网中绝大多数的 DNS 服务器是使用 BIND 来架设的。

BIND 能够运行在当前大多数的操作系统平台之上，目前，BIND 软件由互联网系统联盟（Internet System Consortium，ISC）负责开发和维护。

安装 bind9 包，执行命令如下。

```
root@Ubuntu:~# apt   update
root@Ubuntu:~# apt   install   bind9
```

启动 named 服务，并查看 named 服务是否激活，执行命令如下。

```
root@Ubuntu:~# systemctl   start      named
root@Ubuntu:~# systemctl   enable    named
root@Ubuntu:~# systemctl   reload     named
root@Ubuntu:~# systemctl   is-active   named
active
root@Ubuntu:~# named     -v
BIND 9.16.1-Ubuntu (Stable Release) <id:d497c32>
......
default paths:
```

```
   named configuration:   /etc/bind/named.conf
   rndc configuration:    /etc/bind/rndc.conf
   DNSSEC root key:        /etc/bind/bind.keys
   nsupdate session key: //run/named/session.key
   named PID file:          //run/named/named.pid
   named lock file:        //run/named/named.lock
   geoip-directory:        /usr/share/GeoIP
root@Ubuntu:~#  systemctl  status  named
● named.service - BIND Domain Name Server
     Loaded: loaded (/lib/systemd/system/named.service; enabled; vendor preset: enabled)
     Active: active (running) since Thu 2021-08-05 08:03:05 CST; 30min ago
       Docs: man:named(8)
   Main PID: 2166 (named)
      Tasks: 5 (limit: 4958)
     Memory: 13.8M
     CGroup: /system.slice/named.service
             └─2166 /usr/sbin/named -f -u bind
......
root@Ubuntu:~#
```

5. DNS 服务的配置文件

BIND 的配置文件放在/etc/bind 目录下，主要的配置文件有以下 4 个。

/etc/bind/named.conf（主配置文件）;

/etc/bind/named.conf.options;

/etc/bind/named.conf.local;

/etc/bind/named.conf.default-zones。

其中，/etc/bind/named.conf 是 BIND 的主配置文件，不过它并不包含 DNS 数据。查看/etc/bind/named.conf 文件可以发现，其使用了 include 关键字来加载其他 3 个配置文件，执行命令如下。

```
root@Ubuntu:~# cat  /etc/bind/named.conf
#This is the primary configuration file for the BIND DNS server named.
#
# Please read /usr/share/doc/bind9/README.Debian.gz for information on the
# structure of BIND configuration files in Debian, *BEFORE* you customize
# this configuration file.
#
# If you are just adding zones, please do that in /etc/bind/named.conf.local
include "/etc/bind/named.conf.options";
include "/etc/bind/named.conf.local";
include "/etc/bind/named.conf.default-zones";
root@Ubuntu:~#
```

在/etc/bind/named.conf.options 文件中，有一句默认的配置（如 directory"/var/cache/bind"）。该语句所示的目录的作用是存放正向解析以及反向解析的一些配置文件，该配置告诉 BIND 到/var/cache/bind 目录下寻找数据文件，执行命令如下。

```
root@Ubuntu:~# cat  /etc/bind/named.conf.options
options {
        directory "/var/cache/bind";
        # If there is a firewall between you and nameservers you want
        # to talk to, you may need to fix the firewall to allow multiple
```

```
        # ports to talk.   See http://www.kb.cert.org/vuls/id/800113
        # If your ISP provided one or more IP addresses for stable
        # nameservers, you probably want to use them as forwarders.
        # Uncomment the following block, and insert the addresses replacing
        # the all-0's placeholder.
        # forwarders {
        #       0.0.0.0;
        #};
#========================================================================
        #If BIND logs error messages about the root key being expired,
        #you will need to update your keys.   See https://www.isc.org/bind-keys
#========================================================================
        dnssec-validation auto;
        listen-on-v6 { any; };
};
root@Ubuntu:~#
```

8.2.5 Apache 服务器管理

Apache 是世界上使用得非常多的 Web 服务器软件。Apache 起初由美国伊利诺伊大学香槟分校的国家超级电脑应用中心开发，此后，被开放源代码团体的成员不断地发展和完善，成为最流行的 Web 服务器端软件之一。Apache 可以运行在几乎所有广泛使用的计算机平台上。它快速、可靠且可通过简单的 API 进行扩充，能将 Perl、Python 等解释器编译到服务器中。

V8-6 Apache 简介

1. Web 简介

随着互联网的不断发展和普及，Web 服务早已经成为人们日常生活中必不可少的组成部分，只要在浏览器的地址栏中输入一个网址，即可进入网络世界，获得几乎所有想要的资源。Web 服务已经成为人们工作、学习、娱乐和社交等活动的重要工具。对于绝大多数的普通用户而言，万维网（World Wide Web，WWW）几乎就是 Web 服务的代名词。Web 服务提供的资源多种多样，可能是简单的文本，也可能是图片、音频和视频等多媒体数据。如今，随着移动网络的迅猛发展，智能手机逐渐成为人们访问 Web 服务的入口，无论是使用浏览器还是使用智能手机，Web 服务的基本原理都是相同的。超文本传输协议（Hyper Text Transfer Protocol，HTTP）可以算得上是互联网的一个重要组成部分，而 Apache、IIS 服务器是 HTTP 的服务器软件，Microsoft Edge 和 Mozilla Firefox 则是 HTTP 的客户机软件。

2. Web 服务的工作原理

WWW 是互联网中被广泛应用的一种信息服务技术，WWW 采用的是客户机/服务器模式，用于整理和存储各种 WWW 资源，并响应客户机软件的请求，把所需要的信息资源通过浏览器传送给用户。

Web 服务通常可以分为两种：静态服务和动态服务。Web 服务运行于 TCP 之上，每个网站都对应一台（或多台）Web 服务器。服务器中有各种资源，客户机就是用户面前的浏览器。Web 服务的工作原理并不复杂，一般可分为 4 个步骤，即连接过程、请求过程、应答过程及关闭连接。

连接过程：浏览器和 Web 服务器之间建立 TCP 连接。

请求过程：浏览器向 Web 服务器发出资源查询请求，在浏览器中输入的 URL 表示资源在 Web 服务器中的具体位置。

应答过程：Web 服务器根据 URL 把相应的资源返回给浏览器，浏览器以网页的形式把资源展示给用户。

关闭连接：在应答过程完成之后，浏览器和 Web 服务器之间断开连接。

浏览器和 Web 服务器之间的一次交互也被称为一次“会话”。

3. Apache 服务的安装与运行管理

安装 apache2 包，执行命令如下。

```
root@Ubuntu:~# apt   update
root@Ubuntu:~# apt   install   apache2   -y
root@Ubuntu:~# systemctl   start      apache2
root@Ubuntu:~# systemctl   restart    apache2
root@Ubuntu:~# systemctl   enable     apache2
root@Ubuntu:~# systemctl   reload     apache2
root@Ubuntu:~# systemctl is-active   apache2
active
root@Ubuntu:~# systemctl   status   apache2
● apache2.service - The Apache HTTP Server
     Loaded: loaded (/lib/systemd/system/apache2.service; enabled; vendor preset: enabled)
     Active: active (running) since Thu 2021-08-05 10:34:17 CST; 7min ago
       Docs: https://httpd.apache.org/docs/2.4/
   Main PID: 4426 (apache2)
      Tasks: 55 (limit: 4958)
     Memory: 5.4M
     CGroup: /system.slice/apache2.service
             ├─4426 /usr/sbin/apache2 -k start
             ├─4428 /usr/sbin/apache2 -k start
             └─4429 /usr/sbin/apache2 -k start
......
root@Ubuntu:~#
root@Ubuntu:~# systemctl   stop   apache2
```

8.3 项目实施

8.3.1 Samba 服务器配置实例

在 Ubuntu 中，Samba 服务器程序默认使用的是用户口令认证模式，这种模式可以确保仅让有密码且受信任的用户访问共享资源，且认证过程十分简单。

例如，某公司有多个部门，因工作需要，必须分门别类地建立相应部门的目录。现在要求将技术部的资料存放在 Samba 服务器的/companydata/tech 目录下，以进行集中管理及方便技术人员浏览，且该目录只允许技术部的员工访问。

1. 实例配置

（1）建立共享目录，并在其下建立测试文件。

```
root@Ubuntu:~# mkdir   /companydata
root@Ubuntu:~# mkdir   /companydata/tech
root@Ubuntu:~# touch   /companydata/tech/share.test
```

（2）添加技术部用户和组，并添加相应的 Samba 账号。

① 添加系统账号。

```
root@Ubuntu:~# groupadd   group-tech
```

```
root@Ubuntu:~# useradd  -p 123456  -g  group-tech  -m  sam-tech01
root@Ubuntu:~# useradd  -p 123456  -g  group-tech  -m  sam-tech02
root@Ubuntu:~# useradd  -p 123456  -m  sam-test01
```

② 添加 Samba 账号。

```
root@Ubuntu:~# smbpasswd  -a  sam-tech01
New SMB password:
Retype new SMB password:
Added user sam-tech01.
root@Ubuntu:~# smbpasswd  -a  sam-tech02
New SMB password:
Retype new SMB password:
Added user sam-tech02.
```

（3）修改 Samba 主配置文件（/etc/samba/smb.conf）。

```
root@Ubuntu:~# vim  /etc/samba/smb.conf
[global]
        workgroup = SAMBA
        security = user            #默认使用 user 安全级别模式
        passdb backend = tdbsam
        printing = cups
        printcap name = cups
        load printers = yes
        cups options = raw
        interfaces = 192.168.100.100/255.255.255.0
[tech]                             #设置共享目录的名称为 tech
        comment=tech
        path = /companydata/tech   #设置共享目录的绝对路径
        writable = yes
        browseable = yes
        valid users = @group-tech  #设置可以访问的用户为 group-tech 组
root@Ubuntu:~#
```

（4）设置共享目录的本地系统权限。

```
root@Ubuntu:~# chmod  777  /companydata/tech  -R      #选项-R 是递归用的
root@Ubuntu:~# chown  sam-tech01:group-tech  /companydata/tech  -R
root@Ubuntu:~# chown  sam-tech02:group-tech  /companydata/tech  -R
```

（5）重新加载 Samba 服务。

```
root@Ubuntu:~# systemctl  restart  smbd
```

或者

```
root@Ubuntu:~# systemctl  reload  smbd
root@Ubuntu:~# systemctl  is-active  smbd
active
root@Ubuntu:~#
```

2. 结果测试

无论 Samba 服务器是部署在 Windows 操作系统中，还是部署在 Linux 操作系统中，通过 Windows 操作系统进行访问它时，其步骤是一样的。下面假设 Samba 服务器部署在 Linux 操作系统中，并通过 Windows 操作系统来访问 Samba 服务。Samba 服务器和 Windows 客户机的主机名称、操作系统及 IP 地址如表 8.6 所示。

表 8.6　Samba 服务器与 Windows 客户机的主机名称、操作系统及 IP 地址

主机名称	操作系统	IP 地址
Samba 服务器：Ubuntu	Ubuntu 20.04	192.168.100.100
Windows 客户机：Windows10-1	Windows 10	192.168.100.1

（1）进入 Windows 客户机桌面，按“Windows+R”组合键，弹出“运行”对话框，输入 Samba 服务器的 IP 地址，如图 8.4 所示。

（2）单击“确定”按钮，弹出“Windows 安全中心”对话框，输入用户名和密码，如图 8.5 所示。

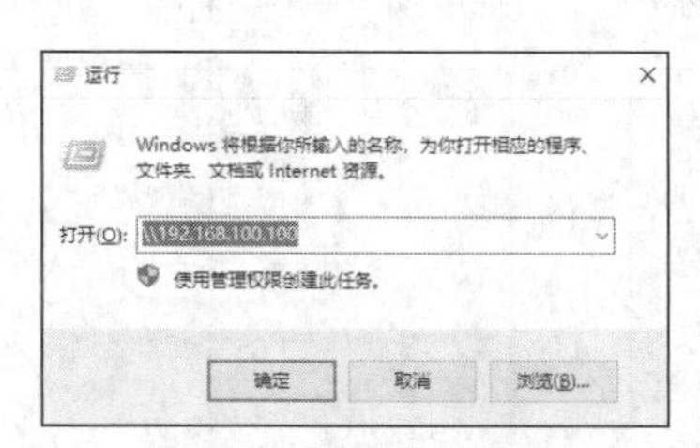

图 8.4　“运行”对话框

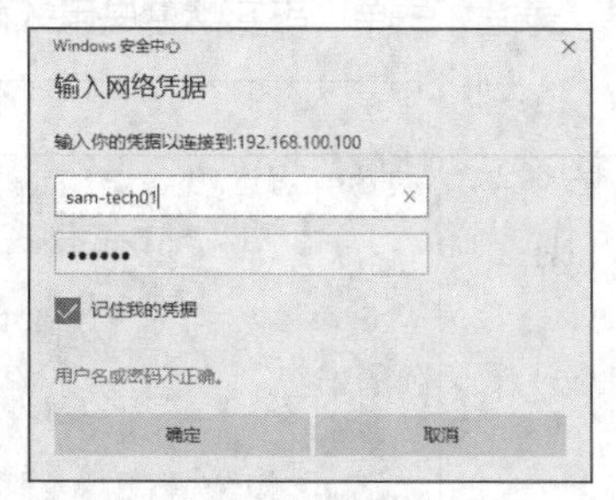

图 8.5　“Windows 安全中心”对话框

（3）单击“确定”按钮，打开 Samba 服务器共享目录窗口，选择目录即可进行相应操作，如图 8.6 所示。

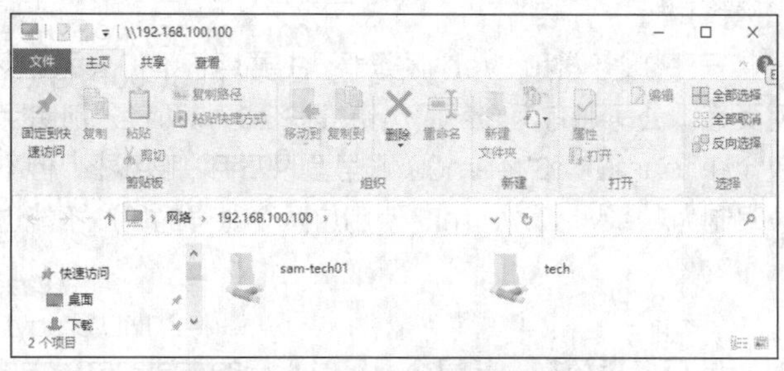

图 8.6　Samba 服务器共享目录窗口

8.3.2　FTP 服务器配置实例

访问 FTP 服务器可以使用匿名用户进行访问，也可以使用本地用户进行访问，下面分别对其进行介绍。

1. 配置匿名用户登录 FTP 服务器实例

搭建一台 FTP 服务器，允许匿名用户上传和下载文件，将匿名用户的根目录设置为/var/ftp，FTP 服务器与 Windows 客户机的主机名称、操作系统及 IP 地址如表 8.7 所示。

表 8.7　FTP 服务器与 Windows 客户机的主机名称、操作系统及 IP 地址

主机名称	操作系统	IP 地址
FTP 服务器：Ubuntu	Ubuntu 20.04	192.168.100.100
Windows 客户机：Windows10-1	Windows 10	192.168.100.1

新建测试文件，编辑/etc/vsftpd.conf，执行命令如下。

```
root@Ubuntu:~# touch   /var/ftp/pub/test01.tar
root@Ubuntu:~# vim   /etc/vsftpd.conf
anonymous_enable=YES              #允许匿名用户登录
anon_root=/var/ftp/pub            #修改匿名用户目录
local_enable=YES
write_enable=YES
local_umask=022
......
```

匿名用户主目录为/var/ftp，匿名用户的下载目录为/var/ftp/pub，在 Windows 客户机的资源管理器中输入 ftp://192.168.100.100，可发现能够成功进行匿名访问，如图 8.7 所示。

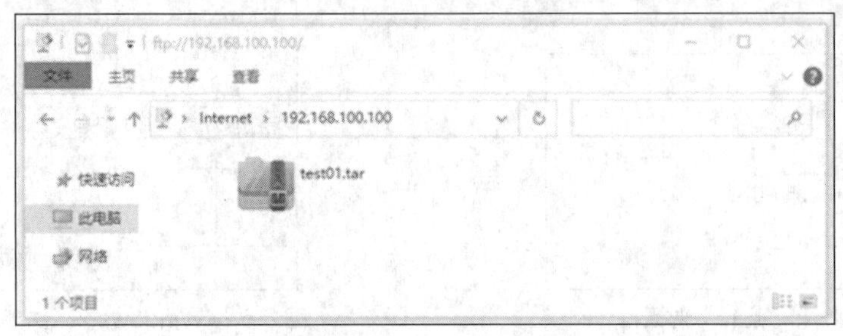

图 8.7　匿名访问

2. 配置本地用户登录 FTP 服务器实例

（1）FTP 服务器配置要求。

某公司内部现有一台 FTP 服务器和 Web 服务器，主要用于维护公司的网络内容，包括上传文件、创建目录、更新网页等。公司现有两个部门负责维护任务，两者分别使用 team01 和 team02 账号进行管理。要求仅允许 team01 和 team02 账号登录 FTP 服务器，但不能登录本地系统；并将这两个账号的根目录限制为/web/www/html，使用这两个账号的用户不能进入除该目录以外的任何目录。

（2）需求分析。

将 FTP 服务器和 Web 服务器放在一起是企业经常采用的方法，这样方便对网站进行维护。为了增强安全性，首先，仅允许本地用户访问，并禁止匿名用户访问；其次，使用 chroot 功能将 team01 和 team02 账号锁定在/web/www/html 目录下；最后，如果需要删除文件，则需要注意本地权限的设置。

（3）方案配置。

① 建立维护网络内容的 FTP 账号，并禁止匿名用户登录，为其设置密码，执行命令如下。

```
root@Ubuntu:~# useradd   -p 123456   -m   team01
root@Ubuntu:~# useradd   -p 123456   -m   team02
root@Ubuntu:~# useradd   -p 123456   -s /sbin/nologin   test01
```

② 配置 vsftpd.conf 主配置文件，并做相应修改，在修改配置文件时，注释一定要去掉，语句前后不要加空格，按照原始文件进行修改，以免互相影响，执行命令如下。

```
root@Ubuntu:~# vim   /etc/vsftpd.conf
anonymous_enable=NO                   #禁止匿名用户登录
local_enable=YES                      #允许本地用户登录
local_root=/web/www/html              #设置本地用户的根目录为/web/www/html
```

```
chroot_local_user=YES                      #默认不限制本地用户
chroot_list_enable=YES                     #激活 chroot 功能
chroot_list_file=/etc/vsftpd.chroot_list   #设置锁定用户在根目录下的列表文件
allow_writeable_chroot=YES
#只要启用 chroot 功能，就一定要加入该命令，允许 chroot 限制，否则会出现连接错误
```

③ 建立/etc/vsftpd.chroot_list 文件，添加 team01 和 team02 账号，执行命令如下。

```
root@Ubuntu:~# vim   /etc/vsftpd.chroot_list
root@Ubuntu:~# cat   /etc/vsftpd.chroot_list
team01
team02
root@Ubuntu:~#
```

使用账号 team01 进行登录访问，如图 8.8 所示，输入用户名和密码，单击“登录”按钮，登录到用户主目录，如图 8.9 所示。

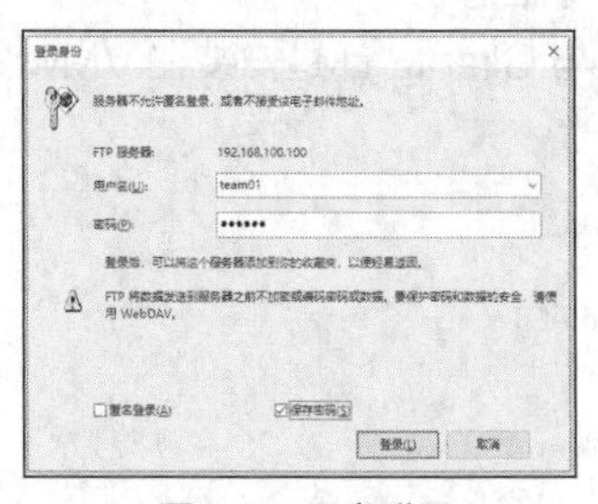

图 8.8　用户登录

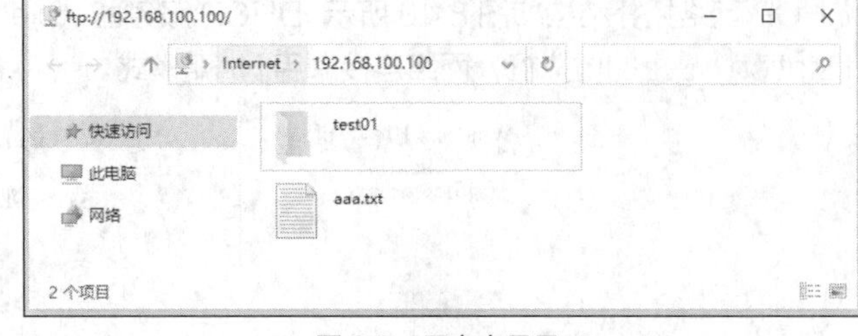

图 8.9　用户主目录

以命令行方式，使用账号 team01 进行登录访问，执行命令如下。

```
root@Ubuntu:~# ftp   192.168.100.100
Connected to 192.168.100.100.
220 (vsFTPd 3.0.3)
Name (192.168.100.100:root): team01
331 Please specify the password.
Password:
230 Login successful.
Remote system type is UNIX.
Using binary mode to transfer files.
ftp> pwd
257 "/web/www/html" is the current directory
ftp> mkdir   test01
257 "/web/www/html/test01" created
ftp> ls    -l
200 PORT command successful. Consider using PASV.
150 Here comes the directory listing.
-rw-r--r--    1 0        0             0 Aug 04 19:54 aaa.txt
drwxr-xr-x    2 1001     1001       4096 Aug 04 20:11 test01
226 Directory send OK.
ftp> get   aaa.txt
local: aaa.txt remote: aaa.txt
200 PORT command successful. Consider using PASV.
150 Opening BINARY mode data connection for aaa.txt (0 bytes).
226 Transfer complete.
ftp> exit
```

```
221 Goodbye.
root@Ubuntu:~# ls -l
总用量 4
-rw-r--r-- 1 root root   0 8月  4 20:12 aaa.txt
root@Ubuntu:~#
```

8.3.3 DHCP 服务器配置实例

某公司研发部有 50 台计算机，需要使用 DHCP 服务器分配 IP 地址，各计算机的 IP 地址要求如下。

（1）DHCP 服务器和 DNS 服务器的 IP 地址都是 192.168.100.100，有效 IP 地址段为 192.168.100.20～192.168.100.80，子网掩码是 255.255.255.0，网关为 192.168.100.100。

（2）Client1 模拟其他客户机，采用自动获取方式配置 IP 地址等信息。

DHCP 网络拓扑结构如图 8.10 所示。DHCP 服务器、Client1 与 Client2 都是安装在 VMware Workstation 15 上的虚拟机，网络连接采用 NAT 模式。

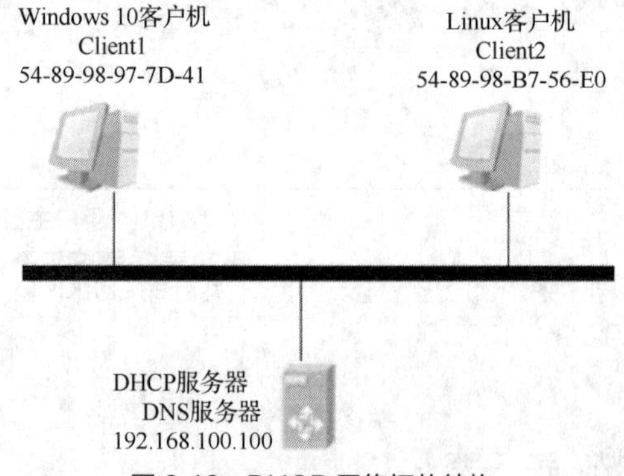

图 8.10　DHCP 网络拓扑结构

1. 客户机配置

在 NAT 模式下，VMnet8 虚拟网卡默认启用了 DHCP 服务，为了保证后续测试的顺利进行，这里要先关闭 VMnet8 的 DHCP 服务，如图 8.11 所示。

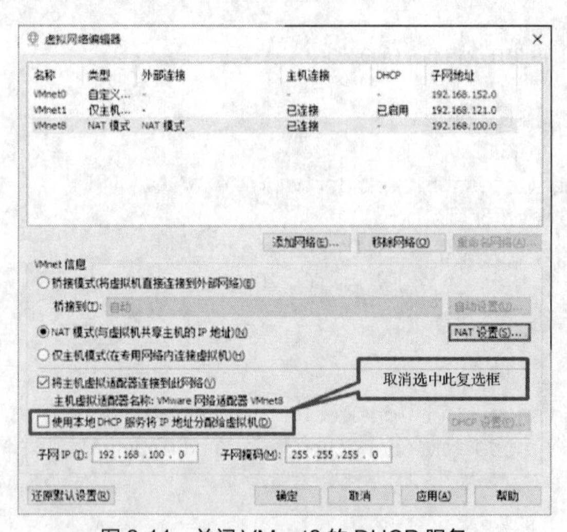

图 8.11　关闭 VMnet8 的 DHCP 服务

2. 修改 DHCP 主配置文件

（1）修改主配置文件/etc/dhcp/dhcpd.conf，执行命令如下。

```
root@Ubuntu:~# cp   /etc/dhcp/dhcpd.conf    /etc/dhcp/dhcpd.conf.bak
root@Ubuntu:~# grep   -v   "^#" /etc/dhcp/dhcpd.conf.bak > /etc/dhcp/dhcpd.conf
root@Ubuntu:~# cat   /etc/dhcp/dhcpd.conf
option domain-name "example.org";
option domain-name-servers ns1.example.org, ns2.example.org;
default-lease-time 600;
max-lease-time 7200;
ddns-update-style none;
root@Ubuntu:~# vim    /etc/dhcp/dhcpd.conf
root@Ubuntu:~# cat    /etc/dhcp/dhcpd.conf
option domain-name "example.org";
option domain-name-servers ns1.example.org, ns2.example.org;
default-lease-time 600;
max-lease-time 7200;
ddns-update-style none;
subnet 192.168.100.0 netmask 255.255.255.0 {
  range 192.168.100.20 192.168.100.80;
  option routers 192.168.100.100;
  option subnet-mask 255.255.255.0;
  option broadcast-address 192.168.100.255;
  option domain-name-servers 192.168.100.100;
  option ntp-servers 192.168.100.100;
  option netbios-name-servers 192.168.100.100;
  option netbios-node-type 8;
}
root@Ubuntu:~#
```

（2）修改主配置文件/etc/default/isc-dhcp-server，执行命令如下。将 INTERFACESv4=" " 修改为 INTERFACESv4="ens33"，保存修改并退出。

```
root@Ubuntu:~# vim   /etc/default/isc-dhcp-server
root@Ubuntu:~# cat   /etc/default/isc-dhcp-server
# Defaults for isc-dhcp-server (sourced by /etc/init.d/isc-dhcp-server)
# Path to dhcpd's config file (default: /etc/dhcp/dhcpd.conf).
#DHCPDv4_CONF=/etc/dhcp/dhcpd.conf
#DHCPDv6_CONF=/etc/dhcp/dhcpd6.conf
# Path to dhcpd's PID file (default: /var/run/dhcpd.pid).
#DHCPDv4_PID=/var/run/dhcpd.pid
#DHCPDv6_PID=/var/run/dhcpd6.pid
# Additional options to start dhcpd with.
#       Don't use options -cf or -pf here; use DHCPD_CONF/ DHCPD_PID instead
#OPTIONS=""
# On what interfaces should the DHCP server (dhcpd) serve DHCP requests?
#       Separate multiple interfaces with spaces, e.g. "eth0 eth1".
INTERFACESv4="ens33"
INTERFACESv6=""
root@Ubuntu:~#
```

3. 启动 DHCP 服务器

启动 DHCP 服务器，并查看其当前状态，执行命令如下。

```
root@Ubuntu:~# systemctl  start   isc-dhcp-server
root@Ubuntu:~# systemctl  restart  isc-dhcp-server
root@Ubuntu:~# systemctl  is-active  isc-dhcp-server
active
root@Ubuntu:~# systemctl  status   isc-dhcp-server
● isc-dhcp-server.service - ISC DHCP IPv4 server
     Loaded: loaded (/lib/systemd/system/isc-dhcp-server.service; enabled; vendor preset: enabled)
     Active: active (running) since Thu 2021-08-05 14:27:16 CST; 43s ago
       Docs: man:dhcpd(8)
   Main PID: 3500 (dhcpd)
      Tasks: 4 (limit: 4958)
     Memory: 4.8M
     CGroup: /system.slice/isc-dhcp-server.service
             └─3500 dhcpd -user dhcpd -group dhcpd -f -4 -pf /run/dhcp-server/dhcpd.pid -cf /etc/dhcp/dhcpd.conf>
......
8月 05 14:27:16 Ubuntu dhcpd[3500]: Sending on   Socket/fallback/fallback-net
8月 05 14:27:16 Ubuntu sh[3500]: Sending on   Socket/fallback/fallback-net
8月 05 14:27:16 Ubuntu dhcpd[3500]: Server starting service.
root@Ubuntu:~#
```

4. 验证配置结果信息

在 Windows 10 客户机上验证 DHCP 服务，在“Internet 协议版本 4（TCP/IPv4）属性”对话框中，选中“自动获得 IP 地址（O）”单选按钮，如图 8.12 所示。

在 Windows 10 命令提示符窗口中，先使用 ipconfig/release 命令释放 IP 地址，再使用 ipconfig/renew 命令重新获取 IP 地址，如图 8.13 所示。

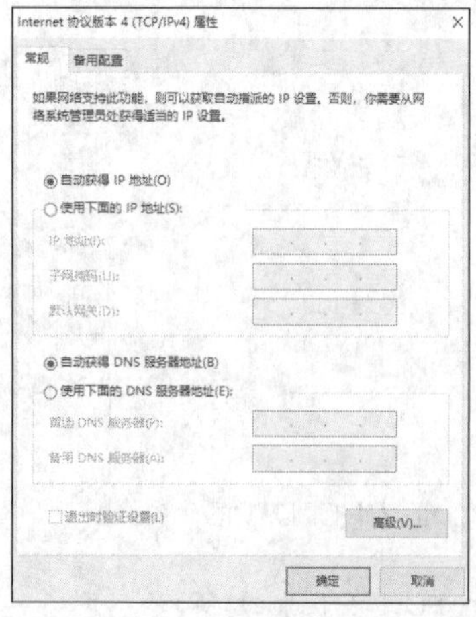

图 8.12 选中“自动获得 IP 地址（O）”单选按钮

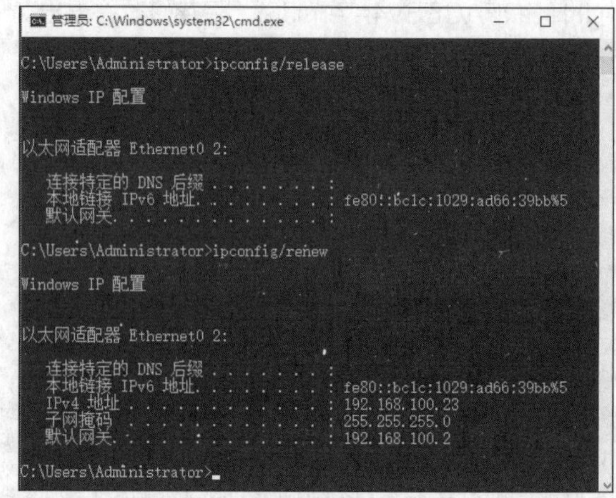

图 8.13 释放和重新获取 IP 地址

在 Linux 客户机上查看获取的 IP 地址信息，如图 8.14 所示。

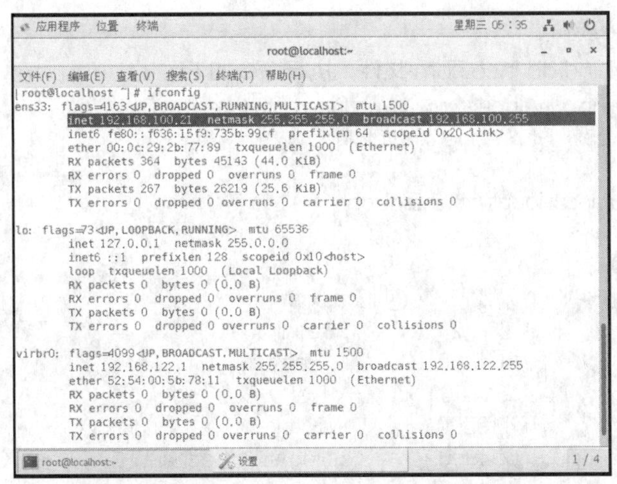

图 8.14　在 Linux 客户机上查看获取的 IP 地址信息

8.3.4　DNS 服务器配置实例

域名解析可以分为正向解析（将域名解析为 IP 地址）与反向解析（将 IP 地址解析为域名），下面将分别对其进行介绍。

1．创建正向 Zone 文件

正向 Zone 文件是用来做正向解析的，即将域名解析为 IP 地址。

（1）修改/etc/bind/named.conf.local 文件。

备份/etc/bind/named.conf.local 文件，以防操作不当，执行命令如下。

```
root@Ubuntu:~# cp   /etc/bind/named.conf.local   /etc/bind/named.conf.local.bak
```

修改/etc/bind/named.conf.local 文件，添加如下信息，执行命令如下。

```
root@Ubuntu:~# vim   /etc/bind/named.conf.local
root@Ubuntu:~# cat   /etc/bind/named.conf.local
#
#Do any local configuration here
#
#Consider adding the 1918 zones here, if they are not used in your
#organization
#include "/etc/bind/zones.rfc1918";
zone "lncc.com" {
    type master;
    file "db.lncc.com";
};
root@Ubuntu:~#
```

该配置指定 BIND 作为 lncc.com 域的主域名服务器，db.lncc.com 文件包含所有*.lncc.com 形式的域名转换数据。文件 db.lncc.com 没有指定路径，所以其路径默认是/var/cache/bind。

（2）复制一个现有的文件作为 Zone 文件的模板。

```
root@Ubuntu:~# cp     /etc/bind/db.local     /var/cache/bind/db.lncc.com
root@Ubuntu:~# ls   -l   /var/cache/bind/db.lncc.com
-rw-r--r-- 1 root root 270 8 月     5 09:24 /var/cache/bind/db.lncc.com
root@Ubuntu:~#
```

（3）修改该 Zone 文件。

修改/var/cache/bind/db.lncc.com 文件，执行命令如下。

```
root@Ubuntu:~# vim   /var/cache/bind/db.lncc.com
root@Ubuntu:~# cat   /var/cache/bind/db.lncc.com
;
; BIND data file for local loopback interface
;
$TTL      604800
@         IN        SOA              @ lncc.com.  (
                              2             ; Serial
                         604800             ; Refresh
                          86400             ; Retry
                        2419200             ; Expire
                         604800 )           ; Negative Cache TTL
;
@         IN        NS .
@         IN        A          192.168.100.100
www       IN        A          192.168.100.100
ftp       IN        A          192.168.100.100
@         IN        AAAA       ::1
root@Ubuntu:~#
```

2. 创建反向 Zone 文件

反向 Zone 文件是用来做反向解析的，即将 IP 地址解析为域名。

（1）修改/etc/bind/named.conf.local 文件。

修改/etc/bind/named.conf.local 文件，添加如下信息，执行命令如下。

```
root@Ubuntu:~# vim   /etc/bind/named.conf.local
root@Ubuntu:~# cat   /etc/bind/named.conf.local
#
#Do any local configuration here
#
#Consider adding the 1918 zones here, if they are not used in your
#organization
#include "/etc/bind/zones.rfc1918";
zone "lncc.com" {
    type master;
    file "db.lncc.com";
};
zone "192.168.100.in-addr.arpa" {
    type master;
    file "db.192.168.100";
};
root@Ubuntu:~#
```

（2）复制一个现有的文件作为反向 Zone 文件的模板（注意：文件名是局域网 IP 地址前 3 个段的倒写，局域网 IP 地址属于 192.168.100.0 网段）。

```
root@Ubuntu:~# cp   /etc/bind/db.127   /var/cache/bind/db.100.168.192
```

（3）修改该反向 Zone 文件。

修改/var/cache/bind/db100.168.192 文件，执行命令如下。

```
root@Ubuntu:~# vim   /var/cache/bind/db.100.168.192
```

```
root@Ubuntu:~# cat   /var/cache/bind/db.100.168.192
;
; BIND reverse data file for local loopback interface
;
$TTL      604800
@          IN        SOA       localhost. root.localhost.  (
                                      1             ; Serial
                                 604800             ; Refresh
                                  86400             ; Retry
                                2419200             ; Expire
                                 604800 )           ; Negative Cache TTL
;
@          IN        NS        localhost.
100        IN        PTR       www.lncc.com
1.0.0      IN        PTR       localhost.
root@Ubuntu:~#
```

其中,左下角的 100 代表 IP 地址的最后一个字节号,例如,局域网 IP 地址是 192.168.100.100,那么最后一个字节就是 100。

3. 修改主机域名解析地址并重启 BIND

修改/etc/resolv.conf 文件，设置主机域名解析服务器的 IP 地址。

```
root@Ubuntu:~# vim   /etc/resolv.conf
root@Ubuntu:~# cat   /etc/resolv.conf
……
search   lncc.com
nameserver   192.168.100.100
options edns0 trust-ad
root@Ubuntu:~# systemctl   restart   named
root@Ubuntu:~# systemctl   is-active   named
active
root@Ubuntu:~# systemctl   status   named
● named.service - BIND Domain Name Server
     Loaded: loaded (/lib/systemd/system/named.service; enabled; vendor preset: enabled)
     Active: active (running) since Thu 2021-08-05 10:07:52 CST; 18s ago
       Docs: man:named(8)
   Main PID: 3703 (named)
      Tasks: 5 (limit: 4958)
     Memory: 12.3M
     CGroup: /system.slice/named.service
             └─3703 /usr/sbin/named -f -u bind
root@Ubuntu:~#
```

4. 使用 nolookup 命令验证 DNS 服务

使用 nslookup 命令验证 DNS 服务，执行命令如下。

```
root@Ubuntu:~# nslookup
> www.lncc.com
Server:          192.168.100.100
Address:          192.168.100.100#53
** server can't find www.lncc.com: SERVFAIL
> lncc.com
Server:          192.168.100.100
```

```
Address:          192.168.100.100#53
** server can't find lncc.com: SERVFAIL
> exit
root@Ubuntu:~#
```

8.3.5 Apache 服务器配置实例

默认情况下，网站的文档根目录是/var/www/html，设置文档根目录和主页文件的示例如下。

1. 访问 Apache 的默认主页

配置 Apache 服务器，打开浏览器，在其他地址栏中输入 http://127.0.0.1（这是主机默认的 IP 地址），或者如果是云主机，则可输入主机的 IP 地址（192.168.100.100）。当进入图 8.15 所示的页面时便说明 Apache2 服务已经成功在服务器中运行了。

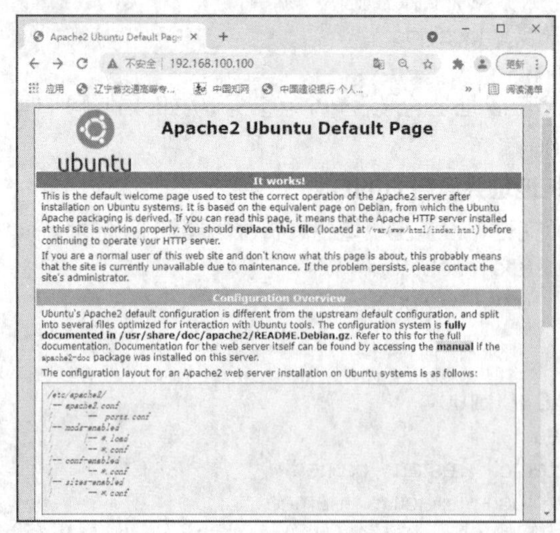

图 8.15 访问 Apache 的默认主页

2. 修改网站根目录及默认网页

修改 Web 服务器的配置，可以在自己搭建的 Web 服务器中访问到自己规定的数据，修改/etc/apache2/sites-available/000-default.conf 文件中的 DocumentRoot /var/www/html。

（1）查看更改主页目录的位置，执行命令如下。

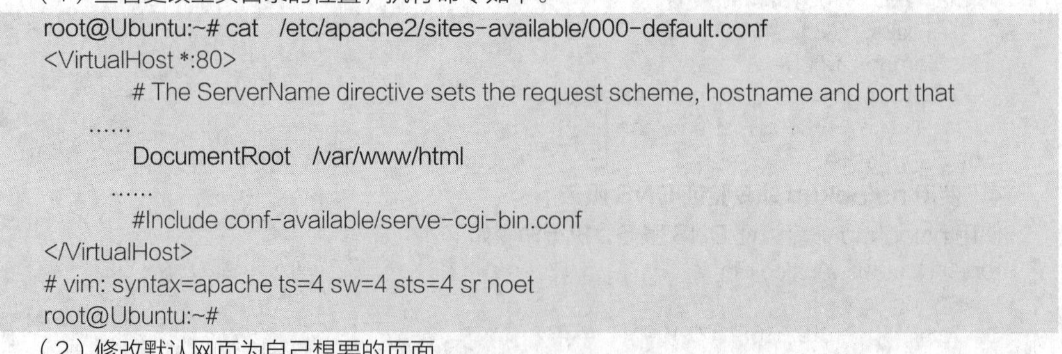

```
root@Ubuntu:~# cat  /etc/apache2/sites-available/000-default.conf
<VirtualHost *:80>
        # The ServerName directive sets the request scheme, hostname and port that
  ......
        DocumentRoot  /var/www/html
    ......
        #Include conf-available/serve-cgi-bin.conf
</VirtualHost>
# vim: syntax=apache ts=4 sw=4 sts=4 sr noet
root@Ubuntu:~#
```

（2）修改默认网页为自己想要的页面。

查看修改/etc/apache2/mods-available/dir.conf 中的内容，执行命令如下。

```
root@Ubuntu:~# cat   /etc/apache2/mods-available/dir.conf
<IfModule mod_dir.c>
```

```
        DirectoryIndex index.html index.cgi index.pl index.php index.xhtml index.htm
</IfModule>
# vim: syntax=apache ts=4 sw=4 sts=4 sr noet
root@Ubuntu:~#
```

实际上，在这里添加文件或目录的意思是，允许 HTTP 请求访问/var/www/html 目录下的文件或目录下的内容。例如，添加 test 目录，执行命令如下。

```
    <IfModule mod_dir.c>
        DirectoryIndex index.html index.cgi index.pl index.php index.xhtml index.htm   /test
    </IfModule>
```

3. 创建个人 Web 主页

创建个人 Web 主页，修改默认的/var/www/html/index.html 主页内容，执行命令如下。

```
root@Ubuntu:~# cp   /var/www/html/index.html     /var/www/html/index.html.bak
root@Ubuntu:~# echo   "This   is my first Apache web site!"   >   /var/www/html/index.html
```

在客户机的浏览器地址栏中输入 http://192.168.100.100，可以看到用户个人 Web 主页的访问效果，如图 8.16 所示。

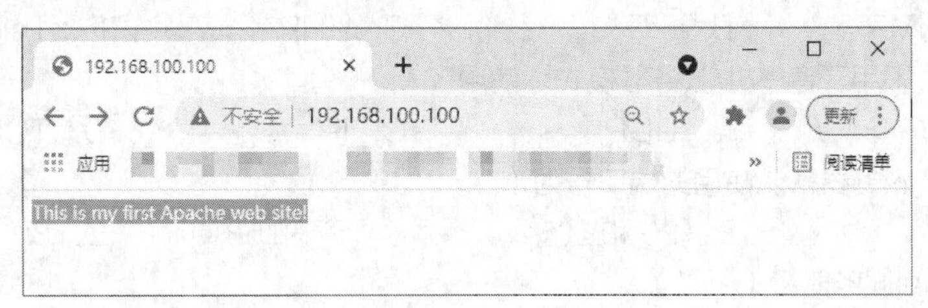

图 8.16　访问个人 Web 主页

项目小结

本项目包含 10 个部分。

（1）Samba 服务器管理，主要讲解了 Samba 的功能、Samba 的特点及作用、Samba 服务器的安装与运行管理、Samba 服务的主配置文件、Samba 服务器的日志文件和密码文件、Samba 服务器的搭建流程和工作流程。

（2）FTP 服务器管理，主要讲解了 FTP 简介、FTP 工作原理、vsftpd 服务的安装与运行管理、vsftpd 服务的配置文件、vsftpd 的认证模式、匿名用户登录的权限参数。

（3）DHCP 服务器管理，主要讲解了 DHCP 简介、DHCP 服务的安装与运行管理、DHCP 服务的主配置文件。

（4）DNS 服务器管理，主要讲解了主机名和域名、DNS 的工作原理、DNS 服务器的类型、DNS 服务的安装与运行管理、DNS 服务的配置文件。

（5）Apache 服务器管理，主要讲解了 Web 简介、Web 服务的工作原理、Apache 服务的安装与运行管理。

（6）Samba 服务器配置实例，主要讲解了实例配置、结果测试。

（7）FTP 服务器配置实例，主要讲解了配置匿名用户登录 FTP 服务器实例、配置本地用户登录 FTP 服务器实例。

（8）DHCP 服务器配置实例，主要讲解了客户机配置、修改 DHCP 主配置文件、启动 DHCP 服务器、验证配置结果信息。

（9）DNS 服务器配置实例，主要讲解了创建正向 Zone 文件、创建反向 Zone 文件、修改主机域名解析地址并重启 BIND、使用 nolookup 命令验证 DNS 服务。

（10）Apache 服务器配置实例，主要讲解了访问 Apache 的默认主页、修改网站根目录及默认网页、创建个人 Web 主页。

课后习题

1. 选择题

（1）Samba 服务器的配置文件是（　　）。

A. smb.conf　　B. sam.conf　　C. http.conf　　D. rc.samba

（2）FTP 服务器默认使用的端口号是（　　）。

A. 21　　B. 22　　C. 23　　D. 24

（3）下列应用协议中，（　　）可以实现本地主机与远程主机的文件传输。

A. SNMP　　B. FTP　　C. ARP　　D. Telnet

（4）DHCP 采用了客户机/服务器模式，使用了（　　）。

A. TCP　　B. UDP　　C. IP　　D. TCP/IP

（5）DHCP 服务器默认使用的端口号为（　　）。

A. 53　　B. 20 和 21　　C. 67 和 68　　D. 80

（6）Apache 服务器是（　　）。

A. DNS 服务器　　B. FTP 服务器　　C. Web 服务器　　D. 邮件服务器

2. 简答题

（1）简述 Samba 服务器的功能及特点。

（2）简述 FTP 工作原理。

（3）简述 DHCP 工作原理以及分配 IP 地址的机制。

（4）简述 DNS 工作原理以及 DNS 服务器的类型。

（5）如何配置 Apache 服务器？